Material zur Angewandten Geographie, Band 26

Raumbezogene Verkehrswissenschaften – Anwendung mit Konzept

D1665671

Verlag Irene Kuron
Bonn

Material zur Angewandten Geographie, Band 26

Arnulf Marquardt-Kuron

Konrad Schliephake (Hrsg.)

Raumbezogene Verkehrswissenschaften – Anwendung mit Konzept

herausgegeben im Auftrag des

Deutschen Verbandes für Angewandte Geographie e.V.

vik
Verlag Irene Kuron
Bonn

Bonn 1996

Die Deutsche Bibliothek – CIP–Einheitsaufnahme

Raumbezogene Verkehrswissenschaften – Anwendung mit Konzept / hrsg. im Auftr.
des Deutschen Verbandes für Angewandte Geographie e.V. Arnulf Marquardt-Kuron ;
Konrad Schliephake (Hrsg.). – Bonn : Kuron, 1996
(Material zur Angewandten Geographie ; Bd. 26)
ISBN 3–923623–17–8
NE: Marquardt-Kuron, Arnulf [Hrsg.]; GT

Herausgegeben von Arnulf Marquardt-Kuron und Konrad Schliephake
im Auftrag des Deutschen Verbandes für Angewandte Geographie e.V. (DVAG),
Bonn.

Verantwortlich für Inhalt, Abbildungen und Tabellen sind die Verfasser der Beiträge.

Printed in Germany

Druck: Hundt Druck GmbH, Köln

Verlagsanschrift: Verlag Irene Kuron, Lessingstraße 38, 53113 Bonn

Vorwort der Herausgeber

von Arnulf Marquardt-Kuron und Konrad Schliephake

Räumliche und zeitliche Dispersion, Diffusion, Expansion und Kontraktion, eine Welt, deren Standorte in intensivem Austausch von Personen, Gütern und Dienstleistungen stehen, eine Mobilität, die uns zu überrollen scheint – ist das nicht ureigenstes Aufgabenfeld der Geographie? Wohl in nur wenigen Teildisziplinen dieses Faches klaffen allerdings die Wirklichkeit mit einem bedeutenden Tätigkeitsfeld für Geographen – 20 Prozent der DVAG-Mitglieder geben an, im Bereich Verkehr/Mobilität tätig zu sein – und einem mehr kargen wissenschaftlichen Aktivitätsspektrum auseinander.

Verkehrsanalytische Arbeit im Raum wird eher von außen eingefordert, statt disziplinäre Herzensangelegenheit – etwa der Hochschulinstitute – zu sein. Daraus resultiert immer wieder der Wunsch gerade der angewandt arbeitenden Geographen, sich einen Blick über den Stand der Arbeiten, ihre fachliche Verankerung und die Anforderungen aus der täglichen planerischen Praxis zu verschaffen. Die Veranstaltungen des Deutschen Verbandes für Angewandte Geographie zu solchen praxisorientierten Themen sind Schritte zu einer als notwendig empfundenen Verklammerung zwischen Hochschule und Praxis.

Aus diesem Impuls heraus, aus Diskussionen innerhalb der Regionalen Arbeitsgruppe Nordbayern/Franken und am Geographischen Institut der Universität Würzburg, aus den Anregungen im Nachgang der DVAG-Tagung "Infrastruktur im ländlichen Raum" 1989 in Karlstadt und aus dem Gedankenaustausch zwischen den beiden Herausgebern des Bandes entstand das Konzept zu unserer Tagung in Schweinfurt. Eine aufgeschlossene Stadtverwaltung mit Frau Oberbürgermeisterin Gudrun Grieser an der Spitze stellte uneigennützig das historische Rathaus zur Verfügung und schuf in der alten freien Reichsstadt ein Ambiente, in dem fachlicher und persönlicher Austausch hervorragend gedieh.

Bewußt blieb der Titel unserer Tagung neutral, außerhalb einer disziplinären Einengung durch das Fach Geographie. Wer als Planer, als Berater, als Manager in der täglichen Auseinandersetzung steht und seine Problemfelder zu bewältigen hat, fragt nicht nach Studiengängen und Fächern, er sucht und findet seine Partner aus einem breiten Spektrum all der Natur- und Geisteswissenschaften, die sich mit den Interaktionen von Mensch und Raum beschäftigen. Von daher war es uns wichtig, Referenten aus den verschiedenen Disziplinen zu gewinnen.

Der Tagungsstandort Schweinfurt mit seinen vielfältigen historischen und aktuellen Infrastrukturprojekten verleitet dazu, die Themen auf die Region zu fokussieren; und tatsächlich bietet eine ganze Reihe von Beiträgen einen guten Überblick über die wirtschaftsräumliche Entwicklung und die Maßnahmen zum Verkehrsausbau in Unterfranken.

Trotzdem konnte auch eine Fülle von anregenden Vorträgen aus anderen deutschen Regionen – besonders aktuell die Beiträge über den Infrastrukturausbau in den neuen Bundesländern und im Themenbereich der Verkehrsprojekte Deutsche Einheit – und aus Nachbarländern vorgestellt und hier publiziert werden. Durch sie alle zieht sich als roter Faden der von uns intendierte Dialog zwischen Praxis und Wissenschaft, wenn auch die erstere – sinnvollerweise – etwas Übergewicht hat.

Von daher kann und soll der Band nichts Endgültiges sein, kein Lehr- und Handbuch ersetzen, sondern ein Baustein, eine Arbeitshilfe sein für die disziplinäre und interdisziplinäre Auseinandersetzung mit der Forschungsaufgabe "Analyse und Bewältigung des Phänomens schnell zunehmender Mobilität von Personen und Gütern". Mögen die Leserinnen und Leser in die Diskussion eintreten und den wichtigen Dialog zwischen Praktikern und Wissenschaftlern fortführen und vertiefen.

Dem Engagement der Referenten ist es zu verdanken, daß die Vortragstexte sehr schnell und zuverlässig bei den Herausgebern eingingen. Es war ausschließlich die starke berufliche Belastung der beiden Herausgeber, die die Drucklegung verzögerte. Daß nun der Band vorliegt, ist den Referenten zu danken, die auch nach der Tagung kooperativ mit uns Kontakt hielten, sowie zahlreichen Helfern im Geographischen Institut der Universität Würzburg und in der Bonner Geschäftsstelle des Deutschen Verbandes für Angewandte Geographie.

Bonn und Würzburg im September 1996

Geleitwort

Von Günter Löffler

Mit dem vorliegenden Sammelband werden die Vorträge der Tagung "Raumbezogene Verkehrswissenschaften – Anwendung ohne Konzept?", die vom 26. bis 28. Mai 1994 im historischen Rathaus der Stadt Schweinfurt stattfand, einer breiteren Öffentlichkeit zugänglich gemacht. Die Tagung wurde gemeinsam vom Deutschen Verband für Angewandte Geographie und dem Lehrstuhl für Kulturgeographie an der Universität Würzburg vorbereitet und durchgeführt.

An der Nahtstelle zwischen Wissenschaft und Praxis sollte ein Brückenschlag erfolgen und Vertreter beider Seiten erneut in die Diskussion bringen. Dabei wurden in Vorträgen und Diskussionen die folgenden vier Themenbereiche behandelt:

- Verkehrliche Auswirkungen planerischer, ökonomische rund politischer Entscheidungen,
- Erreichbarkeit und Raumentwicklung,
- Räumliche Verkehrsmodelle und ihre Bedeutung für die Praxis,
- Planungen großer Infrastrukturmaßnahmen in Mecklenburg-Vorpommern und Franken/Thüringen.

Die auf der Tagung gehaltenen Vorträge sind in überarbeiteter Fassung in diesem Sammelband abgedruckt. Die Beiträge zeigen die Breite der verkehrsplanerischen und verkehrswissenschaftlichen Themen, die Vertreter beider Richtungen zu ausführlichen Diskussionen anregten. Hier wird die Notwendigkeit deutlich, Wissenschaft und Praxis regelmäßiger in vergleichbaren Veranstaltungen an einen Tisch zu bringen.

Für die Organisation der Tagung und die Herausgabe der Beiträge zeichnen Dipl.-Geogr. Arnulf Marquardt-Kuron (Deutscher Verband für Angewandte Geographie) und Dr. Konrad Schliephake (Geographisches Institut der Universität Würzburg) verantwortlich. Beiden sei an dieser Stelle für ihren gelungenen Versuch, Praxis und Wissenschaft an einen Tisch zu holen, gedankt.

Raumbezogene Verkehrswissenschaften – Anwendung mit Konzept
hrsg. im Auftrag des Deutschen Verbandes für Angewandte Geographie
von Arnulf Marquardt-Kuron und Konrad Schliephake
in Material zur Angewandten Geographie (MAG), Band 26, Bonn 1996

7

Inhalt

Raumbezogene Verkehrswissenschaften – Anwendung mit Konzept
hrsg. im Auftrag des Deutschen Verbandes für Angewandte Geographie
von Arnulf Marquardt-Kuron und Konrad Schliephake
in Material zur Angewandten Geographie (MAG), Band 26, Bonn 1996

Teil II Verkehrliche Auswirkungen planerischer, ökonomischer und politischer Entscheidungen

Teil III Erreichbarkeit und Raumentwicklung

Teil IV   Räumliche Verkehrsmodelle
und ihre Bedeutung für die Praxis

Teil V   Planungen großer Infrastrukturmaßnahmen
in Mecklenburg-Vorpommern

Teil VI Planungen großer Infrastrukturmaßnahmen in Franken, Hessen und Thüringen

Teil VII Anhang

Begrüßung

Von Thomas J. Mager

Verehrte Frau Oberbürgermeisterin Grieser,

sehr geehrter Herr Professor Löffler,

verehrte Kolleginnen und Kollegen,

das Thema Verkehr in allen seinen Farbschattierungen steht seit jeher im Mittelpunkt der zahlreichen Aktivitäten des Deutschen Verbandes für Angewandte Geographie e.V. (DVAG). Im Rahmen von Jahrestagungen, Fachtagungen, Workshops, fachpolitischen Stellungnahmen sowie Pressemitteilungen haben wir uns zu Verkehrsthemen geäußert. Zuletzt geschah dies im Rahmen einer praxisnahen Fachtagung zum Problemfeld "Regionalisierung des Öffentlichen Personennahverkehrs – Chance für Klein- und Mittelstädte?" im November 1993 in Euskirchen.

Diesmal liegt der Schwerpunkt unserer Tagung, die auf das verkehrsgeographische Engagement unserer Kollegen Dr. Konrad Schliephake und Diplom-Geograph Arnulf Marquardt-Kuron zurückgeht, mehr im verkehrswissenschaftlichen Bereich.

Bund, Länder und Gemeinden haben verstärkt Probleme mit der wachsenden Verkehrsflut. Im Rahmen großer Infrastrukturprojekte, wie beispielsweise die Verkehrsprojekte Deutsche Einheit, dem Rhein-Main-Donau-Kanal, der Flughafen-Standortfrage sowie der aktuellen Transrapid-Diskussion, wird immer wieder die Frage nach der Verträglichkeit in der Region gestellt. Die politischen Kräfte vermögen hier kaum noch Lösungswege aufzuzeigen. Auch die mit dem Thema Verkehr befaßten Wissenschaften tun sich schwer, unter den derzeitigen politischen Rahmenbedingungen effiziente Lösungsstrategien anzubieten.

Der Deutsche Verband für Angewandte Geographie tritt daher an, im Schulterschluß von Wissenschaft – dem Lehrstuhl Kulturgeographie an der Universität Würzburg –, von Stadt und Landkreis Schweinfurt sowie Berufspraktikern aus Wirtschaft und Verwaltung zu fragen:

Raumbezogene Verkehrswissenschaften – Anwendung mit Konzept
hrsg. im Auftrag des Deutschen Verbandes für Angewandte Geographie
von Arnulf Marquardt-Kuron und Konrad Schliephake
in Material zur Angewandten Geographie (MAG), Band 26, Bonn 1996

13

- Gibt es Konzepte?
- Werden sie umgesetzt?
- Wenn ja, wie?
- Oder treiben wir Anwendung ohne Konzept?

Auf die Antworten zu den vorgenannten Fragen dürfen wir wohl alle gespannt sein.

Daß wir ausgerechnet in der Stadt Schweinfurt diesen Fragen nachgehen, liegt weniger an der reizvollen Umgebung mit ihrem lukullischen Angebot, als vielmehr an den überaus interessanten Infrastrukturprojekten in der Region,

- dem Autobahnprojekt Deutsche Einheit A 81,
- dem DB-Lückenschluß Franken–Südthüringen sowie
- dem Rhein-Main-Donau-Kanal,

die gerade aus geographischer bzw. verkehrswissenschaftlicher Sicht äußerst kontrovers diskutiert werden.

Nicht zuletzt der Innovationsfreude der hier ansässigen mittelständischen Unternehmen in Sachen Verkehr und Mobilität (Kugellager und Gangschaltungen für Bahn, Auto und Rad) sind ein Indiz, daß der Tagungsort Schweinfurt die richtige Wahl ist. Ein weiteres Argument, Schweinfurt als Tagungsort zu wählen, war die großzügige Gastfreundschaft der Stadt, die uns ihr schönes Rathaus zu Verfügung stellt. Frau Oberbürgermeisterin Grieser gilt hierfür unser aller Dank.

Des weiteren sollen aber auch die zahlreichen Helfer, die uns unterstützt haben, nicht unerwähnt bleiben. Neben den Mitarbeitern der Schweinfurt-Information, den Herren Schnabel und Beck, sind hier vor allem die Herren Landrat Beck sowie unser Kollege Roth vom Landkreis Schweinfurt, die Mitarbeiter des Geographischen Instituts der Universität Würzburg, insbesondere Frau Foster, die Herren Christian Roth und Stephen Greindl sowie die Studentinnen und Studenten, die hier als unermüdliche Helfer tätig sind, zu nennen.

Mein besonderer Dank gilt jedoch den Referentinnen und Referenten, die durch ihre Beiträge "für Gotteslohn" und einen Bocksbeutel erst das Gelingen bzw. die Attraktivität einer solchen Tagung ermöglichen.

Abschließend bleibt mir nur noch die freudige Aufgabe, den gedanklichen Vätern und Hauptorganisatoren der Tagung, Herrn Dr. Konrad Schliephake vom Geographischen Institut der Universität Würzburg und Herrn Diplom-Geograph Arnulf Marquardt-Kuron vom Deutschen Seminar für Städtebau und Wirtschaft in Bonn, in Ihrem und meinem Namen herzlich zu danken.

Ich wünsche Ihnen einen angenehmen Aufenthalt in der liebenswerten Stadt Schweinfurt und gute und anregende Diskussionen sowie der Fachtagung einen guten Verlauf.

Teil I

Regionale und thematische Grundlagen

Mainfranken:
Wirtschaftsgeographische Entwicklungswege
und Problemfelder

Von Horst−Günter Wagner

Einführung

Seit dem Ende des Zweiten Weltkrieges sind in Mainfranken wirtschaftsräumliche Veränderungen eingetreten, die unter zwei übergeordneten Aspekten zusammengefaßt werden können:

- Entwicklung von der Traditionsbindung zur offenen Wirtschaftsregion. Diese Polarität unterstreicht die Spannweite der Veränderung in wirtschaftlichen, sozialen, politischen und kulturellen Problemfeldern.

- Intensivierung der Außenbeziehungen. Einer seit Beginn der sechziger Jahre zunehmend verbesserten infrastrukturellen und teilweise auch funktionalen Zentralität folgte durch die Grenzöffnung eine Neuordnung der Lagebeziehungen und in jüngster Zeit besonders im industriellen Sektor der Zwang zu anderen weltwirtschaftlichen Orientierungen.

Die folgenden Überlegungen verfolgen das Ziel, die Entwicklungswege der vergangenen drei Jahrzehnte und die neu entstandenen Problemfelder zu skizzieren. Als methodischer Ansatz ist hierfür eine doppelte Blickrichtung notwendig:

- Einerseits ist die Leistungsfähigkeit des endogenen räumlichen Potentials als Basis der Entwicklung (Spitzer 1982) zu prüfen sowie die Möglichkeit einer darauf ausgerichteten, innovationsorientierten Regionalpolitik (Schrumpf 1986). Damit wird der Blick zunächst auf die Region Mainfranken selbst und ihre eigenen Fähigkeiten gelenkt (Ante 1992; Pieper 1987; Lipp 1984).

- Andererseits sind die Außenbeziehungen Mainfrankens zu untersuchen, weil regionales Wirtschaftswachstum im Sinne der Exportbasistheorie nur durch die "Basic−Activities" gewährleistet wird (Rittenbruch 1968; Siebert 1970). Dabei handelt es sich um diejenigen ökonomischen Funktionen und Kräfte, die über

Raumbezogene Verkehrswissenschaften − Anwendung mit Konzept
hrsg. im Auftrag des Deutschen Verbandes für Angewandte Geographie
von Arnulf Marquardt-Kuron und Konrad Schliephake
in Material zur Angewandten Geographie (MAG), Band 26, Bonn 1996

den Bedarf und die Grenzen einer Region hinauswirken und damit durch "Ausfuhr" Gewinnrückflüsse, Inputs und somit wirtschaftliche Wachstumsimpulse verursachen.

Unter diesem doppelten Gesichtspunkt werden folgende Teilaspekte ausgewählt:
- Wandlungen des Agrarsektors und Chancen des ländlichen Raumes,
- Vorteile räumlicher Verkehrs– und Lagebeziehungen,
- Attraktivität des Fremdenverkehrs– und Freizeitpotentials,
- Entwicklungschancen der gewerblichen Wirtschaft,
- Wachstumsimpulse durch Bildungs– und Forschungsstätten.

Landwirtschaft und ländlicher Raum: Von agrarischer Traditionsbindung zum vielgestaltigen Wirtschaftsumfeld

Im ersten Jahrzehnt nach Beendigung des Zweiten Weltkrieges war die Landwirtschaft Mainfrankens im Gegensatz zu anderen Regionen in Deutschland noch überwiegend von historisch überlieferter Bodennutzung, Betriebsstruktur und Sozialordnung geprägt. Flurbereinigungen hatten in den dreißiger Jahren nur in wenigen Gemeinden der lößlehmbedeckten Gäuflächen stattgefunden. Aus der Realerbteilung waren Betriebsgrößen zwischen 5 und 10 ha hervorgegangen. Die Zelgenbindung der verbesserten Dreifelderwirtschaft hemmte die Entfaltung der agrarischen Produktivität in vielen peripheren Gemeinden Unterfrankens bis in die sechziger Jahre (Herold 1965). So konnte die wichtigste agrarpolitische Forderung der ersten Nachkriegszeit, die Ernährungssicherung, nur nach umfassenden Flubereinigungen schrittweise erreicht werden.

Die Neuordnung der Anbauflächen förderte auch die Bereitschaft der bäuerlichen Betriebsleiter zur Übernahme neuer Produkte und Fruchtfolgen. Braugerste, durch das trockenwarme Klima begünstigt, und Zuckerrüben, seit Errichtung der Zuckerfabriken Ochsenfurt (1953) und Zeil (1959/60) in Ausdehung begriffen, veränderten alte Anbausysteme und steigerten die Betriebseinnahmen.

Parallel erfolgten Anbaumechanisierung, Verminderung des Arbeitskraftbesatzes und Anhebung der mittleren Betriebsgröße seit Beginn der sechziger Jahre. Bei den Sonderkulturen an den Maintalhängen stand die Revitalisierung der Rebflächen, meist nach vorausgegangener Flurbereinigung und Beseitigung der alten, kleinflächigen Terrassen im Vordergrund. Obst– und Gemüseanbau, Nachfolgekulturen des um die Jahrhundertwende nach der Reblauskrise dezimierten Weinanbaus, gingen bis zur Mitte der siebziger Jahre einer erneuten wirtschaflichen Blüte entgegen. Danach setzte auch beim Obstbau ein Bedeutungsschwund ein. Die Schnelligkeit des Agrarstrukturwandels wird (regional differenziert) an der starken Abnahme der Anzahl der landwirtschaftlichen Betriebe Mainfrankens zwischen 1949 und 1991 auf ca. 37 % des Ausgangsbestandes sichtbar. Wie in den übrigen Realerbteilungsgebieten Süddeutschlands war hier die Schwundrate wesentlich größer als in Regionen mit geschlossener Vererbung.

Obwohl dabei Betriebe über 30 ha zahlenmäßig und ihr Anteil an der landwirtschaftlichen Nutzfläche immer schneller zunahmen, erweisen sich die Betriebsgrößen Mainfrankens im Vergleich mit anderen Agrarregionen in Deutschland und der Europäischen Union heute als zu klein. Wie in ganz Europa belasten Überproduktion, noch immer zu hoher Arbeitskraftbesatz, auf den Stand von Mitte der fünfziger Jahre zurückgefallene Verkaufspreise und gleichzeitig steigende Betriebskosten die mainfränkische Landwirtschaft.

So stellen sich viele Fragen nach der Zukunft der Landwirtschaft in Mainfranken. Können die anstehenden Probleme besser durch generelle Anbauextensivierung oder durch örtliche Flächenstillegung gelöst werden? Sollte großräumlich nur noch in "acht Agrarinseln inmitten eines Naturparks Deutschland" (FAZ 1.12.1993), d.h. in naturräumlichen Gunstgebieten (Bördenregionen), Landwirtschaft betrieben werden? Hierzu zählt das zentrale Mainfranken. Die Agrarwirtschaft würde in diesen Rückzugsgebieten dann nur noch großbetrieblich, fabrikmäßig und mit hoher Intensität erfolgen, wie gegenwärtig von volkswirtschaftlicher Seite vereinzelt gefordert wird. Ferner stellt sich die Frage, ob in Mainfranken mit Zuckerrüben, Raps, Weizen, Gerste unmittelbar vor den Toren der Verdichtungsräume noch die richtigen Agrarprodukte erzeugt werden.

Der geoökologische Standortvorteil der Landwirtschaft in Mainfranken bleibt trotz der konjunkturellen und strukturellen Probleme ein wichtiger ökonomischer Faktor. Er verbindet eine relativ hohe Bodenbonität (Parabraunerden auf Lößlehm oder Tal- und Terrassensande für bestimmte Sonderkulturen) mit den Wirkungen eines trocken-warmen Klimas. Obwohl Frostgefährdung in den Tälern (Inversionslagen im Frühjahr) und in einzelnen Sommern Trockenheitsrisiken auftreten (Giessner 1982), kommt zumindest dem Zentralraum Mainfrankens eine agrargeographische Gunstsituation zu. Angesichts fortschreitender Homogenisierung des Marktes und infolge des Subventionsabbaus erlangen diese naturräumlichen Vorteile wieder höhere ökonomische Relevanz. Auf dieser Grundlage können Qualitätsprodukte des kontrollierten Anbaus, besonders spezielle Weizensorten, Wein, Gemüse und Zierpflanzen weiteren Bedeutungszuwachs erlangen.

Auch in Zukunft dürften diese vier Erzeugnisse dem mainfränkischen Agrarraum "Exporterlöse" garantieren. So wird gegenwärtig die Hälfte der Winterweizenernte (500.000 t auf ca. 80.000 ha) infolge herausragender Qualität, wegen verbesserter Anbautechniken und der kostensenkenden Verkehrslage überregional abgesetzt. Eine weitere Leistungssteigerung zeichnet sich durch die Ausweitung des Premiumweizens ab, der 1990 bereits auf 4.000 ha (25.000 t) von 900 Betrieben im Rahmen strenger Qualitätskontrollen angebaut wird.

Historisch gewachsene Erfahrung ist für den Erwerbsgartenbau im Verbund mit den geeigneten naturräumlichen Standortbedingungen die entscheidende Erfolgsbasis. Mit ca. 1.200 ha erreicht er nur 21 % der Rebfläche (5.600 ha in Unterfranken), jedoch pro Hektar einen hohen Reinertrag. Der Unternehmensertrag pro Hektar betrug

1991/1992 beim Weinbau 31.400 DM (Agrarbericht der Bundesregierung 1993, S. 268 bei 5.600 ha Rebertragsfläche); der Unternehmensertrag liegt beim Erwerbsgartenbau bei 49.200 DM (Agrarbericht 1993, Buchführungsergebnisse und mündliche Angaben der Regierung von Unterfranken). Angesichts des noch geringen Selbstversorgungsgrades mit Gemüse in Deutschland von nur 38 % (1990) und steigerungsfähigem Verbrauch pro Kopf (82 kg in Deutschland gegenüber einem Mittelwert der EU von 117 kg), sollte vom Erwerbsgartenbau Mainfrankens für die Zukunft sogar ein Zuwachs an Produktionsmenge und Wertschöpfung erwartet werden. Deutschland importierte 1993 wertmäßig mehr Gemüse, Obst, Südfrüchte, Blumen und Zierpflanzen, als die Wertschöpfung der gesamten pflanzlichen Produktion betrug.

Die Umsätze aus dem Gartenbau (Gemüse–, Obst–, Zierpflanzenbau und Baumschulen) Unterfrankens betrugen 1992 insgesamt ca. 132 Mio. DM. Diese Summe erreicht etwa 75 % des Umsatzwertes des unterfränkischen Weinbaus (1992 ca. 176 Mio. DM). So darf die Vermutung geäußert werden, daß eine Expansion des Erwerbsgarten– und Zierpflanzenbaus auf bislang anders bewirtschaftete Flächen eine ökonomische Verbesserung der Standortnutzung darstellen könnte. Mit einem gewissen Wahrscheinlichkeitsgrad garantieren die nahen, verkehrsmäßig gut erreichbaren Märkte der Verdichtungsräume selbst die Nachfrage innerhalb Mainfrankens höhere Absatzmöglichkeiten und Erlöse als heute. Allerdings müßten verschiedene Verordnungen aufgehoben werden, die gegenwärtig die Neuanlage von Sonderkulturflächen noch stark erschweren.

Das landschaftliche Bild der Täler Mainfrankens wird vom Weinbau geprägt. Nicht nur die Zunahme seiner Ertragsflächen (1980: 3.900 ha, 1991: 5.600 ha in Unterfranken) und die hohen Reinerträge pro Flächeneinheit sind dafür maßgebend. Beachtlich ist seine Wirkung über den Kopplungseffekt zur Kulturlandschaft, zur Siedlungsstruktur, zur Gastronomie, zum Fremdenverkehr (Oettinger 1984), zum Kongreß– und Städtetourismus und einigen Branchen der produzierenden Wirtschaft und der Dienstleistungen. Darüber hinaus läßt der Weinbau auch indirekt über sein positiv zu Freizeitgestaltung und Kultur gebundenes Image den Standort Mainfranken heute attraktiver erscheinen als früher. Er wurde zu entscheidenden Grundlage einer spezifischen "Lebenswelt" (espace vécu, Frémont (1978). Für ein Konzept des Regionalmarketings kommt deshalb der "Erlebnislandschaft Wein" eine wichtige Rolle zu (Müssig 1981). Auch der biologische Anbau scheint in Mainfranken schrittweise überregionale Bedeutung zu erlangen.

Zwar entwickelte sich der ländliche Raum Mainfrankens seit den frühen 50er Jahren in ähnlicher Weise wie in anderen Gebieten Deutschlands (Spitzer 1990). Strukturveränderung der Landwirtschaft, Abwanderung, Schwund von Arbeitsplätzen sowie Umschichtungen im Bereich der Infrastruktur prägen auch dieses Gebiet. Dennoch sind verschiedene Elemente im ländlichen Raum Mainfrankens anders zu bewerten: Da Mainfranken nicht von tiefgreifenden industriell–urbanen Prozessen geprägt wird, vollzog sich die sonst in Mitteleuropa typische Verstädterung auch des ländlichen Raumes (Suburbanisierung) wesentlich dezenter. Das dichte Netz von Kleinstädten leitet kontinuierlich vom Oberzentrum Würzburg und dem möglichen Oberzentrum Schweinfurt über mittelzentrale Orte zu ländlichen Gemeinden über. Einige von ihnen besitzen neben modernen Versorgungseinrichtungen noch bäuerlich–dörfliche Anklänge. Die zeitlich verzögerte Entwicklung bewahrte manche Elemente des traditionellen Kulturlandschaftsgefüges. Diese Merkmale werden infolge geänderter Bewertungskriterien besonders von außerhalb Mainfrankens wieder höher eingeschätzt.

Auch im ländlichen Raum Mainfrankens traten die typischen Verluste im Netz der materiellen Infrastruktur auf (Schenk 1990), z.B. bei den Versorgungsdienstleistungen und im ÖPNV. Andere Angebote nahmen jedoch zu: Sport– und Freizeiteinrichtungen, Kurzzeiterholungsmöglichkeiten, Schulen, Fortbildungsstätten. Schließlich bietet die "freie Landschaft" des ländlich–agraren Raumes auch ohne infrastrukturelle Zutaten zunehmend einen Wertausgleich gegenüber den Anforderungen des Arbeitslebens. So gilt der Wohnstandort im ländlichen Raum Mainfrankens (obwohl er Verkehr erzeugt) fast ubiquitär als gut und ist deshalb ein wohnwertorientiertes Zuwanderungsziel. Das Wohnen "auf dem Lande" mit niedrigen Bodenpreisen und Mietkosten, den Vorteilen der nahen, gut ausgestatteten fränkischen Klein– und Mittelstadt ist ein zugkräftiges Argument zahlreicher Kommunen zwischen Spessart und Steigerwald, um für die Qualität als Wirtschaftsstandort zu werben.

Noch als zumutbar empfundene Fahrzeiten und Streßbelastungen zwischen Wohn–, Arbeits–, Schul– und Einkaufsorten ermöglichen eine vergleichsweise befriedigende Gestaltung persönlicher Zeitbudgets. Hierin liegt ein künftig noch wichtiger werdender Bewertungsfaktor des ländlichen Raumes. Übersehen sei freilich nicht die ungleichmäßige und zu geringe räumliche Verteilung und Dichte bestimmter Infrastrukturen, so z.B. von Freizeiteinrichtungen für Jugendliche.

So läßt sich zusammenfassend feststellen: Landwirtschaft und ländlicher Raum Mainfrankens verfügen trotz einer Reihe von Hemmnissen über mehrere endogene Strukturvorteile. Sie können in Zukunft durch Nutzung agrarökologischer Faktoren, Expansion innovationsfähiger Anbausysteme, ländlichen Wohnwert und günstige Gestaltung des Zeitbudgets bei der Distanzüberwindung und allgemeinen Lebenstaltung steigende Bedeutung erlangen.

Vorteile räumlicher Verkehrs– und Lagebeziehungen

Die nach außen orientierte, überregionale Verkehrsinfrastruktur des mainfränkischen Wirtschaftsraumes hat im Vergleich zur Situation vor und kurz nach dem zweiten Weltkrieg eine vielfältige Verbesserung erfahren. Die gewerblichen Standorte konnten ihre Attraktivität und Lagevorteile grundlegend steigern. Die Bedeutungszunahme war – gemessen an Gebietsgröße und Verdichtungsgrad – wenigstens ebenso groß wie in den benachbarten Agglomerationen (Wagner 1992).

Auf Straße, Schiene und Wasserweg verfügt der Wirtschaftsraum Mainfranken hinsichtlich der möglichen Erreichbarkeit heute über die gleiche Qualität und quantitative Leistungskraft wie das Rhein–Main–Gebiet oder die Region Erlangen–Nürnberg–Fürth. Mainfranken genießt verkehrsgeographische Fühlungsvorteile eines großen Verdichtungsraumes, ohne in gleichem Umfang unter dessen spezifischen verkehrsmäßigen Agglomerationsnachteilen (Verkehrsstaus, Luftbelastung) zu leiden. Allerdings muß sehr deutlich betont werden, daß die objektiv gute Verkehrszentralität während der zurückliegenden drei Jahrzehnte nur unvollkommen wahrgenommen und genutzt wurde. Möglicherweise spielt jedoch für künftige gewerbliche Standortentscheidungen angesichts veränderter Logistiksysteme die Verkehrslage nicht mehr eine dominante Rolle.

Wenn seit der Grenzöffnung die neuen und zusätzlichen Verkehrsströme in die neuen Bundesländer erwartungsgemäß andere Trassen bevorzugen, so ist hierin kein Ausdruck eines grundsätzlichen Nachteils für Mainfranken, sondern wegen geringerer Belastungen sogar eine Standortaufwertung zu sehen. Diese Tatsache sollte deshalb im Rahmen des Regional–Marketings deutlicher als bisher hervorgehoben werden.

Auf mittlere Sicht ist die Lage Mainfrankens an einer Nord–Süd–Trasse Skandinavien–Alpentransit–Mittelmeerraum (Autobahn, Schiene) vermutlich nach wie vor wichtiger als die West–Ost–Relation. Die Milderung des Brennerengpasses durch Errichtung eines Basistunnels zeichnet sich zwar noch nicht konkret ab. Auch die bislang vorhandene Hochgeschwindigkeitstrasse entfaltet ihren vollen Wert erst dann, wenn die einzelnen linearen Elemente zu einem mitteleuropäischen Netz zusammengewachsen sein werden. Innerhalb dessen besitzt Mainfranken auch auf dieser zukünftigen Verkehrsebene eine sehr gut erreichbare Lage. Auf dem Schienenweg sind Kiel, Berlin, Leipzig, Salzburg, Basel, Lindau bereits heute in viereinhalb Stunden erreichbar (Mai 1994). Zu den Defiziten zählt gegenwärtig die von erheblichen Reibungsverlusten gekennzeichnete Verbindung Mainfrankens nach Thüringen. Die Fertigstellung der Maintalautobahn und der geplanten A 81 nach Erfurt wird auch dem Schweinfurter Raum eine Lageaufwertung gewähren. Weitere notwendige Maßnahmen befinden sich mit der Verbreiterung der A 3 im Steigerwaldanstieg sowie im Nahbereich von Würzburg im Stadium der technischen Planung.

Der Ausbau der Rhein–Main–Donau–Wasserstraße war bereits in der Vergangenheit umstritten. Nach ihrer Eröffnung kann nur ein Ziel realistisch sein, nämlich die Zunahme ihrer möglichst umfassenden verkehrlichen Nutzung. Westdeutsche Güterfracht wird bislang nur zu 4 % auf dem Wasser transportiert, 75% auf der Straße, 12 % über die Schiene und 3 % mit dem Flugzeug. Diesem Zweck sollte die Förderung des kombinierten, gebrochenen Verkehrs dienen, wofür in Würzburg und Schweinfurt gute Voraussetzungen bestehen. Die Nutzung vorhandener Wasserwege und Schiffskapazität setzt lediglich eine Streckung der Zeitplanung zwischen Produktion und Absatz voraus. Angesichts der durch unberechenbare Verkehrsstaus z.T. pervertierten Just–in–time–Systeme hätte der Schiffstransport nicht nur bei den (abnehmenden) Massengütern, sondern im Rahmen elektronisch gesteuerter Containertransporte auch bei hochwertigen Produkten Entwicklungsmöglichkeiten. Mainfranken verfügt durch seine Lage an der neuen Wasserstraße über hierfür umrüstbare größere Häfen in Würzburg und Schweinfurt. Eventuell könnten auch einige der kleineren Anlandestellen wieder besser genutzt werden.

Problematisch sind jedoch zwei Aspekte: Erstens nimmt auf der neuen Wasserstraße zur Donau eher der touristische Verkehr zu als der gewerbliche Gütertransport. Zweitens haben die aus Rentabilitätsgründen zunehmenden Schiffsgrößen einen immer weiter fortschreitenden Ausbau des Mains und der Donau zur Folge (Vertiefung, Uferbegradigung und Minderung der Kurvenradien). Diese Maßnahmen gehen zu Lasten des Flußökosystems und beeinträchtigen damit die Maintallandschaft insgesamt. Hier ist eine intensive und komplex orientierte Abwägung von langfristigen Vor- und Nachteilen erforderlich.

Die Errichtung eines Güterverkehrszentrums, dessen Standort noch nicht endgültig festgelegt ist, könnte für Mainfranken große Bedeutung haben. Im Güterbahnhof Würzburg wurden stets schon Transportzüge aus Süddeutschland auf Ziele im Westen und Norden neu zusammengestellt. Die Verbindung Straßennetz, Wasserweg und Schienenschnittpunkt kann durch Logistiktechnologie die zentrale Lage Mainfrankens erneut stärken. Diese Verkehrseinrichtungen lassen sich durch moderne Transport- und Behältersysteme noch leistungsfähiger gestalten.

Ferner sind nähere Untersuchungen darüber notwendig, inwiefern die modernen Informations- und Kommunikationstechniken die bereits traditionell hohe Vermittlungs- und Bündelungsfunktion in Mainfranken auf eine nächsthöhere Qualitätsebene heben können (Maier/Atzkern 1992, S. 68).

Zusammenfassend läßt sich konstatieren: Mainfranken verfügt über verkehrsgeographische Lage- und Fühlungsvorteile eines großen Verdichtungsraumes, ohne unter dessen zu hoher Verkehrsdichte leiden zu müssen. Auch künftig bietet Mainfranken durch seine gute Lage im Netz der mitteleuropäischen Verkehrsträger überregionale Standortgunst. Es gilt, diesen bisher nicht befriedigend genutzten Umstand zukünftig besser in Wert zu setzen. Diese Funktion ist auf das Gebiet der modernen Kommunikationsmedien zu erweitern.

Attraktivität des Fremdenverkehrs- und Freizeitpotentials

In Mainfranken wuchs die wirtschaftliche Bedeutung des Tourismus – ähnlich wie in vergleichbaren anderen Gebieten Deutschlands – während der beiden zurückliegenden Jahrzehnte erheblich, wenn auch mit bestimmten regionalen Unterschieden. Es ist anzunehmen, daß dieser Trend fortbestehen und der Beitrag des Fremdenverkehrs zum Bruttoinlandsprodukt in Mainfranken weiterhin zunehmen wird. Dieser Wirtschaftsbereich zieht entsprechend seiner Einzugsreichweite (Pinkwart 1989) Kaufkraft von außerhalb der Regionsgrenzen auf sich und trägt damit zum ökonomischen Wachstum Mainfrankens bei.

Die Attraktivität des Fremdenverkehrs in Mainfranken hat folgende wichtige Ursachen. Der landschaftliche Reiz des Maintals basiert auf verschiedenen Grundlagen:

den naturräumlichen Grundelementen in der Abfolge von Fluß, Auenniederung, Terrassen- und Steilhängen, Muschelkalkgesimsen, angrenzenden Hochflächen mit ausgreifendem Fernblick zu den Schichtstufen des Steigerwaldes und der Frankenhöhe. Daneben bilden Altwässer als Feuchtökotope im Uferbereich, mosaikreiche Vegetation an den Hängen, Steppenheidereste, Sekundärvegetation auf ehemaligen Steinbrucharealen, Reb- und Streuobstbestände die kleinräumlichen Arabesken. Dem Gesamtsystem dieser Elemente kommt ein hoher ökologisch-kulturlandschaftlicher Vielfältigkeitswert zu, wie er nur in wenigen anderen mitteleuropäischen Tälern erreicht wird (Kiemstedt 1967). Dieses naturräumliche Gefüge verbindet sich mit dem Netz der differenzierten, teilweise noch kleinparzelligen landwirtschaftlichen Nutzung. Ländliche Siedlungen sowie die Klein- und Mittelstädte des Maintals bilden eine dritte Schicht der landschaftlichen Ordnung. Die historische, überwiegend bereits gut restaurierte Bausubstanz der Ortskerne (Lindemann 1989), ihre ländliche und zugleich urbane Architektur, ihre bodenständige, z.T. verfeinerte Gastronomie prägen einen fremdenverkehrsgeographischen Aktivitäts- und Erlebnisraum, der einen vergleichsweise hohen Erholungs- und Freizeitwert anbietet. Hinzu treten die überwiegend geschichtliches Bildungsinteresse ansprechenden Werte von Volkskultur und Kunst inbesondere in Würzburg selbst, jedoch auch in den kleineren Städten. Kontrastreich wird diese traditionelle kulturlandschaftliche Struktur in erreichbarer Entfernung von den waldreichen Mittelgebirgen umrahmt. Sie wurden bislang nur wenig von den Ausläufern der Verstädterung erfaßt. Von gewerblicher sowie touristischer Nutzung sind sie kaum überlastet.

Diese vier Wesenszüge formen eine auf geringe Entfernung sehr abwechslungsreiche Kleinteiligkeit, eine nuancenreiche Differenzierung der naturräumlichen und kulturlandschaftlichen Substanz und setzen sich in die Intimität des siedlungsgeographischen Details fort. Hierin liegt für die Fremdenverkehrsgebiete Mainfrankens der charakteristische Akzent und zugleich der entscheidende Unterschied zu anderen touristischen Zielgebieten. Angesichts fortschreitender Spezialisierung von Freizeitwünschen, Urlaubsmotiven, steigender Ansprüche an Erlebnishorizonte und infolge der Suche nach großen persönlichen Aktivitätsspielräumen der Freizeitgestaltung ist es notwendig, die Individualität der Angebotsseite stärker zu präzisieren und marketingmäßig darzustellen. Die traditionelle Verbindung von Tourismus und Weinkultur kann durch vielfältige, erst in den letzten Jahren hinzugetretene Elemente ergänzt werden: regionale Theater, Kleinbühnen, Festspielserien, sommerliche Konzertwochen, lokale Museen. Viele dieser neuen kulturellen Zentren sind bereits weit über die Grenzen Mainfrankens hinaus bekannt geworden.

Der Fremdenverkehr Mainfrankens erzielt eine relativ hohe Wertschöpfung. Im Jahre 1991 wurden in Mainfranken 5,73 Mio. Übernachtungen registriert (Anteil ausländischer Touristen daran etwa 0.5 Mio), davon 1,70 Mio. in der Region Würzburg und 4,03 Mio. in der Region Main-Rhön mit den Heilbädern Neustadt, Kissingen, Königshofen und Bocklet (hier längere mittlere Aufenthaltsdauer von 5,7 Tagen; Quelle: Regierung von Unterfranken, Unterfranken in Zahlen, Ausgabe 1992, S. 4.3). Legt man einen Tagesumsatz von 150 DM zugrunde (Pinkwart 1989), so ergibt sich daraus mit knapp 860 Mio. DM (1991) ein Betrag, der fast doppelt so hoch ist wie der Gemeindeanteil an der Einkommenssteuer (460 Mio. DM) oder fast dreimal so hoch wie das Nettogewerbesteueraufkommen (297 Mio. DM) oder 3,5 mal höher als die Schlüsselzuweisungen im Rahmen des Finanzausgleichs seitens des Freistaates Bayern an die Gemeinden Mainfrankens (242 Mio. DM) (Quelle: Gemeindedaten 1992, S. 415 mit Daten für 1991). Der reine Städte–Tagestourismus und der durch die Nähe der Autobahnen bedingte Durchgangstourismus sowie verschiedene andere Fremdenverkehrsaktivitäten sind in diese Abschätzung der Umsatzwerte noch nicht einbezogen. Sie erhöhen das Gesamtvolumen erheblich. Einschränkend ist zu betonen, daß diese tourismusbedingten Umsätze z.T räumlich–punktuell auf die wichtigeren Fremdenverkehrsorte konzentriert sind und im Falle der Heilbadeorte auch konjunkturellen Schwankungen unterliegen.

Der Tourismus begünstigt die einzelnen Teilbereiche Mainfrankens in unterschiedlicher Gewichtung. Örtlich sind Überlastungserscheinungen durch den Tagestourismus nicht zu übersehen. Um eine bessere Gleichverteilung zu erreichen, wäre es notwendig, wie Pinkwart (1994, S. 275) fordert, die regionalen Interessen der einzelnen Fremdenverkehrsverbände stärker aufeinander abzustimmen und ein Gesamtkonzept fremdenverkehrlicher Inwertsetzung Mainfrankens anzustreben.

Als Fazit ist festzuhalten: Der Fremdenverkehr Mainfrankens ist ein wichtiges Wirtschaftssegment, das einige andere ökonomische Sparten hinsichtlich Arbeitsmarktbedeutung, Wertschöpfung und Wachtumsraten überragt. Endogene Basis ist ein hoher kulturlandschaftlicher und naturräumlicher Vielfältigkeitsgrad. Seine Erhaltung sollte durch Zurückhaltung bei regionalpolitischen Maßnahmen angestrebt werden. Stärker als bisher ist die aktiv–individuelle Urlaubsgestaltung in einer Erlebnislandschaft als Marketingziel zu formulieren.

Entwicklungschancen der gewerblichen Wirtschaft

Obwohl die Industrie das ältere handwerkliche Gewerbe erst relativ spät aufgewertet hat (Böhn 1968), erlangte in Mainfranken die Investitionsgüterproduktion (Maschinen, Straßenfahrzeuge und Elemente hierfür) relativ große Bedeutung. In der Region Würzburg erreicht sie (1991) 27 %, in der Region Schweinfurt den sehr hohen Wert von 60 % aller im verarbeitenden Gewerbe Beschäftigten (vgl. Tab 1).

Die speziell im Raum Schweinfurt vertretenen relativ großen Betriebe der Kugellager– und Kraftfahrzeugzulieferindustrie sind Ausdruck der heute verhängnisvollen Gleichzeitigkeit hoher Spezialisierung und regionalwirtschaftlicher Monostruktur in einer traditionell nur von gewerblichen Kleinbetrieben geprägten Region (Blien 1993). Erst durch die gravierenden Umsatzrückgänge und umfangreichen Entlassungen in jüngster Zeit wurde – viel zu spät – die an sich bekannte strukturelle Krisenanfälligkeit dieser Branchen zum Anlaß, diversifizierende Maßnahmen und "schlanke Produktionsstrukturen" anzustreben. Nachdem drei Jahrzehnte bei noch steigender Be-

Tabelle 1: *Anzahl der Beschäftigten im Maschinen– und Straßenfahrzeugbau 1991 innerhalb des verarbeitenden Gewerbes in Mainfranken, Unterfranken und Bayern*

Region 1	17.559 = 32,5%	von	53.892	Beschäftigten des Verarbeitenden Gewerbes	
Region 2	13.147 = 27,1%	von	48.463	Beschäftigten des Verarbeitenden Gewerbes	
Region 3	35.093 = 58,5%	von	59.879	Beschäftigten des Verarbeitenden Gewerbes	
Unterfranken	65.799 = 40,5%	von	162.234	Beschäftigten des Verarbeitenden Gewerbes	
Bayern	374.797 = 26,8%	von	1.470.013	Beschäftigten des Verarbeitenden Gewerbes	

Verarbeitendes Gewerbe = Industrie + produzierendes Handwerk
Mainfranken = Planungsregionen 2 plus 3

Quelle: Daten des Bayerischen Staatsministeriums für Wirtschaft und Verkehr.

schäftigung diese räumlich isolierten, aus kleinbetrieblichen Unternehmen entstandenen Standorte einen hohen Anteil zum Bruttoinlandsprodukt der Region beigesteuert hatten, ist zunächst eine Verbesserung der industriellen Lage mit Schwierigkeiten verbunden. Dennoch zeigen sich positive Ansätze. Im Rahmen von Buy–out–Vorgängen wurden aus den Großbetrieben leistungsfähige Zweige ausgegliedert. Als selbständige Unternehmen bleiben sie im Zulieferverbund, entwickeln jedoch über vielfältige Innovationen neue Produktionsziele.

Die industrielle Standortqualität Mainfrankens basiert – neben der an sich guten Verkehrslage – auf bemerkenswertem Innovationsvermögen, differenzierter technologischer Arbeitserfahrung und einem Angebot qualifizierter Erwerbspersonen. Diese Bedingungen könnten mittelfristig die Ansiedlung neuer Branchen auf sich ziehen, wenn es gelänge, bereits qualifizierte jüngere Arbeitskräfte weiter zu fördern und sie vor Abwanderung in andere Regionen abzuhalten. Ein gewisses Defizit scheint noch der Mangel an Fortbildungsmöglichkeiten auf höherer Ebene zu sein. Das enge Zusammenwirken mit berufsqualifizierenden Einrichtungen und Hochschulen bedarf deshalb weiterer Vertiefung.

Auf dieser Grundlage konnte sich jedoch bereits inzwischen eine Schicht mittlerer und kleinerer Unternehmen, z.T. modernster Produktionsrichtungen und hoher Flexibilität entwickeln. Viele dieser im zurückliegenden Jahrzehnt in Mainfranken angesiedelten Betriebe trugen zur Differenzierung des Arbeitsmarktes bei. Sie haben sich meist für die neueren Teile der Gewerbegebiete von Schweinfurt–Süd, Würzburg, aber auch einzelner kleinerer Zentralorte entschieden. So entstanden neue Formen von räumlichen Agglomerationsbindungen. Im Nahbereich eines vor 16 Jahren mit 40 Beschäftigten gegründeten, heute 500 Arbeitsplätze bietenden Betriebes der Medizintechnik in Schweinfurt–Süd, sind zugeordnete Zulieferunternehmen mit ca. 60 bis 70 Arbeitnehmern neu gegründet worden.

War die Verkehrslage bereits bei der Gründung des medizintechnischen Betriebes 1978 nur ein untergeordnetes Entscheidungsmotiv, so bildete sie für die neu entstandenen Zulieferunternehmen keinerlei Bedeutung. Im übrigen konnten auch die Arbeitskräfte nicht unmittelbar aus dem Bestand der Arbeitslosen der Kugellagerindustrie übernommen werden. Vorbedingung war eine Ausbildung in EDV, Elektronik, Fernsehtechnik, Feinmechanik. Die darauf aufbauende Weiterbildung mußte weitgehend von dem neuen Betrieb selbst organisiert werden, da in der Region keine entsprechenden Möglichkeiten vorhanden sind.

Hier wirkt sich aus, daß der Beginn neuer Produktzyklen über räumliche Fühlungsvorteile und ähnliche Produktionsziele (economies of scope) eine gewandelte Art von Agglomerationsvorteilen auslöst. Damit schaffen sich neue Produktlinien und Betriebe die für sie geeigneten Standortumfelder selbst. Spezifische Standortvorteile müssen nicht in Gestalt klassischer Infrastrukturen bereits vorgegeben sein (Storper/Walker 1989). Verstärkt werden diese positiven Effekte, wenn es kleineren und mittleren Betrieben gelingt, Forschungs–, Entwicklungs–, Vermarktungseinrichtungen, Verkehrsmanagement und Logistik gemeinsam zu gestalten und dadurch die hierfür erforderlichen Kosten zu teilen (Danielzyk/Ossenbrügge 1993, S. 213).

Für Vorhaben von Forschung und Entwicklung bieten die Programme der Europäischen Union, des Bundesministeriums für Forschung und Technologie sowie speziell auch bayerische Programme zinsgünstige Kredit–Finanzierungsmöglichkeiten für bis zu 90 % der Investitionskosten (Technologie–Einführungs–, Innovationsförderungs– und Mittelständisches Technologieberatungsprogramm; Außenwirtschaftsberatungsprogramm; Bayerisches Mittelstandskreditprogramm; Bayerisches Regionales Förderungsprogramm).

Die Unterstützung dieser eigenaktiven Bestrebungen von Wirtschaftsunternehmen ist Aufgabe moderner Regionalpolitik. In Mainfranken lassen die folgenden neuen Branchen Ansatzpunkte solcherart gewandelter, quasi auf der grünen Wiese "selbst erzeugter" Agglomerationsvorteile und Kopplungseffekte erkennen:

- Umwelttechnik,
- Abfallverwertungsverfahren,
- Recyclingmaschinenbau,
- Hydraulik– und Elektroniksysteme,
- Kunststoffdiversifizierung,

-   Steuerungstechnik,
-   Fahrzeugelektronik,
-   Hebe–, Lager–, Fördertechnik,
-   moderne Element–Konstruktionssysteme für Großbauten.

Entscheidendes Merkmal der betrieblichen Organisationsstruktur ist hohe Flexibilität der Produktionsrichtung und die Fähigkeit, sich schnell auf neue Produkt–Nachfrage einstellen zu können.

Aus dieser Wurzel erwuchsen gewisse Erfolge. Unterfranken zeichnet sich gegenüber Bayern und dem Bundesgebiet durch einen wesentlich höheren Wert (ca. 35 %) von überlebenden Neugründungen der Periode 1985 bis 1991 aus (Helferich 1992, S. 16). Diese Tatsache ist im Umkehrschluß als Bestätigung guter Standortvergesellschaftung in einigen Bereichen Mainfrankens zu sehen. Gleichzeitig darf sie für die mittelständische Industrie als Impuls gelten, weitere diversifizierende Aktivitäten zu entfalten (Herderich 1992, S.43). Zwischen 1988 und 1993 wurden in Mainfranken etwa 40.800 gewerbliche Betriebe neu gegründet, ca. 27.600 mußten wieder aufgeben (Quelle: IHK Würzburg–Schweinfurt). Diese Zahlen zeigen, daß Existenzgründungen zwar generell auf zahlreiche unüberwindliche Hindernisse stoßen, die Bilanz jedoch insgesamt positiv war.

Eine wichtige Grundlage ist hierfür das Gewerbeflächenangebot in Verbindung mit der meist als gut bewerteten Verkehrsanbindung. Obwohl im Rahmen betrieblicher Umstrukturierungen gebietsinterne Verlagerungen in neu erschlossene Industrieareale nicht selten sind und wirtschaftlichen Zuwachs ermöglichen, würde die Ansiedlung von außerhalb Mainfrankens oder Neugründungen höhere Effizienz für den Wirtschaftsraum bedeuten.

Um diesen Vorgang zu fördern, bieten sich die gängigen, in ganz Mitteleuropa üblichen Mittel an (Lohmeier 1992): Gewerbesteuer, Gewerbeflächenangebot und –ausstattung, deren gute lokale Anbindung an den Fernverkehr, Förderung durch Einbezug der Unternehmen in die Gewerbegebietsplanung, Schaffung von Fühlungsvorteilen durch Allokation von zugeordneten Branchen, optimierte Einfügung von gewerblichen Flächen in andere Funktionsräume im Rahmen der Bauleitplanung (Verkehr, Wohnen etc.), Gestaltung eines zuträglichen politischen Wirtschaftsklimas. Sind diese Instrumente auch durchaus ubiquitär, so ist ein entscheidender Vorteil aus ihrer Handhabung zu ziehen. Der "Wettbewerb zwischen guten und weniger guten Industrie– und Gewerbegebieten nimmt zu" (Lohmeier 1992, S. 27). Insofern stellt ein räumlich gestreutes Gewerbeflächenangebot mit jeweils unterschiedlicher Ausstattung innerhalb der traditionellen, kleinteiligen und funktional differenzierten mainfränkischen Siedlungsstruktur einen beachtlichen, auch überregionalen Vorteil dar.

Die Grundstückskosten für privates Bauen und noch stärker für Gewerbeflächen sowie die Mieten für Büroräume liegen in Mainfranken unter den Vergleichswerten der benachbarten, inbesondere auch der großen Verdichtungsräume. Diese Tatsache wirkt sich auch auf die Gehaltsstrukturen aus, denen ein relativ niedriges Lebenshaltungskostenniveau entspricht. Diese wichtigen Elemente des Standortkostenkomplexes bewirken damit ein deutliches Wettbewerbsplus.

Von der Errichtung und weiteren Spezialisierung von Gewerbe– und Technologieparks mit hohem integrierten Forschungs– und Innovationspotential geht, wie empirische Untersuchungen zeigen, nachhaltige regionalwirtschaftliche Wirkung aus (Schrumpf 1986). Mainfranken bietet auf diesem Sektor über die bereits vorhandenen Einrichtungen hinaus (Anwenderzentrum Würzburg AWZ im Fraunhofer–Institut für Silicatforschung, Zentrum für angewandte Mikroelektronik in Schweinfurt ZAM, TGZ Würzburg, Technologiepark Rimpar, Gründer–, Innovations– und Beraterzentrum (GRIBS)), noch ein breites Spektrum von weiteren Ansiedlungsmöglichkeiten. Nicht alle Branchen sind auf unmittelbare räumliche Fühlungsvorteile und Nahkontakte bereits vorhandener infrastruktureller oder produzierender Vorleistungen angewiesen. Vielmehr bieten die in Mainfranken zunehmend erkennbaren "weichen Standortvorteile" im Gegensatz zu den Verdichtungsräumen mit Agglomerationsnachteilen wichtige Ansiedlungsmotive.

Zusammenfassend lassen sich folgende positiv zu bewertende Entwicklungsbedingungen der gewerblichen Wirtschaft in Mainfranken nennen:

–   Die Industrie in Schweinfurt ist Teil weltweiter Konzern– und Standortnetze. Jüngere Industrialisierungsstrategien streben zwar die Verlagerung bestimmter Produktionslinien in Regionen mit niedrigeren Arbeitskosten an. In den traditionellen Ursprungsorten kann dagegen auf der nur hier vorhandenen Basis von Organisations– und Arbeitserfahrung, differenzierter Innovationsfähigkeit sowie nach Flexibilisierung des Firmen–Managementes die Entwicklung neuer Produkte erfolgen (Taylor/Thrift 1983). Dabei sind Produkte der Hochtechnik denjenigen der sogenannten Spitzentechnologie hinsichtlich der Breiten– und Tiefenwirkung oft überlegen.

–   Ansätze zur Schaffung neuer Arbeitsplätze in diversifizierten Branchen des produzierenden Gewerbes zeigen sich bereits in zahlreichen mainfränkischen Standorten, besonders auch im Gewerbegebiet Schweinfurt–Süd. Die traditionell hohe technologische Arbeitserfahrung bleibt wichtiger Standortfaktor.

–   Positive Ansätze sind in zahlreichen, räumlich gestreuten, ingesamt jedoch verkehrsgünstigen und preiswerten Gewerbegrundstücken zu sehen. Sie sind ausnahmslos frei von Agglomerationsnachteilen größerer Verdichtungsräume (Verkehrsprobleme, hohe Bodenpreise und Mieten).

–   Vorteile der gewerblichen Wirtschaft ergeben sich zunehmend weniger aus den klassischen, "harten" Standortkriterien. Vielmehr spielen für Zukunftsindustrien und ihre Beschäftigten "weiche" Standortvorteile eine wichtige Rolle. Sie sind als nicht–materielle Faktoren zwar nur begrenzt monetär exakt zu fassen, bilden aber langfristig nicht hoch genug einzuschätzende Impulse (Nähe zu Institutionen von Forschung und Entwicklung, Wohnumfelder, Versorgungseinrichtungen, Freizeitgestaltung, Image und Ausstrahlung einer Region).

– Für ein zukünftiges Marketingkonzept bietet sich eine doppelte Strategie an: sowohl das vorhandene Angebot eines Netzes mittelständischer Arbeits– und Organisationserfahrung herauszustellen, als auch in Gang befindliche Prozesse von Standortüberlegungen außerhalb der Region durch die persönliche Rücksprache eines "Regionalmanagers" auf Mainfranken zu lenken.

Daraus könnte ein Fazit gezogen werden: Der Wirtschaftsraum Mainfranken ist kein Verdichtungsraum, verfügt aber über günstige Funktionsmischung bei kleinteiliger Siedlungsstruktur und bietet in Verbindung mit differenzierter, insgesamt gut entwickelter Verkehrszentralität und noch dezentem Standortkostenniveau Wettbewerbsvorteile gegenüber anderen Regionen. Ansätze innovationsfähiger moderner Branchen nutzen die traditionelle Arbeits– und Organisationserfahrung. Sie erzeugen jedoch durch Vorwärts– und Rückwärtskopplungseffekte eigene Agglomerationseffekte.

Wachstumsimpulse durch Bildungs– und Forschungsstätten

Kontrovers wird die Frage diskutiert, ob Industriepolitik wirtschaftliches Wachstum unmittelbar induzieren könne. Als sicher gilt jedoch, daß durch Wettbewerb Forschungs– und Entwicklungsaktivitäten ausgelöst werden. Im Rahmen der Überlegungen einer neuen Wachstumstheorie spielt die Entstehung neuen technischen Wissens durch öffentliche und private Forschung eine wichtige Rolle. Die Ergebnisse dieser Lernprozesse stehen gewerblichen Unternehmen meist kostenlos zur Verfügung. Entscheidend ist, daß öffentliche und unternehmerische Forschung ineinandergreifen. Ist der Anreiz dazu groß genug, kann sich ein selbst tragender Wachstumsprozeß etablieren.

Bildung und Wissenschaft erzeugen über Forschung und berufliche Aus– und Fortbildung auch in regionaler Sicht "human capital" und innovatives Potential. Sie tragen langfristig zur endogenen Gestaltung der Leistungskraft eines Wirtschaftsraumes bei, haben aber auch eine weit darüber hinausreichende Effizienz. Diese Zusammenhänge lassen sich für Mainfranken in dreifacher Sicht darstellen:

– unmittelbare Erhöhung der regionalen Kaufkraft durch Lohnsummen und Beschaffungsaktivität auf den regionalen und überregionalen Märkten. Allein die Universität Würzburg, mit 8000 Beschäftigten der größte Arbeitgeber, erweitert die Kaufkraft der Region um ca. 745 Mio. DM jährlich (475 Mio. DM Lohn–/Gehaltssumme, 270 Mio. DM Sachmittelausgaben). Dieser Wert ist mehr als doppelt so hoch wie der Jahresumsatz von Weinbau und Erwerbsgartenbau ganz Unterfrankens (Jahresumsatz 1991 = 350 Mio.),

– durch Steigerung der Standards beruflich qualifizierter Bildung für den regionalen und überregionalen Arbeitsmarkt,

– durch direkte Folgen der Forschungsaktivität für die Erweiterung, Spezialisierung und Neuentwicklung von produzierenden, wertschöpfenden Aktivitäten, die ihrerseits eine Vergrößerung sowie eine qualitative Anhebung des Produktionsniveaus in der Region zur Folge haben und über Fühlungsvorteile Wirtschaftsunternehmen anderer Regionen zur Standortverlagerung nach Mainfranken bewegen könnten. Dennoch stellt sich die Frage, ob eine klassische Universität ohne Technikfakultät, eine Fachhochschule mit breitem sozialwissenschaftlichen Anteil und sonst eine zwar breite, insgesamt jedoch nur auf die mittlere Ebene orientierten Berufsbildung Impulse für wirtschaftliches Wachstum geben können.

Eine positive Antwort findet sich nur dann, wenn auf dieser Grundlage neue Strategien aufbauen (Schamp u. Spengler 1985). Im Vordergrund steht dabei die Frage, in welchem Umfang seitens der Fachhochschule und der Universität, des Süddeutschen Kunststoffzentrums (SKZ), des Fraunhofer–Institutes für Silicatforschung mit Anwenderzentrum für Acrylglasbeschichtungen (AWZ), des Centralen Agrar–Rohstoff Marketing– und Entwicklungs–Netzwerk (CARMEN) in Rimpar, des Technologie– und Gründerzentrums Würzburg (TGZ) und des Gründer–, Innovations– und Beratungszentrum Schweinfurt (GRIBS) konkrete Wissens– und Technologietransfers zu einzelnen Unternehmen der Region geleistet werden. Darüber hinaus könnte erwartet werden, daß besonders vom universitären Forschungspotential Anstöße ausgehen, die Wirtschaftskraft und Wettbewerbsfähigkeit Mainfrankens stärken und zusätzlich sogar neu entstehen lassen. Hinsichtlich einer innovationsorientierten Regionalpolitik kommt solcherart angeregten Existenz– und Firmenneugründungen größte Bedeutung zu (Helferich 1992). Eine Standortwerbung für Mainfranken sollte ferner auch darauf verweisen können, daß die räumliche Nähe zu Wissenschafts– und Forschungsstätten und deren (weltweite) Kontakte betriebliche Entwicklungsvorteile bietet.

Ergänzt werden die oben genannten Institutionen durch die universitären Sonderforschungsbereiche, Forschergruppen, interdisziplinäre Forschungszentren sowie Graduiertenkollegs. Sie wechseln zwar organisatorisch nach gewisser Zeitdauer, ihr thematischer Folgebestand strahlt jedoch in der Regel über einige Jahrzehnte innovative Forschungsergebnisse aus.

An der Universität bestehen gegenwärtig folgende Forschungsschwerpunkte mit besonders anwendungsbezogener Zielsetzung: Technische Physik, Materialprüfung, Medizintechnik, Medizinforschung, Biotechnologie, Recyclingtechnologie, Umwelttechnik, Verkehrsforschung, Betriebswirtschaft und Marktforschung, digitale geowissenschaftliche Bildverarbeitung, Geoinformationssysteme, Wirtschaftsraumforschung, Forschung zur geoökologischen Umweltverträglichkeitsprüfung, Klimaforschung, Forschungen zur Relevanz zukünftger wirtschaftlicher und sozialer Standortkräfte sowie wirtschaftsgeographische Grundlagenforschung für die Regionalplanung. Diese weiteren "weichen" Faktoren sind als in Mainfranken vorhandenes endogenes Potential zu sehen. Wechselwirkungen zwischen Wissenschaft und Wirtschaft spielen im Rahmen der neueren Industrialisierungsstrategien als Ansiedlungsmotiv gewerblicher Betriebe weltweit bereits eine größere Rolle, als die klassischen Standortfaktoren (z.B. Transportkostenanteil).

Analysiert man die zahlreichen Marketing– und Imageprofile von "Regionen im Aufbruch", die im Verlaufe der beiden letzten Jahre in Deutschland erschienen sind, so nimmt dort die Relation Forschung–Wirtschaft jeweils einen entscheidenen Rang als künftiger räumlicher Standortvorteil ein.

Da diese Impulskräfte von Forschung und Entwicklung heute jedoch in vielen Wirtschaftsräumen, in allen Industrieländern und in zahlreichen Schwellenländern vorhanden sind und für die jeweils regionale Wirtschaftsentwicklung genutzt werden, hat man in Mainfranken auch auf dieser Ebene mit Wettbewerb und Konkurrenz zu rechnen. So kommt es darauf an, die Kopplungseffekte zwischen Forschung und Wirtschaft hinsichtlich der Entwicklung neuer Produktzyklen spezifischer zu fördern. Hierzu zählt, die Serienreife zukünftiger Produktlinien mit einer Standortbindung an Mainfranken zu verknüpfen. Es kann kein Zweifel bestehen, daß in diesem kritischen Moment andere Wirtschaftsräume, inbesondere auch einige mit noch größeren Vorteilen junge Unternehmer ebenfalls anziehen.

Zweifellos werden in Mainfranken diese Möglichkeiten noch nicht voll ausgeschöpft. Für die Planungsinstitutionen von Städten, Regionen und Bezirk ergibt sich daraus die wichtige gemeinsame Aufgabe, das regionale Forschungspotential – in Verknüpfung mit den übrigen Vorzügen – nach außen hin aktiv und mit Nachdruck als Attraktivitätselement darzustellen.

Die Universität sollte (neben allen anderen Aufgaben) solche Zweige der Angewandten Forschung auch deshalb fördern, da sie geeignet sind, bestimmte wissenschaftliche Erkenntnisse an Technologie– und Gründerzentren zur Produktentwicklung zu delegieren. Von hier ausgehend besteht dann die Möglichkeit, unter fortdauernder Nutzung der Fühlungsvorteile zu Universitätsinstituten und anderen Forschungsstätten entwicklungsfähige Standortkombinationen in der Region, z.B. auch im Raum Schweinfurt, anzubieten. Hierbei ist nicht nur die klassische Gütererzeugung gemeint, sondern auch der in Zukunft wichtiger werdende übergreifende Bereich zwischen dem sekundären und tertiären Sektor. Impulse dieser Art gingen früher vorwiegend von Technischen Hochschulen aus. Auch eine ältere Universität umfaßt heute jedoch zahlreiche moderne, z.T neu entstandene, Fächer, die – kooperativ zugeordnet – Forschung über zukünftige Technologien im Grenz– und Überschneidungsbereich verschiedener Disziplinen betreiben.

So läßt sich zusammenfassend argumentieren: Im Zeitraum des zurückliegenden Jahrzehntes sind in Mainfranken zahlreiche Forschungsaktivitäten entstanden, deren Ergebnisse neue industrielle und gewerbliche Produkt–Lebenszyklen begründen (Tichy 1991). Die sich daraus ergebenden Agglomerationsvorteile neuer Art (Kopplungseffekte) sind durch spezifische Strategien zu fördern, die bislang im Instrumentarium der Regionalpolitik noch nicht enthalten sind und deshalb geschaffen werden müssen.

Zusammenfassung

Am Beispiel einer Auswahl von fünf Entwicklungswegen und Problemfeldern wurden Chancen und Risiken Mainfrankens aus wirtschaftsgeographischer Sicht dargestellt.

Dabei zeigt sich trotz der bekannten strukturellen und konjunkturellen Hypotheken ein relativ breites Spektrum von günstigen Faktoren. Sie können in wechselseitiger Verflechtung eine Grundlage der zukünftigen Entwicklung wirtschaftlicher Aktivitäten sein. In einem Marketingkonzept sollten diese wirtschaftgeographischen Aspekte zusätzlich zu anderen Argumentenenthalten sein. Die Darstellung Mainfrankens nach außen kann realistisch nur durch einen universalistischen Ansatz sachgerechter Abwägung unterschiedlichster Faktorkombinationen und deren Wechselwirkung erfolgen.

Literatur

Abert, J., Der fränkische Kulturraum.− Würzburg 1933 = Archiv für Unterfranken 69, 3. Heft. A. Der Norden.

Ante, U., Bevölkerung. − in: Strategie− und Handlungskonzepte für das Bayerische Grenzland in den 90er Jahren. − München 1991, S. 101−126.

Ante, U., Some developing and current problems of the eastern border landscape of the Federal Republic of Germany: The Bavarian example. − in: Rumley D. and J.V. Minghi (Editors), The Geography of Border Landscapes. London, New York 1991, S. 64 − 85.

Ante, U., Zukunftsbedingungen des Wirtschaftsraumes Unterfranken. S. 45 − 69. in: Ante, U. (Hrsg.): Zur Zukunft des Wirtschaftsraumes Unterfranken. − Würzburg, 1992 = Würzburger Universitätsschr. Bd. 5.

Ante, U., Tendenzen der Siedlungs− und Erwerbsstruktur am Beispiel der Bayerischen Rhön. − Akademie für Raumf. und Landesplanung, Arbeitsmaterial, 1993, S. 133−146.

Ante, U., Zum praktischen Rückgriff auf das "Regionalbewußtsein". − Würzburger Geographische Arbeiten 89, 1994, S. 51 − 63.

Arnold, A., Das Maintal zwischen Haßfurt und Eltmann. Seine kultur− und wirtschaftsgeographische Entwicklung von 1850 bis zur Gegenwart. Hannover 1967 = Jahrbuch der Geographischen Gesellschaft zu Hannover für 1965.

Blien U., Arbeitsmarktprobleme als Folge industrieller Monostrukturen. Das Beispiel der Region Schweinfurt. − Raumforschung und Raumordnung 51, 1993, S. 347−356.

Böhn, D., Vier Karten zur wirtschaftlichen Entwicklung Mainfrankens. − in: 125 Jahre Industrie− und Handelskammer Würzburg−Schweinfurt. Würzburg 1968, S. 67−80.

Böhn, D. (Hrsg.), Regionalgeographische Untersuchungen in Mainfranken. Würzburg 1982 = Würzburger Geogr. Arbeiten, H. 57.

Brandt, H.−H., Ein tüchtiges Organ des Handels− und Fabrikantenstandes. Die Industrie− und Handelskammer Würzburg−Schweinfurt in 150 Jahren. Würzburg 1992.

Buttler, F., Gerlach, K. u. P. Liepmann., Grundlagen der Regionalökonomie. − Hamburg, 1977.

Curdes, G., Regionale Umstrukturierung durch weiche Standortfaktoren: Konzepte zu einer regionalen Gestaltpolitik am Beispiel der Region Aachen. − Jb. f. Regionalwiss., 9/10, 1988/89, S. 111−113.

Danielzyk, R. u. J. Ossenbrügge, Perspektiven geographischer Regionalforschung. − Geographische Rundschau 45, 1993, 210−216.

Frémont, A., Der "Erlebnisraum" und der Begriff der Region. Ein Bericht über neuere französische Forschungen. − Geograph. Zeitschr. 66, 1978, 276 − 288.

Giessner, K., Mainfranken − ein hydrologisches Problemgebiet. − Würzburger Geographische Arbeiten H. 57, 1982, S. 109 − 140.

Gossmann, H.u.a., Die Modellierung der Wärmebelastung als Beitrag zur bioklimatischen Raumbewertung Mainfrankens. − Würzburger Geographische Arbeiten 89, 1994, S. 97−109.

Helferich, E., Existenzgründer. Wer sind sie? Was tun sie? Was wird aus ihnen? − Würzburg 1992, 36 S. Veröffentl. der IHK Würzburg−Schweinfurt.

Herderich, G., Unterfranken am Scheideweg? Anmerkungen zu einer neuen Siutuation aus der Sicht von Landesentwicklung und Raumordnung. − S. 35−44, in: Ante, U. (Hrsg.): Die Zukunft des Wirtschaftsraumes Unterfranken. Würzburg 1992. 69 S. = Würzburger Universitätsschriften zur Regionalforschung Bd. 5.

Herold, A., Der zelgengebundene Anbau im Randgebiet des Fränkischen Gäulandes und seine besondere Stellung innerhalb der südwestdeutschen Agrarlandschaften. – Würzburger Geogr. Arb. 15, 1965.

Herold, A., Mainfranken. Geographische Wesenszüge einer süddeutschen Beckenlandschaft. – Geographische Rundschau 20, 1968, S. 220–234.

Herold, A., Der Fremdenverkehr in Mainfranken. Struktur, Möglichkeiten, Probleme. 1979, 62 S. = Schriftenreihe IHK Würzburg–Schweinfurt, H. 10.

Herold, A., Zeitliche und räumliche Phasen der Entwicklung des Autobahnnetzes in Unterfranken. – Würzburger Geogr. Arbeiten H. 57, 1982, S. 25–48.

Herold, A., Das mainfränkische Autobahnnetz. Entwicklung, Struktur, Funktion. – Würzburg, 1984 = Schriftenreihe der IHK Würzburg–Schweinfurt, H. 11.

Herold, A., Berlin–Leipzig–Würzburg–Stuttgart–Zürich. Chancen einer dritten Nord–Süd–Magistrale. – Würzburg 1990 = Schriftenreihe der Industrie– und Handelskammer Würzburg–Schweinfurt H. 13.

Johanek, P., Von der Kaufmanns–Genossenschaft zur Handels–Korporation. – in: 125 Jahre Industrie– und Handelskammer Würzburg–Schweinfurt. Würzburg 1968, S. 9–63.

Kiemstedt, H., Zur Bewertung der Landschaft für die Erholung. – Beitr. zur Landschaftspflege, Stuttgart 1967, Sonderheft 1.

Kistenmacher, H., Ansätze zu einer konzeptionellen Weiterentwicklung der Raumordnungspolitik in Deutschland und Europa. – Information zur Raumentwicklung H. 11/12, 1991, S. 675–685.

Lamping, H., Ostunterfranken – wirtschaftsgeographische Struktur– und Funktionsuntersuchungen. – Schriftenreihe der IHK Würzburg–Schweinfurt H. 7, 1972, S. 43–78.

Lindemann, H.–E., Historische Ortskerne in Mainfranken. – München 1989, 204 S.

Lipp, W., (Hrsg.), Industriegesellschaft und Regionalkultur. – Schriftenreihe der Hochschule für Politik Bd. 6, München 1984, 288 S.

Lohmeier, W., Bevölkerungsrückgang setzt neue Daten für wirtschaftliche Entwicklung Mainfrankens. – Mainfränkische Wirtschaft 1990, 5, S. 14–15.

Lohmeier, W., Attraktive Gewerbegebiete sichern Standorte. Mainfranken im Spinnennetz europäischer Fernverkehrsverbindungen. – Mainfränkische Wirtschaft 1992, 10, S. 26–40.

Lutter, H., Raumwirksamkeit von Fernstraßen. Eine Einschätzung des Fernstraßenbaus als Instrument zur Raumentwicklung unter heutigen Bedingungen. – Forschungen zur Raumentwicklung Bd. 8, Bonn, 1982.

Maier, J. u. H.–D. Atzkern, Verkehrsgeographie. –Stuttgart 1992, 255 S.

Müssig, H.–P., Determinanten und sozialökonomische Auswirkungen der Weinbergsflurbereinigung in Mainfranken. – Würzb. Geogr. Arb. H. 52, 1981.

Oettinger, P., Die Verflechtung von Fremdenverkehr und Weinbau in Mainfranken. – Würzburger Geogr. Arb. H. 61, 1984.

Pieper, R., Region und Regionalismus. Zur Wiederentdeckung einer räumlichen Kategorie in der soziologischen Theorie. – Geogr. Rundschau 39, 1987, S. 534–539.

Pinkwart, W., Tagesgäste in Würzburg. Aspekte zu einem wenig erforschten Gegenstand im Städtetourismus auf der Basis einer Gästestrukturanalyse 1988. – Würzburger Geogr. Manuskripte H. 22, 1989, S. 9f.

Pinkwart, W., Eignung und Bedeutung Unterfrankens und seiner Teilräume für den Fremdenverkehr. – Würzburger Geogr. Arbeiten H. 89, 1994, S. 257–277.

Rittenbruch, K., Zur Anwendbarkeit der Exportbasiskonzepte im Rahmen von Regionalstudien. – Berlin 1968.

Schäfer, D., Der Weg der Industrie in Unterfranken. – Würzburg 1970.

Schamp, E. W. und U. Spengler, Universitäten als regionale Innovationszentren? Das Beispiel der Georg–August–Universität Göttingen. – Zeitschr. für Wirtschaftsgeographie 29, 1985, S. 166–178

Schenk, W., Infrastruktur in ländlichen Räumen – Beobachtungen zum derzeitigen Zustand und künftiger Entwicklung in Unterfranken. S. 179–190 in: Schliephake, K. (Hrsg.), Infrastruktur im ländlichen Raum – Analysen und Beispiele aus Franken. Hamburg 1990 = Reihe: Material zur Angewandten Geographie Bd. 18.

Schenk, W. u. K. Schliephake, Zustand und Bewertung ländlicher Infrastrukturen: Idylle oder Drama? Ergebnisse aus Unterfranken. – Ber. z. deutschen Landeskunde 63, 1989, S. 157–179.

Schenk, W., 1200 Jahre Weinbau in Mainfranken – eine Zusammenschau aus geographischer Sicht. – Würzburger Geogr. Arb. H. 89, 1994, S. 179–201.

Schenk, W. u. K. Schliephake (Hrsg.), Mensch und Umwelt in Franken. Festschrift für Alfred Herold. – Würzburger Geogr. Arbeiten 89, 1994, 377 S.

Schliephake, K. (Hrsg.), Infrastruktur im ländlichen Raum – Analysen und Beispiele aus Franken. – Hamburg 1990 = Reihe: Material zur Angewandten Geographie Bd. 18.

Schrumpf, H., Existenzgründungen, technologische Innovation und regionalwirtschaftliche Entwicklung. – Raumforschung u. Raumordnung 44, 1986, S. 101–107.

Siebeck, J. E., Europa 2000. Vorstellungen der EG zur räumlichen Entwicklung in Europa. – Raumforschung u. Raumordnung 50, 1992, S.100 – 106.

Siebert, H., Regionales Wirtschaftswachstum und interregionale Mobilität. – Tübingen 1970.

Spitzer, H. u.a., Das räumliche Potential als entwicklungspolitische Basis. – Saarbrücken 1982, 506 S. = Schr. d. Zentr. f. regionale Entwicklungsforschung d. Univ. Gießen Bd. 21.

Spitzer, H., Ländlicher Raum und Infrastruktur. S. 13–24. in: Schliephake, K. (Hrsg.), Infrastruktur im ländlichen Raum. Analysen und Beispiele aus Franken. – Hamburg 1990 = Reihe: Material zur Angewandten Geographie Bd. 18.

Storper, M. u. R. Walker, The capitalist imperative. Territory, technology and industrial growth. Oxford 1989.

Taylor, M.J. und N.J. Thrift, Business Organization, Segmentation and Location. – Regional Studies 17, 1983, S. 445–460.

Tichy, G., The product–cycle revisited: Some extensions and clarifications. in: Z. f. Wirtschafts– und Sozialwiss. 111, 1991, S. 27–54.

Wagner, H.–G., Das Maintal – eine europäische Entwicklungsachse? – S.193–208 in: Deutscher Werkbund Bayern, Der Main, Gefährdung und Chancen einer europäischen Flußlandschaft. – München, 1980.

Wagner, H.–G., Das mittlere Maintal. Gedanken zur Notwendigkeit einer stärker regionalisierten Raumordnung. – Würzburger Geogr. Arbeiten 57, 1982, S. 7–23.

Wagner, H.–G., Zum Standort des Wirtschaftsraumes Unterfranken im Spiegel seiner jüngeren historischen Außenbeziehungen. S. 1–22, in: Ante, U. (Hrsg.), Zur Zukunft des Wirtschaftsraumes Unterfranken. – Würzburg, 1992.

Weitz, O., Siedlung, Wirtschaft und Volkstum im südlichen Maindreieck. – Würzburg 1937 = Fränkische Studien. Mitteilungen der Geographischen Gesellschaft zu Würzburg, NF, H. 1.

Welte, A., Das geographische Wesen von Nordfranken. – in: ABERT, J. 1933.

Raumbezogene Verkehrsforschung in der Angewandten Geographie – Realitäten und Analyseansätze

Von Konrad Schliephake

Einleitung – zum Stand der Verkehrsgeographie

Ist es wirklich ein "merkwürdig Ding" um die Verkehrsgeographie, wie der Verfasser vor einiger Zeit anmerkte (Schliephake 1992)? Tatsächlich finden wir Beiträge zu Konzept und Theorie der raumbezogenen (geographischen) Verkehrsforschung immer seltener, während wir wissen – und die DVAG–Tagung ist bester Beweis – daß angewandt–verkehrsgeographische Arbeiten eine ganze Schar von jungen Geographen, oft im interdisziplinären Team, erfolgreich beschäftigen. Nun hat jede Disziplin und jede Teildisziplin ihre Forschungslücken. Wäre das nicht so und gäbe es einen kontinuierlichen, sozusagen gesetzmäßigen Fortschritt in der Wissenschaft, so bräuchten wir keine Tagungen und Konferenzen, wie die hier in Schweinfurt.

Was ist die Aufgabe der folgenden Ausführungen? Nach dem regionalen Einführungstext von H.G. WAGNER, der die Leser mit der Region und ihren wirtschaftsgeographischen Elementen vertraut macht, und den ebenfalls auf die Region zwischen Main und Rhön bezogenen Beitrag von Schliephake und Niedermeyer wäre ein sektoraler Überblick über den "state of the art" angemessen. Doch gerade im Bereich der raumbezogenen Verkehrwissenschaften tun wir uns schwer, den Stand der Kunst, die "Forschungsfront" in ihrer ganzen Breite und Tiefe zu evaluieren. Zu vielfältig ist dabei schon das Objekt, die Mobilität von Gütern, Personen und Nachrichten im Raum auf den dafür bereitzuhaltenden Infrastrukturen. Ist diese Mobilität Realität/ Verkehrstrom, oder Potential/ Verkehrsspannung? Wer oder was ist bei den funktionalen Zusammenhängen im Raum die unabhängige Variable – die Nachfrage? das Angebot? die übrigen räumlichen Strukturen? Ist Transport ein eigentlich neutrales Element der Warenproduktion, wie Karl Marx es postulierte (dazu Jacob 1984) und manche Volkswirte auch heute noch – unter Ausklammerung von Distanz und Transportkosten aus ihren Modellen – sehen? Ist Verkehr "ancillary service" oder gewaltige Kraft,

Raumbezogene Verkehrswissenschaften – Anwendung mit Konzept
hrsg. im Auftrag des Deutschen Verbandes für Angewandte Geographie
von Arnulf Marquardt-Kuron und Konrad Schliephake
in Material zur Angewandten Geographie (MAG), Band 26, Bonn 1996

die "selbstnährende Prozesse" auslöst, wie es Voigt (z.B. 1973) – wiederum als Ökonom – und seine Schüler (z.B. Heinze 1985) sehen? Der Riß zwischen den beiden Ansichten und den daraus resultierenden Fraktionen geht mitten durch die Ökonomie, die innerhalb der eigenen "Verkehrswissenschaften" so zwei Schulen ausbildete. Und erst die Geographie – wie behandelt sie ein Phänomen, das ebenso unsichtbar wie raumprägend sein kann, und das sich einer sozusagen automatischen Einordnung in eine Teildisziplin schillernd entzieht? Steht es vielleicht doch der Naturgeographie, der Morphologie nahe, wohin frühe Geographen – etwa Hettner reflektierte darüber (z.B. 1952) – den Verkehr wegen der Raumwirksamkeit seiner Verkehrswege einordnen wollten? Die Beschäftigung mit Neubautrassen der Straßen– (z.B. bei Herold 1982) und Schienenwege (vgl. dazu etwa Skowronek 1986) und ihrem zunehmenden Flächenverbrauch (schätzungsweise 4 % der Fläche Westdeutschlands sind durch Straßenbauten belegt), aber auch den ökologischen Effekten der Verkehrsemissionen und ihr Zusammenhang mit dem Klima (z.B. Hughes 1993) machen solche Überlegungen so abwegig nicht. Oder gehört die Mobilitätsforschung zur Sozialgeographie, da sie doch – zumindest bei Individuum und Gruppe – von nicht immer ökonomisch rationalen Einzelentscheidungen abhängt (was auch auf das Konsumverhalten und den daraus resultierenden Güterverkehr zutreffen mag)? Denken wir daran, daß dzt. in Deutschlands Verkehrsmittel (Straße, Bahn, Flugzeug) 52,5 % der Personenkilometer im Rahmen von Freizeit– und Urlaubsbewegungen geleistet werden. Selbst wenn wir alle auf Westdeutschlands Straßen geleisteten 448 Mrd. Fahrzeugkilometer (1992; Pkw, Lkw, Bus) betrachten, so entfallen immer noch 49 % auf die oben genannten konsumorientierten Fahrtzwecke (wozu eigentlich auch noch ein Teil der Einkaufsverkehre gezählt werden müßte).

Oder paßt die Beschäftigung mit dem Verkehr in ein noch zu definierendes diffuses Arbeitsfeld zwischen politischer Geographie (etwa mit Blick auf die Bedeutung der staatlichen Rahmenbedingungen mit ihren steuerlichen und investiven Maßnahmen) und der "Geographie der Firmenorganisation" im Sinne der Vorschläge von McNee (1958, z.B. aufgegriffen bei Dicken 1992), wie es Nuhn (1994) gerade vorschlug?

Verschwindet vielleicht gar die klassische Transportgeographie mit dem Rückgang des körperlichen Transports durch Telekommunikation, Teleshopping, Teleports und Computer–Heimarbeit, wenn es nur zu entsprechendem Veränderungsdruck kommt (hierzu schon von Rohr 1976; Gräf 1994)? Für alle diese Fragen gibt es keine fertigen Antworten. Wir wollen mit ihnen zeigen, daß das vielfältige Phänomen "Verkehr" aus einer Fülle von Perspektiven, unter Einschluß zahlreicher Nachbarwissenschaften mit ihren Arbeitsmethoden und Konzepten zu bearbeiten ist.

Das aus diesem Forschungsgegenstand resultierende schillernd–diffuse Element macht die Verkehrsgeographie – wie auch immer man sie definieren will– so ambivalent, so unklassisch und unedel gegenüber etablierten Teildisziplinen der Geographie. Hat nicht schon Rühl (1918) zu Hassert's Verkehrsgeographie die Aussage einer berühmten Sängerin über eine Kollegin mit einer anderen Stimmlage wie folgt zitiert: "Elle est la première de son genre, mais son genre n'est pas le premier"! Verf. ist sich

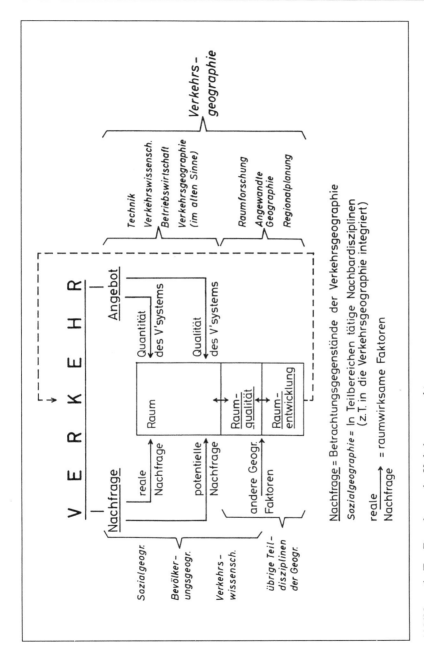

Abbildung 1: *Zur Einordnung der Verkehrsgeographie*
Entwurf: K. Schliephake (Zeichnung: C. Weis) in Anlehnung an Schliephake 1982, S. 42.

bewußt, daß die von Uhlig (1970) vorgeschlagene Einordnung der Verkehrsgeographie in eine (Wirtschafts-) Geographie des tertiären Sektors nach den o.g. Ausführungen nur eine Hilfskonstruktion sein kann.

Auch über die Einordnung der verkehrlichen Phänomene in ein Angebot (= Verkehrswege und Verkehrsmittel)-Nachfrage (potentielle und reale Verkehrsnachfrage)-Schema gemäß Abbildung 1 mag man streiten. Wir wissen, daß Angebot und Nachfrage – wie in der Ökonomie – voneinander abhängig sind und sich bedingen, ohne wirklich kongruent zu sein. Beide Ordnungsansätze sind trotzdem heute als analytischer (Königs-?) Weg von Nutzen in einem diffusen Prozeßfeld, das nicht von sich aus den roten Faden für den Forscher anbietet.

Raumwirksamkeit und Raumbezogenheit des Verkehrs ergeben sich aus den räumlich differenzierten Standorten der Verkehrsquellen und Verkehrssenken in ihren Verflechtungen einschließlich der dabei zu überwindenden Verkehrswiderstände. Sie ergeben sich aber auch aus den Disparitäten zwischen einer prinzipiell äußerst elastischen und – bei schwankenden Quantitäten – ubiquitären Nachfrage mit einem bislang noch nicht erreichten und berechenbaren Saturationsniveau und einem Angebot, das ökonomischen und ökologischen Restriktionen unterliegt und eben nicht überall in gleicher Qualität und Quantität vorhanden ist. In dieses Spannungsfeld ist unter Beachtung der politischen (nationale und internationale Rahmenbedingungen), sozialen (individuelle Konsum- und Wertemuster) und räumlichen (ökologische und Flächenengpässe) Elemente sowie der technischen Innovationen die Verkehrsgeographie sinnvoll einzubauen (in diesem Sinne auch Maier/Atzkern 1992, S. 231).

Gerade die Ökonomie (vgl. Cansier 1993) beweist uns neuestens, daß die Umwelt als "knappes Gut" zunehmend in die wirtschaftliche Betrachtung einzugehen hat und zusammen mit politischen und sozialen Elementen zu evaluieren und zu monetarisieren ist. Nur wenn ökologisch denkende Geographen ökonomisch argumentieren, finden sie Gehör, können sie in die Entscheidungsprozesse eingreifen.

Die bisherigen Zeilen, die unsere früheren Arbeiten (vgl. Schliephake 1982; 1987; 1992) pointiert in einem aktuellen Kontext stellen, sollen überleiten zu den Grundfragen, die wir uns bei der Konzeption für die DVAG-Tagung gestellt haben. Raumbezogene Wissenschaftler, insbes. mit Beratungsfunktion, als "Consultants" im öffentlichen und privaten Sektor, werden zunehmend zu "Problemlösern" im Kontaktbereich zwischen Mensch und (natürlicher) Umwelt. Sandner (1972) hat es vor Jahren einmal abgelehnt, der Geographie die Rolle einer "Planungswissenschaft" (und damit als Problemlöser) zuzuschreiben. Inzwischen zwingt uns nachgerade die Gesellschaft, die spürt, daß es an der Schnittstelle zwischen Mensch und Natur "knirscht", in unsere Rolle als Berater, ein Faktum, das manchen Kolleginnen und Kollegen mit einer "klassischen" Ausbildung an einem klassischen Universitätsinstitut erst nach Studienabschluß bewußt wird. Problemlöser stehen vor ständig neuen Problem- und Prozeßfeldern, einige davon wollen wir in den nächsten Abschnitten vorstellen.

Das Problemfeld Nachfrage – Angebot

Die laufende Beobachtung zeigt uns, daß im Bereich des Transports die Nachfrageelastizität nach Verkehrsleistungen sehr hoch und eine Sättigungsgrenze bei weitem noch nicht erreicht ist.

Der Güterverkehr

In einem einheitlichen Wirtschaftsraum wie der Europäischen Union mit ihren 345 Mio. Einwohnern bestimmen die Produzenten mit einem optimalen betrieblichen Ablauf am optimalen Standort den Marktpreis. Nicht zuletzt in Erkenntnis des Kapazitätsgesetzes (z.B. Schliephake 1982, S. 111)

$$P \times C^k = \text{konstant}$$

wobei

P = Produktionskosten je Einheit;

C = Produktionskapazität;

k = Konstante, empirisch überprüft mit ca. 0,3 anzunehmen

werden immer größere Produktionseinheiten an immer weniger Standorten die Verbraucher versorgen. Schon Myrdal (1959) hat auf die daraus resultierenden kumulativen Kausalketten der industriellen Konzentration und der Ausbildung räumlicher Disparitäten hingewiesen. Bei diesem Prozeß haben die (relativ) sinkenden Transportkosten einen entscheidenden Anteil. So stiegen die Transporteinnahmen pro Tonnen-Kilometer beim Lkw in Westdeutschland zwischen 1950 und 1990 um durchschnittlich 2,49% pro Jahr (Eisenbahn sogar nur 1,9 %), während die Lebenshaltungskosten 1962–1990 um 3,46 % zunahmen (nach Verkehr in Zahlen 1991, S. 410–411; 418–420).

Ein erster Blick in die quantitative Verkehrsstatistik Deutschlands trägt diese Hypothese aber nur teilweise. So nahm zwischen 1950 und 1990 die Transportleistung aller Verkehrsträger (ohne Luftverkehr) um 3,7 % p.a. zu (vgl. auch die Graphik bei Schliephake/Niedermeyer im gleichen Band), während das Bruttosozialprodukt zu Preisen von 1985, also inflationsbereinigt, um 4,5 % stieg. Das Bild ändert sich und verifiziert die Hypothese, wenn die Kohle als ein in den letzten 40 Jahren kontinuierlich durch andere Energien ersetztes Transportgut herausgerechnet wird. Gemäß Tab.1 sind dann die (Netto–)Transportleistungen um 4,6 % p.a. gewachsen, also stärker als das Bruttosozialprodukt.

Das Henne–Ei–Problem bleibt offen: Ist das Güterverkehrsaufkommen rein abhängige Variable der Güterproduktion oder steigt es bei sinkenden Transportkosten (wegen

Tabelle 1: *Entwicklung des Gütertransports (in Mrd. Tkm) in Deutschland (West) mit/ohne Kohle, 1950 bis 1990*

Jahr	Schiene	Straße	Binnen-schiff	Erdöl-leitung	Gesamt	Zunahme in % p.a.
1950 m.K.	39,4	14,3	16,7	0	70,4	
1950 o.K.	26,8	14,1	6,4	0	47,3	
1960 m.K.	52,1	44,2	40,4	3,0	139,7	7,1 %
1960 o.K.	35,9	43,9	30,1	3,0	112,9	9,1 %
1970 m.K.	71,5	78,0	48,8	16,9	215,3	4,4 %
1970 o.K.	56,9	77,9	42,1	16,9	193,8	5,6 %
1980 m.K.	64,9	124,4	51,4	14,3	255,3	1,7 %
1980 o.K.	54,7	123,8	44,2	14,3	237,0	2,0 %
1990 m.K.	61,8	169,8	54,8	13,3	300,1	1,6 %
1990 o.K.	54,5	168,7	47,5	13,3	284,0	1,8 %
1950−90 m.K.						3,7 %
1950−90 o.K.						4,6 %

m.K. = mit Kohle, o.K. = ohne Kohle
ohne Straßen−Nahverkehr
Quelle: Deutsches Institut für Wirtschaftsforschung, Verkehr in Zahlen 1991, S. 340 ff, eigene Berechnungen

entsprechender Allokation der staatlichen Investitionen ?!) und zunehmender möglicher Spezialisierung der Produktionsstandorte auch autonom? Geht es umgekehrt bei steigenden Transportkosten − und Rückgang der Spezialisierung − wieder zurück? Die Verkehrsgeographie hat sich nur erratisch mit solchen Fragen beschäftigt, obwohl zur realen und theoretischen Güterverteilung im Raum einige Arbeiten vorliegen (z.B. Klein 1980; Hogefeld 1983; Schliephake und Schulz 1994).

Die schwierige Erfassung der Güterflüsse bei schnell abnehmender Qualität der Güterverkehrsstatistik spielt hier sicherlich eine Rolle. Die Tatsache, daß lediglich ein Referent auf unserer Tagung seinen Beitrag m.o.w. explizit dem Güterverkehr widmet (Hader in diesem Band), illustriert die angesprochene Forschungslücke.

Die Bewertung der Nachfrage im Personenverkehr

Daß die reale Nachfrage im Personenverkehr in ihrem säkularen Wachstum (siehe Abb. 2 auf S. 44) zu den auffallendsten Phänomenen für den Verkehrsgeographen gehört, braucht kaum noch erwähnt werden.

Auslöser für die einzelne Verkehrsnachfrage sind einmal die push– (Verminderung der Umwelt– und Preis–Attraktivität von versorgungs– und arbeitsplatznahen Wohnstandorten) und pull– (höhere Attraktivität entfernterer Wohnstandorte bei sinkendem Verkehrswiderstand) Faktoren. In bewußter oder unbewußter Kosten–Nutzen–Analyse optimieren Unternehmer und Haushalte kontinuierlich ihre Standorte im Raum und wählen dabei entsprechend ihrer individuellen Präferenzen die optimalen Verkehrsmittel zur Erreichung der verschiedenen Funktionsstandorte aus.

Aber auch die Verkehrsmittel unterliegen in ihrer Qualität einem ständigen Wandel, der von der technischen Entwicklung, aber auch den politisch–ökonomischen Rahmenbedingungen gesteuert wird. Eine ganze Anzahl von Beiträgen im vorliegenden Band beschäftigt sich damit. Schulz erfaßt das seit 1989 sich ändernde Mobilitätsverhalten in Südthüringen, Mohr stellt einwohnerbezogene Verkehrsmodelle vor. Die Bewertung der künftigen Verkehrsnachfrage finden wir als Leitmotiv in den mehr raumplanerisch orientierten Beiträgen von Seimetz, Herrig und den Diskussionen um die Straßenneubauvorhaben der A 4 (Boesler/Marquardt-Kuron), A 20 (Krause, Marquardt-Kuron) und A 81 (Rehm, Niedermeyer).

Disparitäten zwischen Angebot und Nachfrage im Raum

Die Bewertung dieser Disparitäten und der durch die Qualität der Verkehrserschließung verursachte Gegensatz zwischen gut und schlecht erschlossenen bzw. erreichbaren Räumen gehört zu den Kernarbeitsgebieten der Verkehrsgeographie. Die Bewertung der "Erreichbarkeit", über die schon Moewes (1967) reflektierte, ist tatsächlich eine "Herausforderung" (so schon Molseley 1979), der sich Geographen gerade für ländliche Räume gerne stellen, wie hier die Beiträge von Lutter, Voskuhl und Ackermann zeigen. Zwei "Forschungsfronten" ergeben sich aus den aktuellen raumwirtschaftlichen Entwicklungen und den vorgegebenen politischen Fragestellungen:

– Wie kann der schnell zuwachsende Verkehr in den städtischen und Verdichtungsräume bewältigt werden?

– Wie können ländliche Räume in bezug auf ihre innere und äußere Erreichbarkeit als Wohn– und Produktionsstandorte attraktiv bleiben?

Die überbordende empirische Literatur hierzu (vgl. für Unterfranken die Zusammenstellung z.B. bei Schliephake 1991) können wir hier nicht im einzelnen referieren, sie beschreibt ein heute schon fast "klassisches" Arbeitsgebiet des angewandt arbeitenden Geographen.

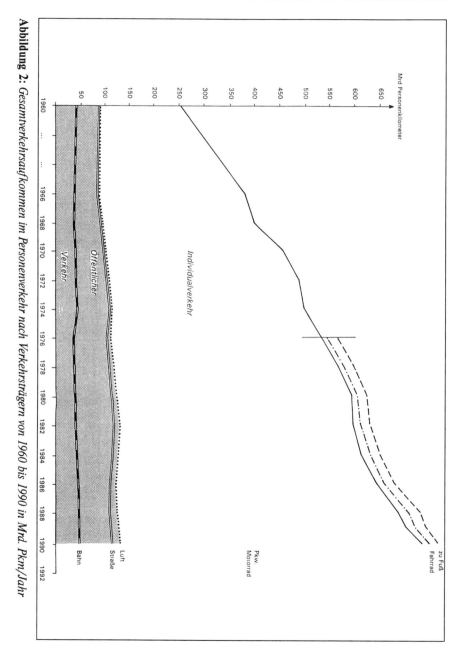

Abbildung 2: *Gesamtverkehrsaufkommen im Personenverkehr nach Verkehrsträgern von 1960 bis 1990 in Mrd. Pkm/Jahr*

Organisation und Optimierung

Ein weiterer, kaum von den bisherigen Tätigkeitsfeldern zu trennender Aufgabenbereich ist der der Organisation und Optimierung von verkehrlichen Abläufen, der sich nochmals in Teilbereiche aufgliedern läßt.

Optimierung von Verkehrsabläufen

Hier greifen Ökonomen im Sinne von Kostenminimierung und Ertragsmaximierung ein, während Geographen ökologische Aspekte mit einbringen. Dazu gehören Aufgaben der (Individual–) Verkehrslenkung in Anwendung "weicher" Maßnahmen traditioneller Art (Gerasch) oder mit Satellitennavigation (Maassen), aber auch städtebauliche Lenkungsmaßnahmen, wie sie Liebich und Eberhard vorstellen. Die modellhaften Ansätze der aus dem Bereich der linearen Optimierung kommenden Verkehrsforschung, die sich nicht mehr so sehr mit der Morphologie von Netzen (im Sinne von Vetter 1974), sondern mit ihrer Erfülltheit beschäftigen, spricht Horn an.

Wechselwirkungen im Raum zwischen Verkehrsgeschehen und technisch–politischen Änderungen

Die Verkehrsrevolution, die in den letzten 150 Jahren nicht nur zu einer Raum–Zeit–Konvergenz, sondern geradezu zu einem Raum–Zeit–Kollaps (im Sinne von Janelle, zuletzt 1991) geführt hat, übt selbstverständlich einen unmittelbaren Einfluß auf Standorte und ihre Interaktionen aus. Jeder Zeitgewinn, jede Kostenersparnis (aus Zeitgewinn und technischem Fortschritt), jede Vergrößerung und Verbesserung des Transportgefässes haben spezifische Effekte, woraus Änderungen im Mobilitätsverhalten, Wechsel der Verkehrsträger und die oben beschriebenen raumwirtschaftlichen Konzentrationsprozesse resultieren.

Mit hineinspielend und untrennbar verknüpft sind die politischen Rahmenbedingungen. Wenn wir von einem Betrag von 54 Mrd. DM hören, die der deutsche Staat an Kfz– und Mineralölsteuern einnimmt, dann mag man glauben, daß die Besteuerung der Mobilität – ebenso wie etwa des Rauchens – eine ertragreiche Sache sei, und daß der Staat von der schnell zuwachsenden Mobilität mehr als profitiere. Allerdings gibt er wiederum 40 Mrd. DM jährlich für den Verkehrsbereich (alle Verkehrsmittel) aus, und die übrigen öffentlichen Körperschaften tun noch einmal 13,7 Mrd. DM für den Straßenbau und 5,2 Mrd. DM für die Verkehrspolizei dazu (alle Zahlen für Westdeutschland 1992, nach Verkehr in Zahlen), d.h. unter dem Strich bleibt schon nichts übrig. Sobald er auch noch – betriebswirtschaftlich korrekt – für das im Straßenbau investierte Nettokapital von 406 Mrd. DM (siehe auch Tab. 2 auf S. 46) Zinsen zahlen muß (bei 6% p.a. = 24,4 Mrd DM) oder dieses gar über 30 Jahre abschreiben soll (= weitere 13,5 Mrd. DM p.a.), sieht er den Straßenverkehr nicht mehr als "Melkkuh", sondern als teuren Kostgänger der Nation. Tabelle 2 verdeutlicht die enormen Investitionen und die daraus resultierenden Belastungen unserer Volkswirtschaft.

Tabelle 2: *Brutto–Anlagevermögen der Verkehrsinfrastruktur und Anteile der Verkehrsträger in Deutschland (West) 1950 bis 1990 zu Preisen von 1985 in Mrd. DM*

Verkehrsträger	1950	1960	1970	1980	1990
Eisenbahn	38,4%	37,2%	28,3%	23,1%	21,0%
Straßen– u. Stadtbahn	2,9%	3,2%	3,0%	4,1%	4,8%
Wasserstraßen u. Seehäfen	15,5%	13,8%	10,5%	9,0%	8,4%
Rohrfernleitungen	0	0,3%	0,8%	0,7%	0,6%
Flughäfen	0,8%	0,9%	1,5%	1,8%	1,8%
Straßen u. Brücken	42,4%	44,6%	55,8%	61,3%	63,3%
Gesamt in Mrd. DM	204,4	289,5	492,5	725,6	863,5

Quelle: Deutsches Institut für Wirtschaftsforschung, Verkehr in Zahlen 1991, S. 44 ff, eigene Berechnungen

Die Zunahme des Straßenanteils, der bis 1992 auf 63,4 % von 885 Mrd. DM in den alten Bundesländern stieg, und die Reduktion der übrigen Verkehrsträger wie Wasserweg und Eisenbahn hat Geographen immer intensiv beschäftigt. Die politischen und räumlichen Konflikte arbeiten in diesem Band die Beiträge etwa von Meester und im Abschnitt "Planungen großer Infrastrukturmaßnahmen" auf.

Leider bleibt die Frage nach der korrekten Allokation staatlicher Mittel aus unserer Sicht weiter offen.

Als Ergebnis veränderter politischer Rahmenbedingungen enstehen Infrastrukturprojekte, die aus politischer und – isoliert betrachtet – ökonomischer Sicht dringend notwendig erscheinen, die jedoch gerade dem ökologisch denkenden Geographen oft widerstreben. Hierzu gehören nicht nur die Fallstudien zu A 20 (Marquardt-Kuron) und A 71 (Schliephake/Niedermeyer) sowie zum Main–Donau–Kanal (Eujen), sondern auch die weiteren Beiträge von Breitzmann/Obenaus, Seimetz und Herrig. Auch die Fallstudien von Niedermeyer und Roth zu den Chancen der Region Main–Rhön im Geflecht alter und neuer Infrastrukturen sind hier einzuordnen.

Administration des Verkehrsgeschehens

In der Praxis finden wir hier neben dem Aufgabenbereich "Bewertung/Verbesserung der Erreichbarkeit" das wohl derzeit wichtigste Arbeitsfeld des angewandten Geographen, und es ist das Verdienst der Monographie von Maier/Atzkern (1992), hierauf

Tabelle 3: *Schadstoffemissionen – Gesamt und Anteil einzelner Verkehrsmittel – (1990) in Deutschland (West)*

Schadstoff	Emissionen p.a. in Mill. Tonnen	Anteil Pkws	Anteil Lkws	Anteil übr. Verkehrsmittel	Anteil Verkehr gesamt
Stickoxide	2,6	35,1 %	23,3 %	14,7 %	73,1 %
Kohlenmonoxid	7,3	64,5 %	3,5 %	3,7 %	71,7 %
Organ. Verbind.	2,25	40,4 %	4,0 %	3,4 %	47,8 %
Kohlendioxid	730	13,5 %	4,6 %	4,7 %	22,8 %
Staub	0,45	3,5 %	9,8 %	4,6 %	17,9 %
Schwefeldioxid	1,0	2,0 %	3,1 %	12,0 %	17,1 %

Quelle: Deutsches Institut für Wirtschaftsforschung, Verkehr in Zahlen 1993, S. 290–293, eigene Berechnungen

besonders eingegangen zu sein. In unserem föderalen Staat, wo die Bundesebene nur in der Bundesverkehrswegeplanung eigenständig in den räumlichen Entwicklungsprozeß eingreifen kann, hat der Infrastrukturausbau als Steuerungselement einen besonders hohen Stellenwert (vgl. Lutter/Pütz 1992, Gatzweiler u.a. 1991).

In einer Zeit, in der in Nachklang des Friedmanschen Neoliberalismus (z.B. Friedman 1971, siehe aber dort zur Notwendigkeit des staatlichen Einflusses auf die Infrastruktur S. 254) jeder nach Abbau von Bürokratien und Verschlankung von Verwaltungen ruft, ist auch der Verkehrssektor ein beliebtes Feld für Reformen. Auf die Regionalisierung z.B. des ÖV–Angebotes geht hier Naumann ein, Mohr zeigt die Grundlagen für einen zu gründenden Verkehrsverbund auf.

Ökologie und Bewertung der Mobilität

Ein letztes Problem– und Aufgabenfeld liegt uns in seiner Position am Berührungspunkt zwischen Natur und wirtschaftendem Mensch besonders am Herzen. Wir wissen um das Dilemma zwischen einer durch Wirtschaftswachstum schnell zunehmenden Mobilität von Gütern und Personen einerseits und den Umweltbelastungen durch den Verkehr andererseits, und fordern die "Verkehrswende" (Hesse 1995). Wir wissen, daß sich zwei Drittel der Bundesbürger über Verkehrslärm beklagen, daß seine Verkehrswege (einschließlich Unterbau) heute 7 % der Staatsfläche belegen und versiegeln. Tabelle 3 führt daneben seine toxischen Emissionen – sozusagen als Erinnerung

– auf. Nicht nur Anteil an den Emissionen – Hughes (1993) geht davon aus, daß bei einer laisser–faire–Politik sich der CO_2–Ausstoß des Individualverkehrs bis zum Jahr 2025 verdoppelt –, sondern auch der Anteil am nationalen Gesamtenergieverbrauch des Straßenverkehrs von 25 % (darunter wiederum 75% für den Individualverkehr; 1960 erst 15,5 %) scheinen uns vorerst nicht zu bedrücken.

Fallstudien zu ökologischen Effekten verkehrlicher Abläufe

Für den Bereich der Emissionen liegen inzwischen umfangreiche Datensätze auf Bundesebene vor (siehe Tab. 3), mit denen wir in der Region Fallstudien (z.B. Vogel 1987; Schmitt 1990; Schliephake 1991) erarbeiten konnten. Weniger ertragreich war bisher die Beschäftigung mit dem Flächenverbrauch, wo regional auf Herold (1972) zu verweisen ist.

Hier gibt es zweifellos noch Forschungslücken nicht nur bei der Bewertung der Effekte der verkehrlichen Emissionen, sondern bei der Konzeption umweltverträglicher und von allen Bürgergruppen akzeptierbarer Mobilitätsformen (dazu hier am ehesten Liebich).

Monetarisierung der ökologischen Effekte des Verkehrs

Ein letzter Punkt, an den wir Geographen – obwohl häufig ökonomisch vorgebildet – zu wenig denken, ist der Aufgabenbereich der Evaluierung und Monetarisierung von ökologischen Elementen und Effekten. Wenn wir auch mit dem Instrument der Umweltverträglichkeitsprüfung (vgl. Mager/Habener/Marquardt-Kuron 1994) bereits befaßt sind, so fehlt doch eine breite Arbeitsfront. Das steht im Gegensatz zu den Aktivitäten der "Umweltökonomen", die sich zunehmend mit der Monetarisierung der Natur beschäftigen, auch wenn sie glauben, sie habe "aus ökonomischer Sicht keinen Eigenwert" (Cansier 1993 S. 16). Trotzdem zeigt uns diese neue Teildisziplin, daß wir mit einem knappen "Bestand an Umweltkapital" leben und diesen erhalten müssen. Wenn wir ganzheitliche Verkehrsgeographie politische wirksam betreiben wollen, dann sind wir im interdisziplinären Kontext gezwungen, die Elemente der Natur als (Geld–)Wert in unser Kalkül eingehen zu lassen.

Zusammenfassung

Transport ist wohl nicht nur eine Verlängerung der Produktion, wie Marx dachte, sondern eine gewaltige Macht mit autonomen Parametern. Wir haben uns mit ihr auseinanderzusetzen, nicht unbedingt verhindernd, wie es manchmal scheint (siehe Schliepkake 1993), sondern evaluierend. Unsere Aufgabe ist es dabei, übergreifend und vernetzend zu denken, um das "Umweltkapital" (im Sinne von Cansier 1993, S. 58) zu bewahren und zu beschützen vor Aktivitäten, die nur vermeintlichen – und auf jeden Fall kurzfristigen – Gewinn bringen. Mit diesen Gedanken gingen wir an das Konzept unserer Tagung. Die vorliegenden Beiträge, aber auch die zahlreichen Diskussionen am

Rande und das Echo haben uns gezeigt, daß wir damit vielleicht nicht in einem modischen Mainstream liegen, aber doch gemeinsam einiges bewegen konnten.

Literatur

Cansier, D. (1993): Umweltökonomie (= UTB 1749).– Stuttgart & Jena.

Dicken, P. (1992): Global Shift.– London.

Friedman, M. (1971): Kapitalismus und Freiheit.– Stuttgart

Gatzweiler, H.P. u.a. (1991): Regionalpolitik als Infrastrukturpolitik, in: Informationen zur Raumentwicklung H. 9/10: 599–610.

Gräf, P. (1994): Telekommunikation im europäischen Binnenmarkt.– In: Geogr. Rundschau: 304–310.

Heinze, G.W. (1985): Verkehr und Wirtschaftswachstum.– In: S. Klatt (Hrsg.): Perspektiven verkehrswissenschaftlicher Forschung, Berlin: 571–596.

Herold, A. (1972): Die Rhön– und Spessartautobahn.– In: Würzburger Geographische Arbeiten 37: 223–255.

Herold, A. (1982): Zeitliche und räumliche Phasen der Entwicklung des Autobahnnetzes in Unterfranken.– In: Würzburger Geographische Arbeiten 57: 25–48.

Hesse, M. (1995): Verkehrswende. Von der Raumüberwindung zur ökologischen Strukturpolitik.– In: Raumforschung und Raumordnung 2: 85–93.

Hettner, A. (1952): Verkehrsgeographie (Bearb: H. Schmitthenner).– Stuttgart.

Hogefeld, W. (1983): Abhängigkeiten zwischen Güterverkehrs– und Raumstrukturen (= Frankfurter Geogr. Hefte 54).– Frankfurt.

Hughes, P. (1993): Personal transport and the greenhouse effect.–London (Earthscan).

Jacob, G. (1984): Verkehrsgeographie. Gotha.

Janelle, D. (1991): Global Interdependences and its Consequences, in: S. Brunn & T. Leinbach (Eds.): Collapsing Space and Time. London, S. 49–81.

Klein, K.E. (1980): Theoretische Untersuchung eines räumlichen Konkurrenzmodells zur regionalen Verkehrsverteilung (= Regensburger Geogr. Schriften 15).– Regensburg.

Lutter, H. u. T. Pütz (1992): Räumliche Auswirkungen des Bedarfsplanes für die Bundesfernstraßen, in: Informationen zur Raumentwicklung, H. 4: 209–224.

Mager, T.J., A. Habener & A. Marquardt-Kuron (1994; Hrsg.): Umweltverträglichkeitsprüfung – Umweltqualitätsziele – Umweltstandards (= Material zur Angewandten Geographie 25).– Köln.

Maier, J. & H.D. Atzkern (1992): Verkehrsgeographie (= Teubner Studienbücher Geographie).– Stuttgart

McNee, R.B. (1958): Functional geography of the firm.– In: Economic Geography 34: 321–337.

Moewes, W. (1967): Die Dezentralitätskennziffer.– In: Informationen, Inst. f. Raumordnung: 426–434.

Molseley, (1979): Accessibility: the rural challenge.– London.

Myrdal, G. (1959): Ökonomische Theorie und unterentwickelte Regionen.– Stuttgart.

Nuhn, H. (1994): Verkehrsgeographie.– In: Geogr. Rundschau: 260–265.

Rohr, H.G. von (1976): Entlastung der Verdichtungsräume (= Beiträge zur Stadt– und Regionalforschung, Bd.9), Göttingen.

Rühl, A. (1918): Aufgaben und Stellung der Wirtschaftsgeographie.– In: Zeitschrift der Gesellschaft für Erdkunde zu Berlin: 292–303.

Sandner, G. (1972): Diskussionsbeitrag, in: Deutscher Geographentag 1971, Abhandlungen, Wiesbaden, S. 490–491.

Schliephake, K. (1982): Verkehrsgeographie.– In: Sozial– und Wirtschaftsgeographie 2 (= Harms Handbuch der Geographie), München: 39–156.

Schliephake, K. (1987): Verkehrsgeographie.– In: Geographische Rundschau 4: 200–212.

Schliephake, K. (1991): Empirische verkehrsgeographische Arbeiten in Franken.– In: F.L. Knemeyer & H.G. Wagner (Hrsg.): Verwaltungsgeographie (= Kommunalforschung für die Praxis 26/27), Stuttgart.

Schliephake, K. (1991): Mobilität in Würzburg und Umland.– In: Würzburger Geographische Manuskripte 27: 33–56.

Schliephake, K. (1992): Angewandte Mobilitätsforschung und Verkehrsplanung.– In: STANDORT – Zeitschrift für Angewandte Geographie 16, 4: 10–14.

Schliephake, K. (1993): Geographie und Verkehr – Das Bild in der Presse.– In: A. Marquardt–Kuron & T. Mager (Hrsg.): Geographen–Report, Bonn: 45–47.

Schliephake, K. u. W. SCHULZ (1994): Mobilität von Personen und Gütern in Südthüringen.– In: K. Schliephake (Hrsg.): Beiträge zur Landeskunde Südthüringens (= Würzburger Geogr. Arbeiten 88): 101–130.

Schmitt, B. (1990): Das Kommunale Informationssystem KIS (= Würzburger Geogr. Arbeiten 76).– Würzburg.

Skowronek, A. (1986): Die Neubaustrecke Hannover–Würzburg der Deutschen Bundesbahn.– In: H. Hopfinger (Hrsg.): Franken – Planung für eine bessere Zukunft? Nürnberg: 417–434.

Uhlig, H. (1970): Organisationsplan und System der Geographie.–In: Geo Forum 1: 19–52.

Vetter, F. (1974): Netztheoretische Untersuchungen zur ökonomischen optimalen Linienführung in ausgewählten Eisenbahnteilnetzen Mitteleuropas.– In: Die Erde 2: 135–150.

Vogel, H. (1987): Räumliche Verteilung verkehrsbedingter Schadstoffe in Würzburg am Beispiel der Bleibelastung.– In: Würzburger Geogr. Arbeiten 68: 255–273.

Voigt, F. (1973): Die Theorie der Verkehrswirtschaft.– Berlin.

Teil II

Verkehrliche Auswirkungen planerischer, ökonomischer und politischer Entscheidungen

Regionalisierung und Bahnreform –
Planerische Konsequenzen

Von Thomas Naumann

Vorbemerkung

Um planerische Konsequenzen aus dem Reformkomplex "Regionalisierung und Bahnreform" formulieren zu können, bedarf es zunächst einer grundsätzlichen Begriffsklärung sowie Darstellung der Inhalte beider Bereiche.

Grundlagen der Regionalisierung: EU–Recht

Das Recht der Europäischen Union besteht aus Verordnungen, Richtlinien, Entscheidungen und Empfehlungen. Bindend sind für die Mitgliedsstaaten sowohl die Verordnungen als auch die Richtlinien.

Mengenmäßig treten die Verordnungen den wesentlich zahlreicheren Richtlinien gegenüber in den Hintergrund; beide haben Gesetzescharakter und verpflichten die Mitgliedsstaaten. Die Richtlinien unterscheiden sich allerdings von den Verordnungen dadurch, daß sie vor ihrer Anwendung noch in nationales Recht überführt werden müssen.

Übergeordnet von Bedeutung sind zudem auch die Entscheidungen des EU–Gerichtshofes.

Bedeutungsvoll für den Vollzug des EU–Rechtes ist das dem föderalen Charakter der Gemeinschaft entsprechende Subsidiaritätsprinzip; danach werden staatliche Aufgaben grundsätzlich von der jeweils untersten Zentralitätsebene bewältigt, die in der Hierarchie hierzu in der Lage ist.

Raumbezogene Verkehrswissenschaften – Anwendung mit Konzept
hrsg. im Auftrag des Deutschen Verbandes für Angewandte Geographie
von Arnulf Marquardt-Kuron und Konrad Schliephake
in Material zur Angewandten Geographie (MAG), Band 26, Bonn 1996

Für die Belange der Regionalisierung sind vor allem von Bedeutung

- die EU-Verordnung 1893/91, mit der die bisher relevante EU-Verordnung 1191/1192/69 betr. Auflagen gemeinwirtschaftlicher Verpflichtungen abgelöst wird,

- die EU-Richtlinie 91/440, mit der die unternehmerische Eigenständigkeit, die Trennung von Infrastruktur und Betrieb, die finanzielle Sanierung der Bahnunternehmen und die Zugangsberechtigung Dritter zum Schienennetz geregelt wird,

- die Mitteilung über eine Eisenbahnpolitik der Gemeinschaft EU-KOM 89/564,

- die EU-Richtlinie 90/531 über die Beschaffung von Fahrzeugen,

- die EU-Verordnung 1983/91 über die Abdeckung von Defiziten im ÖPNV.

Wichtigste Grundlage der Regionalisierung ist die EU-Verordnung 1893/91, die bindendes und geltendes EU-Recht (beschlossen im Juni 1991, in Kraft getreten am 01.07.1992 und zu vollziehen bis 31.12.1994) darstellt.

Damit wird der ÖPNV auf eine neue und einheitliche Grundlage gestellt: öffentlicher Nahverkehr fällt in die finanzielle Zuständigkeit der jeweiligen Gebietskörperschaften (Länder bzw. Kommunen), die für gemeinwirtschaftlich gewollte Verkehrsleistungen den vollen Ausgleich zahlen, während sie bislang für Schüler- und Schwerbehindertenfahrten nur teilweise erstattungspflichtig war.

Die Deutsche Bahn AG darf Nahverkehrsleistungen nur noch gegen vollen Defizitausgleich der öffentlichen Hand durchführen.

"Regionalisierung" bedeutet zunächst nicht anderes als die Umverteilung von Verantwortlichkeiten von einer zentralen Ebene weg hin zu einer tieferen, eben der regionalen Zuständigkeitsebene; "Verantwortlichkeit" in diesem Sinne bedeutet nicht nur die Zuständigkeit für inhaltliche Ausgestaltung und rechtliche Trägerschaft, sondern auch die Pflicht zur Finanzierung.

Beim öffentlichen Verkehr geht es im Zuge der Regionalisierung darum, daß der Bund die Verantwortlichkeit, die er in Teilbereichen noch für den ÖPNV hat, an regionale Träger abgibt. Dies betrifft den gesamten Schienenpersonennahverkehr der Deutschen Bahn AG, aber auch die Bundesbusdienste, deren Privatisierung vorgesehen ist.

Es gibt die bindende Zusage der Deutschen Bahn AG, daß der Status quo des Angebotes im Nahverkehr bis 1997 garantiert wird.

Grundsätzlich werden die Betreiber von gemeinwirtschaftlichen Betriebs-, Beförderungs- und Tarifpflichten entbunden; es gilt das "Bestellerprinzip": Nahverkehrsleistungen sind danach von dem, der diese Leistung wünscht und beim Betreiber bestellt, zu bezahlen.

Eine "Querfinanzierung" zwischen ÖPNV und anderen Verkehrsbereichen eines Verkehrsunternehmens ist nicht mehr zulässig; die jeweils zugehörigen Erträge und Aufwendungen sind getrennt zu erfassen und darzulegen.

Die "Querverbundfinanzierung" mit der Abdeckung von Verlusten im ÖPNV, aber auch im Betrieb von Hallenbädern usw., durch Gewinne aus der Energieversorgung etc. ersparte bisher vor allem Steuerzahlungen.

Soweit dies innerhalb eines Unternehmens geschieht, wird dies auch zukünftig nach EU⁻ und Steuer⁻Recht möglich sein; ob auch im Rahmen einer Holding, wird z.Zt. noch geprüft.

Der ÖPNV/SPNV gehört gleichrangig zum sozialen Grundnetz in der Bundesrepublik Deutschland wie andere soziale Einrichtungen (Schulen, Krankenhäuser etc.) auch. Bereits gesetzlich festgeschrieben in den neuen Bundesländern und das auf dieser Basis novellierten PBefG (gültig ab 01.01.1996) werden auch in den alten Bundesländern infolge der Wirksamkeit der EU⁻Verordnung 1893/91 – vor allen Dingen in der Fläche – die Kommunen eigene Verantwortung zum Betreiben ihres ÖPNV übernehmen müssen. Das Bewußtsein dafür wird nicht nur – gezwungenermaßen – durch die finanzielle Beteiligung geweckt. Gerade die Übertragung des Eigentums – und das gilt vor allen Dingen für den Betrieb eigener lokaler Schienenstrecken⁻/netze bzw. SPNV⁻Betriebe – öffnet im besonderen die Bereitschaft, für den eigenen ÖPNV einzutreten.

Sicher wird es auch so nur selten möglich sein, im Personenverkehr nachfrageschwache Lokalstrecken (heutige Nebenbahnen) kostendeckend zu betreiben. Auch steht fest, daß ÖPNV/ SPNV⁻Probleme nur über den Wettbewerb (z.B. im Rahmen öffentlicher Ausschreibungen) nicht allein lösbar sind. So gilt es, neben dem Personenverkehr neue Geschäftsfelder, z.B. Tourismus⁻Sonderzüge oder den Güterverkehr (Mülltransporte, Wagenladungsverkehr, Post und Expreßgut etc.) also Bereiche, aus denen sich die DB in der Fläche fast schon zurückgezogen hat, wieder neu zu erschließen. Das bedeutet eine zusätzliche Absicherung der finanziellen Basis. Wertvolle Hilfestellungen können dabei die bestehenden nichtbundeseigenen Eisenbahnen geben, die seit langen Jahren schon entsprechend erfolgreich verfahren.

In der Definition "Nahverkehr DB" haben Bund und Länder nunmehr einen Konsens gefunden. Die Definition für den ÖPNV lautet:

> "ÖPNV ist die allgemein zugängliche Beförderung von Personen in Zügen und mit Verkehrsmitteln im Linienverkehr, die überwiegend dazu bestimmt sind, die Verkehrsnachfrage im Stadt⁻, Vorort⁻ oder Regionalverkehr zu befriedigen. Im Zweifelsfall liegt Schienenpersonennahverkehr vor, wenn in der Mehrzahl der Beförderungsfälle eines Zuges die gesamte Beförderungsleistung durch die Eisenbahn 50 km nicht übersteigt oder die gesamte Reisezeit in Zügen der Eisenbahn weniger als 1 Stunde beträgt."

Tatsache ist, daß zum Beispiel infolge der immer stärker werdenden Wohnungsprobleme die Bürger immer größere Anfahrstrecken zwischen Wohnung und Arbeitsplatz oder Wohnung und Studium/Schule in Kauf nehmen. Dieser Faktor war bei der Definition des Nahverkehrs (ÖPNV) zu berücksichtigen.

Grundlagen von Organisation und Finanzierung

Die Erhöhung der Attraktivität des ÖPNV/SPNV erfordert neue Gestaltungskonzepte. Ein solches Konzept ist die Regionalisierung, die in der Grundidee richtig ist.

Die wesentlichen Voraussetzungen dafür sind: Schaffung der erforderlichen Rahmenbedingungen durch EU, Bund und Länder sowie Sicherung einer dauerhaften, dynamisierten und angemessenen Finanzierung.

Die EU⁻Verordnung 1893/91 ist die Grundlage einer Regionalisierung in Form von vertraglichen Vereinbarungen zwischen den Gebietskörperschaften und den Verkehrsunternehmen.

Für die Abgeltung gemeinwirtschaftlicher Leistungen ist zwischen Bund und Ländern im Rahmen der Bahnreform für die nächsten Jahre ein Finanzrahmen festgelegt worden, der von den Ländern "aus eigenen Mitteln" zur Realisierung eines zukunftsorientierten Nahverkehrs in der Region wirkungsvoll aufgestockt werden kann.

Die Strukturreform der Bahn wird insbesondere dadurch wirksam, daß eine organisatorische Trennung zwischen Fernverkehr und Nahverkehr sowie Fahrweg und Betrieb sichergestellt ist.

Ebenso wichtig ist die produkt⁻ oder funktionsbezogene Definition des Schienenpersonennahverkehrs, um ihn vom Schienenpersonenfernverkehr sauber zu trennen.

Die positive Grundeinstellung zur ab 01.01.1996 kommenden Regionalisierung des regionalen Schienenpersonenverkehrs in der Bundesrepublik Deutschland ist sowohl von den kommunalen Gebietskörperschaften (vertreten durch Städtetag und Landkreistag) und den ÖPNV⁻Unternehmen (Deutsche Bahn AG und Verband Deutscher Verkehrsunternehmen (VDV)) deutlich zum Ausdruck gebracht worden, allerdings jeweils mit dem Vorbehalt, daß die finanziellen Regelungen für die Gebietskörperschaften und für die Unternehmen befriedigend geregelt sein müssen.

Diesen Zielen sind die Verhandlungspartner im Zuge der Verabschiedung der Bahnreform deutlich näher gekommen.

Der durch die Trennung der Verantwortung für den Fahrweg von der für Nah⁻, Fern⁻ und Güterverkehr auf der Schiene ⁻ und durch EU⁻Recht zwingend geforderte ⁻ freie Zugang anderer Betreiber (als die DB AG) muß allerdings real dadurch ermöglicht werden, daß die Fahrweg AG kurzfristig ein transparentes Regelwerk für die Streckenbenutzungsgebühren festlegt und veröffentlicht. Dies ist mittlerweile der Fall; es spricht aber vieles dafür, daß die dort genannten Preise noch nicht den letzten Stand dokumentieren.

Nur nach entsprechend kompetenter Bestellung erbringen die Verkehrsunternehmen die ÖPNV⁻Leistungen, einschließlich Leistungen des Schienenpersonenverkehrs der Deutschen Bahn AG. Dazu gehören neben einer genauen Leistungsdefinition verbindliche Bezahlungsregelungen.

Die bisher für den Schienenpersonennahverkehr aufgewendeten Haushaltmittel wird der Bund zweckgebunden an die Länder weitergeben und aufstocken. Bisher sind diese Mittel bei der Deutschen Bahn AG nur z.T. dem SPNV zweckgebunden zugeflossen. Die Finanzierung des SPNV kann sich damit auf eine gestärkte Basis stützen.

Die Länder sind ihrerseits Forderungen regionaler Gebietskörperschaften nach verbesserten Nahverkehrsleistungen ausgesetzt. So werden sie die vom BMV für das Bund–Länder–Verhältnis aufgestellte Prämisse einer Zusammenführung von "Aufgaben– und Ausgabenverantwortung" (wer bestellt, muß zahlen – aber auch: wer bezahlt, bestimmt das Angebot!) auf ihr Verhältnis zu den Gebietskörperschaften anwenden.

Die Länder werden, wenn sie nicht selbst für überregionale SPNV–Leistungen als Besteller auftreten, deshalb im Regelfall Bestellungen von Nahverkehrsleistungen nicht direkt auslösen, sondern es regionalen Zusammenschlüssen kommunaler Gebietskörperschaften überlassen, die dazu weitgehend Nahverkehrs– (bzw. Zweck–)verbände bilden (müssen). Bayern wird als Sonderfall voraussichtlich eine zentrale Managementgesellschaft (Landeseisenbahngesellschaft) ohne eigene Betriebsbereiche als "Generalbesteller" von Nahverkehrsleistungen der DBAG, NE–Bahnen oder auch anderer Anbieter auf der Schiene auftreten.

Die entscheidenden Vorteile eines ÖPNV–Nahverkehrsverbandes sind:

–   er stellt eine dem Subsidiaritätsprinzip entsprechende Lösung dar;

–   hohe Leistungsfähigkeit durch Nutzung der finanziellen und personellen Ressourcen der Verbandsmitglieder (oder der bestehenden Verkehrsgesellschaften bzw. Verkehrsunternehmen wie z.B. durch Abordnung/ Beurlaubung von Mitarbeitern der Deutschen Bahn AG, nichtbundeseigener Eisenbahnen usw);

–   gute Voraussetzung für sachgerechte Problemlösungen bei direkter Koordination durch die Finanzverantwortlichen;

–   Erzielung schnellerer und positiverer Effekte bei Bildung optimaler Verkehrsregionen

    (den Größenvorteilen stehen allerdings mögliche Nachteile bei der Identifikation von Kommunen mit ihrem Ortsverkehr gegenüber; deshalb sollten die Verantwortlichkeiten je Netzebene differenziert festgelegt werden (Regionalverkehr, Kreisverkehr, Nachbarortsverkehr, Ballungsverkehr, Stadtverkehr));

–   Möglichkeiten einer Beteiligung des Landes (oder auch eines Unternehmens) als Verbandsmitglied;

–   Möglichkeit der Führung eines Verbandshaushaltes.

Diese Nahverkehrsverbände beschließen über die verkehrspolitischen Leitlinien (Grundsätze) zur Finanzierung, Planung und Organisation des ÖPNV in ihrer Verkehrsregion.

Die Organisation und die Durchführung des ÖPNV in der Verkehrsregion ist bzw. muß nicht Aufgabe des Nahverkehrsverbandes sein. Diese obliegen in der Regel einer sogenannten Verbund–/Nahverkehrs–/Managementgesellschaft. Zuständigkeiten/Einzugsgebiete der Nahverkehrsgesellschaften werden sinnvollerweise an den Bedürfnissen ihrer Verkehrsmärkte orientiert.

Ebenso ist denkbar, daß für den Regionalverkehr und für die verschiedenen Kreis–/Stadtverkehre die Verantwortlichkeiten abgestuft bzw. dezentral organisiert werden. Die Leistungen können aber auch dann für die jeweiligen Binnenverkehre direkt von der Nahverkehrsgesellschaft eingekauft und mit den verantwortlichen Gebietskörperschaften abgerechnet werden.

Der Umfang der zu bestellenden Verkehrsleistungen kann gegenüber dem heutigen Leistungsumfang ggf. in dem Maße verändert (ausgeweitet bzw. ausgedünnt) werden, wie die Gebietskörperschaften Mehr–/ Minderleistungen für erforderlich und bezahlbar halten.

Im Hinblick auf die mit der Regionalisierung angestrebten Ziele ist der Nahverkehrsgesellschaft die Beachtung einiger Grundsätze zu empfehlen, wie z.B. folgende:

–   Für die einzelnen Netzebenen sind von den der Region zugewiesenen ÖPNV–Haushaltsmitteln Budgets nach funktionalen Gesichtspunkten "von oben nach unten" festzulegen (z.B. Budgets für den SPNV, Budget für den Omnibuskreisverkehr, Budget für den Nachbarortsverkehr, Budget für Stadtverkehre, etc.).

–   Die bei Bestellung von Nahverkehrsleistungen abzuschließenden Verträge sind mit Blick auf die von den Verkehrsunternehmen zu fordernden Investitionen längerfristig (entsprechend der Abschreibungsdauer von Fahrzeugen, also im Busbereich 6 bis 8 Jahre, im Schienenverkehr ca. 30 Jahre) abzuschließen. Die Möglichkeiten einer Kündigung aus zwingendem Grund bzw. Anpassung von Vergütungen bleiben davon unberührt.

Die Leistungen im Bereich der Gesellschaft werden in einem Wirtschaftsplan (mit Leistungsplan) zusammengefaßt, der ggf. durch den Nahverkehrsverbund zu bestätigen ist. Er basiert auf einem Verkehrsangebot mit einheitlichem Tarif und Fahrkartensortiment.

Im Regelfalle wird die Verbundgesellschaft dieses Angebot selbst vermarkten (Marketing, Vertrieb, Verkauf). Sie kann sich dazu eines eigenen Verkaufsapparates bedienen oder Verkehrsunternehmen oder Dritte gegen Entgelt damit beauftragen.

Der Gesellschaft stehen zur Bezahlung der Leistungen im Regelfall Mittel aus folgenden Quellen zur Verfügung:

–   Eigenerlöse aus der Vermarktung der Nahverkehrsleistungen, abzüglich der Verkaufskosten (Nettoerlöse);

–   Sonstige Eigenerlöse (z.B. aus Werbung für Dritte);

–   Zusätzliche Mittel interessierter Dritter (z.B. Nachbarverbünde, Großfirmen, eventuell dem Nahverkehrsverbund nicht beigetretene Kommunen und Nachbarkreise);

-   Zweck— und leistungsgebundene Zuschüsse der "öffentlichen Hand", die sich im Prinzip zusammensetzen aus Landesmitteln, als zweckgebundene mittel vom Bund stammend, und zusätzlich

-   für gewünschte Mehrleistungen Mittel von Land und Kommunen, insbesondere zur Abgeltung gemeinwirtschaftlicher Leistungen.

Die zu vergebenden Nahverkehrsleistungen müssen hinsichtlich Qualität, Standards, (z.B. Fahrzeuge, Sitzplätze/Stehplatzverhältnis, Infrastruktur, Verkaufstechnik etc.) und Quantität (Linien, Takt, Platzkilometer, Verkehrstage und Verkehrszeiten) möglichst exakt beschrieben werden. Dies gilt auch für eventuell zusätzlich zu vergebende Leistungen (z.B. Einkaufs—, Verkaufs— und andere Serviceleistungen).

Die Ausschreibungen sind getrennt nach den einzusetzenden Verkehrsmitteln (Bahn oder Bus) vorzunehmen. Ausschreibungen und Vergabe müssen nach fairen, für jeden Anbieter gleichen Regeln (z.B. VOL) vorgenommen werden. Eventuelle im Eigentum/ Miteigentum von Verbandsmitgliedern (z.B. Kommunen, Landkreise, Ländereisenbahnen, private Verkehrsunternehmen) stehende Verkehrsunternehmen dürfen nicht bevorzugt werden.

Die Verbundgesellschaft zahlt den Verkehrsunternehmen die vertraglich vereinbarten Entgelte; zu prüfen ist, wie zur Beibehaltung bzw. Steigerung eines hohen Leistungsstandards und damit der Nachfrage bei den einzelnen Verkehrsunternehmen auch ein unmittelbares materielles Interesse an Nachfragesteigerungen gefördert werden kann.

Zusätzlich zur Beachtung der EU—Vorschrift 1191/69, geändert mit der EU—Vorschrift 1893/91 hinsichtlich scharfer Abgrenzung zu eigenwirtschaftlich tätigen Unternehmensteilen, werden die Verbundgesellschaften zukünftig möglicherweise auch dazu anzuhalten sein, von den sich um Nahverkehrsleistungen bewerbenden Unternehmen eine besonders transparente Rechnungslegung zu verlangen. Damit sollen unbemerkte Transfers von und zu anderen Unternehmensteilen nachgeprüft bzw. ausgeschlossen werden.

Hier ist besonders die Deutsche Bahn AG gefordert. Nur eine — auch von Dritten — nachvollziehbare Aufwands— und Erlösberechnung für den SPNV bzw. für jede einzelne Regionalstrecke im besonderen sorgt für eine solide Verhandlungsbasis.

Probleme und Möglichkeiten im Regionalisierungsprozeß

Regionalisierung birgt nicht nur Chancen, sondern auch Gefahren. So hat die seit 1986 in Großbritannien im Busbereich stattgefundene völlige Deregulierung und Privatisierung dazu geführt, daß

-   die Fahrgastzahlen drastisch zurückgegangen sind,
-   die Fahrpreise z.T. ganz erheblich angestiegen sind,
-   die Subventionszahlungen sich erhöht haben,
-   das Angebotsniveau (Fahrplan, Fahrzeuge) gesunken ist.

Als praktikabel und aufwandsenkend hat sich hingegen die Ausschreibung von Buslinien mit Auflagen herauskristallisiert.

Bei der Regionalisierung in Deutschland handelt es sich weder um umfassende Privatisierung noch um Deregulierung noch um einen Rückzug des öffentlichen Verkehrs aus der Fläche. Grundcharakteristikum der Regionalisierung in Deutschland ist vielmehr die Konzentration von Aufgaben– und Finanzverantwortung für den regionalen Personennahverkehr bei den Gebietskörperschaften (Länder und Kommunen). Dieser Zustand ist in einigen anderen europäischen Ländern seit längerer Zeit bereits erreicht, Deutschland muß nun auf europäischer Ebene nachziehen.

Die Aufgaben an sich erfordern weiterhin hohe Ausgleichszahlungen und Zuschüsse seitens des Bundes; hier liegen auch die größten Gefahren des Regionalisierungsprozesses: die Deutsche Bahn AG könnte als Eigentümer des Fahrweges von anderen Bahnen überhöhte Nutzungsentgelte fordern; die Bahn als integriertes Verkehrssystem unter einheitlicher Führung kann heute in hervorragender Weise Synergieeffekte nutzen, die bei der Bahnreform und dem Regionalisierungsprozeß auf der Strecke bleiben könnten; der einheitliche Tarif könnte in zahlreiche einzelne und unterschiedliche Tarifsysteme zersplittert werden.

Eine sehr empfindliche Stelle ist der Zugang Dritter zum Schienennetz des Bundes; wer als Betreiber das Bundesschienennetz nutzen will, muß Trassenpreise entrichten. Trassenpreis plus Betriebskosten ergeben den zur Betriebsdurchführung notwendigen Gesamtaufwand. Je nach Strecke, Zuggattung und Zeitraum der Fahrt schwanken die Trassenpreise zwischen ca. 7 DM und ca. 26 DM gemäß Trassenpreisverzeichnis. Bekannt sind aus Echtkosten berechnete Trassenpreise nichtbundeseigener Bahnen für ihre eigenen Strecken; diese liegen für Strecken und Fahrpläne, die den hier betrachteten ähnlich sind, zwischen 2 DM und 2,50 DM per Zug–km; Verallgemeinerungen sind hier allerdings nicht möglich (Abhängigkeit von Kunstbautenanteil, Erhaltungsaufwand/ Oberbauklasse, Overheadkosten und vielem mehr). Hierzu addieren sich dann noch die Betriebskosten!

Die Gefahr liegt vor allem in einer nicht genügenden Transparenz und Nachvollziehbarkeit der Trassenpreise. Vom Trassenpreis wird für viele Strecken die Entscheidung abhängen, ob sie ganz in Eigentum und Unterhaltslast der Gebietskörperschaften oder von ihnen beauftragten Betreibern übernommen werden oder nicht. Bleibt es bei den nun bekanntgewordenen Trassenpreisen, wird zum einen Wettbewerb nicht stattfinden, zum anderen eine möglicherweise beispiellose Stillegungswelle ausgelöst, ist doch der Kilometer Bus im ländlichen Raum schon ab ca. DM 2,50 zu haben.

Andererseits zeigt gerade das Beispiel der Schweiz, wo über 50 regionale Bahngesellschaften existieren, daß bei konstruktiver Mitarbeit aller Beteiligten die Regionalisierung die beste Zukunftschance für ein hervorragendes öffentliches Verkehrsangebot schlechthin sein kann:

–   regionaler Sachverstand bei der Angebotsplanung,

–   günstigere Betriebskosten durch vereinfachte Betriebsweisen,

- aber optimale Vernetzung aller öffentlichen Verkehre schaffen nicht nur das preisgünstigste, sondern auch das attraktivste ÖPNV–Angebot.

Die Deutsche Bahn AG muß nach geltendem Recht Dritten, die als qualifizierte Betreiber zur Führung von Eisenbahnbetrieb infrage kommen, den Zugang zum bundeseigenen Schienennetz ermöglichen. Das Bundeseisenbahnamt entscheidet als hoheitliche Behörde darüber, welche Betreiber zugelassen werden.

Die Dimension dieser Grundlagen eröffnet bisher nicht mögliche Vorgehensweisen. So ist es denkbar, private Betreiber zu gewinnen, die auch Fahrzeuge vorfinanzieren können und langfristig den Betrieb nach dem Bestellerprinzip durchführen.

Stand der Regionalisierung in Deutschland

Seit jeher gab und gibt es in Deutschland zahlreiche lokale und regionale Verkehrsunternehmen (z.B. kommunale Nahverkehrsbetriebe, private Buslinienverkehre, Kreisverkehrsbetriebe, Nichtbundeseigene Eisenbahnen). Diese Betriebe sind zwar in Trägerschaft von Gebietskörperschaften, jedoch nicht als "regionalisiert" zu betrachten, da sie sich nicht zuvor im Eigentum des Bundes befunden haben.

Auf der Grundlage des auch in Deutschland umzusetzenden EU–Rechts stehen der Schienennahverkehr, soweit er bisher von den Deutschen Bahn AG durchgeführt wird, und der von den Bundesbusdiensten betriebene Busverkehr in den alten Bundesländern zur Regionalisierung an.

Heute (1994) ist der Prozeß der Regionalisierung noch nicht planmäßig und auf breiter Front in Gang gekommen, wohl aber in einer Vielzahl unterschiedlich umfangreicher Anwendungsfälle mit ebenso unterschiedlichem Verfahrensgang und differenzierten Zielvorstellungen. Die Regionalisierung ist gemäß Vereinbarung zwischen Bund und Ländern bis 1996 verschoben; das Bestellerprinzip – jedoch zunächst wahrgenommen vom Bund – ist planmäßig zum 1.1.1994 in Kraft getreten. Einige Vorhaben sind bereits umgesetzt; in weiteren, wenigen Fällen – von der Vorgehensweise her allerdings kaum vergleichbar – sind bundeseigene Verkehre auch bereits vor Jahren regionalisiert worden.

Unter Regionalisierung ist in diesem Zusammenhang nicht nur die gänzliche Abgabe bundeseigener Verkehre in regionale Verantwortung (zumindest finanzieller Art) zu verstehen, sondern auch der (große) Bereich unterschiedlich intensiver Zwischenlösungen betrieblicher, verkehrlicher und finanzieller Zusammenarbeit und Arbeitsteilung. Als Beispiele zu nennen wären hier:

- die Öffnung des bundeseigenen Schienennetzes für andere Betreiber,

- die Einrichtung kombinierter Verkehre über die Schienennetze unterschiedlicher Eigentümer,

- die Nutzung von Synergieeffekten bei der Gestaltung von Umlaufplänen für Fahrzeuge unterschiedlicher Eigentümer.

Die wichtigsten Beispiele bereits realisierter Regionalisierungsprojekte sind:

- Verpachtung der DB–Strecke Aglasterhausen–Meckesheim an das Land Baden–
  Württemberg und Übernahme des Betriebs durch die Südwestdeutsche Eisenbahn AG (SWEG); freiwilliger Modernisierungszuschuß seitens des Landes Baden–Württemberg (6 Mio. DM) für Infrastruktur und Fahrzeugbeschaffung; Einrichtung durchlaufender Verkehre von der SWEG–Strecke Neckarbischofsheim–
  Hüffenhardt über die übernommene DB–Strecke Aglasterhausen–Meckesheim
  und die DB–Hauptstrecke bis nach Heidelberg Hbf.

- Verkauf der DB–Strecke Friedrichsdorf–Grävenwiesbach an den Hochtaunus-
  kreis; der Verkehrsverband Hochtaunus hat für den Kreis auch alle Linienbus-
  konzessionen erworben, so daß ein abgestimmtes Bus–Bahn–Konzept für den
  gesamten Kreis ohne Parallelverkehr eingerichtet werden konnte. Mit den vom
  Kreis neu beschafften Zügen wurde 1993 ein Taktfahrplan mit durchgehenden
  Zugläufen bis Frankfurt (Main) Hbf. eingerichtet. Der Kaufpreis von 2,8 Mio.
  DM wurde 1992 nachträglich erlassen und die Strecke seitens der DB aufgear-
  beitet und in einwandfreiem Zustand an den Kreis übergeben.

- Gründung der von mehreren Landkreisen und Kommunen getragenen Harzer
  Schmalspurbahnen GmbH (1991) und Übernahme von mehr als 120 km Strek-
  ke, den zugehörigen Liegenschaften und Fahrzeugen und rd. 400 Mitarbeitern
  von der Deutschen Reichsbahn (1993); bei Übergabe wurde von der Deutschen
  Reichsbahn darüber hinaus eine einmalige Anschubzahlung in Höhe von 20
  Mio. DM gezahlt.

- Übernahme von ca. 159 km DB–Strecken durch die Eisenbahnen und Verkehrs-
  betriebe Elbe–Weser (EVB). Einmalzahlung der DB zur Streckensanierung von
  ca. 21 Mio. DM und Bereitstellung weiterer 7,3 Mio. DM vom Land Niedersachsen u.a. für die Beschaffung moderner Triebwagenzüge. Fusion der EVB mit
  der (vorhandenen) nichtbundeseigenen Buxtehude–Harsefelder Eisenbahn
  (BHE); Einrichtung durchlaufender Verkehre über DB–Strecken bis Bremen und
  Bremerhaven, ab 1993 auch nach Hamburg.

- Wiederaufnahme des stillgelegten Personenverkehrs auf der DB–Strecke Karlsruhe–Leopoldshafen durch die Albtal–Verkehrs–Gesellschaft mbH (AVG) unter finanzieller Beteiligung der Kommunen (Fahrzeugbeschaffung, Betriebskosten); darauf aufbauend Übernahme des Schienenpersonennahverkehrs auf den
  Strecken Karlsruhe–Bretten und Karlsruhe–Pforzheim (teilweise) durch die
  AVG.

- Ein Musterbeispiel für mögliches Zusatzengagement von Gebietskörperschaften
  im zukünftigen integralen Stundentaktfahrplan ist in den Landkreisen Ravensburg und Bodenseekreis zu finden; hier verkehren großräumig alle Züge auf allen Bahnstrecken mindestens im Stundentakt im Rahmen des Allgäu–Schwaben–Taktes. Die Kreise haben auf ihrem Gebiet zusätzlich zwischen Ravensburg
  und Friedrichshafen acht neue Haltestellen eingerichtet (finanziert nach GVFG)

und zwei Triebwagen gekauft, die als "Bodensee–Oberschwaben–Bahn" im Stundentakt zwischen Ravensburg und Friedrichshafen pendeln und an beiden Endpunkten gute Anschlüsse an die Züge des Allgäu–Schwaben–Taktes haben. Den Betrieb führt im Auftrag die Hohenzollerische Landesbahn (NE–Betrieb). Das Angebot wird außerordentlich gut angenommen.

– Übernahme mehrerer DB–Strecken im Raum Düren durch die Dürener Kreisbahn (DKB). Die Sanierungskosten von 46 Mio. DM werden zwischen DB (ca. 10 Mio. DM) und dem Land Nordrhein–Westfalen (ca. 32 Mio. DM) aufgeteilt; zusätzlich leistet die DB einmalig eine Anschubzahlung von 6 Mio. DM. Der Betrieb hat im Sommer 1993 begonnen.

– Einrichtung eines Halbstundentaktes auf DB–Strecken im Landkreis Konstanz in dessen Auftrag. Den Betrieb führt die Schweizerische Mittelthurgaubahn (MThB), die dafür neue Züge beschafft, seit Mai 1994, ein ähnliches Modell wie die Bodensee–Oberschwaben–Bahn.

Bei diesen Projekten wurden zugleich auch zahlreiche wesentliche Probleme gelöst, woraus sich der z.T. sehr lange Planungsvorlauf erklärt; diese Problemlösungen stellen für alle nun anstehenden Regionalisierungsvorhaben wichtige Hilfestellungen dar und können nutzbar gemacht werden. Es ist daher damit zu rechnen, daß zukünftige Vorhaben sehr viel rascher umsetzbar sind. In Realisierung befindlich sind zahlreiche weitere Vorhaben.

Im sogenannten "Kanzler–Gespräch" vom 12.11.1993 und der damit einhergehenden Einigung der Länder mit dem Bundesverkehrsminister wurden die Grundlagen für die Umsetzung der Bahnreform festgelegt.

Inhalt der dort erzielten Einigung ist, daß

– 1995 und 1996 die Länder jeweils 8,2 Mrd. DM aus dem Mineralölsteueraufkommen vom Bund erhalten und darüber hinaus 6,3 Mrd. DM aus dem Gemeindeverkehrsfinanzierungsgesetz zur Verfügung stehen;

– 1997 das Gemeindeverkehrsfinanzierungsgesetz in seinem Volumen um 3 Mrd. DM gekürzt wird, dafür dann aus dem Mineralölsteueraufkommen 12 Mrd. DM an die Länder gehen;

– diese 12 Mrd. DM sollen in den Folgejahren entsprechend dem Mehrwertsteueraufkommen ansteigen;

– ein neuer Grundgesetzartikel 106a festlegt, daß die Länder einen Anteil an der Mineralölsteuer zur Finanzierung des schienengebundenen Personennahverkehrs erhalten.

Im Gegenzug sagten die Deutschen Bahnen zu, bei planmäßigem und termingerechtem Passieren der Bahnreform zum 01.01.1994 den Status quo im Schienenpersonennahverkehr bis 1997 zu garantieren, wobei Grundlage das Fahrplanangebot des Jahresfahrplans 1992/93 ist.

Die Länder haben in ihrer Mehrheit diese Vereinbarung dann noch einmal in Frage gestellt und eine Nachverhandlungsrunde durchgesetzt, die zur nunmehr endgültigen Einigung mit dem Bund nach Stand vom 03. Dezember 1993 geführt hat. Wesentliche Ergänzungs- bzw. Änderungselemente dieses Einigungsgespräches gegenüber dem "Kanzler-Gespräch" vom 12.11.1993 sind:

- die Regionalisierung wird erst mit 01.01.1996 umgesetzt und damit um ein Jahr verschoben;
- für 1996 erhalten die Länder vom Bund nicht mehr nur 8,2 Mrd. DM, sondern 8,7 Mrd. DM aus dem Mineralölsteueraufkommen.

Wie ist diese Einigung zu werten? Zunächst einmal ist festzuhalten, daß die Länder 14,5 Mrd. DM zum Betrieb des schienengebundenen Personennahverkehrs mit der Übertragung der Verantwortung für diesen vom Bund gefordert und nach der vorliegenden Einigung damit arithmetisch auch erhalten haben. Der Betrag wird jedoch nur dadurch erreicht, daß neben den Betriebskosten auch das Volumen des Gemeindeverkehrsfinanzierungsgesetzes (dieses ist ein Infrastruktur-Förderinstrument!) in den Gesamtbetrag eingerechnet wird. Diese Mittel werden jedoch auch heute schon ausgeschüttet und kommen keineswegs in ihrer Mehrheit dem schienengebundenen Personennahverkehr der Eisenbahn zugute; aus den GVFG-Mitteln werden vielmehr beispielsweise der S- und U-Bahn-Bau, die Beschaffung von Straßenbahnen und Linienbussen, der kommunale Straßenbau und weitere Sachstände finanziert. Insbesondere sind dies keine zusätzlichen Mittel!

Die zusätzlich ausgeschütteten Mittel zur Abdeckung der Betriebsaufwendungen steigen also lediglich von bisher 7,7 Mrd. DM für Deutsche Reichsbahn und Deutsche Bundesbahn zusammen auf dann 8,7 Mrd. DM.

Für Nahverkehrsinvestitionen sind dann ab 01.01.1996 nicht mehr die Nachfolger der Deutschen Bahnen (also die Deutsche Bahn-AG), sondern die Gebietskörperschaften zuständig. Bau und Unterhalt des Fahrweges wird allerdings weiterhin beim Bund verbleiben, wofür eine Bundesfahrweg-AG gegründet wird, an die die Betreiber des Schienenpersonennahverkehrs Nutzungsentgelt (Trassenpreis) entrichten müssen.

Die Gebietskörperschaften können zur Finanzierung von Nahverkehrsinvestitionen Zuwendungsanträge nach GVFG stellen, womit Fahrzeuge, Haltepunkte, Park&Ride-Plätze, Fahrkartenautomaten und anderes bezahlt werden können; das Gemeindeverkehrsfinanzierungsgesetz verlangt aber nach einer Komplementärfinanzierung, so daß den Gebietskörperschaften die Abdeckung eines Restmittelbetrages verbleibt.

Nun muß vor allem noch geklärt werden, wie die Länder die vom Bund zur Verfügung gestellten Mittel untereinander verteilen und wie in den einzelnen Ländern die zukünftige Finanzierung teilweise freiwilliger Betriebskostenzuschüsse gehandhabt wird. Weiterhin ist ungeklärt, welche Kostensätze zukünftig für 1 km Zugfahrleistung von unterschiedlichen Betreibern in Rechnung gestellt werden und ob es bei den veröffentlichten Trassenpreisen bleiben wird. Heute schwanken unter z.T. unterschiedlichen Ausgangsbedingungen die für 1 km Zugfahrleistung im Regionalverkehr in Ansatz gebrachten Beträge zwischen knapp DM 21, bei der DBAG und solchen der nichtbundeseigenen Eisenbahnen, die bereits bei rund 4 DM für den km Fahrleistung beginnen.

Sachstand nach Verabschiedung der Bahnreform

Nach längerer politischer Diskussion ist die Organisationsreform der Deutschen Eisenbahnen rechtzeitig zum Jahreswechsel mit dem 1.1.1994 in Kraft getreten. Dieses als "Bahnreform" bekanntgewordene Reformwerk führt dazu, daß die bislang als Behörde organisierte Bundeseisenbahnverwaltung nunmehr privatrechtlich organisiert ist. Hierzu war auch eine Änderung des Grundgesetzes vonnöten.

Mit gleichem Datum ist auch die Zusammenführung der bisher noch getrennten beiden deutschen Bahnverwaltungen Deutsche Bundesbahn und Deutsche Reichsbahn vollzogen worden.

Bahnreform und Regionalisierung sind als ein untrennbar miteinander verbundenes Reformwerk zu betrachten; die ursprünglich schon früher vorgesehene Regionalisierung des Schienenpersonennahverkehrs ist dem Wunsch der Bundesländer entsprechend auf den 1.1.1996 verschoben worden. Ab diesem Zeitpunkt wird die Finanz— und Aufgabenverantwortung für den Schienenpersonennahverkehr auf die Länder übergehen.

Neben der nunmehr privatrechtlich organisierten Deutschen Bahn AG wurden das Staatliche Bundeseisenbahnamt und das Bundeseisenbahnvermögen etabliert. Das Bundeseisenbahnamt nimmt die verbleibenden hoheitlichen Aufgaben war, während das Bundeseisenbahnvermögen neben den Altschulden der Deutschen Bahnen Personalverpflichtungen ebenso übernimmt wie einen Teil der Immobilienverwertung. Die Trennung von Leistungserstellung und Infrastrukturvorhaltung dokumentiert sich zukünftig zum einen durch das Bestellerprinzip, zum anderen durch die Einrichtung der Bundesfahrweg—AG.

Das Bestellerprinzip entspricht dem Recht der Europäischen Gemeinschaft und besagt, daß künftig Leistungen im Schienenpersonennahverkehr nur dann vom Betreiber erbracht werden, wenn hierfür eine Bestellung vorliegt. Dabei gilt, daß der Besteller grundsätzlich zugleich auch für die bestellten Leistungen bezahlen muß. Dies gilt sinngemäß auch für die Benutzung des Fahrwegs, der im Bundeseigentum verbleibt; auch hier müssen die bestellten bzw. in Anspruch genommenen Leistungen vom Besteller bezahlt werden.

Der Bund muß in jedem Fall zumindest Mehrheitseigentümer dieser zukünftigen Fahrweg—AG bleiben; er ist heute Alleineigentümer, und der Verkauf von Anteilen am Fahrweg bedarf der Zustimmung des Bundesrates.

Es besteht für den Bund künftig eine grundgesetzliche Verpflichtung, bei Ausbau und Erhalt des Schienennetzes dem Wohl der Allgemeinheit Rechnung zu tragen. Dies ist mehr, als entsprechend für den Ausbau von Straßennetz und Wasserstraßen gesetzlich festgelegt worden ist. Ebenfalls grundgesetzlich wird der Bund verpflichtet, den Ländern aus dem Mineralölsteueraufkommen Mittel zur Finanzierung des schienengebundenen Personennahverkehrs zur Verfügung zu stellen. Die Höhe dieser Mittel wird in einem eigenen Gesetz fixiert und steigt Jahr für Jahr festgelegt bis zum Jahr 2001. Daß damit in einer Zeit, in der alle Ausgabenposten öffentlicher Haushalte zur Disposition stehen, für den ÖPNV ein kontinuierliches Mittelwachstum gesetzlich festgelegt und abgesichert werden konnte, ist als sehr großer Erfolg zu werten.

Darüber hinaus hat sich der Bund verpflichtet, bis zum Jahr 2002 20 % der Mittel, die für Unterhalt und Ausbau des Schienennetzes zur Verfügung stehen, für den schienengebundenen Personennahverkehr zu reservieren. Hiermit ist – vorausgesetzt, es wird tatsächlich zu einem kostensenkenden Wettbewerb im Schienenpersonennahverkehr durch das Auftreten konkurrierender Betreiber kommen – nicht nur Bestandssicherung des gegenwärtigen Angebotes im Schienenpersonennahverkehr möglich, sondern es kann auch an einen Ausbau in Richtung integraler Taktfahrplan für das ganze Land gedacht werden.

Zudem können die Länder aus den Transfermitteln, die sie vom Bund zur Finanzierung des schienengebundenen Personennahverkehrs erhalten, zukünftig wahlweise die Bestellung von Betriebsleistungen und/oder Investitionen in ortsgebundene Infrastruktur und Fahrzeuge finanzieren. Für diese Mittel existiert eine Zweckbindung zugunsten des öffentlichen Personennahverkehrs.

Bis zum Jahr 1997 ist die Höhe dieser Transfermittel festgelegt; danach greift eine Revisionsklausel. Es wird von neutraler Seite geprüft, ob die bis 1997 zur Verfügung stehenden Mittel auch zukünftig ausreichen, um das Angebot des Fahrplans auf der Basis des Jahresfahrplans 1993/94 bestellen zu können. Entsprechend dem Ergebnis dieser Untersuchung wird es dann eine Anpassung der bereitgestellten Mittel nach oben oder auch – je nach Kostenentwicklung – nach unten geben.

Des weiteren unterliegt der Gesamtbetrag der Mittel, die zur Finanzierung des schienengebundenen Nahverkehrs und des ÖPNV insgesamt bereitstehen (also der Transfermittel plus der verbleibenden Mittel des Gemeindeverkehrsfinanzierungsgesetzes), einer Dynamisierung, und zwar entsprechend dem Wachstum der Steuern vom Umsatz.

Die Mittel stehen zweckgebunden für den öffentlichen Personennahverkehr und hier nach Regionalisierungsgesetz insbesondere für den gesamten schienengebundenen öffentlichen Nahverkehr zur Verfügung (also unter Einschluß von Straßenbahnen, Stadtbahnen, U– und S–Bahnen).

Die bisher im Gemeindeverkehrsfinanzierungsgesetz gebundenen Mittel werden ab 1997 um etwa 50 % reduziert; dieses freigesetzte Mittelvolumen wird aus der Zweckbindung des Gemeindeverkehrsfinanzierungsgesetzes entlassen und den Ländern zum freien Einsatz im gesamten Bereich des öffentlichen Personennahverkehrs übertragen. In diesem Zusammenhang wird es auch zu einer – wenn auch relativ geringen – Umschichtung von kommunalen Straßenbaumitteln aus dem Gemeindeverkehrsfinanzierungsgesetz zugunsten des öffentlichen Personennahverkehrs kommen. Ob die Länder diese freigesetzten Mittel für die Finanzierung von Infrastruktur oder zur Bestellung von Betriebsleistungen einsetzen, können sie selbst entscheiden.

In spätestens drei Jahren soll aus der nunmehr etablierten Deutschen Bahn AG eine Deutsche Bahn AG Holding hervorgehen, die aus den getrennten AGs Fernverkehr, Nahverkehr, Güterverkehr und Fahrweg bestehen wird.

Auch weiterhin bleibt die Stillegung von Schienenstrecken möglich. Es gibt ein für solche Zwecke vorgesehenes, im allgemeinen Eisenbahngesetz geregeltes Stillegungsverfahren. Danach können Länder und Kommunen zur Stillegung vorgesehene Strecken von der Deutschen Bahn AG übernehmen oder Betriebsverträge mit der Deutschen Bahn AG abschließen. Hierbei wurde festgelegt, daß das Recht besteht, Strecken, die ganz oder überwiegend dem Schienenpersonennahverkehr dienen und an denen die Deutsche Bahn AG kein Betriebsinteresse mehr hat, kostenfrei auf die Gebietskörperschaften zu übertragen.

Darüber hinausgehender Handlungs– und Regelungsbedarf wird von den Ländern in Nahverkehrsgesetzen zu regeln sein. Das Bayerische Nahverkehrsgesetz wird an die durch die Bahnreform vorgegebenen Rahmenbedingungen anzupassen und entsprechend zu erweitern sein.

Ebenfalls von Bedeutung für die Gestaltung von öffentlichen Verkehrsnetzen ist die Novellierung des Personenbeförderungsgesetzes, die ebenfalls zum 1.1.1996 in Kraft treffen soll. Hier ist besonders erwähnenswert, daß eine gewisse Neubewertung der Konzessionsthematik erfolgt; während bislang der Besitzstandsschutz für das Verkehrsunternehmen wesentlicher Ausgangspunkt der Regelungen war, wird zukünftig verkehrlichen Erwägungen mehr Bedeutung zugemessen. Es wird möglich sein, anstelle der Konzessionierung von Linien Verkehrskorridore zu konzessionieren. Damit besteht die Chance, integrierte Verkehrslösungen besser als bislang durchzusetzen, ohne daß dabei die Interessen der Betreiber vernachlässigt werden müßten.

Zusammenfassend ist zu konstatieren, daß mit Bahnreform und Regionalisierung eine bessere Grundlage als je zuvor gegeben ist, um insbesondere die verkehrlichen Probleme des ländlichen Raumes einer guten Lösung zuführen zu können. Besonders die Chancen, das vorhandene Potential des Schienenpersonennahverkehrs besser zu nutzen und abgestimmte, integrierte Verkehrslösungen zum Vorteil des Fahrgastes und zum Zwecke der Aufwandssenkung durchzusetzen, sind erheblich gestiegen.

Zugang zum Eisenbahnnetz für Dritte

Eine wesentliche Intention der Bahnreform war, über die unternehmerische und rechnerische Trennung von Betrieb und Fahrweg zum einen Kostentransparenz und zum anderen die Grundlage für die Einführung von Wettbewerbselementen zu schaffen.

Die Einführung eines Trassenpreissystems ist eine logische Konsequenz dieser Intention.

Die jetzt öffentlich bekanntgewordenen Trassenpreise bilden in ihrer Abstufung ein nachvollziehbares System; nicht nachvollziehbar ist jedoch die Preisbildung als solche. Hier bleibt eine Bewertung aufgrund mangelnder Transparenz auf Spekulationen angewiesen. Der Verdacht liegt nahe, daß die Höhe der Trassenpreise dadurch zustande gekommen ist, daß die DBAG ihre außerordentlichen Overheadkosten in die Preisbildung hat einfließen lassen; weil zudem eine hohe Rabattierung für Großabnehmer vorgesehen ist, die Sparten Personenverkehr und Güterverkehr der DBAG aber die einzigen Großabnehmer der Bundesfahrweg AG sind, ergeben sich erhebliche Wettbewerbsvorteile für die DBAG, während zugleich der Einstieg für Dritte als Betreiber wesentlich schwieriger wird.

Es ist nicht zu erwarten, daß auf dieser Basis – von Einzelfällen abgesehen – tatsächlich Wettbewerb und Betreibervielfalt zustande kommen wird. Beides wäre aber Voraussetzung, um zu einer höheren Produktivität, verstärktem Kosten– und Marktbewußtsein und damit letztlich zu einem besseren Angebot zu kommen.

Man darf vor allem nicht vergessen, daß zu den Trassenpreisen – die nicht mehr als eine reine Zugangsgebühr zum Gleisnetz auf der Basis von Zugkilometern darstellen – noch die gesamten Betriebskosten hinzukommen. Dies bedeutet, daß selbst auf Strecken und zu Zeiten der günstigsten Trassenpreis–Kategorie ein äußerst kostenbewußt wirtschaftender Betreiber den Zugkilometer nicht unter ca. 12 bis 13 DM fahren kann. Dagegen sind im ländlichen Raum von privaten Busunternehmen oft schon Fahrleistungen zum Preis von ca. 2,50 bis 3,50 DM je Buskilometer zu haben. Es ist verständlich, wenn vor dem Hintergrund der finanziellen Situation der Gebietskörperschaften dann die Entscheidung immer öfter zugunsten des Busverkehrs und gegen den Schienenverkehr fällt. Hier droht die Gefahr einer Stillegungswelle im Schienennetz, verursacht ausschließlich durch die unrealistische Preisbildung für den Zugang zum Fahrweg und gegen verkehrliche Sinnhaftigkeit.

Die Trassenpreise müssen komplett überarbeitet und drastisch reduziert werden; die Rabattierung muß auf der Basis von Anteilen an der Betriebsleistung in einem Verkehrsraum vor Ort (z.B. innerhalb eines Verdichtungsraumes, eines Oberzentrums mit Umland, eines oder mehrerer Landkreise usw.) erfolgen und nicht über Gesamtdeutschland hinweg.

Kriterien für den Schienenpersonennahverkehr (SPNV) der Zukunft

Der SPNV, wie er heute durch die DBAG abgewickelt wird, ist in mehrfacher Hinsicht nicht marktgerecht:

– der Fahrzeugpark ist im allgemeinen veraltet und für Zwecke des Nahverkehrs nicht nur zu unattraktiv, sondern auch zu schwer und zu teuer;

– Anzahl und Lage der Haltepunkte im SPNV hat in keiner Weise mit der Siedlungsentwicklung (Wohn– und Gewerbestandorte) Schritt gehalten;

- im Gegenzug hat die Flächennutzungs– und Bebauungsplanung der Gemeinden fast nie Rücksicht auf die Erschließung durch den SPNV genommen;

- die Betriebsabwicklung schwächer belasteter Strecken wird zu personalintensiv und betrieblich nicht flexibel genug gehandhabt;

- Rationalisierungs– und Investitionsbedarf ist außerhalb der Hauptabfuhrstrecken oft über Jahrzehnte verschleppt worden, Innovationen sind nicht oder ungenügend umgesetzt worden;

- im Hauptstreckennetz ist der SPNV über mehrerer Jahrzehnte gegenüber dem Fernverkehr (Güter und Personen) immer weiter zurückgedrängt worden; zahlreiche Haltepunkte wurden auch dann, wenn die Nachfrage bedeutend war, gestrichen, so daß der SPNV auf stark belasteten Hauptstrecken oft eine noch schlechtere Qualität aufweist, als auf Nebenstrecken.

Daß dies alles auch anders geht, beweisen auch in Deutschland die nichtbundeseigenen Eisenbahnen.

Soll der SPNV außerhalb der Ballungsräume zukünftig eine Chance haben, muß hier eine weitreichende Neubewertung und Umorientierung erfolgen; die wichtigsten Punkte sind dabei:

- Wettbewerb durch Betreibervielfalt in Form von nichtbundeseigenen Eisenbahnen – ohne Konkurrenz kein Kostenbewußtsein!

- stadtbahnähnlicher Betrieb mit leichten, gut beschleunigenden bzw. verzögernden Triebwagen im Einmannbetrieb mit Fahrerselbstabfertigung

- ein an die lokalen Erfordernissen angepaßtes Haltestellennetz, d.h. in der Regel eine Verlegung bestehender und die Einrichtung neuer Halte sowie die Einführung von Bedarfshaltestellen

- betrieblich personalfreie Strecken, aber Wahrnehmung von Kundendienst, Verkauf und Service durch Beteiligung Dritter ("Bahnhof als Privatunternehmen")

- übersichtliche und systematische Fahrplangestaltung (Takt) und gute Verknüpfung mit anderen ÖPNV–Trägern (integraler Takt)

- regional einheitliche Tarife (Tarifverbund) für den gesamten öffentlichen Verkehr

- offensive Ausschöpfung aller Marktsegmente zugunsten des SPNV; dies bedeutet z.B. auch – wo immer möglich – weitgehende Verlagerung des Schülerverkehrs auf die Schiene und Erschließung des Freizeit– und Erholungsverkehrs für den SPNV durch entsprechende Angebotsstrukturen und Marketingbemühungen

- wie für den gesamten ÖPNV, so gilt auch im SPNV: intensive Öffentlichkeitsarbeit und gutes Marketing als Daueraufgabe sind Vorbedingung für Erfolg!

Darüber hinaus ist eine Fülle detaillierter Einzelkriterien von Belang, deren Auflistung an dieser Stelle zu weit führen würde.

Das wichtigste Kriterium — neben der Finanzierbarkeit — ist und bleibt der politische Wille; hier bedarf es der grundsätzlichen Bereitschaft, Prioritäten in der Verkehrspolitik zu setzen und den öffentlichen Verkehr entsprechend zu fördern.

Planerische Konsequenzen

Schon die Darstellung der Inhalte und Verfahrensabläufe bei Bahnreform und Regionalisierung vermittelt eine Fülle von Ansätzen für planerische Konsequenzen.

Nun sind sowohl Bahnreform als auch Regionalisierung zunächst juristisch gefaßte Organisationskonzeptionen bzw. beinhalten entsprechende Verfahrensabläufe; zu planerisch relevanten Werken werden sie für die Kommunen durch die Umverteilung von Mitteln und Trägerschaft, damit aber auch Planungskompetenz.

Die planerische Relevanz ist also der Finanzverantwortung und Aufgabenträgerschaft nachgeordnet und direkt daran gekoppelt, in welcher Form die Länder die Verantwortung für den ÖPNV an die nachgeordneten Gebietskörperschaften weiterreichen.

Die wichtigste planerische Konsequenz betrifft jedoch unabhängig von der Ebene der SPNV–Trägerschaft die Gemeinden: sie haben für eine Flächennutzungs– und Bebauungsplanung von Wohn– und Gewerbeflächen an den SPNV garantiert.

Hierzu müssen oft bestehende Haltepunkte verlegt bzw. neue Haltepunkte eingerichtet werden; diese Aufgabe fällt den Gemeinden u.U. in Zusammenarbeit mit den Betreibern und/oder den Kreisen und Ländern zu.

Sie übernehmen die Planung, beauftragen die Baumaßnahme und beantragen hierfür Zuwendungen nach GVFG.

Es gibt Städte mit mehreren 100.000 Einwohnern in Deutschland, deren Stadtgebiet von zahlreichen Schienenstrecken durchzogen, aber mangels Haltepunkten nicht erschlossen ist. Oft sind Haltepunkte, die früher vorhanden waren, von der DB stillgelegt worden. Zugleich haben die Pendlerbewegungen ins Umland drastisch zugenommen und werden ganz oder überwiegend vom MIV getragen. Diese Reserven gilt es zu aktivieren. Neben der Neuanlage/Verschiebung von Haltepunkten, wie erwähnt, bedarf es dabei planerischer Anstrengungen in den Bereichen

- Tarif– und Verkehrsverbund, um SPNV–Angebote mit einem Fahrschein und gemeinsam mit den anderen ÖPNV–Angeboten eines Verkehrsraumes nutzen zu können,

- integrierte Gesamtverkehrsplanung, um die Chancen des ÖPNV, hier besonderes des SPNV zu stärken; vor allem konsequente Parkraumbewirtschaftung und –verknappung in den Stadtzentren sowie Verkehrsberuhigung sind anzumahnen,

- bei vorhandenen Straßenbahnnetzen Überprüfung der Frage, ob eine integrierte Nutzung von SPNV– und Straßenbahnanlagen nach Vorbild "Karlsruhe" möglich ist,

–   Ausrichtung kommunaler Wegenetze auf die Haltepunkte des ÖPNV, vor allem gute Fuß– und Radwegeverbindungen, und Schaffung von guten Umsteigebedingungen mit kurzen Wegen vom ÖPNV (Bus, Straßenbahn) zum SPNV sowie – wo sinnvoll – Anlage von P&R–Plätzen,

–   Stärkung von Bahnhöfen und Haltepunkten als städtische Zentren durch bewußte Verlagerung von Funktionsträgern in und an die Bahnhöfe, dabei Schaffung von Einkaufsmöglichkeiten, die vor allem auch außerhalb der Öffnungszeiten des Ladenschlußgesetzes zur Verfügung stehen.

Neben diesen direkt maßnahmenwirksamen planerischen Konsequenzen ist vor allem die Schaffung eines Bewußtseinsklimas vonnöten, das die planerische Kompetenz vor Ort stärkt und die Sensibilisierung für die Schaffung von Prioritäten zugunsten des ÖPNV/SPNV erzeugt. Dies ist zuvorderst Aufgabe der Politik, indirekt aber auch der Verwaltung und damit der Planer selbst. Wichtig – um ernst genommen zu werden – ist dabei die Qualifizierung von Planern, die

–   Kompetenz bei der Konzeption von Organisations– und Finanzierungsstrukturen nachweisen können; den Politiker interessiert – zu Recht – vor allem, was Maßnahmenkonzeptionen in der Umsetzung kosten und welche Verantwortlichkeiten (vertraglich abgesicherte Rechte und Pflichten) entstehen. Noch so schöne Maßnahmenpakete auf der Basis noch so gründlicher Nachfrageabschätzungen und empirischer Arbeiten sind ohne schlüssige Finanzierungskonzepte und Organisationsstrukturen wertlos!

–   Nur auf Grundlage solcher Kompetenz wird die Entscheidungsebene, die Politik, zur konstruktiven Mitarbeit zu bewegen sein.

–   Nur auf der Grundlage der kompetenten Darstellung von wirtschaftlichen Aspekten läßt sich auch insbesondere der SPNV, aber auch der ÖPNV insgesamt, zukünftig noch absichern bzw. sogar ausbauen!

–   Nur auf der Grundlage abgestimmter Konzepte von SPNV, Bus, Pkw und Gesamtverkehrspolitik unter Beseitigung paralleler Aufwände (z.B. Busparallelverkehr zur Schiene, freigestellter Schienenverkehr neben allgemeinem Linienverkehr, paralleler Straßenausbau zu ÖPNV–Achsen) wird zukünftig überhaupt noch offensiver ÖPNV finanzierbar sein.

All das sind planerische Aufgaben, die der Planer zusätzlich neben seiner eigentlichen konzeptionellen Arbeit zu leisten hat.

Das, was letztendlich mit aller Planung angestrebt werden soll, nämlich eine Verlagerung von Verkehrsanteilen vom MIV zum ÖPNV und SPNV, Rad– und Fußverkehr, ist nur dann real erreichbar, wenn Planer ganzheitliche Organisations– und Finanzierungskonzepte liefern.

Dafür haben sie sich zukünftig verstärkt auch auf der unteren kommunalen Ebene zu qualifizieren.

Verkehrswirksamkeit
städtebaulicher Entscheidungen

Von Jost Eberhard

Einleitung

Das Ziel des im folgenden vorzustellenden Modellvorhabens des Bundesministeriums für Raumordnung, Bauwesen und Städtebau (vgl. Anmerkung am Ende des Textes) ist es, mit Hilfe einer Ex−post−Analyse die Wirkungen von städtebaulichen Maßnahmen auf die Verkehrsentwicklung in der Stadt Rheinbach festzustellen. Aus den Schlußfolgerungen dieser Analyse wird ein Verfahren entwickelt, das als Planungshilfe zur Abschätzung von Verkehrswirkungen bei zukünftigen städtebaulichen Entscheidungen in Rheinbach verwendet werden kann. Die Ergebnisse sind nicht ohne weiteres auf andere Städte übertragbar.

Rheinbach: Mittelzentrum im suburbanen Raum
des Ballungsgebietes Köln−Bonn

Am Beispiel der Stadt Rheinbach, einem Mittelzentrum im suburbanen Raum am westlichen Rande des Verdichtungsraumes Köln−Bonn, wird die Wirkung städtebaulicher Entscheidungen auf den Verkehr untersucht. Mit einer fortschreitenden Funktionstrennung gewann der suburbane Raum immer stärker an Bedeutung; zunächst nur als bevorzugter Wohnstandort, später setzte auch eine Dezentralisierung von Arbeitsstätten in den suburbanen Raum

Tabelle 1: *Wohnort Rheinbach - Das Pendeln nimmt zu*

1965	2.980 Berufspendler	
1987	6.000 Berufspendler	+ 101 %
1965	112.000 Kilometer/Tag	
1987	220.000 Kilometer/Tag	+ 98 %

Raumbezogene Verkehrswissenschaften − Anwendung mit Konzept
hrsg. im Auftrag des Deutchen Verbandes für Angewandte Geographie
von Arnulf Marquardt-Kuron und Konrad Schliephake
in Material zur Angewandten Geographie (MAG), Band 26, Bonn 1996

ein. Gleichzeitig konnte ein starkes Verkehrswachstum beobachtet werden. Dabei hat die Stadt Rheinbach eine Entwicklung zum Pendlerwohnort vollzogen (vgl. Tab. 1), wobei die Beschäftigtenentwicklung mit der steigenden Einwohnerzahl nicht Schritt hielt (vgl. Tab. 2). Im Vergleich zu anderen Städten im suburbanen Raum unterscheidet sich Rheinbach durch seine Stadtentwicklungspolitik: Mit der räumlichen Konzentration verschiedener Einrichtungen und Funktionen konnte eine kompakte Kernstadt erhalten und ausgebaut werden, in der kurze Wege noch möglich sind.

Tabelle 2: *"Schlafstadt Rheinbach" – Die Arbeitsplätze halten mit der Bevölkerungszunahme nicht Schritt*

1961	12.956 Einwohner	100 %
1970	19.175 Einwohner	148 %
1977	21.911 Einwohner	169 %
1981	23.072 Einwohner	178 %
1961	71 Arbeitsplätze	100 %
1970	63 für 100	89 %
1977	58 Erwerbs-	82 %
1981	53 tätige	75 %

Das Verkehrswachstum hat – neben der Wirkung von städtebaulichen Entscheidungen – weitere Ursachen: Das Verkehrswachstum und die damit verbundenen Folgewirkungen sind ein Bestandteil gesellschaftlicher Entwicklungen in einem Geflecht weiterer verkehrserzeugender Faktoren. Dazu gehören sozioökonomische Faktoren, die sich in unterschiedlichen Lebensstilen sowie den ökonomischen Rahmenbedingungen manifestieren, ebenso wie die Veränderung der Erreichbarkeit durch eine verbesserte Verkehrsinfrastruktur sowie eine höhere Pkw-Verfügbarkeit (vgl. Tab. 3). Die städtebauliche Entwicklung wird von diesen Einflußfaktoren überlagert. Das hat Einfluß auf die Interpretation der Analyseergebnisse.

Tabelle 3: *Die Kfz-Verfügbarkeit bestimmt das Verkehrsverhalten*

1970	4.600 Kfz	
1991	12.650 Kfz	+ 175 %
1970	240 Kfz je 1000 Einwohner	
1991	547 Kfz je 1000 Einwohner	+ 128 %

In dem Modellvorhaben geht es vor allem darum, die verkehrliche Wirkung von städtebaulichen Entscheidungen sichtbar zu machen. Neben der Analyse der städtebaulichen Entwicklung und des Verkehrsgeschehens wird deshalb die Veränderung der Er-

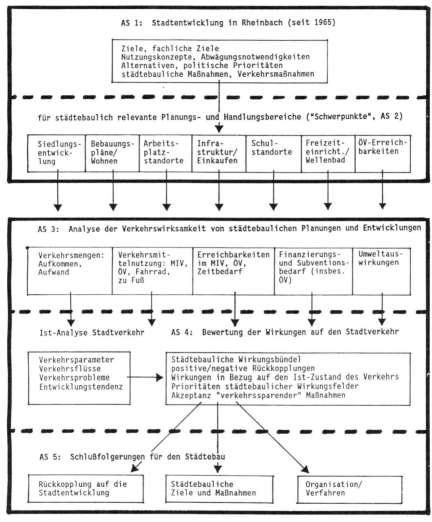

AS 1: Stadtentwicklung in Rheinbach (seit 1965)

Ziele, fachliche Ziele
Nutzungskonzepte, Abwägungsnotwendigkeiten
Alternativen, politische Prioritäten
städtebauliche Maßnahmen, Verkehrsmaßnahmen

für städtebaulich relevante Planungs- und Handlungsbereiche ("Schwerpunkte", AS 2)

Siedlungs-entwick-lung	Bebauungs-pläne/ Wohnen	Arbeits-platz-standorte	Infra-struktur/ Einkaufen	Schul-standorte	Freizeit-einricht./ Wellenbad	ÖV-Erreich-barkeiten

AS 3: Analyse der Verkehrswirksamkeit von städtebaulichen Planungen und Entwicklungen

Verkehrsmengen: Aufkommen, Aufwand	Verkehrsmit-telnutzung: MIV, ÖV, Fahrrad, zu Fuß	Erreichbarkeiten im MIV, ÖV, Zeitbedarf	Finanzierungs-und Subventions-bedarf (insbes. ÖV)	Umweltaus-wirkungen

Ist-Analyse Stadtverkehr   **AS 4:** Bewertung der Wirkungen auf den Stadtverkehr

Verkehrsparameter Verkehrsflüsse Verkehrsprobleme Entwicklungstendenz	Städtebauliche Wirkungsbündel positive/negative Rückkopplungen Wirkungen in Bezug auf den Ist-Zustand des Verkehrs Prioritäten städtebaulicher Wirkungsfelder Akzeptanz "verkehrssparender" Maßnahmen

AS 5: Schlußfolgerungen für den Städtebau

Rückkopplung auf die Stadtentwicklung	Städtebauliche Ziele und Maßnahmen	Organisation/ Verfahren

Zitat Adrian: "Wenn man je mit dem Problem Verkehr in den Städten fertig werden will, muß man jede Veränderung an der Stadtstruktur daran messen, ob sie Verkehr einspart oder erzeugt. Hier gibt es große Forschungsdefizite."

Abbildung 1: *Arbeitsschritte und Ablauf des Modellvorhabens "Verkehrswirksamkeit städtebaulicher Entscheidungen – Ex-post-Analyse am Beispiel der Stadt Rheinbach" im Rahmen des Experimentellen Wohnungs- und Städtebaus des Bundesministeriums für Raumordnung, Bauwesen und Städtebau*

reichbarkeit für die einzelnen Verkehrsarten analysiert. Um die sozioökonomischen Einflußgrößen und die Wirkung der Kommunikation beurteilen zu können, wurden zusätzliche Befragungen durchgeführt.

Die Verkehrswirksamkeit von städtebaulichen Entscheidungen wird dann deutlich, wenn unterschiedliche Betrachtungsweisen und Perspektiven gewählt werden. Die entscheidende Frage ist, wie die Verkehrswirksamkeit städtebaulicher Entscheidungen innerhalb des baulichen und verkehrlichen Wirkungsgefüges überhaupt nachweisbar zu machen ist. Zu diesem Zweck wird auf unterschiedliche Betrachtungsweisen zurückgegriffen. Mit der Methodik einer reinen zeitbezogenen Ex–post–Analyse sind vielfach nur Ergebnisse zu erhalten, die das Bild eines allgemeinen Verkehrswachstums widerspiegeln, ohne einen Blick auf einzelne Ursachen frei zu geben. Der Verkehr und die Entwicklung der Stadt Rheinbach werden daher aus mehreren Perspektiven betrachtet, denen folgende städtebauliche Schwerpunkte in Rheinbach zugrunde (vgl. Abb. 1) liegen:

- Siedlungsentwicklung
- Planung und Anlage von Wohngebieten
- Arbeitsplatzstandorte
- Einkaufsstandort Innenstadt
- Schulreform und Bildungsverhalten
- Freizeitverkehr an der Tageserholungsanlage
- Veränderung der Erreichbarkeit

Wenn man diese verschiedenen städtebaulich–funktionalen Schwerpunkte betrachtet, unterscheidet man gleichzeitig auch verschiedene Verkehrszwecke; städtebauliche und verkehrliche Differenzierungen können also weitgehend Hand in Hand gehen.

Die zeitliche Perspektive kann betrachtet werden, indem Daten aus den 60er Jahren (z.B. aus der VZ 1968) mit aktuellen Daten aus dem Jahr 1992 oder zumindest aus der VZ 1987 verglichen werden; die Datenlage läßt dies für einige der städtebaulichen Schwerpunkte zu. Die städtebaulich–räumlichen Aspekte werden über den Vergleich unterschiedlicher Siedlungsgebiete innerhalb Rheinbachs bearbeitet, also einen Vergleich der Entwicklung und des Verkehrsverhaltens in der Kernstadt, in den Ortsteilen bzw. in einem ausgewählten Wohngebiet in der Kernstadt. Die Erreichbarkeit wird für den öffentlichen Verkehr und den motorisierten Individualverkehr analysiert. Dabei können durch eine Fahrplananalyse und eine Untersuchung des Straßennetzes zwei Zeitschnitte der Entwicklung (1970 bzw. 1965 und 1992) betrachtet werden.

Auf der Grundlage der Bestandserhebung wird die Verkehrswirksamkeit der städtebaulichen Entscheidungen und Maßnahmen in den einzelnen Schwerpunkten analysiert. Kriterien hierfür sind Verkehrsmengen, Verkehrsmittelnutzung, Erreichbarkeiten und Umweltbelastungen.

Vier Grundsätze

Das wesentliche Ergebnis des Modellvorhabens für Rheinbach heißt: Wer die Verkehrswirksamkeit von städtebaulichen Entscheidungen in Rheinbach berücksichtigen will, muß vor allem vier Grundsätze beachten:

■ Kompakt besiedeln und verdichtet bauen,

■ Funktionen verkehrssparend zuordnen,

■ Qualität der Erreichbarkeit steuern sowie

■ Infrastruktur und Dienstleistungen auf den örtlichen Bedarf auslegen.

Diese Grundsätze sind nicht neu. Dennoch muß in der Praxis der einzelnen städtebaulichen Entscheidungen immer wieder festgestellt werden, daß sie nicht beachtet werden.

Dahinter steckt in der Regel keine bewußte Absicht; vielmehr fällt es häufig schwer, die Verkehrswirksamkeit im Einzelfall zu erkennen, sie zu beschreiben und dann – möglichst im Vergleich zu alternativen Lösungen – auch noch zu bewerten. Im folgenden werden die vier Grundsätze näher erläutert.

Erster Grundsatz: Kompakt besiedeln und verdichtet bauen

Dieser erste Grundsatz ist – wenn auch nicht neu – der wichtigste. Er ist derjenige, der die meisten Beiträge zur positiven Verkehrswirksamkeit leisten kann. Er läßt sich auch mit den Schlagwörtern "kompakte Entwicklung" oder "Stadt der kurzen Wege" beschreiben.

Die kompakte Siedlungsentwicklung der Stadt Rheinbach hilft Verkehr einzusparen.

In den vergangenen 25 bis 30 Jahren hat sich die Entwicklung Rheinbachs auf die Kernstadt konzentriert (vgl. Tab. 4). Die Kernstadt, die schon 1965 ca. 54 % der Einwohner hatte, ist bis 1987 stärker gewachsen als die Ortsteile. In den Ortsteilen liegt aber die Pendlerquote um 70 % und die Länge der zurückgelegten Pendlerwege (km/Pendler) um 40 % höher als in der Kernstadt: Wäre die Entwicklung nicht auf die Kernstadt konzentriert worden, dann wären z.B. die Verkehrsmengen im Berufsverkehr überproportional gestiegen.

Kompakte Bebauung und kurze Wege schaffen gute Erreichbarkeiten mit geringem motorisierten Verkehr.

Im Wohngebiet Süd–West leben rund 2.600 Einwohner in einer Entfernung zwischen 400 und 1.200 m vom Zentrum der Kernstadt. Dort läßt sich im Vergleich zu den Rheinbacher Ortsteilen ein wesentlich geringerer Verkehrsaufwand und ein deutlich geringerer Anteil des motorisierten Verkehrs feststellen. Während die Bewohner des

Tabelle 4: *Das konzentrierte Wachstum der Kernstadt kann starkes Pendeln aus den Ortsteilen nicht verhindern*

1965	Kernstadt	7.989 Einwohner	
1965	Ortsteile	6.919 Einwohner	
1987	Kernstadt	12.911 Einwohner	+ 62 %
1987	Ortsteile	10.161 Einwohner	+ 47 %
Pendler je	Kernstadt	0,20	
Einwohner (1987)	Ortsteile	0,34	
km je Einwohner	Kernstadt	8,2	
und Tag (1987)	Ortsteile	11,3	

Wohngebietes Süd–West 76 % ihrer Wege im Entfernungsbereich bis 1,5 Kilometer zurücklegen, sind es bei den Ortsteilbewohnern 42 % (vgl. Tab. 5).

In diesen Zahlen sind Wegeketten, also die Kombi-

Tabelle 5: *Kompakte Bebauung ermöglicht kurze Wege*

Wege im	Gebiet "Süd-West"	60 %
Nahbereich	Ortsteile	20 %
(bis 1,5 km)	Rheinbach insg.	40 – 50 %

nation von mehreren Erledigungen und Wegen hintereinander, enthalten. Bei den kurzen Wegen nutzen die Einwohner des Wohngebietes Süd–West nur zu 25 % das Auto, sonst sind sie zu Fuß oder mit dem Rad unterwegs.

Wenn die Zahl der erreichbaren Angebote und die räumliche Zuordnung stimmen, sind die wesentlichen Voraussetzungen zur Verkehrsvermeidung gegeben.

Das Beispiel des Wohngebietes Süd–West zeigt, daß neben der relativ kompakten Bebauung die Nähe wichtiger Ziele einen Einfluß auf die Weglänge hat. Der wesentliche Anteil der Wege führt entweder in die nahe Innenstadt oder in das Schulzentrum, das im Wohngebiet liegt.

Die enge räumliche Zuordnung der Funktionen "Versorgung" und "Ausbildung" zum Wohnstandort spielt hier die Hauptrolle, wenn man insbesondere motorisierten Individualverkehr (MIV) vermeiden will.

Die Notwendigkeit zur räumlichen Durchmischung von Funktionen ist für eine Stadt von der Größe und Ausdehnung Rheinbachs unerheblich.

In der Kernstadt von Rheinbach gibt es eine fast strikte Trennung zwischen reinen Wohngebieten einerseits (außerhalb des historischen Zentrums) und dem Zentrum, in dem sich Arbeitsstätten, Läden, Ämter und andere Dienstleistungen konzentrieren.

Trotz dieser Trennung "funktioniert" die Verkehrsvermeidung, insbesondere beim MIV. Eine heute vielfach geforderte stärkere Durchmischung von Funktionen – bis hin zum idealtypischen Gedanken vom "Wohnen und Arbeiten unter einem Dach" – erscheint bei einer Ortsgröße wie der von Rheinbach, in der alle Wege kurz gehalten werden können, aus der Sicht des Verkehrs nicht notwendig und deshalb auch nicht sinnvoll (vgl. Tab. 6).

Tabelle 6: *Kompakte Bebauung macht radfahren und zu Fuß gehen möglich*

Fuß- und Radweganteile		
im Gebiet	Arbeitsweg	19 %
"Süd-West"	Schulweg	80 %
	Einkaufsweg	64 %
	Freizeitweg	31 %
in den	Arbeitsweg	13 %
Ortsteilen	Schulweg	42 %
	Einkaufsweg	33 %

Die "Stadt der kurzen Wege" schafft die wesentliche Voraussetzung zur Verlagerung des Verkehrs auf Verkehrsmittel des Umweltverbundes.

Die Verkehrsmittelwahl der Kernstadtbewohner, die eine Vielzahl von Zielen in kurzer Entfernung erreichen können, zeigt: Nur 27 % aller Einkaufswege in die Kernstadt werden mit dem MIV zurückgelegt, während der Anteil bei den Ortsteilbewohnern bei 67 % liegt. Beim Fahrtzweck Arbeit sind die Wege generell länger, und der Anteil des Umweltverbunds ist mit 35 % relativ klein.

Mehr als die Siedlungsstruktur oder der Ausbau von Straßen hat die gestiegene Motorisierung neue Erreichbarkeiten geschaffen und damit die Bereitschaft gefördert, größere Entfernungen zurückzulegen.

Dies wird deutlich an dem zunehmenden Verkehrsaufwand der Einpendler, der zwischen 1970 und 1987 um über 400 % stieg. Die Einpendlerwege haben sich von durchschnittlich etwa 15,5 km/Tag auf ca. 26 km/Tag erhöht. Die gestiegene Pkw-Verfügbarkeit hat dabei die Erreichbarkeiten nachhaltiger verändert als der Ausbau der Verkehrswege.

In einigen Bereichen hat die Stadt Rheinbach Entscheidungen getroffen, die den Verkehrsaufwand nicht haben zunehmen lassen. So hat sich beispielsweise durch den

Ausbau der Dienstleistungen im historischen Zentrum und – bis auf eine Ausnahme – durch den Verzicht auf große, autogerechte Verbrauchermärkte den Verkehr nur mäßig gesteigert, bei gleichzeitig günstiger Erreichbarkeit (vgl. Tab. 7).

Tabelle 7: *Die attraktive, fußläufig erreichbare Kernstadt ermöglicht den Besuch ohne Auto*

Verkehrsziel	Besucheranteil	72 %
Kernstadt	davon mit Auto	ca. 40 %
Verkehrsziel	Besucheranteil	13 %
Verbrauchermarkt	davon mit Auto	ca. 84 %

Zweiter Grundsatz: Funktionen verkehrssparend zuordnen

Damit ist die systematische und vor allem verkehrssparende Zuordnung verschiedener stadträumlicher Funktionen wie Wohnen, Arbeiten, Einkaufen usw. gemeint: Möglichst sollten fußläufige (1,2 km) bzw. Fahrrad–Entfernungen (5 km) nicht überschritten werden.

Stärker als der Städtebau beeinflußt der Verkehrszweck die Menge des Verkehrs (vgl. Tab. 8).

Fahrtzweck Arbeit: Der städtebauliche und siedlungsstrukturelle Einfluß ist bei Wegen zur Arbeit am wenigsten nachweisbar. Kernstädter und Ortsteilbewohner in Rheinbach weisen ähnliche Pendelbeziehungen auf. Der Anstieg der Auspendler war in der Kernstadt zwischen 1965 und 1987 (+ 124 %) sogar höher als in den Ortsteilen (+ 87 %).

Dies liegt in erster Linie daran, daß die Zahl der Erwerbstätigen in Rheinbach stärker zugenommen hat als die der Beschäftigten. Auf der anderen Seite sind jedoch auch die Einpendlerzahlen überproportional gestiegen. Das bedeutet, daß die im Untersuchungszeitraum neu geschaffenen Arbeitsplätze überwiegend nicht von Rheinbachern eingenommen wurden. Der Einfluß städtebaulicher Entscheidungen beim Fahrtzweck Arbeit ist als unsicher zu bewerten.

Fahrtzweck Einkauf: Deutliche Unterschiede zeigen die Verkehrsmengen bei den Fahrten zum Einkauf. Weil es in den meisten Ortsteilen von Rheinbach nicht einmal mehr Lebensmittelgeschäfte gibt, sind die zurückgelegten Wege (Verkehrsaufwand/Person) fast doppelt so hoch wie in der Kernstadt, obwohl die Bewohner in den Ortsteilen nur halb so oft zum Einkaufen gehen wie die in der Kernstadt (Verkehrsaufkommen/Person).

Tabelle 8: *Der Verkehrszweck bestimmt das Verkehrsverhalten und die Verkehrsmittel-wahl*

Fahrtzweck Arbeiten		
Pendeln nach	1965 insg.	61.000 km/Tag
Bonn	MIV-Anteil	35 %
	1987 insg.	130.000 km/Tag
	MIV-Anteil	80 %
Fahrtzweck Einkauf		
MIV-Verkehrs-	Kernstadt	3.780 km/Tag
aufwand		323 km/1000 Ew.
	Ortsteile	8.815 km/Tag
		871 km/1000 Ew.
Fahrtzweck Schule		
ÖV-Verkehrs-	1965	0 km/Tag
aufwand bei	1991 Kernstadt	0 km/Tag
Grund-, Hauptschule	1991 Ortsteile	3.270 km/Tag

Der Einfluß städtebaulicher Entscheidungen beim Fahrtzweck Einkauf ist also deutlich nachweisbar: Wenn Wohnen und Einkaufsziele einander räumlich nah zugeordnet werden, sinken insbesondere die MIV−Verkehrsmengen.

Fahrtzweck Schule: Die Entwicklung der Schulstruktur in Rheinbach führt zu einem starken Verkehrswachstum, da in den letzten 20 Jahren die meisten Grundschulen und alle weiterführenden Schulen in der Kernstadt konzentriert wurden.

Im Gesamtergebnis ist der Verkehrsaufwand jedoch stärker durch das geänderte Bildungsverhalten, d.h. den vermehrten Besuch weiterführender Schulen, gesteigert worden; dies erklärt etwa zwei Drittel des Zuwachses. Die räumliche Konzentration der Schulstandorte ist Ursache lediglich für das restliche Drittel.

Hier hat der Städtebau Einfluß.

Verkehr läßt sich besonders gut beim Fahrtzweck "Einkaufen/Versorgen" vermeiden.

Die Schaffung eines vielfältigen Einzelhandels– und Dienstleistungsangebotes in der fußläufig erreichbaren Innenstadt hat bei der Bevölkerung der Rheinbacher Kernstadt zu einer Begrenzung des Verkehrsaufwandes (insbesondere beim MIV) geführt. Dies kommt in der hohen Bindung der Rheinbacher an "ihr Stadtzentrum" zum Ausdruck (vgl. Tab. 9): 89 % der Einkäufe werden in der Rheinbacher Kernstadt getätigt.

Das konzentrierte Angebot an Einzelhandels– und Dienstleistungseinrichtungen in der Kernstadt führt zudem dazu, daß innerhalb des Stadtzentrums auch die Bewohner aus den Ortsteilen mehrere Erledigungen miteinander verbinden können; die Ortsteilbewohner legen dabei den überwiegenden Anteil ihrer Wege innerhalb der Innenstadt unmotorisiert zurück.

Tabelle 9: *Verkehrsmittelwahl beim Fahrtzweck "Einkaufen/Versorgen"*

Kernstädter und Ortsteilbewohner erledigen Einkäufe zu jeweils 89 % in der Kernstadt.

Kernstädter	zu Fuß	39 %
	mit Rad	34 %
	mit ÖV	0 %
	mit MIV	27 %
Ortsteil-bewohner	zu Fuß	20 %
	mit Rad	9 %
	mit ÖV	4 %
	mit MIV	67 %

Dritter Grundsatz: Qualität der Erreichbarkeit steuern

Im Grenzbereich zwischen verkehrsplanerischen und städtebaulichen Maßnahmen gibt es eine Vielzahl von Möglichkeiten, Erreichbarkeiten zu steuern und das Verkehrsgeschehen zu beeinflussen. Das betrifft sowohl das städtebauliche – und finanzielle – Gewicht, das dem Verkehrsweg beigemessen wird (Fuß– und Radwege, Straßen); das betrifft aber auch die kommunale ÖV–Politik, und zwar sowohl auf der planerischen Ebene (z.B. neue Wohngebiete nur mit ÖV–Anschluß) wie beim finanziellen Engagement (Bedienungsstandards).

Verkehrsplanung als eigenständige städtebauliche Aktivität zur Verkehrsvermeidung und –verlagerung hat in Rheinbach keine Rolle gespielt.

Aus der städtebaulichen Bestandsaufnahme in Rheinbach ist nicht erkennbar, daß die Stadtplanung Erreichbarkeiten in Rheinbach bewußt und direkt als verkehrsplanerische Maßnahme gesteuert hat. Indirekt sind natürlich Erreichbarkeiten geschaffen oder geändert worden (vgl. Tab. 10), die mit Stichworten wie "kompakte Entwicklung", "Stadt der kurzen Wege" beschrieben werden können.

Dagegen haben flankierende städtebaulich–verkehrsplanerische Maßnahmen wie

- die Anlage eines Fuß– und Radwegenetzes ins Zentrum der Kernstadt,
- Verkehrsberuhigungsmaßnahmen,
- die Anlage von Spielstraßen oder
- die Unterbindung von Schleichverkehr in Wohngebieten

zunächst eine geringe Rolle gespielt.

Im Verkehrsberuhigungskonzept der Stadt Rheinbach werden jedoch solche Maßnahmen vorgeschlagen, die die Qualität der Erreichbarkeit für Fußgänger und Radfahrer verbessern – und gewisse Einschränkungen für den MIV mit sich bringen.

Auch beim ÖV hat sich die Stadt nicht angestrengt, die Erreichbarkeit zu verbessern. Das gilt sowohl für die Planung der ÖV–Anbindung z.B. für neue Wohngebiete, als auch generell für ein eigenes finanzielles Engagement der Stadt zur Verbesserung der Bedienungsqualitäten insbesondere zwischen Kernstadt und Ortsteilen.

Tabelle 10: *Die Erreichbarkeiten von der Kernstadt aus haben sich vor allem im MIV verbessert*

Bonn	ÖV	1970	30 min	
		1992	30 min	0 %
	MIV	1970	26 min	
		1992	22 min	-15 %
Bad Godesberg	ÖV	1970	60 min	
		1992	60 min	0 %
	MIV	1970	27 min	
		1992	23 min	-15 %
Köln	ÖV	1970	80 min	
		1992	80 min	0 %
	MIV	1970	46 min	
		1992	37 min	-20 %
Ortsteil Queckenberg	ÖV	1970	30 min	
		1992	20 min	-33 %
	MIV	1970	10 min	
		1992	10 min	-0 %

Eine Verlagerung von Arbeitsplätzen in den suburbanen Raum (Dezentralisierung) birgt die Gefahr deutlich höheren Verkehrsaufwandes, da hier bessere Pkw– Erreichbarkeiten vorhanden sind als in den Ballungskernen.

Die Entwicklung der Pendelverkehre nach Rheinbach belegt diese These (vgl. Tab. 11). Die Zahl der Berufseinpendler stieg im Zeitraum zwischen 1970 und 1987 überdurchschnittlich auf das Vierfache an, während die Anzahl der Beschäftigten im gleichen Zeitraum nur um 38 % zunahm. Das weist darauf hin, da auch bei steigenden Arbeitsplatzzahlen am Ort diese in der Mehrzahl gar nicht von den Rheinbachern angenommen werden. Ausgehend von der 30–Minuten Akzeptanzschwelle für

Tabelle 11: *Die gestiegene Pkw-Erreichbarkeit im suburbanen Raum hat das Pendeln zum Arbeitsplatz gefördert*

Einwohner	1970	19.175	
	1987	23.072	+ 20 %
Auspendler	1970	150.320	
	1987	223.350	+ 49 %
Einpendler	1970	24.940	
	1987	125.570	+ 404 %
Binnenpendler	1970	9.140	
	1987	10.340	+ 13 %

Wege im Berufsverkehr ist ein Pendlereinzugsbereich von 2.000 qkm Ausdehnung und rund 1 Mio. Einwohnern (!) für Rheinbach anzusetzen, aus dem Beschäftigte das Arbeitsplatzangebot in Rheinbach annehmen können.

Wenn städtebauliche Maßnahmen Erreichbarkeiten verändern und Verkehr vermeiden sollen, müssen sie das gleichzeitige Angebot von Wohnraum und Arbeitsplätzen zum Ziel haben – abgesehen von möglichen zusätzlichen Anreizen.

Aufgrund der genannten vielfältigen Einflußfaktoren bei Wohnort- und Arbeitsplatzwahl bleibt allerdings der Erfolg unsicher und die Wirkung dieser Maßnahme ungewiß.

Der Berufsverkehr ist der Fahrtzweck, der die größten Verkehrsmengen hervorruft. Gleichzeitig hat der Städtebau hier die geringsten Einflußmöglichkeiten. Dennoch muß auch beim Berufsverkehr die Verlagerung auf den Umweltverbund an erster Stelle stehen.

Auch wenn der Städtebau vermutlich nur einen geringen – und in Rheinbach keinen nachweisbaren – Einfluß auf die Wohnort- und Arbeitsplatzwahl hat, kann er auch im Berufsverkehr Erreichbarkeiten steuern.

Das zeigt sich am Beispiel des Wohngebiets Süd-West (vgl. Tab. 12), von dem aus der Rheinbacher Bahnhof und damit die Anbindung nach Bonn bequem zu Fuß

Tabelle 12: *Verkehrsmittelwahl beim Fahrtzweck "Arbeit"*

Beim Weg zur Arbeit benutzten		
im Gebiet "Süd-West"	den ÖV	24 %
	das Auto	56 %
in den Ortsteilen	den ÖV	12 %
	das Auto	76 %
in Rheinbach insgesamt	den ÖV	11 %

oder mit dem Fahrrad erreichbar ist: Hier liegt der ÖV−Anteil beim Weg zur Arbeit mit 24 % mehr als doppelt so hoch als für Rheinbach insgesamt (nur 11 %). Ein ÖV−Angebot wird also durchaus (auch) genutzt, wenn es attraktiv und wenn der Wohnort angebunden ist.

Es soll aber nicht verkannt werden, daß neben den günstigen städtebaulichen Voraussetzungen andere Rahmenbedingungen für die Verlagerung von Berufsverkehr von entscheidender Bedeutung sind, etwa

- die Höhe des Benzinpreises (bzw. der Mineralölsteuer),
- die steuerliche Gestaltung der Kilometerpauschale,
- Umfang und Kosten des Parkplatzangebots am Arbeitsplatz,
- Tarifgestaltung beim ÖV (Jobticket),
- Anreize für eine Wahl der Wohnung in der Nähe des Arbeitsplatzes u.a.m.

Vierter Grundsatz: Infrastruktur und Dienstleistungen örtlich angemessen dimensionieren.

Dieser Grundsatz ist einerseits besonders wichtig, weil Verkehrsziele (Angebot) und die Entscheidung, diese Ziele aufzusuchen (Nachfrage) die Ausgangsgrößen für Verkehr und Verkehrswachstum überhaupt darstellen; auf der anderen Seite sind damit zwei Faktoren angesprochen, die sich nur teilweise und in unterschiedlichem Maß von der Stadtplanung beeinflussen lassen.

Fahrtzweck Freizeit: Um Verkehr zu vermeiden, muß die Größe von Einrichtungen eindeutig auf den örtlichen Bedarf ausgerichtet werden. Wenn man im Freizeitbereich Einrichtungen räumlich konzentrieren will, um damit eine gezielte Standortplanung vorzunehmen, wird man, was die Verkehrsvermeidung angeht, nur geringe Erfolge erzielen können: Lediglich 5 bis 15 % der Besucher der Freizeitanlagen in Rheinbach kombinieren dort Aktivitäten, wobei der Anteil bei den Besuchern, die von außerhalb Rheinbachs kommen, noch deutlich geringer ist. Je größer dimensioniert und je differenzierter das Freizeitangebot, umso größer ist das Einzugsgebiet (vgl. Tab. 13, Abb. 2). Dies bestätigen die Besucherzahlen zum Freizeitbad. Der Anteil auswärtiger Besucher liegt mit 75 % wesentlich höher als beim Freizeitpark (45 %) und beim Sportcenter (59 %).

Tabelle 13: *Unterschiedliche Freizeiteinrichtungen rufen unterschiedlichen Verkehrsaufwand hervor*

Sportcenter	470.000 km/Jahr
	15,2 km/Besucher/Woche
Freizeitbad	3,5 − 4 Mio. km/Jahr
	14,0 km/Besucher/Woche
Freizeitpark	keine Aussage
	7,2 km/Besucher/Woche

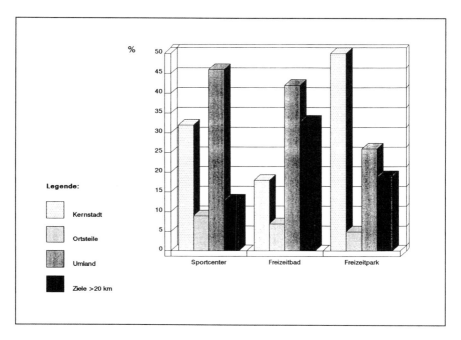

Abbildung 2: *Einzugsbereiche der untersuchten Freizeitstätten*
Quelle: Befragung Freizeitstätten Rheinbach

Planungshilfe für städtebauliche Vorhaben

Aus der Bestandsaufnahme und der Analyse von städtebaulichen Entscheidungen in Rheinbach wurde eine Planungshilfe entwickelt, die städtebauliche Entscheidungen und Maßnahmen systematisch auf die möglichen Aspekte der Verkehrswirksamkeit hin abfragt und eine Bewertung dieser Maßnahmen möglich macht.

Die Zielsetzung der Planungshilfe ist es, dem Planer das Problem der Verkehrswirksamkeit vor Augen zu führen und ihn dazu anzuregen, sich im konkreten Fall mit den Möglichkeiten der Verkehrsvermeidung zu beschäftigen. Die Planungshilfe soll einem Anwender qualitative Hinweise geben z.B. darauf,

–   ob eine Maßnahme in vielen Einzelaspekten eher positiv verkehrswirksam (d.h. vor allem als verkehrsvermeidend) oder negativ (als verkehrserzeugend) einzuschätzen ist;

–   ob die positiven oder die negativen Einschätzungen überwiegen;

–   ob die Verkehrswirksamkeit einer Maßnahme insgesamt bedeutsam ist oder ob sie möglicherweise nur eine untergeordnete Rolle spielt.

Die Planungshilfe soll in erster Linie zeigen, ob ein städtebauliches Vorhaben Verkehr eher vermeidet oder ob nicht. Eine zahlenmäßige Absicherung, wieviel Verkehr das Vorhaben genau vermeidet oder zusätzlich erzeugt, kann und will die Planungshilfe nicht geben. Die Planungshilfe ist nach den vier Grundsätzen

■ kompakt besiedeln und verdichtet bauen,

■ Funktionen verkehrssparend zuordnen,

■ Qualität der Erreichbarkeit steuern,

■ Infrastruktur und Dienstleistungen örtlich angemessen dimensionieren,

für verkehrswirksame städtebauliche Entscheidungen gegliedert.

Die Bestandsaufnahme und die Analyse zeigt, daß eine Vielzahl von städtebaulichen Maßnahmen als (Mit⁻)Ursache für die identifizierten Verkehrsprobleme in Rheinbach gelten können. Wenn diese Maßnahmen geordnet und nach den vier städtebaulichen Grundsätzen neu zusammengefaßt werden, dann stellen diese Grundsätze einerseits einen Bewertungsrahmen für die genannten städtebaulichen Planungen und Maßnahmen dar, andererseits werden die Grundsätze durch die einzelnen Maßnahmen beschrieben und operationalisiert.

Als Planungshilfe wurde für jeden dieser vier städtebaulichen Grundsätze ein Prüfblatt erstellt (vgl. Abb. 3.1 bis 3.4 auf den nachfolgenden Seiten). Die Prüfblätter enthalten vier bis sechs Bewertungskriterien. Anhand dieser Kriterien kann der Anwender sein neues Vorhaben im Detail überdenken und einschätzen, ob es eher zusätzlichen Verkehr erzeugt oder einspart. Die Planungshilfe besteht aus vier einheitlich aufgebauten Prüfblättern:

■ In der ersten Spalte werden einige Schlagworte genannt, die das jeweilige Thema des Blatts umreißen und dabei z.B. auf Voraussetzungen und flankierende Maßnahmen, aber auch auf Zielkonflikte hinweisen.

■ Die zweite Spalte enthält die einzelnen Bewertungskriterien, mit denen der städtebauliche Grundsatz der jeweiligen Liste im Detail ausformuliert und auf der Maßnahmenebene beschrieben wird. Ein bzw. zwei Ausrufezeichen links oben im Kasten weisen darauf hin, wenn es sich um ein sehr wichtiges bzw. um ein ganz besonders wichtiges Kriterium für die Verkehrswirksamkeit handelt.

■ Jedes Bewertungskriterium wird in der dritten Spalte mit einem Beispiel aus Rheinbach erläutert. Die Beispiele sollen anhand der Rheinbacher Zahlen deutlich machen, daß es bei jedem Kriterium positive ebenso wie negative Wirkungen auf den Verkehr geben kann.

■ In der letzten Spalte kann der Anwender die Beurteilung für seinen Bewertungsfall (sein Vorhaben) ansetzen. In der Regel wird nur ein Kreuzchen pro Kriterium gesetzt, in einigen Fällen mehrere. Das Bemerkungskästchen dient für ergänzende, erläuternde Bemerkungen (die auf einem gesondertem Blatt festgehalten werden sollten).

Kompakt besiedeln und verdichtet bauen — Planungshilfe, Blatt A

Sachverhalt	Bewertungskriterien	z.B. in Rheinbach ...	Bewertung der Maßnahme
Sachverhalt - Kompakte Stadt erfordert verdichtetes, urbanes Wohnen - Kompakte Stadt ermöglicht kurze Wege - Kurze Wege ermöglichen Verzicht auf MIV	!! - Kompakte Siedlungsentwicklung: Konzentration auf (wenige) Standorte, keine Entwicklung in die Fläche	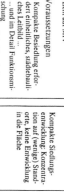 **MIV-Aufwand beim...** Pendeln — Einkaufen Ortsteile 139% 117% 100% Rheinbach insgesamt 179% 270% Kernstadt 100% Die Kernstadt ist hier die Vergleichsbasis	**Maßnahme findet statt** o in der Kernstadt o in Ortsteilen mit Wachstum o in Ortsteilen mit Eigenentwicklung o ergänzende Bemerkung
Voraussetzungen - Kompakte Besiedlung erfordert einheitliches, städtebauliches Leitbild ... - ... und im Detail Funktionsmischung - Städtebauliche Entscheidungen müssen politisch getragen und von den Akteuren und Betroffenen akzeptiert werden - Kompakte Besiedlung erfordert in kleinen Gemeinden die Konzentration auf wenige Ortsteile, in großen Städten die Stärkung der Stadtteile	! - In den Ortsteilen (in der Fläche) nicht mehr als Eigenentwicklung zulassen	 **Verkehrsmittelwahl beim Einkaufen in der Innenstadt:** Ortsteile / Kernstadt zu Fuß 20% / 39% Fahrrad 9% / 34% ÖV 4% / 0% MIV 67% / 27% Prozent 0 20 40 60 80 100	**Maßnahme** o ist sachlich notwendig o dient Eigenentwicklung, o geht über Eigenentwicklung hinaus o ergänzende Bemerkung
Zielkonflikte - Leitbild der automobilen Gesellschaft verträgt sich nicht mit MIV-freier Mobilität - Wohnen im Grünen bringt lockere Bebauung mit sich - Niedriger Grundstückspreis abseits verdichteter Zentren verlockt zu lockerer Bebauung - Nutzungsmischung kann zu höherer Verkehrsbelastung führen	! - Entwicklung nur dort und dann, wo und wenn gleichzeitig Einzelhandels- und Dienstleistungseinrichtungen geschaffen werden	Einzelhandels-Besatz 1987: Konzentrierte Entwicklung in der Kernstadt Kernstadt / nördl. OT / südl. OT Wormsdf. ■ EH-Geschäfte ▨ Bevölkerung	**Einzelhandel und Dienstleistungen** o sind bereits vorhanden o werden ausgebaut o fehlen überwiegend o ergänzende Bemerkung
Akteure - Planer/Politiker - Hausbesitzer/Bauherren - Investoren **Flankierende Maßnahmen** - Bevorrechtigung von Fußgängern und Radfahrern - Aktive Grundstückspolitik der öffentlichen Hand fördern	!! - Vorhaben oder Planungsgebiet autoarm, autofrei erschließen, um kurze Wege zu schaffen und die Nutzung des Umweltverbundes zu fördern	 1 m² Wohnfläche erfordert an Verkehrsfläche: 0,58 m² bei kompakter EFH-Bebauung (42% der Verkehrsfl. Fußwege!) 0,95 m² bei lockerer EFH-Bebauung	**Für die Autos gibt es Parkplätze/Garagen** o nur außerhalb des Gebiets o als Sammelplätze, -garagen o teils autofrei, teils am Gebäude o direkt am Gebäude o ergänzende Bemerkung

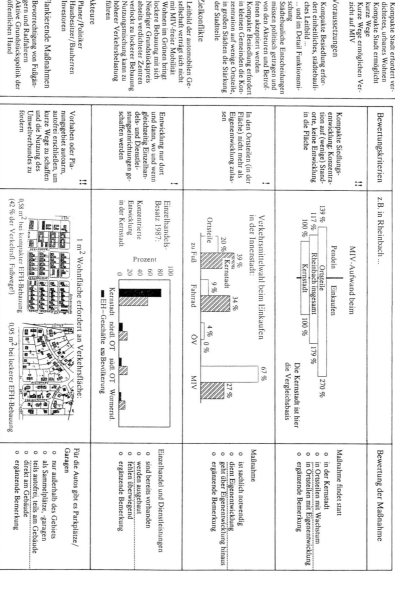

Abbildung 3.1: *Planungshilfe, Prüfblatt A*

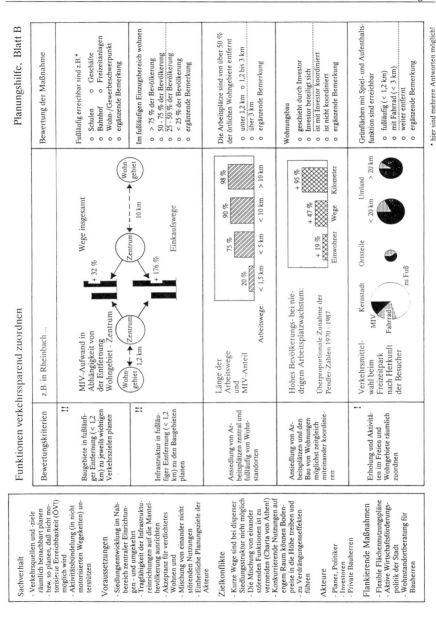

Abbildung 3.2: *Planungshilfe, Prüfblatt B*

Qualität der Erreichbarkeit steuern

Planungshilfe, Blatt C

Sachverhalt	Bewertungskriterien		Bewertung der Maßnahme
· Attraktive Fuß- und Radwege werden bei räumlich nahen Zielorten auch genutzt · Wenn der ÖV Angebote macht, erreicht er einen bedeutenden Verkehrsanteil · Straßenausbau ermöglicht längere Wege bei gleichem Zeitaufwand	Fuß- und Radwege-verbindungen zwischen Baugebieten und dem Stadtzentrum verbessern ‡	z.B. in Rheinbach ... Diese Verkehrszeichen gibt es in Rheinbach (noch) viel zu wenig!	**Das Stadtzentrum ist erreichbar über** o separat geführte Rad-/Gehwege o straßenbegleitende Rad-/Gehwege o wenig befahrene Straßen o stark befahrene Straßen o ergänzende Bemerkung
Voraussetzungen · Qualität des Fuß- und Radwege-genetzes liegt in städtischer Hand · Straßenausbau und ÖV-Engagement werden nur relative von der Stadt entschieden · Erreichbarkeitsvorsprung des MIV nicht weiter ausbauen · Bei der Zuordnung von räumlichen Nutzungen die Erreichbarkeit aller Verkehrsmittel beachten	Verzicht auf Ausbau (Erweiterung) der Straßeninfrastruktur (außer innerer Erschließung)	Anstieg des Pendler-Verkehrs zwischen 1970 und 1987 (hier: Einpendler) 1970: 100 % → 1987: 202 % (Wege) 1970: 100 % → 1987: 404 % (Kilometer)	**Weiterer Straßenausbau** o ist nicht nötig o ist vorgesehen o in reduzierter Zahl o Straßenbau-Maßnahme! o ergänzende Bemerkung
· Einzelhandel sieht in der Kfz-Erreichbarkeit den wesentlichen Standortfaktor	Im Stellplatzbereich keine Angebotspolitik betreiben, Stellplatzangebot fordernd restriktiv auslegen	Auslastung der Parkplätze in der Kernstadt werktags Prozent 80 60 40 20 0 10 – 11 Uhr 15 – 16 Uhr 17 – 18 Uhr 22 – 23 Uhr	**Stellplätze werden hergestellt** o gar nicht (Ablösung) o in reduzierter Zahl o entsprechend dem gesetzlichen Maß o über das gesetzliche Maß hinaus o ergänzende Bemerkung
Zielkonflikte · Diverse Bebauung (Wohnen im Grünen) erschwert Fuß- und Fahrrad-Erreichbarkeiten · ÖV wird nicht als kommunale Daseinsvorsorge (Umwelt-lastung), sondern als Defizit-trieb verstanden · Einzelhandel sieht in der Kfz-Erreichbarkeit als wesentlichen Standortfaktor	ÖV-Erreichbarkeit von zentralörtlichen Funktionen (Einkaufen, Dienstleistungen, Freizeiteinrichtungen) sicherstellen (Grundan-gebot 1-Std.-Takt)	MIV-Anteil am Einkaufsverkehr in die Innenstadt Kernstadt-Bewohner MIV-Anteil — Rest Ortsteil-Bewohner MIV-Anteil — Rest	**ÖV-Grundangebot erreicht** o > 75 % der Einwohner o 50 - 75 % der Einwohner o 25 - 50 % der Einwohner o < 25 % der Einwohner o ergänzende Bemerkung
Akteure · Planer, Politiker · Handel, gewerbl. Wirtschaft · Alle Verkehrsteilnehmer · ÖV-Unternehmen	Baugebiete in das örtliche ÖV-Netz einbinden und Übergang auf das regionale ÖV-Netz zur Kernstadt sicherstellen (Grund-angebot 1-Std.-Takt)	Zahl der Fahrmöglichkeiten zur Kernstadt ist zu gering! Hilberath < 10 Todenfeld < 5 Wormersdorf < 5	**Baugebiet** o hat ausreichend Grundangebot o erhält mindestens Grundangebot o hat schlechteres Angebot o ÖV-Anschluß nicht geplant o ergänzende Bemerkung
Flankierende Maßnahmen · Parkraumbewirtschaftung · Gestaltung von ÖV-Tarifen · Bevorrechtigung des Umwelt-verbundes im Straßenraum	Dienstleistungs- und Freizeiteinrichtungen nicht einseitig auf die MIV-Erreichbarkeit ausrichten ‡	Herkunft der Besucher und MIV-Anteil ÖV-Anteile am Berufsverkehr: in der Innenstadt (MIV-Anteil 50 %), 12 %, Ortsteile Süd – West, 24 %, am TOP-Markt (MIV-Anteil 84 %) Ortsteile — Kernstadt — Umland	**Einrichtung ist erreichbar*** o in fußläufigem Zusammenhang mit anderen zentralen Einrichtungen o für die meisten Kunden mit dem Rad o ÖV-Anbindung vorhanden/geplant o ergänzende Bemerkung

* hier sind mehrere Antworten möglich!

Abbildung 3.3: *Planungshilfe, Prüfblatt C*

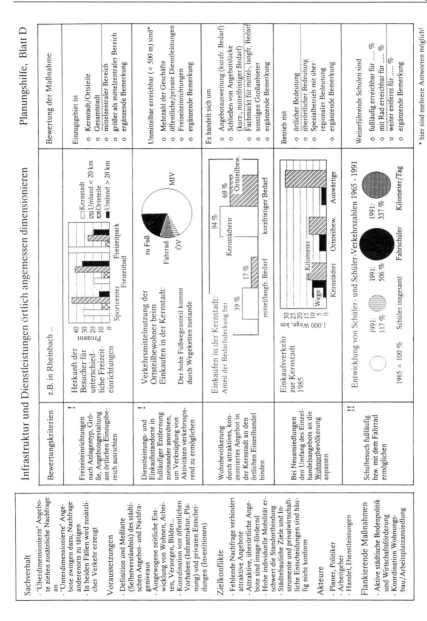

Abbildung 3.4: *Planungshilfe, Prüfblatt D*

Die Planungshilfe kann für jedes Planungsvorhaben und bei jeder städtebaulichen Maßnahme in Rheinbach verwendet werden.

Der Anwender soll in jedem Anwendungsfall alle vier Blätter bearbeiten. Dabei wird er feststellen, daß einzelne Bewertungskriterien für ein Vorhaben nicht zutreffen oder ohne Belang sind. Diese Fälle sollte der Anwender kenntlich machen (z.b. das Kriterium durchstreichen), damit deutlich ist, daß er sie in der Auswertung nicht mehr berücksichtigen muß.

In anderen Fällen werden das Kriterium (Spalte 2) oder die Bewertungsvorgaben (Spalte 4) den Sachverhalt nicht exakt treffen oder der Sachverhalt wird eine andere, aber dennoch ähnliche Fragestellung aufweisen. Dann sollte der Anwender sich bemühen, das Kriterium bzw. die Bewertung so zu interpretieren oder umzuformulieren, daß sie auf den Anwendungsfall passen.

Die Antwortmöglichkeit der "ergänzenden Bemerkung" darf nicht als Verlegenheitsantwort (im Sinne von "weiß nicht") mißverstanden werden. Die ergänzenden Bemerkungen fordern vielmehr dazu auf, eigene Überlegungen zur Problematik konstruktiv anzufügen.

Der Anwender wird feststellen, daß das Ankreuzen der Bewertungsmöglichkeiten häufiges Nachdenken erfordert und deshalb Zeit in Anspruch nimmt: Die einzelnen Blätter der Planungshilfe dürfen nicht mit einem Wissenstest verwechselt werden, der schnell und eindeutig beantwortet und angekreuzt werden kann. Sie sollen den Anwender vielmehr dazu zwingen, sich auf die Probleme im Spannungsfeld Städtebau und Verkehr zu konzentrieren und dabei auch solche Aspekte ins Auge zu fassen, die er üblicherweise bei dem zu bewerteten Vorhaben gar nicht berücksichtigen würde. Gerade dies ist aber ein Ziel der Planungshilfe: Der Anwender soll die verkehrliche Problematik seines städtebaulichen Vorhabens erkennen und sich bewußt machen – mit der Hoffnung, daß er daraufhin negativ beurteilte Verkehrswirkungen noch einmal aufgreifen und verbessern kann.

Anmerkung

Im vorausgegangenen wurde über ein Modellvorhaben berichtet, das im Rahmen des Experimentellen Wohnungs- und Städtebaus des Bundesministeriums für Raumordnung, Bauwesen und Städtebau bearbeitet worden ist. Es trägt den Langtitel "Verkehrswirksamkeit städtebaulicher Entscheidungen – Ex-post-Analyse am Beispiel der Stadt Rheinbach" und wurde Mitte 1994 abgeschlossen. Der wiedergegebene Beitrag stellt im wesentlichen die Kurzfassung dar, die die wichtigsten Ergebnisse des Vorhabens wiedergibt.

Personenmobilität
in ausgewählten Städten Südthüringens –
kleinräumliche Verhaltensweisen im Wandel

Von Walter Schulz

Einleitung

Die individuelle Tagesmobilität wurde auch in der DDR durchaus im Rahmen eines "Systems repräsentativer Verkehrsbefragungen (SrV)" zumindest in den größeren Bezirksstädten in bestimmten Abständen (1977, 1982 und 1987) erfaßt, ohne daß die Ergebnisse an die breite Öffentlichkeit drangen (dazu z.b. Förschner u.a. 1989; Wagner 1990). Von daher war der Osten Deutschlands nur bedingt terra incognita für den Mobilitätsforscher.

Erste Untersuchungen nach der "Wende" (z.b. Socialdata 1990) bestätigten ein zumindest qualitativ ähnliches Verhalten wie in Westdeutschland, und wir sahen bereits 1990/91 eine schnelle Angleichung des quantitativen Verhaltens voraus (Schliephake & Schulz 1991).

Die nachfolgenden Daten sollen nun ohne umfangreiche wissenschaftliche Aufarbeitung aktuelles Mobilitätsverhalten in ausgewählten Städten Südthüringens, nämlich Zella–Mehlis (13.100 Einwohner), Ilmenau (28.000) und Neuhaus (7.600) anhand von empirischen Daten vorstellen. Den Verkehrsraum Südthüringen haben wir an anderer Stelle behandelt (vgl. Schulz & Sittig 1992; Schliephake & Schulz 1994), so daß wir hier auf Einzelheiten verzichten können.

Gesamtmobilität und Verkehrsmittelwahl

In Tabelle 1 wird die Gesamtmobilität an einem "Normalwerktag" in den drei Beispielstädten vorgestellt. Im Vergleich zu den Daten aus den DIW–Erhebungen für Westdeutschland 1989 überrascht die höhere Mobilität insgesamt. Ob dies auf unzureichende Erhebungsmethoden in Westdeutschland 1989 (s. die Bemerkungen in Verkehr in Zahlen 1993, S. 210) zurückzuführen ist, oder tatsächlich auf die höhere Mobilität (= Wege), sei dahingestellt.

Raumbezogene Verkehrswissenschaften – Anwendung mit Konzept
hrsg. im Auftrag des Deutschen Verbandes für Angewandte Geographie
von Arnulf Marquardt-Kuron und Konrad Schliephake
in Material zur Angewandten Geographie (MAG), Band 26, Bonn 1996

Tabelle 1: *Anteil der Verkehrsmittel und Anzahl der Wege pro Einwohner/Tag in Zella-Mehlis, Ilmenau und Neuhaus und Vergleich mit Westdeutschland*

Verkehrsmittel	Zella–Mehlis	Ilmenau	Neuhaus	Durchschnitt Deutschland (West) 1989
	Anteil	Anteil	Anteil	Anteil
Zu Fuß	26,4 %	36,0 %	45,0 %	26,6 %
Fahrrad	5,0 %	16,0 %	2,0 %	9,8 %
Pkw + Krad Selbstfahrer	48,5 %	35,0 %	38,0 %	42,2 %
Lkw–Fahrer	1,1 %	1,0 %	1,0 %	–
Pkw–Mitfahrer	10,7 %	8,0 %	9,0 %	10,3 %
Omnibus	8,0 %	3,0 %	5,0 %	9,2 %
Eisenbahn	0,2 %	1,0 %	0,0 %	1,8 %
Gesamtbewegungen pro Einwohner/Tag	4,2	4,8	4,2	2,7

Quelle: Erhebungen, W. Schulz/LOMB Consult (Suhl), 01.07.93 (Zella–Mehlis), 23.09.93 (Ilmenau) und 10.03.94 (Neuhaus)

Völlig im westdeutschen Trend liegt dagegen die Verkehrsmittelwahl, die insbesondere in Zella–Mehlis fast genau dem westdeutschen Durchschnitt entspricht. Die Abweichungen von Stadt zu Stadt sind durch die Stadtstruktur zu erklären (etwa Zella–Mehlis mit weit ausgedehntem Stadtgebiet und damit relativ wenigen Fußgängern/Radfahrern, dagegen Neuhaus sehr kompakt), im motorisierten Verkehr weichen sie wenig voneinander ab.

Die Durchschnittszahlen täuschen jedoch darüber hinweg, daß es eine ganze Anzahl von wenig mobilen Haushalten gibt, insbesondere solchen, denen kein Pkw zur Verfügung steht. Während die Pkw–Besitzer (vgl. Tab. 2) täglich 3,9 motorisierte Fahrten leisten, sind es bei den Nicht–Pkw–Besitzern nur 2,7, fast die Hälfte der Einwohner ohne Pkw benutzten am Untersuchungstag überhaupt kein motorisiertes Verkehrsmittel. Insgesamt nehmen nur 70 % der Bevölkerung am motorisierten Verkehr teil, mit der niedrigsten Rate in Neuhaus (59 %). Die stärkste motorisierte Mobilität zeigen die Altersgruppen der 18– bis 20jährigen (77 % nehmen am MIV teil) und die 21– bis 44jährigen (79 % Teilnehmer).

Pkw–Besitz und Mobilität

Die Tabelle 2 zeigt einen engen positiven Zusammenhang zwischen Pkw–Besitz und motorisierter Mobilität. Die Pkw–Besitzer leisten sich mehr als doppelt soviele motorisierte Bewegungen wie die Bürger insgesamt im Durchschnitt.

Tabelle 2: *Pkw–Besitz und motorisierte Fahrten pro Tag und Einwohner in Zella–Mehlis, Ilmenau und Neuhaus*

Stadt	Einwohner	Pkw–Besitz je 1000 Ew	Mot. Fahrten je Ew (alle)	Mot. Fahrten je Pkw-Besitzer
Zella–Mehlis	13.370	379	2,89	4,07
Ilmenau	28.005	420	3,0	7,4
Neuhaus	7.640	372	2,29	6,2

Quelle: Erhebungen, W. Schulz/LOMB Consult (Suhl), 01.07.93 (Zella–Mehlis, 23.09.93 (Ilmenau) und 10.03.94 (Neuhaus)

Was den Pkw–Bestand in bezug auf die Einwohner betrifft, so ist im Vergleich zu Westdeutschland (1993: 28,8 Mio. Pkws in privaten Haushalten, d.h. 442 Pkws pro 1000 Einwohner) der dortige Durchschnittsbestand nicht ganz erreicht. Allerdings erschweren Definitions– und Zuordnungsprobleme einen direkten Vergleich mit der nationalen Statistik.

Fahrtzwecke im Vergleich

Für Ilmenau und Neuhaus erhoben wir auch die Bestimmungsgründe für die Bewegungen (motorisiert und unmotorisiert) an unserem "Normalwerktag" mit Ergebnissen gemäß Tabelle 3 (S. 98, ohne Bewegungen von zu Hause/nach Hause).

Die Abweichungen untereinander und vom westdeutschen Durchschnitt sind zwar sichtbar, aber teilweise wohl auf die Systematik der Befragung zurückzuführen (vgl. z.B. den hohen Anteil der "geschäftlichen Erledigungen" in Neuhaus bei nur wenigen berufsbedingten Bewegungen!).

Der hohe Freizeit–Anteil in Südthüringen weist eher darauf hin, daß dieses Segment bei den bundesweiten Erhebungen (wo es bei den personenkilometrischen Leistungen 52,6 % ausmacht) eher zu niedrig eingeschätzt wird.

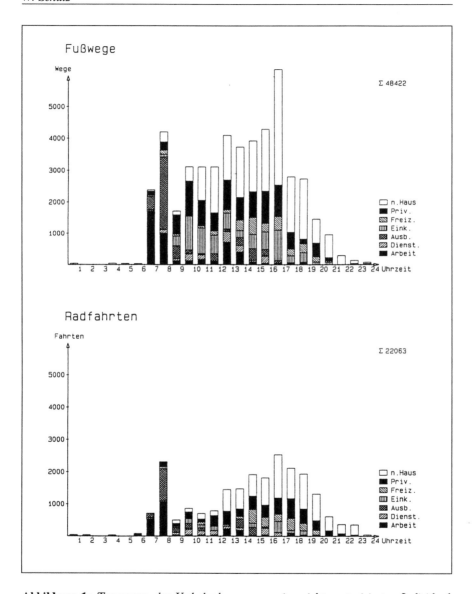

Abbildung 1: *Tagesgang der Verkehrsbewegungen im nicht–motorisierten Individual-verkehr in Ilmenau (Fußwege und Radfahrten)*
Quelle: Erhebungen (Haushaltsbefragung) W. Schulz/LOMB Consult (Suhl), 23.09.93
(Ilmenau)

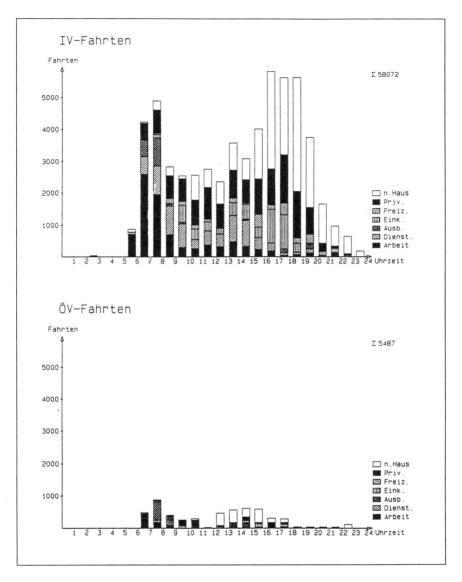

Abbildung 2: *Tagesgang der Verkehrsbewegungen im motorisierten Individualverkehr und im ÖV in Ilmenau*
Quelle: Erhebungen (Haushaltsbefragung) W. Schulz/LOMB Consult (Suhl), 23.09.93 (Ilmenau)

Tabelle 3: *Fahrtzwecke der täglichen Bewegungen (motorisiert und nicht−motorisiert) in Ilmenau und Neuhaus, und Vergleich mit Westdeutschland*

Fahrtzweck	Anteile für Ilmenau	Anteile für Neuhaus	Anteile Durchschnitt Westdeutschland 1989
Beruf	14,9 %	20,2 %	21,3 %
geschäftlich/dienstlich	5,8 %	16,6 %	7,5 %
Ausbildung	9,4 %	6,6 %	8,0 %
Versorgung	20,1 %	18,9 %	26,9 %
Freizeit, Urlaub, priv. Erledigung	49,8 %	37,6 %	36,3 %
Gesamtfahrten (einschl. "nach Hause") absolut	134.044	31.746	−

Quelle: Erhebungen, W. Schulz/LOMB Consult (Suhl), 23.09.93 (Ilmenau) und 10.03.94 (Neuhaus)

Der Tagesgang der Mobilität

Zum Abschluß soll für Ilmenau der Tagespegel der Nachfrager, getrennt nach Verkehrsmittel in absoluten Daten sowie nach Fahrtzwecken differenziert vorgestellt werden (vgl. Abb. 1 und 2). Die nicht−motorisierten Bewegungen (Abb. 1) sind nach einer wenig ausgeprägten Morgenspitze vor allem am Nachmittag zum konsumorientierten Zwecken (privater Besuch, Einkauf) signifikant. Eine schärfere und längere Morgenspitze zeigt der motorisierte Individualverkehr (Abb. 2), der auch in den Schwachlastzeiten (9 bis 12 Uhr) kaum abnimmt und wiederum eine ausgedehnte Mittagsspitze (privat, Einkauf, Freizeit) aufweist. Die berufsbedingten Bewegungen spielen im IV nur in der Morgenspitze eine bedeutende Rolle. Die ÖV−Nachfrage tritt im Gegensatz zum NIV und MIV nur in wenigen Spitzenzeiten (06.30 − 08.30 Uhr zu Beruf und Ausbildung, und 12.30 − 16.00 Uhr nach Hause, etwas Versorgung) auf und endet nach 17 Uhr fast völlig. Die mit dem Bedarf ausschließlich zu Spitzenzeiten zusammenhängende Krise im ÖV−Angebot hat Altenhein (1991) für Südthüringen eindrucksvoll beschrieben.

Mit der Angleichung der Verkehrsmittelwahl an Westdeutschland und der − z.Z. noch stärker ausgeprägten − ausschließlichen Präferenz für den Pklw geht die Auslastung von Bahnen und Bussen zurück. Tariferhöhungen und Reduktion des Fahrtenangebotes resultieren daraus in einem Teufelskreis, von dem wir hoffen, daß er im westlichen Deutschland nun überwunden ist.

Zusammenfassung

Die kurze Zusammenstellung gibt uns einen Einblick in das Verhalten im Rahmen der Tagesmobilität dreier südthüringischen Kleinstädte, das sich zumindest in den Qualitäten vom westlichen Durchschnitt kaum noch unterscheidet. Die vorliegenden Daten zeigen uns daneben die Wichtigkeit von kleinräumlichen und detaillierten Erhebungen, die alleine sinnvolle Grundlagen für eine nachfragegerechte Angebotsplanung im IV (einschl. des NIV) und ÖV sind.

Literaturhinweise [*]

Altenhein, M. (1991): Öffentlicher Personennahverkehr in ländlichen Räumen Ost- und Westdeutschlands (= Würzburger Geogr. Manuskripte 29).

Förschner, G. & H.W. Schleife & G. Schöppe (1989): Zur Entwicklung des Stadtverkehrs in der DDR von 1972-1987.- In: DDR-Verkehr 22, 4: 101-105.

Socialdata (Hrsg.) (1990): Mobilität in Leipzig.- Leipzig (LVB), München.

Schliephake, K. & W. Schulz (1991): Öffentlicher Personennahverkehr im Trend der Meinungen und der Verhaltensmuster in Ost und West.- In: Würzburger Geogr. Manuskripte 29: IX-XVI.

Schliephake, K. & W. Schulz (1994): Mobilität von Personen und Gütern in Südthüringen.- In: Würzburger Geogr. Arbeiten 88: 101-130.

Schulz, W. & W. Sittig (1992): Raumordnerische Aspekte des Verkehrskonzeptes für Südthüringen.- In: Würzburger Geogr. Arbeiten 85: 97-102.

Verkehr in Zahlen.- Bonn (Bundesverkehrsministerium). Jährlich.

Wagner, P.J. (1990): Entwicklungstendenzen des öffentlichen und nicht-öffentlichen Personenverkehrs.- In: DDR-Verkehr 23, 3: 70-71.

[*]   Herrn K. Schliephake sei für die Hilfestellung bei der Ausarbeitung gedankt.

Growing Mobility in the Netherlands – Individual behavior and contrasting goals of Regional Planning

Von Wilhelm J. Meester

Introduction

In the invitation for this meeting a theory deficiency with regard to the topic of growing mobility has been mentioned. This deficiency should concern us because all over the western world politicians and planners are trying to cope with the problem of continuously growing traffic.

One example of the many ways in which the Dutch government tries to reduce car mobility is the so called ABC–policy. Locations near public transport nodes (good access by public transport, difficult access by car) are called A–locations, locations along motorways (good access by car, difficult or no access by public transport) are called C–locations. B–locations have something of both.

The aim of the policy is that activities generating a lot of passenger traffic, like office activities, locate at A–locations, which enables both visitors and employees to use public transport. Activities generating a lot of freight traffic and truck movements, like wholesale and transport, are expected to locate at C–locations.

This program, which has been in force for a few years now, has been only partially successful so far. The main cause seems to be that implementation of the policy requires the cooperation of local government, which has its own priorities. Cities and other municipalities compete with each other to attract jobs, and if a company persists on erecting a representative office building on a sight location near a motorway, it is hard for local government to refuse, knowing that the company might as well go elsewhere. More often than not local employment matters more to local government than national mobility policies.

While politicians and planners are trying to cope with the problem of continuously growing traffic, little research is done on the causes of this growth.

Raumbezogene Verkehrswissenschaften – Anwendung mit Konzept
hrsg. im Auftrag des Deutschen Verbandes für Angewandte Geographie
von Arnulf Marquardt-Kuron und Konrad Schliephake
in Material zur Angewandten Geographie (MAG), Band 26, Bonn 1996

This contribution to the meeting does not pretend to fill the gap in theory completely. It is an attempt to point out a number of causes of the growing mobility, illustrated by the situation in the Netherlands. Some causes are better known than others. Some causes are more or less typically Dutch, but the majority of the causes would apply to Germany also. The list is certainly not complete. Its main purpose is to show how difficult it might be to slow down the growth of mobility by fighting the mechanisms involved.

Dealing with the topic of mobility, it is useful to keep a few distinctions in mind. One is the distinction between passenger and freight traffic. Both kinds of traffic grow quickly, but each has its own set of causes and to reduce the growth, different sets of measures would be needed. Another useful distinction is the one between mobility in general and car mobility. The latter form of mobility is considered a more serious problem by politicians.

Passenger traffic

One of the main causes of the growth of passenger traffic and personal mobility is economic growth. The rising level of prosperity stimulates mobility and especially car mobility, allowing more people to buy a car and use it. Essential is the freedom that the possession of a car gives people to travel where they want, work and even live where they want.

The recent growth of mobility is also partly caused by demographic changes. The cohorts of the baby boom have reached maturity. In the past decades the effect on the mobility of the population as a whole has been very important.

Another factor influencing mobility are social processes like women's emancipation. In the Netherlands the proportion of women having a job used to be lower than in Germany, but it is growing quickly now, partly as a result of emancipation.

The growing number of two–income households inevitably leads to a larger number of commuting trips. The process mentioned here also influences the modal split. One person can choose a residence close to his work or at least easily accessible by public transport. In a household where two persons have to commute to different places, it is not very likely that both can do so without using a car. This means that the growing number of women working in the Netherlands contributes to a growth of mobility in general and of car mobility in particular.

Another stimulant for mobility is the system of commuting allowances, which is very generous in the Netherlands. The majority of the employers provides financial compensation for commuting expenses to employees. Commuting expenses that are not compensated for may be deducted by the commuter for income tax. This means that there is hardly a financial incentive for people to move closer to their work. Employers and the tax office pay for the commuting trips.

So, while the Dutch government tries to discourage car mobility in many ways, at the same time it stimulates mobility in rush hours by giving financial compensation for commuting expenses to civil servants and by allowing the deduction of commuting costs for the income tax to be paid by those who have a less generous employer.

Surprisingly, there is hardly any attention for this state of affairs. Studies on the subject are lacking.

There are more ways in which Dutch government has stimulated mobility, either on purpose or unintentionally.

The concepts of the 'Randstad' – the ring of major cities in the western part of the Netherlands – and its 'Green Heart' – the open area inside this ring – have been central issues in Dutch planning for a very long time. In the fifties and sixties planners feared that the cities of the 'Randstad' might grow together and eventually fill up sections of the open area inside.

To prevent the cities from growing together green buffer zones between the cities were planned. In an effort to keep the Green Heart open the government decided that all growth had to be directed outward.

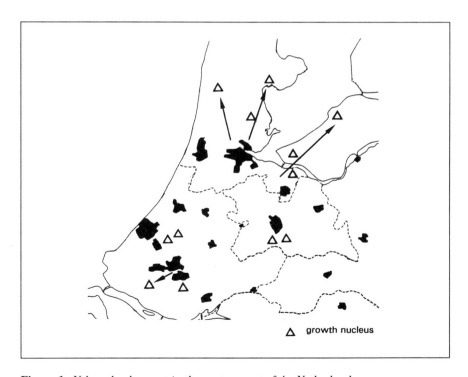

Figure 1: *Urban development in the western part of the Netherlands*

The combined effect of the planning concepts of buffer zones and Green Heart was that housing developments in the major cities were frustrated. A number of smaller towns outside the city ring were appointed as 'growth nuclei' (Fig. 1). These towns had to build enormous quantities of houses to provide housing for the population surplus in the city ring. Job opportunities were supposed to follow the people to those new locations. Towns and villages inside the Green Heart were allowed very little growth.

The planning policy proved to be successful, i.e. the Green Heart remained open. But instead of following the population, private companies and jobs remained where they were. As a consequence large numbers of people had to commute from the growth towns, twenty or even forty kilometers outside the ring, to their jobs in the old cities. In many cases the capacity of public transport was not sufficient for the amount of people concerned, so many people just had to travel to work by car. They could not get a house in the city where they were born and raised, there were not enough jobs for them in their growth towns, which became known as dormitory towns. They had no alternative but to contribute to and participate in congestion during rush–hours. Large scale commuting was the unintended effect of national planning policies.

Another example of a government decision with negative side effects on mobility is the unique system of free public transport for students, introduced in the Netherlands in 1991. The national department of education signed a contract with the public transport authorities (railways, regional and city transport companies).

The system gave all students of 18 years and older (approximately 400,000) the right to free use of public transport. They had to pay for that by a lowering of their individual scholarship. The transport companies were paid by the department of education.

The benefits of the system seemed clear: less administrative overhead for both government and transport companies. The department of education did not have to check individual travel expenses of students any more. The transport companies received one amount of money for all students instead of having to sell millions of tickets.

The effects of the system on the individual mobility of students were spectacular (Tab. 1). The total number of daily trips made by students did not change, but the share of public transport in the total number of trips went up from 20 to 33 %. The number of kilometers per student travelled by train increased by 68 %, much more than expected. As a result the railway companies encountered a capacity problem.

As far as car mobility is concerned, the number of car trips by students was hardly affected by the introduction of the system. The use of public transport increased mainly at the expense of the number of bicycle trips (36 % of all trips, instead of 47 %). Effects on car ownership and bicycle ownership could not be proven. Research has shown that the new system has stimulated students to stay living with their parents in-

Table 1: *Modal split – trips by students*

	1990	1991
Public transport	20 %	33 %
Car (driver)	16 %	15 %
Car (passenger)	12 %	10 %
Bicylce	47 %	36 %
Other means of transport	5 %	5 %

Source: CBS

stead of moving out and renting a room in the city where their school or university is located.

The system described here has a number of negative effects. The most obvious one is the increase in mobility itself, largely at the expense of the tax payer. Perhaps more serious is the mental effect. For a whole generation of young people mobility does not have a price tag any more. They do not have to pay for marginal kilometers, although even public transport uses energy and pollutes the environment.

Freight traffic

The growth of freight traffic, like the growth of passenger traffic, is mainly caused by economic growth and demographic changes. A rise in the level of prosperity allows people to buy more goods, thereby causing more transport. The increasing number of adults influences the total amount of products needed. These factors are self–evident.

Closely related to economic growth is the issue of relative transport costs, which have been decreasing over a long period of time, i.e. transport costs account for a decreasing proportion of product prices. Regional economic specialization was made possible by this, leading to relatively lower prices and hence a higher level of prosperity.

Removing economic and other barriers to the exchange of goods increases the possibilities for regional economic specialization and therefore inevitably results in more long distance freight transport. As a matter of fact, taking away such barriers was one of the very goals of the opening of the borders within the European Community.

The amount of freight traffic is also affected by two recent trends in industry: subcontracting and just–in–time deliveries.

Subcontracting in itself is a well-known trend. More and more companies concentrate on core activities. They dispose of other activities by subcontracting them. This means that certain stages of the production process like the production of parts are no longer performed by the final producer, but elsewhere, by subcontractors. In terms of commodity flows: the transport of semi-manufactured goods from one stage in the production process to the next, which used to take place internally within the plant of the final producer, has now been externalized: semi-manufactured goods have to be moved from one location to another, often by truck.

Another issue in modern business is the growing awareness of the importance of storing costs. It has urged many companies to reduce the size of their stocks. A smaller stock at the input side of the plant can only be realized in combination with smaller, but more frequent deliveries by suppliers. Instead of one truck bringing supplies every week, a van with supplies will be arriving every day, just in time to keep production going on. These just-in-time deliveries have no effect on the total amount of goods being transported. The number of vehicle movements however, will be much larger.

The Dutch government is aware of the possible effects of both subcontracting and just-in-time deliveries on freight traffic, but studies on the subject are lacking. Although movement of goods contributes to congestion and pollution no less than car commuting, freight transport is considered to be crucial for the economy of the Netherlands, and no measures are being taken.

Conclusion

This overview shows that, while measures to reduce the growth of mobility are being taken, government policy at this point is lacking coherence. Government regulations and activities directed to achieving planning or economic goals often fail to recognize the mobility aspect, and in some cases even stimulate mobility. This incoherence can at least partially be explained by the theory deficiency mentioned above.

Verkehrsräumliche Gunstlage
versus ökonomische Probleme –
Schweinfurt und sein Umland

Von Martin Niedermeyer

Einleitung

Wenn aus angewandt wirtschaftsgeographischer Sicht die Frage gestellt wird, weshalb die verkehrsräumliche Gunstlage einer Region nicht zwangsläufig auch positive wirtschaftsräumliche Entwicklungen auslöse, dann geschieht dies meist unter der Prämisse, daß beide Komponenten starke Interaktionen untereinander aufweisen. Sowohl die Inwertsetzung des endogenen Potentials in einer Region (basierend auf Leistungsfähigkeit wie auch die entsprechender innovationsfreundlicher Regionalpolitik) als auch die endogenen Relationen und Außenbeziehungen (im Sinne des Exportbasiskonzepts) werden als Schlüsselgrößen für eine nachhaltige wirtschaftliche Entwicklung auf Regionalebene in Beziehung gebracht (Wagner 1994, S. 34). Daß die Wirkkräfte dieses Idealschemas standorttheoretischer Überlegungen nicht immer der realen Dynamik wirtschaftlicher Prozesse folgen müssen, mag an der Region Schweinfurt deutlich werden.

Zwei Thesen seien vorausgeschickt. Sie sollen die verkehrs– wie wirtschaftsräumliche Entwicklung der Region einerseits, und die daraus ableitbaren Konsequenzen zukünftiger Entwicklung andererseits verdeutlichen: Die "verkehrsräumliche Gunstlage" ist in Schweinfurt erst eine historisch relativ junge Standortqualität: Die Verkehrslage Schweinfurts ist das Ergebnis historisch unterschiedlicher Standortbewertungen gewesen. Damit war Schweinfurt nicht immer in einer als Gunstlage zu charakterisierenden Situation vorfindlich.

Die wirtschaftsräumliche Entwicklung Schweinfurts erfolgte meist ohne unmittelbaren Bezug zur Verkehrserschließung: Die wirtschaftsräumliche Entwicklung der Region Schweinfurt ging nicht immer parallel mit seiner Verbesserung der verkehrlichen Erschließungsqualität einher. Damit ist diese Entwicklung nicht als unmittelbares Ergebnis einer günstigen Verkehrslage anzusehen.

Raumbezogene Verkehrswissenschaften – Anwendung mit Konzept
hrsg. im Auftrag des Deutschen Verbandes für Angewandte Geographie
von Arnulf Marquardt-Kuron und Konrad Schliephake
in Material zur Angewandten Geographie (MAG), Band 26, Bonn 1996

Die historische Entwicklung des Standortes Schweinfurt in verkehrsräumlicher Sicht

Die verkehrsräumliche Lage Schweinfurts war von den naturgeographischen Voraussetzungen her gesehen an sich nicht ungünstig: Die Lage am mittleren Flußlauf des Maines, der die Durchquerung in West–Ost–Richtung erlaubte, die weiträumige und gute Zugänglichkeit der Schweinfurter Beckenlandschaft, sowie die nach Norden und Nordwesten hin gegebene Durchlässigkeit der Werntalpforte und in das Saale–Lauertal zu den Pässen der Rhön und des Thüringer Waldes.

Die terrritorialpolitischen Rahmenbedingungen machten allerdings aus diesen positiven Basisbedingungen nicht die erhoffte verkehrsräumlich günstige Inwertsetzung: Schweinfurt als freie Reichsstadt mußte nach der territorialen Zersplitterung am Ende des Kaiserreiches seinen zunehmenden Bedeutungsverlust aufgrund des bescheidenen reichsstädtischen Territoriums hinnehmen. Die mächtigen Hochstifte Würzburg und Bamberg umschlossen das kleine Territorium Schweinfurt förmlich und hemmten durch ihren gezielten Landesausbau zuungunsten Schweinfurts die Entwicklung der freien Reichsstadt (Holzner 1964, S. 20): Die große Nord–Süd–Verbindung (der heutigen B19 entsprechend) wurde von Würzburg im Zuge des Chausseebaus im 18. Jahrhundert vermutlich bewußt an Schweinfurt vorbei über Geldersheim geführt (Schäfer, H.–P. 1976, S. 274–284). Der rege Verkehr zwischen Würzburg und Bamberg führte nicht etwa über das Maintal, sondern durch das Steigerwaldtal der Ebrach und von dort aus über Stadtschwarzach und das würzburgische Dettelbach.

Die Ausrichtung der Verkehrsströme zeigte v.a. eine starke Nord–Süd–Orientierung auf, was sich bei der Teilung Deutschlands als Sackgasse für die Region herausstellen sollte. Bereits in historischer Zeit waren die Verkehrsströme Ausdruck von externen Faktoren, denen die verkehrliche Standortqualität oftmals untergeordnet war. Der Bau der Eisenbahn gestaltete, nun unter ebenfalls gewandelten (real–)politischen Rahmenbedingungen, das deutsche Verkehrsnetz grundlegend um. Schweinfurt erreichte die Ludwigs–West–Bahn von Bamberg kommend bereits 1852, von wo aus sie nach Westen weitergeführt wurde, um erst zwei Jahre später in Würzburg anzukommen.

Industrielle Standortstrukturen Schweinfurts – Entwicklungen seit dem letzten Jahrhundert

Weder Eisenbahn noch Flußschiffahrt auf dem Main (Dampf– und Kettenschiffahrt) schienen den kleinindustriellen Entwicklungsprozeß Schweinfurts (v.a. Farben und Chemie) in bemerkenswertem Maße stärken zu können. Als Innovationsschub stellte sich vielmehr das Zusammentreffen mehrerer Handwerker aus dem Bereich der Metallbearbeitung mit Kaufleuten in Schweinfurt heraus, das sich binnen weniger Jahre wiederholte (Fischer, Schäfer, Höpflinger, Fries, Fichtel und Sachs). Um die Jahrhundertwende und kurz zuvor gründeten sich so in kurzem Abstand mehrere Handwerksbetriebe zur Herstellung und Weiterverarbeitung von Stahlkugeln. Das technisch bis-

lang umständliche Herstellungsverfahren der Stahlkugeln wurde durch eigene Kon-
struktionen (Kugelschleifmaschine) erheblich vereinfacht und standardisiert (Schäfer,
D. 1970, S. 67). Geschickte Zusammenschlüsse und die auf breiter Basis einsetzende
Mechanisierung als Nachfragestimulans sicherten ein rasantes Wachstum der Betriebe.

Die lokalen Konzentrationsvorgänge am Standort Schweinfurt stützten den produktionsorientierten Selbstverstärkungsffekt: Binnen weniger Jahre vervielfachten sich die
Betriebsgrößen. Die Wirtschaftsstruktur des Raumes Schweinfurt, aber auch Unterfrankens allgemein wurde damit grundlegend umgestaltet (Böhn 1968). Wesentlich erscheint in diesem Zusammenhang, daß nicht der Ausbaustandard der Verkehrsinfrastrukturen ausschlaggebend für die Nachhaltigkeit industriell–gewerblicher Entwicklung war. Würzburg als gut ausgestatteter Verkehrsknotenpunkt konnte seine Lageeigenschaften demgegenüber wesentlich schlechter nachhaltig erschließen und sichern
(Schäfer, H.–P., 1976).

Als wesentliche Ursache für die Herausbildung der Schweinfurter Industriestrukturen
sind v.a. die starken Persistenzen der Firmengründer, bzw. deren Familiennachfolger
in bezug auf den Standort Schweinfurt zu sehen. Daß just jene familiären Persistenzen im Falle FAG heute zu einer starken strukturellen Gefährdung des Gesamtkon-
zerns geführt haben, mag die Ambivalenz und Variabilität wirtschaftsräumlicher
Steuerungsmechanismen unter veränderten Standortansprüchen verdeutlichen (Blien
1993). Deutlich wird aber ebenso, daß — auf die überregionale Ebene übertragen —
das Verteilungsmuster industrieller und peripherer Regionen in seinen wesentlichen
Grundzügen auf den Standort– und Produktionsentscheidungen aus dem ersten Drittel unseres Jahrhunderts beruht (Wagner 1992, S. 16). Dennoch wäre es nicht zutreffend, Schweinfurt als "altindustrialisierten Standort" zu bezeichnen. Als wirtschaftliche Basis war vielmehr die auf Innovation und technisches Know–How, denn auf
Rohstofforientierung angelegte Ausrichtung der Produktion wirksam.

Anpassungsbedarf durch verkehrsräumlichen Ausbau?

Die Umkehrung der Verkehrsströme durch die Grenzziehung (von Nord–Süd zu
West–Ost–Orientierung) rückte die Region Schweinfurt aus ihrer ehemals günstigen
Lage in eine periphere Situation (Herold 1985). Die einzigen tragfähigen Verkehrsverbindungen (B 19 und Eisenbahnmagistrale SW–Erfurt) waren gekappt. Ebenso
mußten die sich neu herausbildenden Absatzverflechtungen stärker auf die westdeutschen Ballungsgebiete starker industrieller Produktion orientieren, was einen
nicht unerheblichen verkehrsräumlichen Situationsverlust bedeutete.

Diesen Rahmenbedingungen zum Trotz setzte der industrielle Wiederaufbau rascher
und in stärkerem Maß als erwartet ein (Holzner 1964, S. 26). Das stetige Wachsen
der industriellen Produktion Schweinfurts ist damit sicherlich nicht auf verkehrsgünstige Lagemomente zurückzuführen. Erst nach und nach wurden die wichtigen Anschlüsse an Autobahnen und Fernverkehrsstraßen durchgeführt, mehr in Verzögerung

denn zur Begleitung des wirtschaftlichen Aufschwungprozesses. Der Bau der Autobahnen A 3 und A 7 wurde erst zum Ende der 1960er Jahre realisiert (Herold 1984). Im Gegensatz zu Würzburg war keine unmittelbare verkehrsräumliche Gunstlage erkennbar; während dieses Defizit in Schweinfurt einer nachhaltigen Industrieentwicklung scheinbar nicht entgegenstand, wurden hingegen die Würzburger Fernverkehrsverhältnisse für eine nachhaltige Entwicklung des produzierenden Sektors nicht genutzt (Holzner 1964, S. 28).

Die Lage im nordbayerischen Grenzraum –
Unterfranken als Peripherie Bayerns

Besonders der Raum Schweinfurt erscheint aufgrund seiner Randlage im nordbayerischen Grenzraum in einer "gewissen Totwinkellage" (Herold 1984, S. 103). Die weitgehende Undurchlässigkeit der ehemaligen Zonengrenze für Güter und z.T. auch für Personen schotteten damit das ehemalige Markt– und Einzugsgebiet Schweinfurts nach Norden und Nord–Osten weitgehend ab. Diese Randlage im Vergleich zu Bayern zeitigte ihre Auswirkungen in weiten Bereichen demographischer und raumwirtschaftlicher Entwicklung.

So war der periphere Grenzraum in den letzten vierzig Jahren im wesentlichen durch demographische Entleerungstrends gekennzeichnet, verbunden mit stagnierender wirtschaftlicher Basis, die nur durch besondere externe Hilfen (Grenzlandförderung) vor weitergehenden Funktionsverlusten bewahrt werden konnte. Auf der anderen Seite machte sich für die Region Schweinfurt das Fehlen eines konkurrierenden Oberzentrums in diesem Bereich durch Zuzugseffekte bemerkbar, die sowohl Kaufkraft als auch Arbeitskräftepotential nach Schweinfurt bündelten.

Schweinfurts Arbeitsplatzzentralität

Schweinfurt entwickelte sich zu einem Arbeitsort erster Güte in der gesamten Republik: Parallel mit dem Anstieg der Einwohnerzahlen auf über 60.000 (Mitte der 60er Jahre) nahm auch die Zahl der Arbeitsplätze stetig zu (1950: 31.000 auf 1970: 55.100). Während sich der demographische Trend durch Abzugseffekte von Bevölkerung v.a. in die bayerischen Industrieregionen änderte und die Stadt einen Rückgang bis auf wenig über 50.000 Einwohner (1988) hinnehmen mußte, war die Zunahme der Arbeitsplätze bis Ende der 1980er Jahre im wesentlichen ungebrochen (1987: 58.976). Keine andere Stadt im Bundesgebiet verfügte über einen so hohen Arbeitsplatzüberschuß gemessen an der eigenen Bevölkerung!

Schweinfurt wurde zunehmend Einpendlerort (vgl. Abb. 1): Pendelten 1950 noch knapp 10.000 Menschen zum Arbeiten in die Stadt (=30%), so stieg durch die überproportionale Zunahme der Arbeitsplätze im Vergleich zur Stadtbevölkerung das Einpendlerverhältnis auf bis zu 66% (1987). Im Vergleich hierzu erscheint der die Stadt umgürtende Landkreis Schweinfurt aus Sicht des Arbeitsmarktes nurmehr als

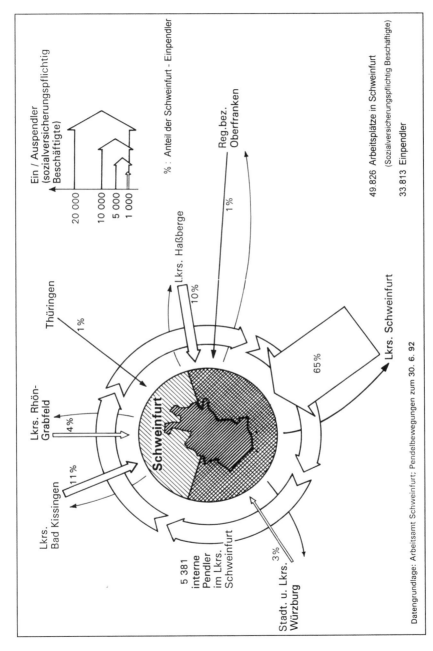

Abbildung 1: *Ein- und Auspendler in die Stadt Schweinfurt*

Tabelle 1: *Sozialversicherungspflichtig Beschäftigte in der Stadt Schweinfurt*

Wirtschaftszweig	1980	1988	1990	1993	Index (1980=100)
Primärer Sektor	635	615	650	522	82
Sekundärer Sektor	32.690	31.208	32.357	26.586	81
davon					
Maschinenbau	17.011	16.435	17.359	13.781	81
Straßenfahrzeugbau	10.312	9.972	9.991	7.871	76
Baugewerbe	2.855	2.235	2.335	2.431	85
Handel	5.218	4.797	5.125	5.277	101
Verkehr, Nachrichten-übermittlung	1.115	1.180	1.259	1.435	129
Sonstige Dienstleistungen	5.326	6.880	7.499	8.756	164
Organ. o. Erwerbs-char., Haushalte, Gebiets-körpersch., Soz.vers.	2.730	3.602	3.819	3.729	137
Insgesamt	**47.714**	**48.282**	**50.709**	**46.305**	**97**

Angaben: Arbeitsamt Schweinfurt, Stand: jeweils 30.6. des Jahres

bescheidener Kragen. Weniger als ein Viertel der sozialversicherungspflichtig Beschäftigten im Hauptamt des Arbeitsamtes arbeiten im Landkreis Schweinfurt. Schweinfurt ist unangefochtenes Arbeitszentrum in der Region Main–Rhön. Mehr als jeder dritte Arbeitsplatz in der Region Main–Rhön befand sich 1990 in der Stadt Schweinfurt. Daran hat sich bis heute nichts Grundlegendes geändert.

Stärker noch als die regionale Orientierung des Arbeitsmarktes ist die sektorale Monostruktur der gewerblichen Basis Schweinfurts (vgl. Tab. 1). Sie muß zwangsläufig auch in die gesamte Region ausstrahlen: Die starke Stellung der metallverarbeitenden Industrien bedeutet für Schweinfurt, daß über viele Jahre hinweg rund zwei Drittel aller Arbeitsplätze in der Stadt im Bereich des produzierenden Sektors angesiedelt waren. Auch in der Region ist das Bild zu mehr als der Hälfte aller Arbeitsplätze im produzierenden Bereich geprägt. Dies läßt auf der anderen Seite noch erhebliche Reserven im tertiären Bereich erkennen, dessen Aufholen erst langsam in Fahrt zu kommen scheint.

Jüngste Entwicklungen Auswirkungen der Wiedervereinigung – Die Grenzöffnung: Neue Lagegunst für die Region Schweinfurt?

Die Öffnung der Grenzen, v.a. im Zuge der Wiedervereinigung, weckte in der Region Hoffnungen auf Wiederbelebung alter Lagebeziehungen (u.a. Herold 1990). Der Versuch, übergangslos die vermeintlich günstigere neue Lage innerhalb des Bundesgebietes (unter dem Slogan "Vom Rand zur Mitte") raumwirtschaftlich ausnutzen zu wollen, konnte mangels zu starker regionalwirtschaftlicher und infrastruktureller Differenzen die z.T. anfangs euphorisch überschätzen Lagehoffnungen in vielen Fällen nicht tragen.

Das Beispiel der Firma FAG ist zwar spektakulär, aber dennoch exemplarisch. Der komplette Aufkauf der Kugelfertigung in den neuen Bundesländern führte aufgrund nicht erfüllter Ertragserwartungen nicht nur zum Zusammenbruch der aufgekauften DKFL, sondern riß beinahe auch den Mutterkonzern in Schweinfurt mit in den Konkurs (vgl. dazu auch Blien 1993, et al.).

Interessanter erscheint in diesem Kontext noch die plötzlich wiederaufgekommene öffentliche Diskussion nach der Standortqualität der Region Schweinfurt–Main–Rhön zu sein. Im wesentlichen hat die "Umorientierung" (im besten Sinne des Wortes!) in die östlichen neuen Länder dazu geführt, die Lageeigenschaften neu zu bewerten. Raum, insbesondere der Verkehrsraum, wird nun als produziertes Gut verstanden, das nicht per se definiert ist. Raum muß inwertgesetzt und damit "bewertet" werden, um eine Lagequalität zu erhalten (Ante 1991 und 1992). Erst aufgrund der bewerteten Relationen und Interaktionen wird aus dem choristisch–quantitativen Raummerkmal "Lage" die chorologisch–qualitative Eigenschaft der "Lagequalität". Die konkrete Betrachtung des Verkehrsraumes Schweinfurt soll quantitative wie qualitative Aspekte dieser Lagebewertung verdeutlichen.

Tabelle 2: *Netzdichte des überörtlichen Straßennetzes*

Stand 1.1.1991	Länge in km					
					Überörtliche Straßen	Fernstraßen (Bundes- straßen +
	Autobahnen	Bundesstraßen	Staatsstraßen	Kreisstraßen	insgesamt	Autobahnen)
Bayer. Untermain	48,3	150,8	321,0	365,4	885,5	199,1
Würzburg	142,1	359,1	686,7	821,4	2.009,3	501,2
Main-Rhön	103,0	453,0	849,0	1.167,4	2.572,4	556,0
Unterfranken	293,4	962,9	1.856,7	2.354,2	5.467,2	1.256,3
Bayern	2.063,6	7.141,3	13.814,8	18.380,3	41.400,0	9.204,9
Grenzland- und überwiegend strukturschwache Räume	909,3	3.539,0	7.273,5	10.420,0	22.141,8	4.448,3

	Netzdichte im m/km²					
					überörtliche Straßen	
	Autobahnen	Bundesstraßen	Staatsstraßen	Kreisstraßen	insgesamt	Fernstraßen
Bayer. Untermain	32,7	102,1	217,3	247,3	599,4	134,8
Würzburg	46,4	117,2	224,2	268,2	656,0	163,6
Main-Rhön	25,8	113,5	212,7	292,4	644,4	139,3
Unterfranken	34,4	112,9	217,6	275,9	640,8	147,2
Bayern	29,2	101,2	195,8	260,5	586,8	130,5
Grenzland- und ...	25,6	99,5	204,6	293,1	622,7	125,1

	Netzdichte in km/100.000 Einwohner					
					überörtliche Straßen	
	Autobahnen	Bundesstraßen	Staatsstraßen	Kreisstraßen	insgesamt	Fernstraßen
Bayer. Untermain	14,0	43,6	92,9	105,7	256,2	57,6
Würzburg	29,5	74,6	142,6	170,6	417,3	104,1
Main-Rhön	23,9	104,9	196,6	270,3	595,7	128,8
Unterfranken	23,3	76,5	147,5	187,0	434,3	99,8
Bayern	18,0	62,4	120,7	160,5	361,6	80,4
Grenzland- und ...	22,9	89,0	182,9	262,0	556,8	111,9

	Fläche im km² (Stand 31.12.1990)	Bevölkerung (Stand 31.12.1990)	E/km²
Bayer. Untermain	1.477,3	345.651	234,0
Würzburg	3.062,9	481.512	157,2
Main-Rhön	3.992,2	431.834	108,2
Unterfranken	8.532,4	1.258.997	147,6
Bayern	70.553,9	11.448.823	162,3
Grenzland- und ...	35.556,4	3.976.553	111,8

Quelle: 11. Raumordnungsbericht der Bayerischen Staatsregierung 1989/90, München (1992), und eigene Berechnungen

Aus statistischer Sicht muß die Situation der Region Main–Rhön in bezug auf die verkehrsinfrastrukturelle Grundausstattung als vergleichsweise günstig angesehen werden (vgl. Tab. 2).

Dies entspricht auch weitgehend der von Herold (versch. Jahre) vertretenen Lagegunst und Verkehrserschließung Unterfankens. Tatsächlich verfügt die Region über das längste überörtliche Straßennetz der unterfränkischen Regionen, was v.a auf die flächenhafte Erschließung des großen Gebietes mit Kreisstraßen zurückzuführen ist (vgl. Abb. 2).

In bezug auf die Netzdichten macht sich v.a. der zahlenmäßig günstige Erschließungseffekt durch die hohe Bevölkerungszahl bemerkbar. Lediglich die geringe Autobahndichte scheint die offensichtliche Verkehrsgunst der Region Schweinfurt – Main–Rhön etwas zu verschlechtern. Im Vergleich zu Bayern gäbe es hiernach keinen konkreten Lagenachteil zu erklären. Gegenüber den schwachstrukturierten und Grenzlandgebieten, zu denen auch die Region zählt, ist geradezu ein Erschließungs-

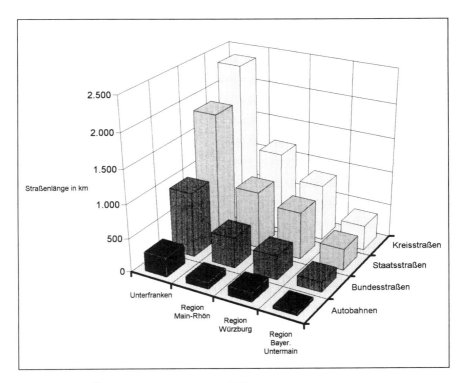

Abbildung 2: *Überörtliches Verkehrsnetz 1990*
Angaben: Unterfranken in Zahlen 1990 und 1992

Abbildung 3: *Lagegunst – Reisezeit im Individualverkehr zu den großen Agglomerationen in Minuten (1991)*
Quelle: Raumordnungsbericht 1991, S. 72, verändert nach Wagner 1992

vorsprung deutlichen Ausmaßes festzustellen. Damit wäre die vermeintlich nachge-
wiesene Verkehrsgunst Schweinfurts eine gute Argumentationshilfe für die Vermittlung von Standortqualitäten, wobei jedoch nicht übersehen werden darf, daß gute
verkehrliche Lagemomente inzwischen als ubiquitär vorausgesetzt werden (Wagner
1992).

Unter mehr qualitativen Aspekten muß die Verkehrssituation Schweinfurts v.a. hinsichtlich ihrer Netzstrukturen und ihrer Erreichbarkeit analysiert werden (vgl.
Abb. 3). Die weniger günstige Erreichbarkeit in Relation zu den − wirtschaftsräumlich
wichtigen − Agglomerationsräumen verschlechtert die Lagequalität Schweinfurts als
Produktionsstandort deutlich.

An dieser Peripherlage kann auch die quantitative Erweiterung des Fernstraßennetzes
keine grundlegende Änderung bewirken (vgl. Abb. 4). Nachteilig wirkt sich auch die
starke innere Differenzierung der Region aus (vgl. dazu Herold 1984, Ante 1992,
u.a.).

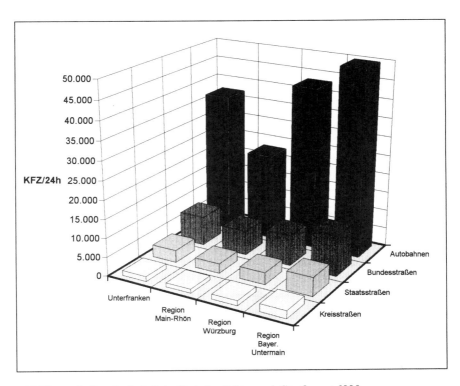

Abbildung 4: *Durchschnittliche Verkehrsdichte nach Straßenart 1990*
Angaben: Unterfranken in Zahlen 1992

Tabelle 3: *Personalentwicklung in der Schweinfurter Großindustrie*

Jahr	FAG	F&S	SKF	Gesamt	Index (1961=100)
1961	9.535	7.830	10.081	**27.446**	100
1978	9.533	9.960	6.528	**26.021**	95
1982	9.644	9.025	6.339	**25.008**	91
1990	9.752	9.287	6.092	**25.131**	92
1992	8.038	7.759	4.750	**20.547**	75
1993	5.330	6.600	4.500	**16.430**	60
<u>Verluste</u> 1961-1993	4.205 -44%	1.230 -16%	5.581 -55%	**11.016** **-40%**	-40%

Angaben: Stadt Schweinfurt

Die möglicherweise auch daraus resultierende schwache wirtschaftsräumliche Basis der Region, welche sich im wesentlichen auf wenige Produktionsstandorte konzentriert, produziert im Sinne der Verkehrserzeugung auch geringere durchschnittliche Verkehrsdichten. Dies wiederum bedeutet nicht, daß geänderte Raumbewertungen, wie z.B. durch die Grenzöffnung geschehen, nicht zu einer Umverteilung und Zunahme bestimmter Verkehrsströme führen könnten. Dies verdeutlicht die enorme Verkehrszunahme auf der einzigen unterfränkisch–südthüringischen Bundesstraße, der B 19 zwischen Schweinfurt und Meiningen seit der Grenzöffnung um bis zu 1000 % auf bestimmten Abschnitten!

Auswirkungen des Strukturwandels auf die Standortqualitäten und Verkehrspolitik der Region Schweinfurt

In einem letzten Schritt soll noch einmal auf die jüngste wirtschaftsräumliche Entwicklung in Schweinfurt zurückgekommen werden. Aus den veränderten Rahmenbedingungen sind folglich auch planerische Entscheidungen zur verkehrsräumlichen Zukunft der Region zu ziehen.

Auswirkungen des Strukturwandels in Schweinfurt

Die bereits oben geschilderte starke Abhängigkeit des Standorts Schweinfurt vom produzierenden Sektor wurde lange Jahre durch die Konzentration von Arbeitskräften in den drei Großbetrieben (FAG, Fichtel & Sachs, SKF) verstärkt. Der seit langem erwartete Strukturwandel (Blien 1993) fand damit in einem sehr folgenschweren Ausmaß für die Region Schweinfurt statt (vgl. Tab. 3).

Der konjunktur– und strukturbedingte Arbeitsplatzabbau in Schweinfurt mußte sich in der gesamten Region deutlich auswirken, waren doch starke wirtschaftsräumliche Dependenzen vorhanden: Noch 1990 wurde jeder 6. Arbeitsplatz in der Region von einem der drei Großbetriebe in Schweinfurt gestellt, in der Stadt Schweinfurt selbst sogar jeder zweite! Die hohen Einpendlerverflechtungen machen dieses Abhängigkeitsverhältnis deutlich.

Als Folge des drastischen Arbeitsplatzabbaus in den Großbetrieben reduzierte sich zwar das monostrukturelle Abhängigkeitsverhältnis (nurmehr 11% in der Region), es wurde aber mit dem Wegfall jedes dritten Arbeitsplatzes in der Großindustrie und einer rund 16%igen Arbeitslosenquote in der Stadt Schweinfurt (und damit der höchsten in Bayern Anfang 1994) erkauft.

Unter dem Eindruck "krisenhafter Entwicklungen" (Blien u.a. 1993) wurden von verschiedenen Seiten konzertierte Aktionen zur rascheren Strukturanpassung initiiert (Regionales Marketingkonzept, Aufnahme in die Ziel 2–Förderung der EU, Aufnahme in bayerische Strukturhilfeprogramme, Aufwertung Schweinfurts zum Oberzentrum, Überlegungen zum Bau eines Güterverkehrszentrums). Zwei ausgewählte

Beispiele mögen anschließend die Relevanz der ebenfalls geänderten verkehrsräumlichen Situation auf die ökonomische Entwicklung anzeigen.

Ein verändertes verkehrsräumliches Muster −
Anforderungen an die Raumordnungspolitik und Verkehrsplanung

Die regionale Autobahn A 81

Als Maßnahme des vordringlichen Bedarfs im Bundesverkehrswegeplan wurde bereits 1990/91 der Ausbau der bestehenden Straßenverbindungen von Unterfranken nach Südthüringen beschlossen. Nach der im April 1994 abgeschlossenen raumordnerischen Begutachtung meldet sich von unterfränkischer Seite der betroffenen Gemeinden deutlicher Widerstand.

Strittig sind vor allem die regionalwirtschaftlichen Vorteile für den unterfränkischen Raum, wiewohl diese Fernstraße als Regionalautobahn mit sehr dichtem Anschlußstellennetz konzipiert ist (17 auf ca. 55 km Streckenlänge in Unterfranken: Schweinfurt bis Landesgrenze Thüringen). Die räumlichen Folgen des Autobahnbaus wurden immer wieder kontrovers diskutiert.

Zuletzt hat Lutter (1981) die Erschließungswirkung von Fernstraßen auf den ländlichen Raum am Beispiel des Autobahnbaus der A7 Würzburg−Ulm aufgezeigt.

Als Ergebnis erscheint dabei v.a. relevant, daß nicht nur die räumliche Erschließungsqualität an erster Stelle steht, sondern daß gerade der ländliche Raum durch die schlagartig bessere Erreichbarkeit einem wesentlich stärkeren Abwanderungsdruck ausgesetzt ist, als daß durch Arbeitsplatzneugründungen kompensiert werden kann. Sog− und Entzugseffekte sind deswegen als wesentliches Gefahrenpotential für die wirtschaftsstrukturelle Entwicklung des angrenzenden ländlichen Raumes anzusehen.

Anders, vor allem wesentlich positiver, beurteilt Herold (1984) die entwicklungsfördernde Regionalwirkung von Autobahnen im ländlich schwach strukturierten Raum.

Als entwicklungsförderndes Instrument ist der Fernstraßenbau in peripheren, ländlichen Räumen v.a. dann anzusehen, wenn im Sinne dezentraler Konzentration als Entwicklungsinstrument keine flächenhafte, sondern regionalkonzentrierte endogene Entwicklung gefördert werden soll, die an die bestehende Siedlungsstruktur anschließt und das zentralörtliche Muster im Verständnis des Erreichbarkeitspotentials unterstreicht. Die Aufwertung derjenigen Standorte gebrochenen Verkehrs, die v.a. in Anschlußnähe gelegen sind, ist damit als regional wirksames Instrument gezielter Schwerpunktförderung nicht zu unterschätzen (Herold 1984).

Als regionalwirtschaftliche Überlegung für Schweinfurt wäre sicherlich eine Verbesserung der relativen Lageerreichbarkeit aus und in Richtung Thüringen angezeigt. Inwieweit jedoch dieser komparative Standortvorteil, so er denn einer sei, auch den regionalen Strukturwandel zu unterstützen vermag, ist aufgrund der bislang beobachteten Wirkkräfte im Zusammenhang mit den gezeigten Problemfeldern Wirtschaft–Lage–Verkehr nicht vorherzusagen.

Der Rhein–Main–Donau Kanal – Entwicklungsimpuls für Schweinfurt?

Auch der Mainausbau, der nach über 100–jähriger Bedeutungslosigkeit die Flußschifffahrt auf dem Main wiederbelebte, läßt sich in keinen gesetzmäßigen Zusammenhang mit dem wirtschaftlichen Entwicklungspotential bringen.

Der Hafenbau in Schweinfurt, der parallel mit dem Ausbau des Mains als Schiffahrtsstraße 1963 den Anschluß an die Nordseehäfen brachte, löste einen einmaligen und durchaus beachtlichen Entwicklungsimpuls im neuen Schweinfurter Gewerbegebiet Süd aus (vgl. Abb. 5). Allerdings schien sich dieser Impuls auf dem anfangs rasch erreichten Niveau des Güterumschlags zu stabilisieren und nurmehr geringfügig zu schwanken.

Insofern sollte der Ausbau des Maines zur Großschiffahrtsstraße (vgl. Abb. 6) im Rhein–Main–Donau-Kanal (Eröffnung Herbst 1992) neue Impulse geben (Kitz 1990). Dies scheint im Falle Schweinfurts nur bedingt erfolgreich. Immerhin könnte mit einer gewissen zeitlichen Verzögerung die allgemein steigende Tendenz des Güteraufkommens auf der Wasserstraße (Zunahme der bei Schweinfurt geschleusten Schiffe zwischen 1992 und 1993 um ca. 36 % im Bergverkehr und 39 % im Talverkehr; Wasser– und Schiffahrtsamt Schweinfurt) sich auch positiv auf den Warenumschlag im Schweinfurter Hafen auswirken.

Bislang deuten jedoch noch keine Anzeichen konkret darauf hin. Auch hier scheint sich die tatsächliche wirtschaftsräumliche Entwicklung Schweinfurts nicht eng an die infrastruktruellen Vorleistungen des Verkehrssektors anzulehnen.

Zusammenfassung

Die eingangs aufgestellte Hypothese, Schweinfurts Verkehrsgunst sei erst relativ jungen Ursprungs und zeige keine unmittelbaren Dependenzen zur wirtschaftlichen Entwicklung der Region, scheint sich auch empirisch bestätigen zu lassen. Sie zeigt damit die Notwendigkeit, darüber hinaus auch andere Abhängigkeitsbeziehungen zwischen den räumlichen Problemfeldern Wirtschaft – Lage – Verkehr als dynamische Prozeßkräfte der Raumgestaltung anzuwenden.

Der scheinbare Widerspruch "Verkehrsräumliche Gunstlage versus ökonomische Probleme" muß zumindest unter dem regionalen Aspekt der Region Schweinfurt relativiert werden.

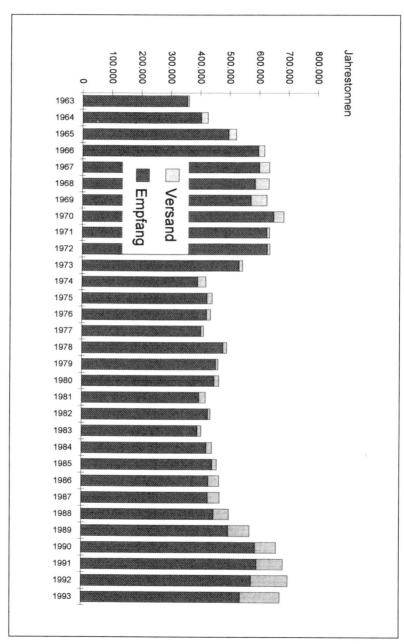

Abbildung 5: *Güterumschlag im Hafen Schweinfurt 1963–1993*
Angaben: Stadt Schweinfurt

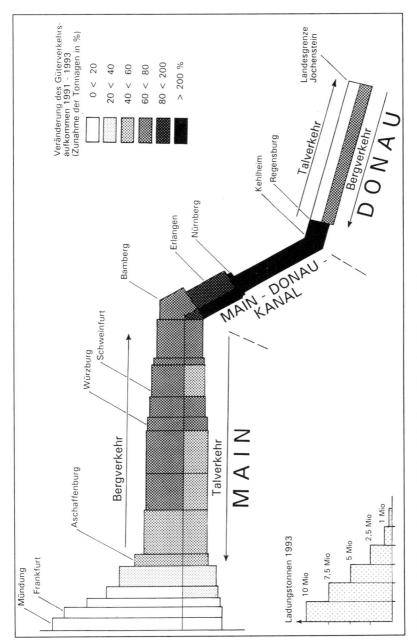

Abbildung 6: *Güterverkehr auf Main, Main-Donau-Kanal und Donau 1993*
Entwurf: M. Niedermeyer (1994), Angaben: Wasser- und Schiffahrtsdirektion Süd, 1993

Literatur

Ante, Ulrich (1991): Zur geographischen Analyse des Kommunalraumes.– in: Knemeyer, Franz–Ludwig & Horst–Günter Wagner, Hrsg., (1991): Verwaltungsgeographie.– (=Kommunalforschung für die Praxis, 26/27).– Stuttgart, München, Hannover (Borberg), S. 27–34.

Ante, Ulrich (1992): Zukunfstbedingungen des Wirtschaftsraumes Unterfranken.– in: Ante, Ulrich, Hrsg. (1992): Zur Zukunft des Wirtschaftsraumes Unterfranken.– (=Würzburger Universitätsschriften zur Regionalforschung, 5).– Würzburg, S. 45–69.

Blien, Uwe & Hedwig Friedrich (1993): Krisenhafte Entwicklungstendenzen des Arbeitsmarktes Schweinfurt. Erste Ergebnisse einer exemplarischen Regionalanalyse.– (=IAB–Werkstattbericht 16/1993).– Nürnberg.

Blien, Uwe (1993): Arbeitsmarktprobleme als Folge industrieller Monostrukturen. Das Beispiel der Region Schweinfurt.– Raumforschung und Raumordnung 6/1993, S. 347–356.

Böhn, Dieter (1968): Vier Karten zur wirtschaftlichen Entwicklung Mainfrankens.– in: 125 Jahre Industrie– und Handelskammer Würzburg–Schweinfurt, o.V. (1968).– Würzburg, S. 65–80.

Herold, Alfred (1984): Das mainfränkische Autobahnnetz.– (=IHK–Schriftenreihe, 12).– Würzburg.

Herold, Alfred (1985): Der Landkreis Schweinfurt – seine Lage, Bedeutung und geographische Struktur.– in: Landkreis Schweinfurt, o.V. (1985).– Würzburg (Echter), S. 12–24.

Herold, Alfred (1990): Berlin–Leipzig–Würzburg–Stuttgart–Zürich. Chancen einer dritten Nord–Süd–Magistrale.– (=IHK–Schriftenreihe, 13).– Würzburg.

Holzner, Lutz (1964): Schweinfurt am Main. Eine stadtgeographische Untersuchung im Vergleich mit Würzburg als Beitrag zur wissenschaftlichen Stadtgeographie.– (=Würzburger Geographische Arbeiten, 13).– Würzburg.

Kitz, Egon (1990): Die Main–Donau–Wasserstraße als regionaler Impuls für Unterfranken.– in: Schliephake, Konrad (1990): Infrastruktur im ländlichen Raum – Analysen und Fallbeispiele aus Franken.– (=Material zur angewandten Geographie, 18).– Hamburg, S. 91–102.

Lutter, Horst (1981): Raumwirksamkeit von Fernstraßen.– Inform. z. Raumentw. 3/4 (1981), S. 155–16

Meidel, Erich (1975): Schweinfurt und sein Wirtschaftsraum.– (=Geschichte und Gegenwart, Sonderreihe–Heft 9; Veröff. d. Hist. Vereins Schweinfurt).– Schweinfurt, S. 265–277.

Schäfer, Dieter (1970): Der Weg der Industrie in Unterfranken.– Würzburg.

Schäfer, Hans–Peter (1976): Die Entwicklung des Straßennetzes im Raum Schweinfurt bis zur Mitte des 19. Jahrhunderts.– (=Würzburger Geographische Arbeiten, 44).– Würzburg.

Wagner, Horst–Günter (1992): Zum Standort des Wirtschaftsraumes Unterfranken im Spiegel seiner jüngeren historischen Außenbeziehungen.– in: Ante, Ulrich, Hrsg. (1992): Zur Zukunft des Wirtschaftsraumes Unterfranken.– (=Würzburger Universitätsschriften zur Regionalforschung, 5).– Würzburg, S. 1–22.

Wagner, Horst–Günter (1994): Mainfranken: Chancen und Risiken eines Wirtschaftsraumes. Gedanken zu einem Marketing–Konzept.– (=Würzburger Geographische Arbeiten 89).– Würzburg, S. 33–49.

Innerstädtische Verkehrsberuhigung und Mobilitätschancen

Von Eva Liebich

Einleitung

Jede Veränderung des Bewegungsraums eines Verkehrsteilnehmers – ob strukturell oder rechtlich/organisatorisch – hat mehr oder minder starke Auswirkungen auf dessen Chancen, sich in diesem Raum möglichst optimal fortzubewegen. Die Instrumente der Verkehrsplanung "verwalten" somit die Mobilitätschancen der Verkehrsteilnehmer.

Inwieweit die Untersuchung von Mobilitätschancen dazu geeignet sein kann, Rückschlüsse auf die Praxis der Verkehrsplanung zu ziehen sowie die Vielzahl der Einzelmaßnahmen in der Verkehrsplanung aufeinander abzustimmen, soll in dem Beitrag diskutiert werden. Dabei soll explizit der Maßnahmenkomplex der innerstädtischen Verkehrsberuhigung beleuchtet werden.

Raumbezogene Verkehrswissenschaften – Anwendung mit Konzept
hrsg. im Auftrag des Deutschen Verbandes für Angewandte Geographie
von Arnulf Marquardt-Kuron und Konrad Schliephake
in Material zur Angewandten Geographie (MAG), Band 26, Bonn 1996

Mobilitätschancen – eine Charakterisierung

In Anknüpfung an die theoretisch-ökonomisch orientierte Verkehrsgeographie (z.B. Weber 1909, Christaller 1933 und Lösch 1940) ergibt sich für ein am Verkehr teilnehmendes Individuum folgende Auffassung von Distanz:

Distanz =   Zeitaufwand
     +   Kostenaufwand.

Der Kostenaufwand bei der Distanzüberwindung entsteht unter heutigen Bedingungen in mehrfacher Hinsicht:

Kostenaufwand =   Aufwand an monetären Kosten
     +   Aufwand an gesundheitlichen Kosten.

Gesundheitliche Kosten fallen sowohl akut als auch langfristig an:

Gesundheitliche Kosten =   Unfallrisiko
     +   Schadstoffbelastung
     +   Lärmbelastung.

Somit ergibt sich die Gleichung

Distanz =   Zeitaufwand
     +   Aufwand an monetären Kosten
     +   Unfallrisiko
     +   Schadstoffbelastung
     +   Lärmbelastung.

Die Positionen auf der rechten Seite der Gleichung können auch als Attribute der Distanz angesprochen werden. Je größer die Werte für die Distanzattribute sind, desto größer ist auch der Bewegungswiderstand bei der Distanzüberwindung und desto geringer sind somit die Mobilitätschancen. Bewegungswiderstand und Mobilitätschancen verhalten sich also umgekehrt proportional zueinander:

$$\text{Mobilitätschancen} = \frac{1}{\text{Bewegungswiderstand}}.$$

Verbindet man diese Überlegungen zur Distanz mit der sehr aktuellen Frage, welcher Gruppe von Verkehrsteilnehmern gewisse infrastrukturelle Maßnahmen Vorteile bringen und welcher Gruppe eher Nachteile, müßte jede geplante Veränderung des Bewegungsraums daraufhin geprüft werden, welche Auswirkungen sie auf die einzelnen Distanzattribute für die einzelnen Verkehrsteilnehmerarten haben wird.

Bezogen auf den Stadtverkehr sind folgende Verkehrsteilnehmergruppen für eine derartige Untersuchung relevant:

–   Fußgänger

–   Radfahrer

–   ÖPNV–Nutzer

–   PKW–Nutzer.

Verkehrsberuhigung = Verbesserung der Mobilitätschancen für den "Umweltverbund"?

Werden Distanzattribute und Verkehrsteilnehmerarten in einer Tabelle miteinander verknüpft, ergibt sich ein Beurteilungsschema für die Änderung der Bewegungswiderstände (R) nach einer geplanten oder durchgeführten Änderung des Bewegungsraums (Abb. 1).

In die Felder können nun Aspekte für die Änderung der Bewegungswiderstände als qualitative Größen eingetragen werden. Diese könnten anschließend – um ein leichter lesbares Ergebnis zu erhalten – addiert und in einer zusätzlichen Spalte als Summe aufgetragen werden. Da hierbei jedoch unter Umständen der Eindruck entsteht, eine Widerstandsvergrößerung bei einem Distanzattribut könne durch eine Widerstandsverringerung bei einem anderen Distanzattribut "erkauft" werden, wurde dieser Schritt unterlassen. Der Vergleich der Veränderungen der einzelnen Widerstände ermöglicht die Beurteilung der Frage, ob die betrachtete Detailplanung mit einem vorliegenden

$R_{Distanzattribut}$ / Art	R_t	R_{mK}	R_U	R_S	R_L
Fußgänger					
Radfahrer					
ÖPNV–Nutzer					
PKW–Nutzer					

+ = Vergrößerung von R;   – = Verringerung von R;   0 = keine Veränderung
t = Zeitaufwand;   mK = Aufwand an monetären Kosten; U = Unfallrisiko;
S = Schadstoffbelastung; L = Lärmbelastung

Abbildung 1: *Beurteilungsschema für die Änderung der Bewegungswiderstände nach einer geplanten oder durchgeführten Änderung des Bewegungsraums*

Gesamtverkehrskonzept harmoniert oder ob sie eher kontraproduktiv wirkt. Tritt der letztgenannte Fall ein, deutet dies unter Umständen auf eine in sich nicht stimmige Verkehrsplanung, d.h. eine nicht theoriegeleitete Verkehrsplanung.

Ein sehr häufig anzutreffendes Beispiel aus dem Planungsalltag soll diese Aussage verdeutlichen:

> Ein Stadtrat verabschiedet ein Gesamtverkehrskonzept, das als einen der Kernpunkte die Reduzierung des motorisierten Individualverkehrs und die Förderung des "Umweltverbundes" beinhaltet. Als Konsequenz dieser Ziele

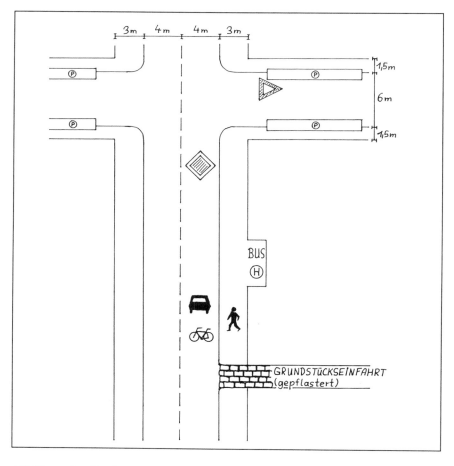

Abbildung 2a: *Häufig praktizierte Radwegeplanung, Ist-Zustand*

strebt er an, das Radverkehrsnetz im Stadtgebiet zu erweitern, um die Attraktivität des Radfahrens in der Stadt zu steigern.

Der Straßenraum an Hauptverkehrsstraßen wird daraufhin umgestaltet: Dem Radfahrer, der bisher die Fahrbahn mitbenutzte (Abb. 2a), wird auf dem vorhandenen Gehweg durch einen weißen Strich ein Radweg abmarkiert (Abb. 2b). Das Radwegenetz wird mit dieser Maßnahme erweitert. Der ehemalige reine Gehweg wird zu einem getrennten Rad-/Gehweg umgestaltet.

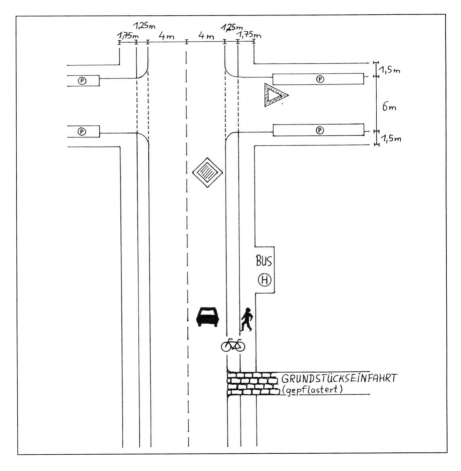

Abbildung 2b: *Abmarkierung eines Radweges auf dem Gehweg*

Untersucht man nun die neue Konstellation der Mobilitätschancen, ergibt sich folgendes Bild:

Distanzattribut: Zeitaufwand

Fußgänger: Der Zeitaufwand erhöht sich, da ein Teil des Gehweges nun Radfahrern vorbehalten ist. Der Gehweg ist schmaler geworden, Fußgänger brauchen mehr Zeit, um aneinander vorbeizukommen und um sich mit Radfahrern zu arrangieren, die beim Überholen langsamerer Radfahrer nun auf den Fußweg ausweichen.

Fahrrad: Der Zeitaufwand erhöht sich, da

1. Fußgänger bei nicht ausreichender Gehwegbreite den Radweg mitunter mitbenutzen,

2. an einmündenden Straßen und Einfahrten der Radweg in der Regel nicht völlig niveaufrei weitergeführt wird, an Einfahrten zudem bisweilen der Bodenbelag wechselt und somit wegen Unebenheiten langsamer gefahren werden muß,

3. aus Einmündungen kommende Fahrzeuge des öfteren den straßenbegleitenden Radweg nicht als Teil der übergeordneten Straße akzeptieren (auch bei Markierung des Radwegs mit rotem Belag), ihn befahren und somit nicht vor, sondern auf ihm den Kraftfahrzeugverkehr des übergeordneten Fahrstroms abwarten,

4. der Radweg mitunter von Kraftfahrzeugen zum Halten und Parken benutzt wird,

5. an Haltestellen für den ÖPNV wartende, ein- oder aussteigende Fahrgäste den Radweg mitbenutzen und

6. nach links abbiegende Radfahrer sich nicht auf der Fahrbahn einordnen können, sondern – da sie von einem Sonderweg kommen – zunächst den Geradeausverkehr (und Rechtsabbiegeverkehr) der KFZ-Spur abzuwarten haben. Beim Verlassen des Radwegs muß meist ein Absatz überwunden werden. An größeren Knotenpunkten mit mehreren Geradeausspuren oder einer zusätzlichen Rechtsabbiegespur können Radfahrer auf Radwegen in der Regel nur indirekt nach links abbiegen.

KFZ: Der Zeitaufwand verringert sich, da im Falle eines Verkehrsstaus auf der KFZ-Spur Radfahrer diesen auf dem Sonderweg passieren können.

ÖPNV: Der Zeitaufwand verringert sich für im Fahrzeug sitzende ÖPNV-Nutzer auf den Strecken zwischen den Haltestellen (Begründung siehe PKW).

Der Zeitaufwand verringert sich für im Fahrzeug sitzende Busbenutzer an Haltestellen, da der Busführer nicht mehr Radfahrer geradeaus passieren lassen muß, bevor er nach rechts in die Haltestelle einfahren kann.

Der Zeitaufwand erhöht sich für ÖPNV−Nutzer, die sich gerade zu Fuß auf dem Weg zu oder von der Haltestelle befinden (Begründung siehe Fußgänger).

PKW: Der Zeitaufwand verringert sich, da Fahrradfahrer als langsamere Verkehrsteilnehmer die Fahrbahn nicht mehr mitbenutzen. Das Warten auf eine Gelegenheit zum Überholen entfällt für den PKW.

Distanzattribut: Aufwand an monetären Kosten

Keine Veränderungen.

Distanzattribut: Unfallrisiko

Das Unfallrisiko wurde als Indikator für "gesundheitliche Kosten" eingeführt. Dementsprechend werden hier ausschließlich Veränderungen des Risikos für die jeweilige Verkehrsteilnehmergruppe erörtert, bei einem Unfall verletzt zu werden.

Fußgänger: Die Gefahr eines Konflikts mit Radfahrern und somit einer Verletzung beim Fußgänger erhöht sich, da sich zwei Arten von Verkehrsteilnehmern mit sehr unterschiedlichen Bewegungsgeschwindigkeiten eine meist sehr begrenzte Fläche teilen müssen. Fußgänger, die in Gruppen unterwegs sind, haben in der Regel das Bedürfnis, nicht hintereinander, sondern nebeneinander zu gehen. Da die Gehwegbreite hierfür meist nicht ausreicht (incl. Begegnungen mit entgegenkommenden Fußgänger−Gruppen), wird auf den Radweg ausgewichen. Ein höheres Konfliktpotential zwischen Fußgängern und Radfahrern ist somit bei der Planung eines kombinierten Rad−/Gehwegs einprogrammiert, wenn nicht eine ausreichende Gehwegbreite übrigbleibt (mind. 4 Meter für zwei sich begegnende Paare).

Fahrrad: Die Gefahr eines Konflikts mit Fußgängern und somit einer Verletzung beim Radfahrer erhöht sich (Begründung siehe Fußgänger).

Die Gefahr eines Konflikts mit Kraftfahrzeugen auf den einmündungsfreien Abschnitten verringert sich, falls der Radweg nicht von Kraftfahrzeugen zum Halten und Parken mitbenutzt wird.

Die Gefahr eines Konflikts mit Kraftfahrzeugen auf den einmündungsfreien Abschnitten erhöht sich, falls der Radweg von Kraftfahrzeugen zum Halten und Parken mitbenutzt wird (der Radfahrer muß in diesem Fall auf die KFZ−Fahrspur oder auf den Gehweg ausweichen).

Die Gefahr eines Konflikts mit Kraftfahrzeugen an Einmündungen und Knotenpunkten erhöht sich, da der getrennte Bewegungsraum von KFZ und Fahrrädern dort wieder in einen gemeinsamen Bewegungsraum übergeht. Von der übergeordneten Straße nach rechts abbiegende KFZ übersehen zuweilen geradeaus auf dem Sonderweg fahrende Radfahrer. Aus Einmündungen kommende Fahrzeuge akzeptieren des öfteren den straßenbegleitenden Radweg nicht als Teil der übergeordneten Straße (auch bei Markierung des Radwegs mit rotem Belag), befahren ihn und warten somit nicht vor, sondern auf ihm den Kraftfahrzeugverkehr des übergeordneten Fahrstroms ab. Der Radfahrer auf dem (übergeordneten) Sonderweg ist somit gezwungen, auf die Fahrspur für KFZ auszuweichen.

Die Gefahr eines Konflikts mit wartenden sowie ein- und aussteigenden ÖPNV-Fahrgästen an der Haltestelle erhöht sich, da der neue Radweg die Wegbeziehung Haltestelle – Fahrzeug für den ÖPNV-Nutzer unterbricht.

ÖPNV: Keine Veränderungen für im Fahrzeug sitzende ÖPNV-Nutzer (Begründung siehe PKW).

Die Gefahr eines Konflikts mit Radfahrern erhöht sich für ÖPNV-Nutzer, die sich gerade zu Fuß auf dem Weg zu oder von der Haltestelle befinden (Begründung siehe Fußgänger).

Die Gefahr eines Konflikts mit Radfahrern erhöht sich für an der Haltestelle wartende sowie ein- und aussteigende ÖPNV-Fahrgäste, da der neue Radweg die Wegbeziehung Haltestelle – Fahrzeug unterbricht.

PKW: Keine Veränderungen, da Konflikte zwischen Kraftfahrzeugen und Radfahrern in der Regel bei KFZ-Insassen nicht zu Verletzungen führen.

Distanzattribut: Schadstoffbelastung

Bezüglich der Schadstoffbelastung ergibt sich je nach der Stärke des Fahrradverkehrs eine Erhöhung oder eine Verringerung des Bewegungswiderstandes.

Da alle vier Verkehrsteilnehmerarten von Veränderungen der Schadstoffkonzentration im Straßenraum gleichermaßen betroffen sind, wird hier eine Aufgliederung nach den einzelnen Gruppen von Verkehrsteilnehmern unterlassen.

– Die Schadstoffbelastung verringert sich für den Fall eines geringen Fahrradverkehrs, da infolge des Nichtmehrvorhandenseins der Radfahrer als langsamere Verkehrsteilnehmer auf der Fahrbahn punktuelle Überholvorgänge von Kraftfahrzeugen – und somit Abbrems- und Wiederbeschleunigungsvorgänge – entfallen.

– Die Schadstoffbelastung erhöht sich für den Fall eines starken Fahrradverkehrs, da zuvor wegen der starken Präsenz von Radfahrern von den KFZ-Führern insgesamt ein verhaltenerer Fahrstil gewählt werden mußte. Mit dem Wegfall dieses "Hindernisses auf der gesamten Strecke" ist nun z.B. nach dem Einbiegen oder nach der Rotphase einer Lichtsignalanlage eine raschere Beschleunigung auf ein im Vergleich zur gemischten Fahrbahn höheres Geschwindigkeitsniveau möglich.

Distanzattribut: Lärmbelastung

Ebenso wie beim Distanzattribut Schadstoffbelastung ergibt sich je nach der Stärke des Fahrradverkehrs eine Erhöhung oder eine Verringerung der Lärmbelastung.

Für Verkehrsteilnehmer in geschlossenen Fahrzeugen, in die der Außenschallpegel nur gedämpft eindringt, fällt die Veränderung der Lärmbelastung geringer aus bei jedoch gleichem Vorzeichen wie bei den "offenen" Verkehrsträgern. Daher wird hier eine Aufgliederung nach den einzelnen Gruppen von Verkehrsteilnehmern unterlassen.

–   Die Lärmbelastung verringert sich für den Fall eines geringen Fahrradverkehrs, da infolge des Nichtmehrvorhandenseins der Radfahrer als langsamere Verkehrsteilnehmer auf der Fahrbahn punktuelle Überholvorgänge von Kraftfahrzeugen – und somit Abbrems- und Wiederbeschleunigungsvorgänge – entfallen.

–   Die Lärmbelastung erhöht sich für den Fall eines starken Fahrradverkehrs, da zuvor wegen der starken Präsenz von Radfahrern von den KFZ-Führern insgesamt ein verhaltenerer Fahrstil gewählt werden mußte. Mit dem Wegfall dieses "Hindernisses auf der gesamten Strecke" ist nun z.B. nach dem Einbiegen oder nach der Rotphase einer Lichtsignalanlage eine raschere Beschleunigung auf ein im Vergleich zur gemischten Fahrbahn höheres Geschwindigkeitsniveau möglich.

Die jeweiligen Verschiebungen bei den Bewegungswiderständen können nun in der oben eingeführten Tabelle (vgl. Abb. 1) zusammengefaßt werden. Dabei geht jeder der oben aufgeführten Einflußquellen als qualitativer Aspekt in das bereits beschriebene Beurteilungsschema ein (Abb. 3).

Der Gesamteindruck der qualitativen Widerstände – also der Widerstandsaspekte – zeigt einen deutlichen Mobilitätschancenverlust v.a. für die nicht motorisierten Verkehrsteilnehmer des "Umweltverbundes", der für die Radfahrer, die eigentliche Zielgruppe dieser "Verkehrsberuhigungsmaßnahme", sogar am meisten spürbar zu sein scheint. Für den motorisierten Individualverkehr ergeben sich bezüglich der einzelnen Formen des Kostenaufwands nur wenig Änderungen, für das Distanzattribut Zeitaufwand wird jedoch überdies ein Mobilitätsgewinn erzielt.

Die Verschiebungen der Mobilitätschancen geben also einen Hinweis darauf, daß die Verkehrsberuhigungsmaßnahme in der beschriebenen Form nicht dazu geeignet sein kann, die Ziele der Gesamtverkehrskonzeption – d.h. die Förderung der Verkehrsmittel des "Umweltverbundes" und die Entlastung der Stadt vom motorisierten Indivi-

Art ╲ $R_{Distanzattribut}$	R_t	R_{mK}	R_U	R_S	R_L
Fußgänger	+	0	+	− +	− +
Radfahrer	+ + + + + + −	0	+ + + + −	− +	− +
ÖPNV−Nutzer	+ − −	0	0 + +	− +	− +
PKW−Nutzer	−	0	0	− +	− +

+ = Vergrößerung von R;   − = Verringerung von R;   0 = keine Veränderung
t = Zeitaufwand;   mK = Aufwand an monetären Kosten; U = Unfallrisiko;
S = Schadstoffbelastung; L = Lärmbelastung

Abbildung 3: *Beurteilungsschema für die Änderung der Bewegungswiderstände nach einer geplanten oder durchgeführten Änderung des Bewegungsraums*

dualverkehr − zu unterstützen. Es muß somit davon ausgegangen werden, daß die be-schriebene Detailplanung kontraproduktiv wirkt, d.h. das Erreichen der Ziele der er-arbeiteten Gesamtverkehrskonzeption in weitere Ferne rückt und Erfolge anderer De-tailplanungen, die die Gesamtziele unterstützen, teilweise wieder relativiert.

Interpretationsvarianten

Handelt es sich bei derartigen kontraproduktiven Detailplanungsmaßnahmen nicht um Ausnahmen (z.B. Kompromisse in berechtigten Sonderfällen; Planungen an überörtlichen Straßen, falls die Gesamtkonzeption der übergeordneten Planungsin-stanzen nicht mit derjenigen der Gemeinde übereinstimmt), liegt die Vermutung eines gewissen Theoriedefizits bei der Verkehrsplanung nahe. Entscheidende distanzielle Theorien scheinen bei der Gestaltung des Bewegungsraums keine Beachtung zu fin-den.

Eine weitere Interpretationsmöglichkeit bestünde in der Annahme, daß es sich bei den ausgesprochenen Zielen der Gesamtverkehrskonzeption nicht um die tatsächlich angestrebten Ziele handelt. In diesem Fall stellt die untersuchte Detailplanung nur eine scheinbar kontraproduktive Maßnahme dar, die mit den eigentlichen Zielen sehr gut harmoniert und somit auch als "theoriegeleitet" bezeichnet werden könnte. In diesem Zusammenhang könnte sich eine umfassende Untersuchung vieler Detailplanungen innerhalb einer räumlichen Planungseinheit dazu eignen, unabhängig von propagierten Planungszielen die tatsächlich verfolgten Ziele festzustellen.

Als pragmatisch angelegte Deutung bietet sich auch der sehr häufig angebrachte Hinweis darauf an, daß jede Gestaltungsmaßnahme im öffentlichen Raum je nach Tragweite mehr oder minder stark von widerstrebenden politischen Kräften und Interessen mitgeformt wird. Resultat ist dann unter Umständen die Durchsetzung einer Planungsvariante, die sich von den Zielen der Gesamtkonzeption bereits sehr stark entfernt hat. Wird jedoch die Mehrheitsfähigkeit und politische Durchsetzbarkeit von Detailplanungen, die den Zielen einer zuvor verabschiedeten Gesamtverkehrskonzeption entsprechen würden, jedesmal von neuem in Frage gestellt, muß davon ausgegangen werden, daß auch die Gesamtkonzeption nur mit knapper Mehrheit zustande gekommen ist.

Ist dies nicht der Fall, stellt sich die Frage, warum die entsprechenden Grundsatzentscheidungen mehrheitsfähig sind, deren Konkretisierungen im Raum jedoch nicht. In diesem Zusammenhang wäre die Diskrepanz zwischen Grundsätzen und planerischen Konsequenzen, also zwischen Denken und Handeln in der Verkehrsplanung zu konstatieren, die sich auch in der individuellen Verkehrsmittelwahl wiederfindet. Die Umsetzung innovativer Grundsatzentscheidungen wird somit durch den Faktor "Persistenz von Verhaltensweisen" der Entscheidungsträger in der Verkehrsplanung verzögert.

Fazit

Das herangezogene Planungsbeispiel zeigt, daß Maßnahmen, die mit dem Ziel der Förderung des nichtmotorisierten Verkehrs ergriffen werden, sich nicht immer wirklich förderlich auf diesen auswirken müssen. Für einen Rückschluß auf den Charakter der dahinterstehenden Planungspraxis in einem solchen Fall bieten sich dabei mehrere Interpretationsmöglichkeiten.

Würde die Untersuchung der Veränderung der Mobilitätschancen der verschiedenen Verkehrsteilnehmerarten durch Umgestaltungen des Bewegungsraums in den Planungsprozeß integriert, könnten unter Umständen Planungen, die sich in ihrer Wirkung gegenseitig hemmen, besser vermieden werden und Entscheidungen zwischen mehreren Planungsvarianten erleichtert werden.

Es wäre somit wünschenswert, derartige systematische Untersuchungen als festen Bestandteil in den Planungsprozeß aufzunehmen. Die hier einbezogenen Distanzattribute könnten dabei durch weitere Attribute ergänzt werden (z.B. "Mühe"). Könnten die qualitativen Ergebnisse bezüglich der einzelnen Distanzattribute zudem quantifiziert werden, wären detailliertere Ergebnisse möglich, die eine Gewichtung der Auswirkun-

gen einzelner Planungsvarianten erlauben und somit eine effektivere Entscheidungshilfe bieten würden.

Literatur

Christaller, W. (1933) Die zentralen Orte in Süddeutschland.‒ Jena.

Knoflacher, H. (1990): Schadstoffbelastungen bei verschiedenen Mobilitätsformen.‒ In: Internationales Ver-
kehrswesen, H. 4: 222‒226.

Liebich, E. (1993): Verkehrsberuhigung und Mobilitätschancen im städtischen Raum am Beispiel einer Raum-
beziehung in Freiburg im Breisgau.‒ Würzburg (Diplomarbeit am Lehrstuhl Allg. und Angew. Wirtschaftsgeographie), unveröffentlicht.

Lösch, A. (1944): Die räumliche Ordnung der Wirtschaft.‒ Jena.

Stadt Freiburg (1989‒1992): Stadtnachrichten, diverse Ausgaben.

Wagner, H.‒G. (1994): Wirtschaftsgeographie (Das geographische Seminar).‒ Braunschweig.

Weber, A. (1909): Über den Standort der Industrie. I. Teil: Reine Theorie des Standortes.‒ Tübingen.

Teil III

Erreichbarkeit und Raumentwicklung

Erreichbarkeit und Raumentwicklung der Regionen in Europa: Welche Rolle spielen die Fernverkehrssysteme?

Von Horst Lutter*

Bedeutung der Fernverkehrsinfrastruktur für die Raumentwicklung in Europa

Die Verkehrsinfrastruktur hat einen vermittelnden Einfluß auf die Standortfaktoren von Betrieben. Sie bestimmt die zeitliche Entfernung des Betriebsstandorts von den Absatz- und Beschaffungsmärkten, den Einzugsbereich der Arbeitskräfte und die räumliche Abgrenzung zur Konkurrenz. Die räumlichen Distanzen selbst können durch Verkehrsinfrastrukturen und deren Ausbau kaum verändert werden. Insofern gilt für die Standorttheorien der entwickelten Volkswirtschaften seit langem der Grundsatz, daß eine gut ausgebaute Verkehrsinfrastruktur zwar notwendig, aber nicht hinreichend ist, um unternehmerische Standortwahlentscheidungen zu beeinflussen. Ausnahmen von dieser Regel sind z.B. reine Transportbetriebe, deren alleiniger Unternehmenszweck die Beförderung von Gütern und Personen ist.

Unterscheidet man Makro- und Mikro-Standortentscheidungen, so wird besonders bei Entscheidungen zur Makro-Standortwahl z.B. zwischen Regionen oder Ländern deutlich, daß die Verkehrsinfrastruktur praktisch keinen Einfluß hat [1]. Die großräumig bedeutsame Verkehrsinfrastruktur – vor allem die Straßeninfrastruktur – in Europa ist nahezu ubiquitär, d.h. kaum noch standortdifferenzierend. Jede Region auf der Maßstabsebene des NUTS-3-Levels der EG-Regionalisierung [2] ist über qualifizierte Straßen in das europäische Fernstraßensystem eingebunden. Fast jede NUTS-3-region ist auch über die Schiene erreichbar. Die grundsätzliche Erschließung der Regionen im europäischen Fernverkehr ist also gesichert, wie in den nachfolgenden

*) Der Beitrag basiert auf dem Vortragsmanuskript: Lutter, H.: Accessibility and regional development of European regions and the roll of transport systems. In: Council of Europe (Hrsg.): European Regional Planning, No. 55, 1993: The challenges facing European society with the the approach of the year 2000 – Transborder cooperation within sustainable regional/spatial planning in central Europe – reports and conclusions of the colloquy organised by the Council of Europe in framework of the European Conference of Ministers responsible for Regional Planning (CEMAT), Vienna, 31 March – 1 April 1993. Aktualisierte Fassung nach: Informationen zur Raumentwicklung, Heft 9/10 1993. Wiedergabe mit freundlicher Genehmigung der Bundesforschungsanstalt für Landeskunde und Raumordnung

Raumbezogene Verkehrswissenschaften – Anwendung mit Konzept
hrsg. im Auftrag des Deutschen Verbandes für Angewandte Geographie
von Arnulf Marquardt-Kuron und Konrad Schliephake
in Material zur Angewandten Geographie (MAG), Band 26, Bonn 1996

Erreichbarkeitsanalysen gezeigt wird. Güter und Personen können von jeder Region mit jeder Region in Europa ausgetauscht werden. Selbstverständlich gibt es Unterschiede in der Qualität der regionalen Verflechtungen, die sich durch die großräumige Lage der Regionen in Europa und der Güte der zur Verfügung stehenden Verkehrsinfrastruktur ausdrücken. Diese reichen jedoch in der Regel nicht aus, um großräumige Standortwahlentscheidungen zwischen verschiedenen Regionen auf europäischer Ebene zu beeinflussen.

Dies gilt für transportintensive Produktionsbetriebe. Der Anteil der Transportkosten an den Gesamtproduktionskosten ist in der Vergangenheit beständig gesunken. Heute beträgt er im Durchschnitt nur 3 bis 4 % [3]. Dementsprechend gering sind die Auswirkungen von Veränderungen der Transportkosten auf das betriebswirtschaftliche Ergebnis. Die Qualität der Infrastruktur und deren Verbesserung haben zudem nur einen marginalen Einfluß auf die variablen Transportkosten (Reisezeit, Benzinverbrauch etc.), die wiederum geringer sind als die Fixkosten (Abschreibung, Personal etc.). Empirische Untersuchungen bei transportintensiven Betrieben, die von einer erheblichen Verbesserung der Fernstraßeninfrastruktur betroffen waren, haben gezeigt, daß die dadurch verursachten Transportkostenersparnisse so gering waren, daß sie nicht quantifiziert werden konnten [4]. Andere, neuere Untersuchungen, z.B. zu europäischen Großprojekten wie dem Kanal-Tunnel oder einer festen Verbindung über den großen Belt, bestätigen diese Einschätzung [5].

Für die großräumige Standortwahl sind heute "weiche" Standortmerkmale, wie z.B. eine günstige Lage zu den Wirtschafts- und Dienstleistungszentren, gute Umwelt- und Erholungsqualität, das allgemeine Image der Standortregion sowie zunehmend auch die politische und soziale Stabilität in der Region, von größerer Bedeutung [6]. Außerdem sind die nicht produktionsbezogenen Aktivitäten der Wirtschaft wie Forschung, Finanzierung und Marketing entscheidender für den wirtschaftlichen Erfolg als günstige Transportbedingungen. Dafür bedarf es schneller, weiträumiger und vielfältiger Kontaktmöglichkeiten im geschäftsorientierten Personenverkehr. Das Entstehen von Business-Centers in der Nähe von Flughäfen und Haltepunkte des TGV mit der Folge der Ansiedlung von kontaktintensiven Betrieben kann bereits als Beleg für diese These herangezogen werden [7].

Durch neue oder verbesserte Verkehrsangebote im europaweiten Fernverkehr sind also vor allem kontaktintensive Unternehmen mit hohem Anteil qualifizierter Beschäftigter in Forschung, Entwicklung und Verwaltung und mit u.U. multinationalen Unternehmensstandorten beeinflußbar.

Untersuchungen zu den regionalen Effekten von Verkehrsinfrastrukturprojekten müssen in Zukunft deshalb weniger am Güterverkehr und den Transportkosten orientiert sein und sich verstärkt dem schnellen Personenverkehr und den dort erzielbaren Reisezeiten zuwenden. Hier sind in absehbarer Zunkunft durch den Ausbau des europäischen Hochgeschwindigkeitssystems die größten Fortschritte und Änderungen für einzelne Regionen zu erzielen.

Lage und Erreichbarkeit der europäischen Regionen im schnellen Personenverkehr

Die im folgenden dargestellten Ergebnisse europäischer Erreichbarkeitsanalysen [8] befassen sich mit dem schnellen Personenverkehr auf überwiegend großräimigen und überregional bedeutsamen Verbindungen. Der Modellansatz beruht deshalb auf Reisezeiten mit dem jeweils schnellsten Verkehrsmittel im Straßen−, Schienen− und Luftverkehr. Die Möglichkeit des Umsteigens von einem auf das andere Verkehrsmittel ist berücksichtigt. Im Schienen− und Luftverkehr sind Mindestbedienungsstandards vorausgestzt. Die Netzdichte der zugrundeliegenden Netzmodelle zum Straßen−, Schienen− und Luftverkehr ist so hoch, daß Verflehtungen aller NUTS−3−Regionen im EG−Gebiet und NUTS−2−Regionen der EFTA−Staaten sowie mittelosteuropäischen Staaten bzw. deren Hauptorte berechnet werden können. Die − wenigen − Regionshauptorte in Europa, die nicht direkt im Schienenverkehr erreichbar sind, sind mit Bus−Reisezeiten an den Schienverkehr angebunden. Im Luftverkehr sind alle europäischen Flughäfen und Flugverbindungen mit mindsetens einem Flug werktäglich aus dem ABC−World Airways Guide übernommen. Anreise− und Checkzeiten sind berücksichtigt.

Auf Grundlage dieser Netzdatenbasis können mit dem Erreichbarkeitsmodell EVA (Erreichbarkeits− und Versorgungsanalysen) der BfLR Lage− und Erreichbarkeitsindikatoren für jede Region berechnet werden [9]. Wir beziehen uns dabei auf für die Regionalentwicklung wichtige Ziele im weiträumigen Verkehr (Wirtschaftszentren, Fernverkehrsinfrastruktur, Bevölkerung).

Die durchschnittliche Reisezeit von einer Region zu allen anderen Regionen ist ein Maß zur Darstellung der großräumigen Lage einer Regionen innerhalb Gesamteuropas. Zentrale und periphere Regionen bilden sich um den geographischen Mittelpunkt des betrachteten Gebiets heraus. Ergebnis ist die klassische Darstellung von Zentrum und Peripherie in der räumlichen Lagebeurteilung.

Ein Vergleich der Straßen− und Schienenreisezeiten (vgl. Abb. 1 und 2) zeigt keine großen Unterschiede, insbesondere in den west− und nordeuropäischen Staaten. Lediglich in den süd− und osteuropäischen Staaten werden Unterschiede aufgrund des schlechten Zustands der Schienenverkehrssysteme deutlich. Ein weiterer Unterschied zeigt sich im Zentrum Europas (Frankfurt, München) wo für einige Regionen wegen des hier besonders gut ausgebauten Autobahnnetzes die Straßenreisezeiten etwas besser sind als die Schienenreisezeiten.

Ein anderes Bild der großräumigen Lage der Regionen in Europa ergibt sich jedoch bei der Berücksichtigung des Luftverkehrs in der kombinierten Verkehrsmittelbenutzung (vgl. Abb. 3). Hier lösen sich die festen Isochronenstrukturen um ein geographisches Zentrum auf. Als "zentrale Regionen" erscheinen jetzt die gut in den europäischen Luftverkehr eingebundenen Zentren mit ihrem Umland. Bei dieser Betrachtung, die im weiteren im Mittelpunkt steht, befinden sich vor allem die ost− und südeuropäischen Staaten in einer extremen Randlage.

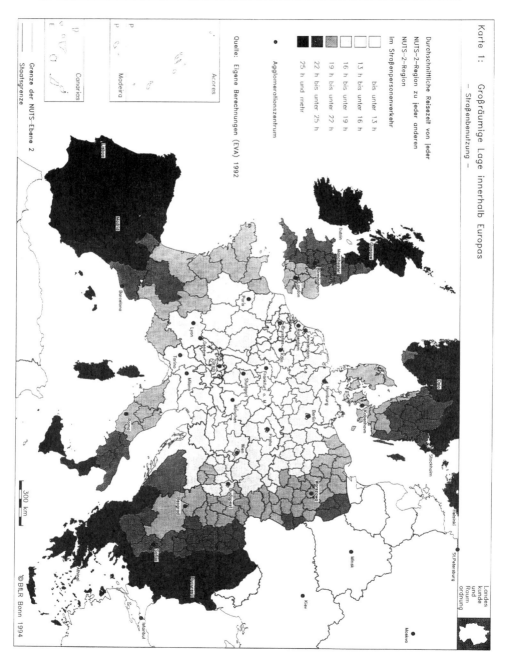

Karte 1: Großräumige Lage innerhalb Europas
– Straßenbenutzung –

Durchschnittliche Reisezeit von jeder NUTS–2–Region zu jeder anderen NUTS–2–Region im Straßenpersonenverkehr

- bis unter 13 h
- 13 h bis unter 16 h
- 16 h bis unter 19 h
- 19 h bis unter 22 h
- 22 h bis unter 25 h
- 25 h und mehr

● Agglomerationszentrum

Quelle: Eigene Berechnungen (EVA) 1992

Grenze der NUTS–Ebene 2
Staatsgrenze

© BfLR Bonn 1994

300 km

Landeskunde und Raumordnung

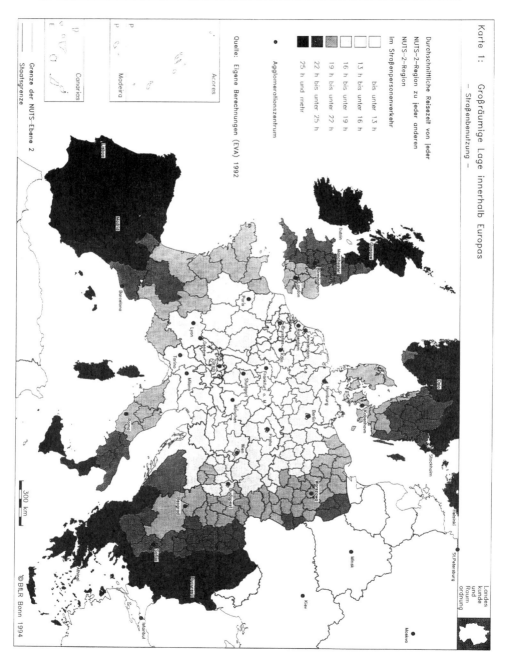

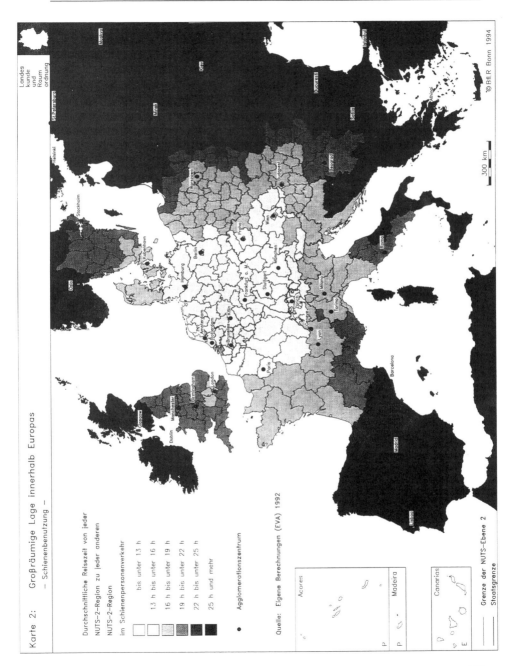

Karte 2: Großräumige Lage innerhalb Europas
– Schienenbenutzung –

Durchschnittliche Reisezeit von jeder
NUTS-2-Region zu jeder anderen

NUTS-2-Region

im Schienenpersonenverkehr

bis unter 13 h
13 h bis unter 16 h
16 h bis unter 19 h
19 h bis unter 22 h
22 h bis unter 25 h
25 h und mehr

● Agglomerationszentrum

Quelle: Eigene Berechnungen (EVA) 1992

Grenze der NUTS-Ebene 2
Staatsgrenze

Landes
kunde
und
Raum
ordnung

© BfLR Bonn 1994

300 km

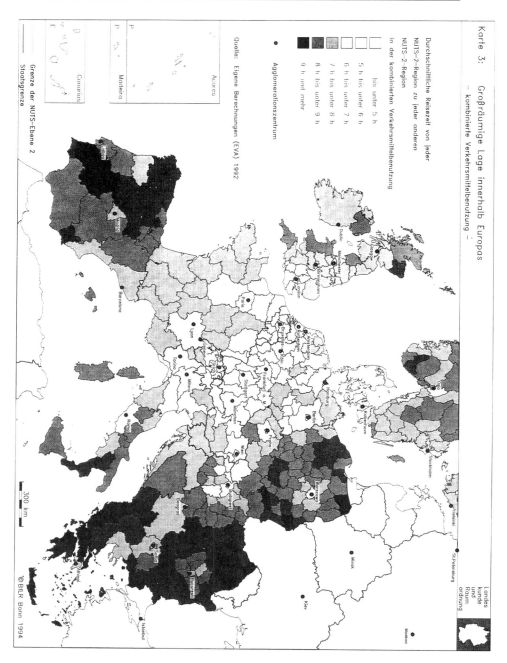

Karte 3: Großräumige Lage innerhalb Europas
– kombinierte Verkehrsmittelbenutzung –

Durchschnittliche Reisezeit von jeder
NUTS-2-Region zu jeder anderen
NUTS-2-Region
in der kombinierten Verkehrsmittelbenutzung

bis unter 5 h
5 h bis unter 6 h
6 h bis unter 7 h
7 h bis unter 8 h
8 h bis unter 9 h
9 h und mehr

● Agglomerationszentrum

Quelle: Eigene Berechnungen (EVA) 1992

Grenze der NUTS-Ebene 2
Staatsgrenze

300 km

© BfLR Bonn 1994

Landes
kunde
und
Raum
ordnung

Durch Infrastrukturausbau ist diese grundsätzliche Lage der Regionen praktisch nicht zu verändern. Auch über die wirtschaftliche Entwicklungsfähigkeit der Regionen sagt diese reine Lagebetrachtung noch nichts aus. Erst wenn Lagekriterien mit wirtschaftlichen Leistungsfaktoren der jeweiligen Region im Zusammenhang betrachtet werden, sind Aussagen zum regionalwirtschaftlichen Entwicklungspotential möglich [10].

Die räumliche Nähe einer Region zu den europäisch bedeutsamen Agglomerationszentren ist dagegen schon eher ein Maßstab, um die ökonomische Dimension von peripherer und zentraler Lage zu bestimmen. Die Agglomerationszentren und ihr Umland sind die wirtschaftlich aktivsten Räume mit den größten Konzentrationen von Betrieben, Beschäftigten und Nachfragern und den vielfältigsten ind hochwertigsten Dienstleistungsangeboten [11]. Kontaktintensive Betriebe müssen, wenn sie nicht im Agglomerationsraum selbst liegen, über entsprechend gute Verbindungen im Personenverkehr an diesen Agglomerationsvorteilen teilhaben können. Die Regionen, von denen das nächste Agglomerationszentrum innerhalb einer Stunde erreicht werden kann, bilden den weiteren Agglomerationsraum. Sie befinden sich – im Vergleich zu allen anderen Regionen – in zentraler Lage und ermöglichen der ansässigen Wirtschaft die direkte Partizipation an den Agglomerationsvorteilen dieses Raums.

Als peripher könnte man die Regionen bezeichnen, von denen aus das nächste Agglomerationszentrum nicht innerhalb der für eine Tagesrandverbindung (morgens hin, abends zurück) wichtigen Grenze von drei Stunden Reisezeit erreichbar ist. Trotz der Berücksichtigung des Flugverkehrs auf diesen Verbindungen gibt es in Europa noch viele Regionen, die außerhalb dieser Drei–Stunden–Grenze liegen (vgl. Abb. 4).

Ein Indikator für die Menge der möglichen geschäftlichen Kontakte ist das von der Standortregion aus erreichbare Bevölkerungspotential. Es liegt die Vermutung nahe, daß Regionen mit einem hohen Bevölkerungspotential auch die Regionen mit einer großen wirtschaftlichen Aktivität und damit auch einer hohen Attraktivität für den geschäftlichen Reiseverkehr sind. Zur Darstellung des von einer Region aus erreichbaren Wirtschaftspotentials wird deshalb die innerhalb von drei Stunden erreichte Bevölkerung aufaddiert (vgl. Abb. 5).

Das Ergebnis zeigt eine hohe Übereinstimmung mit der zuvor betrachteten Erreichbarkeit der Agglomerationszentren. Die größten Bevölkerungspotentiale befinden sich im Umkreis der Bevölkerungsschwerpunkte in Zentraleuropa. Durch die Berücksichtigung des Luftverkehrs bei der kombinierten Verkehrsmittelbenutzung zählen auch einige gut in den europäischen Luftverkehr eingebundene Wirtschaftszentren in den europäischen Randstaaten zur höchsten Klasse.

Mit den zunehmenden Kommunikationsbedürfnissen der Wirtschaft und einer steigenden Standortunabhängigkeit erhält die Nähe zum nächsten Einstiegspunkt des Hochgeschwindigkeits–Fernverkehrs (Hochgeschwindigkeitsbahn und Flughäfen) einem immer höheren Stellenwert für bestimmte Branchen. Ein schnelles Erreichen des nächsten Flughafens oder Bahnhofs der Hochgeschwindigkeitsbahn eröffnet die Möglichkeit, alle wichtigen nationalen und internationalen Wirtschaftszentren in kürzester

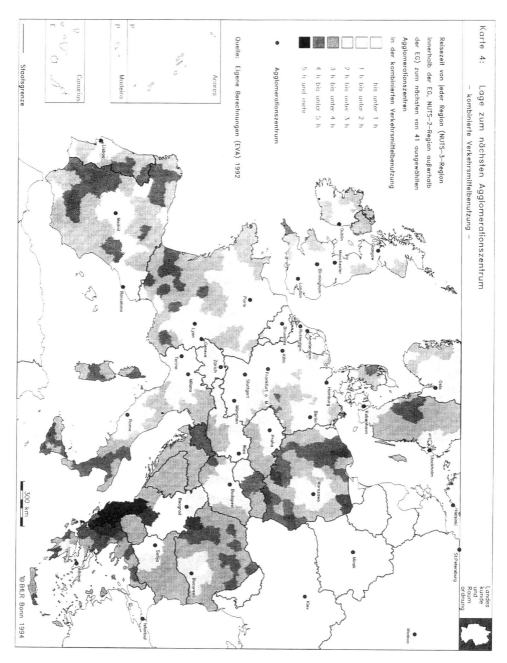

Karte 4: Lage zum nächsten Agglomerationszentrum
– kombinierte Verkehrsmittelbenutzung –

Reisezeit von jeder Region (NUTS–3–Region innerhalb der EG, NUTS–2–Region außerhalb der EG) zum nächsten von 41 ausgewählten Agglomerationszentren in der kombinierten Verkehrsmittelbenutzung

bis unter 1 h
1 h bis unter 2 h
2 h bis unter 3 h
3 h bis unter 4 h
4 h bis unter 5 h
5 h und mehr

● Agglomerationszentrum

Quelle: Eigene Berechnungen (EVA) 1992

Staatsgrenze

Landes
kunde
und
Raum
ordnung

© BfLR Bonn 1994

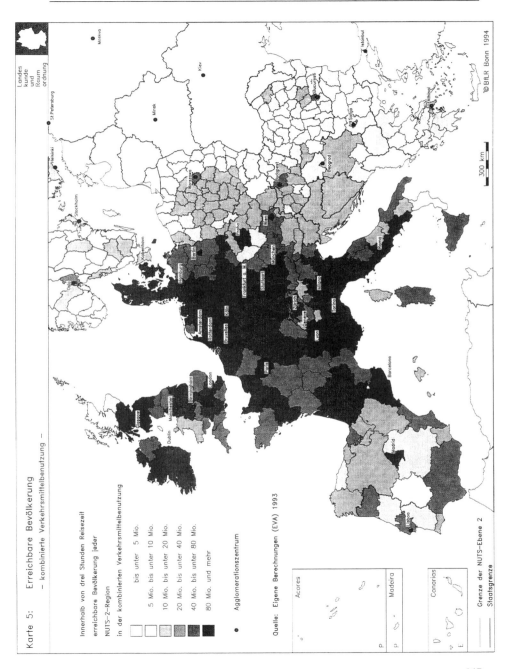

Karte 5: Erreichbare Bevölkerung
– kombinierte Verkehrsmittelbenutzung –

Innerhalb von drei Stunden Reisezeit
erreichbare Bevölkerung jeder
NUTS-2-Region
in der kombinierten Verkehrsmittelbenutzung

bis unter 5 Mio.
5 Mio. bis unter 10 Mio.
10 Mio. bis unter 20 Mio.
20 Mio. bis unter 40 Mio.
40 Mio. bis unter 80 Mio.
80 Mio. und mehr

● Agglomerationszentrum

Quelle: Eigene Berechnungen (EVA) 1993

Grenze der NUTS-Ebene 2
Staatsgrenze

©BfLR Bonn 1994

300 km

Zeit zu erreichen. Insofern steht die gute Erreichbarkeit des Hochgeschwindigkeitsverkehrs gleichzeitig für eine gute Erreichbarkeit der durch das Hochgeschwindigkeitssystem direkt erreichten Zentren in ganz Europa. Ein Großteil der Kontakterfordernisse der Wirtschaft dürfte sich auf diese Zentren konzentrieren.

Betrachtet man zunächst die räumliche Verteilung und die Erreichbarkeit der heute und absehbarer Zukunft realisierten Haltepunkte der Hochgeschwindigkeitsbahn, so zeigen sich große regionale Unterschiede. Mit Ausnahme von Luxemburg, Irland und Griechenland verfügt jedes EG–Land über einige Haltepunkte der Hochgeschwindigkeitsbahn. Die engeren Einzugsbereiche von bis zu einer Stunde um diese Haltepunkte wachsen in den Regionen, wo sich die Haltepunkte häufen, zu größeren Einheiten zusammen. Sie sind zum Teil deckungsgleich mit den Abgrenzungen der zuvor dargestellten Agglomerationsräume.

Es bleiben jedoch noch größere Gebiete der Europäischen Gemeinschfat so weit von dieser hochleistungsfähigen Infrastruktur entfernt, z.B. mehr als zwei Stunden, daß sie sowohl für dei verkehrliche Erschließung als auch für die regionale Entwicklung kaum von Nutzen ist. Hierbei handelt es sich um die teilweise sehr peripheren, dünn besiedelten Regionen (bzw. um Inseln), bei denen die Erschließung mit einem schienengebundenen Verkehrsmittel mit hoher Massenleistungsfähigkeit bald an seine wirtschaftlichen Grenzen stößt. Hier wird der Regional– und Ergänzungsluftverkehr verstärkt neue Aufgabenbreiche übernehmen müssen, um auch in diesen Regionen einen leistungsfähigen Personenschnellverkehr zu gewährleisten.

Die regionale Verteilung der Flughäfen mit einem Mindestangebot von einer Flugverbindung, die zweimal täglich bedient wird, ist schon heute in der Europäischen Gemeinschaft flächendeckend relativ ausgeglichen. Insbesondere die Inseln und die peripheren Küstenregionen, aber auch der Südwesten Frankreichs sind sehr gut in den regionalen Luftverkehr eingebunden (vgl. Abb. 6).

Hier erfüllt die relativ gute Erschließung mit Flughäfen bereits eine wichtige Ergänzungsfunktion zum Hochgeschwindigkeitsverkehr der Bahn. Größere Gebiete, die einen solchen Zugang zum internationalen Luftverkehr, zumindest über den Regional– und Ergänzungsluftverkehr, nicht innerhalb von zwei Stunden erreichen, gibt es nur noch in Spanien, Portugal, Griechenland und im nördlichen Teil der neuen deutschen Bundesländer.

Grundkonzeption eines europaweiten Hochgeschwindigkeitssystems für den Personenfernverkehr

Die größten Erreichbarkeitseffekte und Veränderungen der regionalen Lageverhältnisse sind durch den Ausbau des europäischen Hochgeschwindigkeitspersonenverkehrs vor allem für die peripheren Regionen zu erzielen. Während sich die räumliche Verteilung der –zuvor betrachteten– Agglomerationszentren auch in ferner Zukunft kaum verändern wird, werden sich die Standortvoraussetzungen der Regionen durch

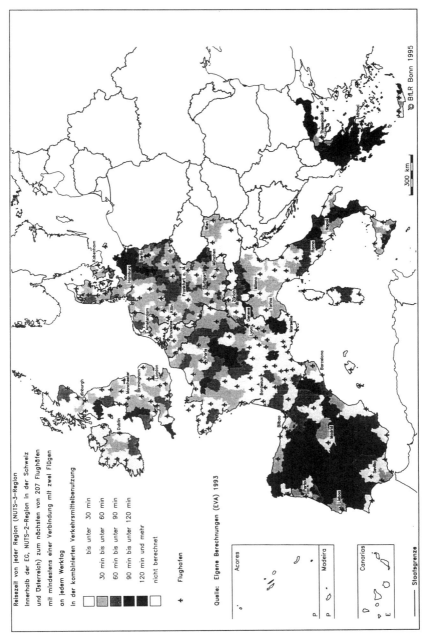

Abbildung 6: *Lage zum nächsten Flughafen – kombinierte Verkehrsmittelbenutzung –*

Reisezeit von jeder Region (NUTS-3-Region)
innerhalb der EG, NUTS-2-Region in der Schweiz
und Österreich) zum nächsten von 207 Flughäfen
mit mindestens einer Verbindung mit zwei Flügen
an jedem Werktag

in der kombinierten Verkehrsmittelbenutzung

   bis unter 30 min
30 min bis unter 60 min
60 min bis unter 90 min
90 min bis unter 120 min
120 min und mehr

nicht berechnet

✛ Flughafen

Quelle: Eigene Berechnungen (EVA) 1993

Acores

Madeira

Canarias

Staatsgrenze

© BfLR Bonn 1995

300 km

den Ausbau der europäischen Hochgeschwindigkeitsinfrastruktur z.T. wesentlich verändern. Hauptansatzpunkt einer europäischen Verkehrspolitik sollte deshalb – auch aus raumordnerischer Sicht – die Planung und Realisierung eines europaweiten Hochgeschwindigkeitssystems sein, das die europäischen Regionen möglichst homogen erschließt bzw. deren Anbindung im Rahmen von Mindeststandards sicherstellt. Dies erfordert eine möglichst gleichmäßige Verteilung der Einstiegspunkte in das Hochgeschwindigkeitssystem im Raum auf hohem Niveau, eine systemgerechte Verknüpfung des Schienen– und Luftverkehrs in Anpassung an die Raumstrukturen und eine gute regionale Erschließung der Einstiegspunkte durch die nachgeordneten Verkehrssysteme.

Eine sehr weitgehende Langfristplanung für die Hochgeschwindigkeitsbahn ist die Netzvorstellung V 2 für das Jahr 2015 des europäischen Eisenbahnverbands (Union Internationale des Chemins de fer) UIC [12]. Sie reicht weit in die peripheren Regionen Europas hinein. Mindestens 150 Wirtschaftszentren in West– und Mitteleuropa würden nach Realiserung dieses Konzepts über einen Bahnhof der Hochgeschwindigkeitsbahn verfügen. Entsprechend hoch wären die Erschließungswirkungen dieser hochrangigen Fernverkehrsinfrastruktur in den neu angebundenen Regionen (vgl. Abb. 7). Vor allem in Portugal, Spanien, Südfrankreich, Irland, den neuen Bundesländern in Deutschland, der Südspitze Italiens und in Griechenland würden dadurch viele Regionen neu erschlossen, die den nächsten Bahnhof der Hochgeschwindigkeitsbahn z.B. innerhlab einer Stunde Reisezeit erreichen. Die Regionen in Mittelosteuropa sind bei den UIC–Netzversionen zur Hochgeschwindigkeitsbahn noch nicht berücksichtigt und werden deshalb hier auch nicht betrachtet. Die Erreichbarkeit innerhalb einer Stunde im nachgeordneten Verkehrsnetz ist nicht ungefähr die räumliche Erschließungswirkung, die ein Einstiegspunkt des Hochgeschwindigkeitssystems der Bahn in seinem Umland entfalten kann. Trotz der sehr weitgehenden Netzvorstellung der UIC für das Jahr 2015 bleiben aber immer noch Regionen übrig, die für die Reise zum nächsten Bahnhof der Hochgeschwindigkeitsbahn z.B. mehr als 90 Minuten benötigen und somit kaum an diesem hochrangigen Verkehrsangebot teilhaben können. Diese Regionen befinden sich im Binnenland von Portugal, im Süden (Granada, Jaen, Cuenca) und Norden (Galicia) von Spanien, in Südfrankreich (Cantal, Aveyron), Sardinien, Korsika und Griechenland, aber auch noch im Nordosten der neuen Bundesländern sowie in Großbritannien (Grampian, Cornwall) und Irland.

Nun kann ein teures Verkehrsmittel mit hoher Massenleistungsfähigkeit wie die Hochgeschwindigkeitsbahn nicht auch die dünn besiedelten, peripheren Regionen erschließen. Vielmehr muß ein solches Verkehrsangebot – schon aus Wirtschaftlichkeitsgründen – auf die wichtigsten Zentren und Bevölkerungspotentiale konzentriert werden. Zur Einbeziehung der Regionen in peripherer Lage mit geringerem Nachfragepotential für Leistungen im Hochgeschwindigkeitsverkehr hat der Luftverkehr das wesentlich flexiblere Leistungsangebot. Für eine möglichst homogene Erschließung der europäischen Regionen mit Leistungen des Hochgeschwindigkeitsverkehrs wäre es deshalb erforderlich, eine koordinierte Konzeption von Hochgeschwindigkeitsbahn

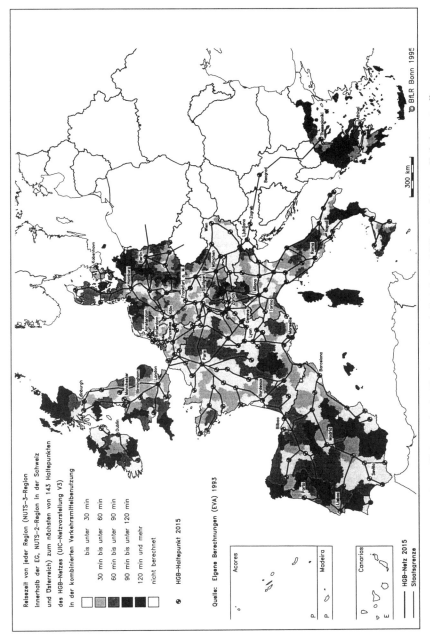

Reisezeit von jeder Region (NUTS-3-Region
innerhalb der EG, NUTS-2-Region in der Schweiz
und Österreich) zum nächsten von 143 Haltepunkten
des HGB-Netzes (UIC-Netzvorstellung V3)
in der kombinierten Verkehrsmittelbenutzung

bis unter   30 min
30 min bis unter   60 min
60 min bis unter   90 min
90 min bis unter 120 min
120 min und mehr
nicht berechnet

● HGB-Haltepunkt 2015

Quelle: Eigene Berechnungen (EVA) 1993

—— HGB-Netz 2015
—— Staatsgrenze

© BfLR Bonn 1995

300 km

Abbildung 7: *Lage zum nächsten Haltepunkt der Hochgeschwindigkeitsbahn 2015 – kombinierte Verkehrsmittelbenutzung –*

und regionalem Luftverkehr zu entwickeln, bei der ein Kernnetz der Bahn die Bevölkerungsschwerpunkte in Europa verbindet und der Luftverkehr die peripheren Regionen an diese anbindet. Bei einer solchen Konzeption wäre ein – gegenüber der Netzvorstellung der UIC für das Jahr 2015 – wesentlich eingeschränktes Kernnetz der
Hochgeschwindigkeitsbahn denkbar, das jedoch so leistungsfähig (vor allem schnell)
sein muß, daß ein Großteil des regionalen Luftverkehrs auf den durch die Bahn be-
dienten Verbindungen substituiert wird. Der Luftverkehr erhält dafür auf den übrigen
Verbindungen neue Aufgaben und Marktpotentiale. Vorraussetzung ist, daß Flughäfen
und Haltepunkte der Hochgeschwindigkeitsbahn – zumindest in den am Rande Zen-
traleuropas gelegenen nationalen Hauptflughäfen – gut miteinander verknüpft sind
und auch Fahrplanabstimmungen erfolgen.

Eine raumordnerisch orientierte Netzversion für ein solches flächendeckendes, integriertes Hochgeschwindigkeitsverkehrssystem sollte im wesentlichen folgende Kriteri-
en erfüllen (vgl. Abb. 8):

- direkte Schienenverbindung mit hoher Bedienungshäufigkeit nur der wichtigsten
  ökonomischen und kulturellen Zentren Europas mit Reisezeiten, die bis zu Entfernungen von 500–600 km Luftverkehr machen,

- direkte Luftlinien für die größeren Entfernungen und die weniger frequentierten
  Verbindungen von den nationalen Hauptflughäfen in die Peripherie sowie zwischen peripheren Regionen,

- Erreichbarkeit der Haltepunkte des integrierten Schienen-/Luftverkehrssystems
  innerhalb 60–90 Minuten von jeder Region aus über die nationalen Straßen-
  und Schienenetze.

Es zeigt sich, daß zur Realisierung dieser Zielvorstellungen ein Kernnetz der Hochgeschwindigkeitsbahn ausreicht, das sich im wesentlichen aus der Netzversion V 1 –
1995 des europäischen Eisenbahnverbandes UIC und einigen Ergänzungen im Alpen-
raum, zur Anbindung Griechenlands und der neuen Bundesländer sowie zur besseren
Verbindung Frankreichs mit Spanien und Deutschland zusammensetzt. Zur Realisierung der neuen Luftlinien wäre lediglich der zusätzliche Ausbau von 14 bestehenden
Regionalflughäfen und 13 Flugplätzen in den peripheren Regionen erforderlich [13],
um bei entsprechender Verknüpfung mit dem Bahnverkehr die peripheren Regionen
in den Hochgeschwindigkeitsverkehr einzubinden (vgl. Abb. 8). Die Reisezeit zum
nächsten Einstiegspunkt in das Hochgeschwindigkeitsverkehrssystem kann so bereits
auf der Basis der heutigen nachgeordneten Verkehrssysteme für fast alle Regionen in
West- und Mitteleuropa unter die Zwei-Stunden-Schwelle gesenkt werden. Die
große Mehrzahl der Regionen erreicht innerhalb 60 Minuten den nächsten Bahnhof
bzw. Flughafen des Hochgeschwindigkeitsverkehrssystems. Die Anteile der Bevölkerung in den EG-Regionen, die den Hochgeschwindigkeitsverkehr innerhalb 60 Minuten erreichen, sind bei dieser Netzversion – im Vergleich zu den reinen Bahnversio-
nen der UIC – am höchsten und ausgeglichensten (vgl. Abb. 9). 90 % der Bevölkerung der EG-Staaten wären bei dieser Netzvorstellung innerhalb einer Stunde an den

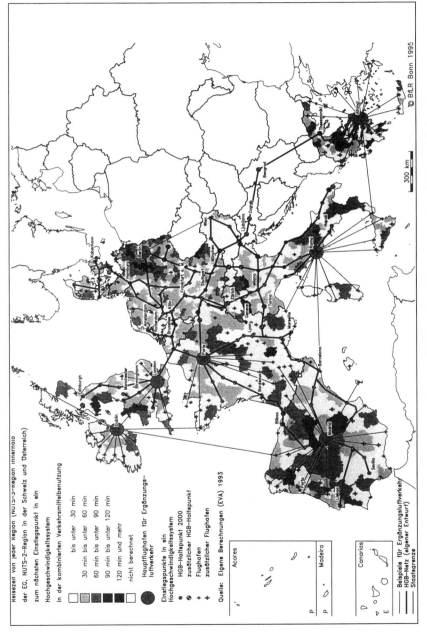

Abbildung 8: *Lage zum nächsten Einstiegspunkt in ein Hochgeschwindigkeitssystem – kombinierte Verkehrsmittelbenutzung –*

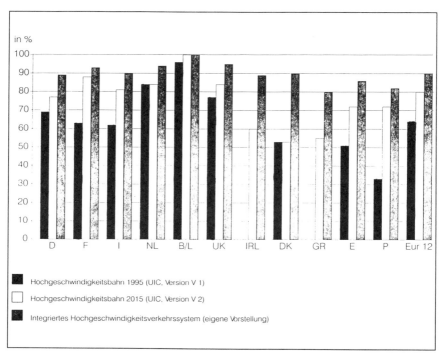

Abbildung 9: *Anteil der Bevölkerung mit Anschluß an den nächsten Haltepunkt des Hochgeschwindigkeitsverkehrs innerhalb einer Reisezeit von 60 Minuten*

Quelle: eigene Berechnungen

Hochgeschwindigkeitsverkehr angeschlossen. Die Werte für die einzelnen EG–Staaten variieren dabei nur zwischen 80 und 100 %.

Der hier entwickelte Modellfall eines integrierten Hochgeschwindigkeitssystems für den Personenfernverkehr soll die möglichen räumlichen Erschließungswirkungen eines kombinierten Bahn–/Luft–Schnellverkehrssystems vom Grundsatz her aufzeigen. Der durchgeführte Vergleich mit einer reinen Schienenerschließung ist insofern nicht realistisch, als der regionale Luftverkehr in jeder Version seine Aufgaben im europäischen Hochgeschwindigkeitsverkehr auch in Zukunft haben wird. Die durchgeführte Extremfallbetrachtung soll aber verdeutlichen, daß eine konzeptionelle Abstimmung und systematische Verknüpfung der beiden Personen–Schnellverkehrssysteme insgesamt den höchsten Nutzen bringt. Die einbezogenen, dem Modellfall zugrundeliegenden Maßnahmen sind zwar nicht völlig aus der Luft gegriffen, aber auch nicht im einzelnen auf ihre Sinnhaftigkeit und Machbarkeit hin überprüft. Durch diese Vorgehensweise wird aber verdeutlicht, wie man sich von der theoretischen Seite her zur Maximierung einer Zielvorstellung − hier der möglichst homogenen Erschließung der europäischen Regionen − einem Konzept für ein flächendeckendes, europäisches Hochgeschwindigkeitssystem nähern kann. Dieses Konzept kann mit anderen Zielvorstellungen konfrontiert und seine Durchführbarkeit vor Ort überprüft werden.

Regionale Entwicklungschancen und −risiken durch Ausbau eines europäischen Hochgeschwindigkeitssystems für den Personenfernverkehr

Schnelle Verbindungen im Personenverkehr gewinnen für die Entwicklung in Europa an Bedeutung. Dies trifft nicht nur für die geschäftlichen und auch dienstlichen Kontakte von Wirtschaft und Verwaltung zu, sondern immer stärker auch für den privaten Freizeit− und Erholungsverkehr. Völkerverständigung und Kennen− und Schätzenlernen von regionalen Besonderheiten hängen vom Personenaustausch ab. Dies wiederum sind wichtige Voraussetzungen, um auh peripheren Regionen, die nicht zu den zentralen Wachstumsregionen gehören, neue Entwicklungschancen zu eröffnen. Eine zu starke Ausrichtung der Verkehrspolitik auf den Güterfernverkehr kann diesen regionalpolitischen Zielen kaum dienen. Es besteht sogar die Gefahr, daß die Abhängigkeit gerade der standortschwächeren Regionen mit geringerer Produktvielfalt von der Konkurrenz in den standortstärkeren Regionen mit größeren Agglomerationen größer wird.

Ein auf den schnellen Personenfernverkehr ausgerichtetes Hochgeschwindigkeitssystem bietet demgegenüber die besseren Ansatzpunkte, um auf europäischer Ebene Impulse für die Raumentwicklung zu geben.

Verkehrsstrukturell und ökologisch ist der schnelle Personenverkehr über große Enfernungen nur sinnvoll über ein integriertes Bahn−/Luft−Verkehrssystem zu verwirklichen, das so attraktiv ist, daß Nachfragepotentiale sowohl aus der Luft als auch von der Straße gewonnen werden. Der Straßenverkehr wird − auf größere Entfernungen − diesem immer zeitlich unterlegen bleiben und auf den Hauptverbindungen nicht die nötige Massenleistungsfähigkeit erreichen ohne unvertretbare Inanspruchnahme von natürlichen Ressourcen; das gleiche gilt für den Luftverkehr auf kürzere Entfernungen (etwa unter 600 km).

Wenn es gelingt, ein europaweites, integriertes Hochgeschwindigkeitsverkehrssystem zu realisieren, an das alle Regionen innerhalb zumutbarer Reisezeiten angebunden sind, stellt sich die Frage, wie sich die möglichen Entwicklungseffekte regional verteilen. Fördert ein solches System, wie oft vermutet, nur den Wettbewerb der direkt angebundenen Großzentren in Europa zu Lasten der kleineren Zentren [14]? Oder bestehen umgekehrt eher Chancen für eine größere Dezentralisierung der Raumentwicklung?

Die präzise Vorhersage dieser Entwicklungen ist sehr schwer bzw. unmöglich, wenn man berücksichtigt − wie eingangs gesagt −, daß die regionalwirtschaftliche Entwicklung in erster Linie von anderen allgemeinwirtschaftlichen und standortbezogenen Faktoren abhängt als von verkehrlichen Voraussetzungen.

Auf jeden Fall sind die spezifischen Ausgangsbedingungen der Regionen in der Wirtschaftsstruktur und ihrer Leistungsfähigkeit, der großräumigen Lage sowie den "weichen" Standortbedingungen zu beachten. Sehr vereinfachend können folgende Tendenzen abgeschätzt werden:

–   Regionen in guter, zentraler Lage und mit hoher wirtschaftlicher Leistungsfähigkeit entwickeln sich in der Regel mit einer Eigendynamik, die eher raumordnerische Schutzmaßnahmen (Sicherung von Freiräumen, Verbesserung der Umweltbedingungen, Vermeidung unkontrollierter Suburbanisierung) als Entwicklungsmaßnahmen erfordert. Maßnahmen zur Verbesserung der Verkehrsinfrastruktur bewirken in diesen Regionen kaum eine weitere Verbesserung der Verbindungsqualitäten, weil das Niveau für diese Regionen bereits sehr hoch ist. Reisezeitverbesserungen durch den Ausbau des Hochgeschwindigkeitsverkehrssystems sind deshalb für die – bereits heute gut eingebundenen – Agglomerationszentren kaum noch wahrnehmbar. Von daher dürfte sich in diesen Regionen auch kaum etwas verändern, was auf den Infrastrukturausbau zurückzuführen wäre.

    Ausnahmen bilden Regionen in zentralen Bereichen, die durch den Ausbau des Hochgeschwindigkeitsverkehrssystems zu Schnittpunkten großräumiger Verbindungen außerhalb der Agglomerationsräume werden (z.B. Lille und Grenoble). Sie erhalten dadurch eine grundsätzlich neue Verbindungsqualität. Da auch die übrigen Standortbedingungen gut sind, gewinnen sie als Standortalternative zu den überlasteten Agglomerationsräumen eine völlig neue Enwicklungsperspektive.

–   In wirtschaftlich schwachen und außerdem peripher gelegenen Regionen kann eine Anbindung an den europäischen Hochgeschwindigkeitsverkehr zwar hohe Erreichbarkeitseffekte erzielen. Positive wirtschaftliche Entwicklungseffekte durch die Verbesserung nur eines einzigen Standortmerkmals sind jedoch auch hier sehr unwahrscheinlich.

    Ausnahmen bilden dabei die peripheren Regionen mit attraktiven Urlaubsgebieten und kulturellen Zielen. Insbesondere Gebiete abseits des autoorientierten Massentourismus können durch eine bessere Anbindung an den Personenschnellverkehr eine Aufwertung erhalten. Ausnahmen stellen auch die aufgrund einer vernachlässigten Schieneninfrastruktur heute noch peripheren Regionen in Ostdeutschland dar, für die ein – in Europa einmaliges – Aufschwungprogramm auf allen Ebenen initiiert wird.

    Grundsätzlich sind zur Förderung einer dezentralen und eigenständigen Entwicklung dieses Regionstyps jedoch Programme zur Stärkung der endogenen Entwicklungspotentiale besser geeignet als Maßnahmen zur Verstärkung der überregionalen Abhängigkeiten [15].

– Die Regionen mit den größten Chancen für positive Entwicklungseffekte durch die Anbindung an den europäischen Hochgeschwindigkeitsverkehr sind die peripheren Regionen mit einer bereits heute relativ hohen wirtschaftlichen Leistungsfähigkeit. Hier fallen hohe Erreichbarkeitseffekte mit relativ guten Voraussetzungen für eine sich selbst tragende Wirtschaftsentwicklung zusammen. Dies sind im EG–Gebiet vor allem Regionen in Südwestfrankreich, Nordspanien, Nord– und Mittelitalien, in Deutschland die südlichen neuen Bundesländer und Ostbayern, Dänemark sowie einige Küstenregionen in Großbritannien und Irland. Die agglomerationsnahen Regionen der mittelosteuropäischen Staaten werden bald auch dazu gehören.

Durch die im Prinzip vorhandene gesunde wirtschaftliche Grundstruktur und ein in der Regel vorhandenes Potential an immer wichtiger werdenden "weichen" Standortfaktoren verfügen diese Regionen über die besten Voraussetzungen, die durch einen Anschluß an das europäische Hochgeschwindigkeitsverkehrssystems vermittelten Vorteile in der regionalwirtschaftlichen Entwicklung umzusetzen. Dieser Regionstyp wird insbesondere für die kontaktintensiven Wirtschaftsbereiche mit hohem Anteil an Forschung und Entwicklung in Zukunft interessanter, wenn die Nähe zu den Agglomerationszentren durch ein entsprechendes Hochgeschwindigkeitsverkehrssystems gewährleistet ist. Insofern kann in diesen Fällen ein entsprechender Entwicklungsimpuls mit u.U. hohen Multiplikatoreffekten ausgelöst werden.

Fazit

Die regionalen Entwicklungseffekte eines europäischen Hochgeschwindigkeitssystems für den Personenfernverkehr dürfen nicht überbewertet werden. Einseitige, zentralisierende Wirkungen bei einer Ausrichtung auf die großen Agglomerationszentren sind weniger zu befürchten. Ein geschlossenes, auf ganz Europa ausgelegtes, den Schienen– und Luftverkehr integrierendes und mit den nationalen Fernverkehrsnetzen verknüpftes Hochgeschwindigkeitssystem für den Personenfernverkehr kann vielmehr eine dezentrale Entwicklung auf hohem Niveau unterstützen, wenn die übrigen gesamtwirtschaftlichen und regionalen Rahmenbedingungen günstig sind.

Anmerkungen

1   Lutter, H.: Raumwirksamkeit von Fernstraßen. Eine Einschätzung des Fernstraßenbaues als Instrument zur Raumentwicklung unter heutigen Bedingungen. – Bonn 1980. = Forschungen zur Raumentwicklung, Bd. 8.

2   NUTS = Nomenclature des Unites Territoriales Statistiques.

3   Vickermann, R. W.: Transport Infrastructure in the European Comminity, New Developments, Regional Implications and Evaluation. In: European research in regional science 1: Infrastructure and Regional Development. – Pion, London 1991, S. 46.

4   Lutter, H.: Raumwirksamkeit von Fernstraßen, a.a.O., S. 139 ff.; Burkhalter, R.; Steiner, R.; Kästle, B.; Langer, D.: Siedlung und Verkehr – Arbeitsteilige Produktionsprozesse, Mobilität, Ausbau der Ver-

kehrsinfrastruktur und Bodenverbrauch. – Liebefeld–Bonn 1990. = Bericht 49 des Nationalen Forschungsprogramms "Nutzung des Bodens in der Schweiz".

5   Vickermann, R.W.: Other Regions' Infrastructure in a Region's Development. In: European research in regional science 1: Infrastructure and Regional Development. – Pion, London 1991, S. 72; Illeris, S.: Jakobsen, L.: The Effects of the Fixed Link Across the Great Belt. In: European research in regional science 1: Infrastructure and regional Development. – Pion, London 1991, S. 84.

6   Gatzweiler, H.P.; Irmen, E.; Janich, H.: Regionale Infrastrukturausstattung. – Bonn 1991. = Forschungen zur Raumentwicklung, Bd. 20; Stenzenberger, R.: Tagungsbericht zur Wirtschaftsförderung: Standortfaktoren bei der Industrieansiedlung – Qualitative Faktoren dominieren zusehends. In: STANDORT – Zeitschrift für Angewandte Geographie (1992) H. 1, S. 31–34.

7   van den Berg, L.; van de Meer, J.: Regional Airports and Urban Economic Development – Experiences of five European Cities. Hrsg.: European Institute for Comparative Urban Research, Rotterdam Transport Centre, Erasmus University Rotterdam. – Rotterdam, July 1991.

8   Lutter, H.; Pürt, T.; Spangenberg, M.: Accessibility and Peripherality of Community Regions: The Role of Road–, Long–Distance Railway– and Airport Networks. Bericht für die Kommssion der Europäischen Gemeinschaften, GD XVI. Bericht in deutscher Fassung: Lutter, H.; Pütz, T.; Spangenberg, M: Lage und Erreichbarkeit der Regionen in der EG und der Einfluß der Fernverkehrssysteme. – Bonn 1993. = BfLR (Hrsg.): Forschungen zur Raumentwicklung, Bd. 23.

9   Ein Vergleich der Ergebnisse zwischen den einzelnen Ländern wird durch die – teilweise erheblich – unterschiedlichen Regionsgrößen, vor allem den kleinen Gebietszuschnitt in Deutschland und den Benelux–Staaten erschwert. Die Grundaussagen zu peripherer und zentraler Lage der Regionen werden dadurch jedoch nicht verfälscht.

10   Vgl. empirica Wirtschafts– und sozialwissenschaftliche Forschungs– und Beratungsgesellschaft mbH (Bearb.): The Spatial Consequences of the Integration of the New German Länder into the Community and the Impact of the Development of the Countries of Central and Eastern Europe on the Community Territory. Bericht für die Kommission der Europäischen Gemeinschaften, GD XVI. – Bonn 1993.

11   Die Auswahl der den Berechnungen zugrundegelegten 41 Agglomerationszentren erfolgte nach Brunet, R. et al.: Les villes "européennes". Rapport pour la Délégation à l'Aménagement du Territoire et à l'Action Regionale (DATAR), Groupement d'Interêt Public RECLUS. – Montpellier, Paris 1989; Zumkeller, D.; Herry, M.; Steinbach, J.: Raumordnung und europäische Hochgeschwindigkeitsbahn. Bericht für den Bundesminister für Raumordnung, Bauwesen und Städtebau. – München: INOVAPLAN, 1992.

12   Gemeinschaft zur europäischen Eisenbahnen (UIC) (Hrsg.): Vorschlag für ein europäisches Hochgeschwindigkeitsnetz. Brüssel Januar, 1989: Version V 2 – 2015. S. 16, Abb. 10.

13   Doganis, R.; Dennis, N. et al.: Air Transport Infrastructure Needs in the Laggin Regions 1994 – 2000. Report for the Commission of the European Communities. 1991.

14   Steinbach, J.; Zumkeller, D.: Integrierte Planung vom Hochgeschwindigkeitsverkehr in Europa. In: Inform. z. Raumentwickl. (1992) 4, S. 265 ff.

15   Dezentralität als Aspekt räumlicher Versorgung. Themenheft. = Inform. z. Raumentwickl. (1987) 5/6.

Raumordnungsverfahren im Bereich Verkehr – Das Beispiel der Schnellbahn Paris – Metz – Saarbrücken – Mannheim

Von Hans-Jürgen Seimetz

Einleitung

Die Schnellbahn Paris – Metz – Saarbrücken – Kaiserslautern – Mannheim bildet den Nordast der geplanten Hochgeschwindigkeitsverbindung Paris – Ostfrankreich – Südwestdeutschland (POS) (Abb. 1). Ausbaustandard und Trassenführung dieses nördlichen Streckenteils der POS zählen seit Jahren zu den politischen Dauerbrennern im Saarland und in der Pfalz.

Das Hochgeschwindigkeitsnetz auf der Schiene stellt einen wesentlichen Faktor für die Raumordnung dar. Kürzere Reisezeiten im Fernverkehr verändern die Erreichbarkeit der Regionen und beeinflussen damit die Beziehungen zwischen den Regionen. Seitens der Raumordnung sind neben den aus Erreichbarkeitsveränderungen resultierenden raumstrukturellen Wirkungen auch die Auswirkungen der Hochgeschwindigkeitsverkehre auf das nachgeordnete Verkehrssystem, d.h. den Regional– und Nahverkehr zu beachten.

Als Instrument zur raumordnerischen Prüfung von überörtlich bedeutsamen Verkehrsprojekten wird in Rheinland–Pfalz in der Regel auf das Raumordnungsverfahren zurückgegriffen. Während in den vergangenen Jahren Raumordnungsverfahren im Bereich Verkehr bis auf wenige Ausnahmen Straßenbaumaßnahmen zum Gegenstand hatten, sind durch die Neubau– und Ausbauvorhaben der Deutschen Bundesbahn auch Schienenstrecken in die raumordnerische Prüfung einbezogen worden.

In Rheinland–Pfalz wurden in den letzten zwei Jahren insgesamt vier Raumordnungsverfahren zu Neu– und Ausbauvorhaben der Deutschen Bundesbahn abgeschlossen:

Raumbezogene Verkehrswissenschaften – Anwendung mit Konzept
hrsg. im Auftrag des Deutschen Verbandes für Angewandte Geographie
von Arnulf Marquardt-Kuron und Konrad Schliephake
in Material zur Angewandten Geographie (MAG), Band 26, Bonn 1996

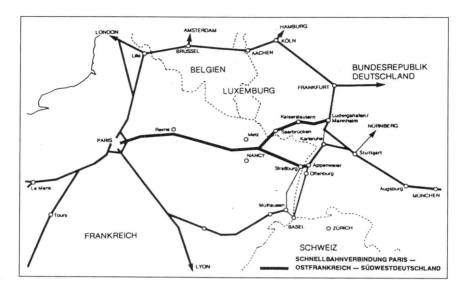

Abbildung 1: *Schnellbahnverbindung TGV-Est/POS*

Quelle: Kiefert, Horst; Samaras, Aris; Schinner, Gerhard: Schnellbahnverbindung Paris – Ostfrankreich – Südwestdeutschland (POS), in: Die Deutsche Bahn, Heft 9–10/1993, S. 617

- NBS Köln – Rhein/Main
- ABS Mainz – Ludwigshafen/Mannheim
- ABS Saarbrücken – Ludwigshafen/Mannheim:
  Linienverbesserung Bruchmühlbach–Miesau
- ABS Saarbrücken – Ludwigshafen/Mannheim:
  Linienverbesserung Schifferstadt

Die beiden letztgenannten Vorhaben sind Teil der Ausbaumaßnahmen für die Schnellbahn Paris – Metz – Saarbrücken – Kaiserslautern – Ludwigshafen/Mannheim (POS–Nord).

Im folgenden sollen am Beispiel der POS–Nord die Stellung und Funktion des Raumordnungsverfahrens im Planungsprozeß für eine Schienenschnellbahnverbindung gezeigt werden.

Politische Grundsatzentscheidungen zur Schnellbahnverbindung Paris – Ostfrankreich – Südwestdeutschland

Die ersten Untersuchungen zu einer Schnellbahnverbindung Paris – Ostfrankreich – Südwestdeutschland (POS) gehen auf den deutsch–französischen Gipfel vom 28. Februar 1985 zurück. Aufbauend auf den französischen Studien zu einem TGV–Est wurden von einer auf Regierungsebene eingesetzten deutsch–französischen Arbeitsgruppe mehrere Varianten zur Verknüpfung des TGV–Est mit dem Netz der DB untersucht. Im Ergebnis wurde festgestellt, daß eine vertretbare Verknüpfung des französischen und deutschen Hochgeschwindigkeitsnetzes durch einen Ausbau der bestehenden Strecken Saarbrücken – Ludwigshafen/Mannheim (POS–Nord) und Kehl – Appenweier (POS–Süd) hergestellt werden kann. Dementsprechend legten die Staats– und Regierungschefs von Deutschland und Frankreich im April 1989 in einer gemeinsamen Erklärung ihr Einvernehmen über die Realisierung beider Streckenäste dar.

In dieser Phase der Vorentscheidung über die Linienführung der POS und über die Frage "Neubau oder Ausbau?" haben die betroffenen Städte und Regionen zahlreiche Gutachten in Auftrag gegeben und regionalpolitische Initiativen gestartet. Dabei wurde seitens der Region Mittlerer Oberrhein/Stadt Karlsruhe eine Netzverknüpfung über Straßburg – Kehl favorisiert und hervorgehoben, daß in der Relation Paris – Mannheim die Reisezeit über den Südast – trotz der längeren Fahrstrecke – kürzer sei als über Saarbrücken [1].

Demgegenüber stellte das im Auftrag der Länder Rheinland–Pfalz und Saarland erarbeitete Gutachten die verkehrs– und strukturpolitische Bedeutung der Schienenschnellverkehrsverbindung für die Oberzentren Kaiserslautern und Ludwigshafen und die Region Westpfalz heraus [2]. Methodisch wird in dem Gutachten ein entwicklungspotentialorientierter Engpaßidentifikationsansatz vertreten. Demnach sind positive raumstrukturelle Effekte dann zu erwarten, wenn die Verkehrsinfrastruktur als ein Engpaßfaktor der Regionalentwicklung anzusehen ist.

Die Gutachter kamen zu dem Ergebnis, daß es für den Raum nicht möglich wäre, seine günstige Lage im Europäischen Binnenmarkt in entsprechende ökonomische Entwicklungspotentiale zu transformieren, wenn auf die Realisierung einer leistungsfähigen Schnellbahnverbindung verzichtet würde. In dem sich verschärfenden europäischen Standortwettbewerb wäre die Position gegenüber konkurrierenden, hervorragend in das europäische Schnellbahnnetz integrierten Räumen (z.B. Karlsruhe, Stuttgart, Rhein/Main) deutlich verschlechtert [3]. Vor allem die höhere Standortattraktivität der Haltepunkte Saarbrücken und Kaiserslautern könnte das Ansiedlungspotential dienstleistungsorientierter Unternehmen fördern.

Die Analyse verschiedener Großprojekte zur Verbesserung der Fernverkehrsinfrastruktur in Europa durch Lutter/Pütz [4] im Hinblick auf die Rolle der Fernverkehrssysteme für die Erreichbarkeit und Raumentwicklung der Regionen in Europa bestätigt diese Annahmen. Mit den zunehmenden Kommunikationsbedürfnissen der Wirtschaft und einer steigenden Standortunabhängigkeit erhalte die Nähe zum nächsten Einstiegspunkt des Hochgeschwindigkeitsfernverkehrs für bestimmte Branchen einen immer höheren Stellenwert [5]. Die räumliche Erschließungswirkung, die ein Einstiegspunkt des Hochgeschwindigkeitssystems der Bahn entfalten kann, lasse sich mit der Erreichbarkeit des Haltepunktes innerhalb einer Stunde im nachgeordneten Verkehrsnetz umschreiben [6].

Diese allgemeinen Aussagen sind für die Schnellbahn POS–Nord zu relativieren. Zwar sind nach Paris und zu sonstigen Zielorten in Frankreich drastische Reisezeitverkürzungen realisierbar. Für Verbindungen zu wichtigen Wirtschaftszentren in Deutschland liegen die Einsparungen bei ca. 10 bis 20 % und sind damit für Fernreisen unbedeutend [7].

Die Gutachter geben unter Kosten–Nutzen–Betrachtungen einem Streckenneubau zwischen Saarbrücken und St. Ingbert, einem Ausbau zwischen St. Ingbert und Kaiserslautern sowie im Bereich Schifferstadt den Vorzug (Fahrzeit Saarbrücken – Mannheim: 56 Minuten). Unter dem Gesichtspunkt der unmittelbaren Konkurrenz der beiden Streckenäste des POS–Projektes über Straßburg und Saarbrücken wird jedoch darauf hingewiesen, daß eine konkurrenzfähige Fahrzeit zwischen Paris und Mannheim 2 Stunden 35 Minuten nur wenig überschreiten darf. Dies sei zwischen Saarbrücken und Mannheim nur durch einen weitgehenden Neubau erreichbar, der jedoch nicht frei von ökologischen und siedlungsstrukturellen Beeinträchtigungen ist.

Als Kompromiß wird ein Ausbau in dem Abschnitt Saarbrücken–Kaiserslautern und Neustadt/W.–Ludwigshafen sowie ein Tunnel zwischen Neustadt/W. und Hochspeyer vorgeschlagen. Die Reisezeit Paris–Mannheim wäre mit 2 Stunden 41 Minuten zwar etwas länger als die Fahrzeit über Straßburg, was jedoch den Verkehrswert nur wenig einschränke. Die Investitionen für eine solche Trasse werden auf etwa 1,9 Mrd. DM geschätzt.

Nachdem sich gegen die Neubauvariante heftiger Widerstand der betroffenen Gebietskörperschaften erhoben hatte und das Land Rheinland–Pfalz im März 1990 in einer Vereinbarung mit dem Bund als Kompensationsmaßnahme für den Wegfall der Führung der NBS Köln–Rhein/Main über Koblenz u.a. 1,5 Mrd. DM für die Schnellbahnverbindung durch die Pfalz aushandelte, war die Entscheidung für einen Ausbau der Strecke vor einem Neubau praktisch gefallen.

Seitens des Bundesverkehrsministeriums fiel im September 1991 die Entscheidung, die Strecke Saarbrücken–Mannheim, zunächst ohne Verbesserungen im Abschnitt Hochspeyer–Neustadt/W., auszubauen. Die Fahrzeit Saarbrücken–Mannheim kann dadurch von 1 Stunde 20 Minuten auf 1 Stunde verkürzt werden.

Den politischen Schlußpunkt setzten der Bundesminister für Verkehr der Bundesrepublik Deutschland und der Minister für Ausrüstung, Wohnungsbau und Verkehr der Französischen Republik mit dem Vertrag von La Rochelle am 22. Mai 1992, in dem u.a. folgende Prämissen für die Schnellbahnverbindung POS gesetzt wurden:

- Das deutsche und das französische Eisenbahnhochgeschwindigkeitsnetz werden über Saarbrücken und Straßburg miteinander verbunden.

- Die Vertragsparteien streben an, durch den Bau bzw. Ausbau der gesamten Eisenbahnstrecke die Fahrzeit auf der Strecke München–Paris von bisher 8 Stunden 35 Minuten auf etwa 4 Stunden 45 Minuten und auf der Strecke Frankfurt/Main–Paris von bisher 5 Stunden 55 Minuten auf etwa 3 Stunden 30 Minuten zu verringern.

Zur Verknüpfung der beiden Hochgeschwindigkeitsnetze wurde beschlossen, gleichzeitig die folgenden Maßnahmen durchzuführen:

- Auf französischer Seite werden in Weiterführung des TGV–Est ein Südast Straßburg–Kehl und als Nordast die Strecke östlich Metz bis Forbach ausgebaut.

- Auf deutscher Seite wird die Verbindung Kehl zur Schnellstrecke Karlsruhe – Basel bei Appenweier (POS–Süd) hergestellt und die Strecke Saarbücken–Ludwigshafen/ Mannheim (POS–Nord) auf Hochgeschwindigkeitsbetrieb ausgebaut.

Durch diese Maßnahmen soll die Fahrzeit Mannheim–Paris über Straßburg 2 Stunden 48 Minuten und die Fahrzeit Mannheim–Paris über Saarbrücken auf 2 Stunden 52 Minuten verkürzt werden. Darüber hinaus sollen im Abschnitt Hochspeyer–Neustadt/W. weitere Möglichkeiten zur Fahrzeitverkürzung untersucht werden; daraus resultierende Ergebnisse sind in den bisherigen Fahrzeitansätzen nicht enthalten.

Die POS ist in dem vom Bundeskabinett am 15.7.1992 beschlossenen Bundesverkehrswegeplan 1992 (BVWP 92) in die Kategorie "vordringlicher Bedarf" eingestuft; die Höhe der eingestellten Finanzmittel beträgt 690 Mio. DM, davon entfallen 475 Mio. DM auf die POS–Nord (Preisstand 1991).

Raumordnungsverfahren im Streckenabschnitt POS–Nord

Im Nordast der Schnellbahnverbindung sind, um die zulässige Streckengeschwindigkeit auf 200 km/h anzuheben, folgende Ausbaumaßnahmen notwendig [8]:

- Linienverbesserungen

- Anpassung der Oberleitung

- Anpassung der Bahnstromversorgung

- Verbesserung der Streckenblockteilung, Ausrüstung mit Hochleistungsblock und Linienzugbeeinflussung

- Überholungsgleise und Überleitverbindungen

- Einbau zusätzlicher oder schnellerer Weichenverbindungen

- Verbesserung von Bogenparametern (Überhöhung, Übergangsbögen)

- Beseitigung schienengleicher Bahnübergänge.

Die Landesregierung Rheinland-Pfalz hat mit der Deutschen Bundesbahn vereinbart, daß für die Bereiche der Linienverbesserungen Raumordnungsverfahren durchgeführt werden. Im rheinland-pfälzischen Streckenabschnitt ist im Bereich Bruchmühlbach-Miesau, im Teilabschnitt Hochspeyer-Neustadt/W. und im Bereich Schifferstadt die Anhebung der Streckengeschwindigkeit nur durch Linienverbesserung möglich. Besonders problematisch ist der Abschnitt Hochspeyer-Neustadt/W., in dem die bestehende Trasse in einem engen Talraum verläuft und zahlreiche Bögen sowie 10 Tunnel aufweist. Für diesen Abschnitt werden zur Zeit im Auftrag des Bundesministeriums für Verkehr und des Landes Rheinland-Pfalz verschiedene Varianten untersucht, um eine weitere Verbesserung der Fahrzeit zu erreichen. Für die Linienverbesserungen in den Bereichen Bruchmühlbach-Miesau und Schifferstadt sind die Raumordnungsverfahren abgeschlossen.

Hinsichtlich seiner Stellung im Planungssystem zählt das Raumordnungsverfahren in Rheinland-Pfalz zu den Sicherungsinstrumenten. Bei einem konkreten Vorhaben von überörtlicher Raumbedeutung soll das Raumordnungsverfahren sichern, d.h. gewährleisten, daß

-   die Ziele der Raumordnung und Landesplanung, die im Landesentwicklungprogramm und den Regionalen Raumordnungsplänen enthalten sind, eingehalten und

-   die Raumordnungsgrundsätze sachgerecht abgewogen werden.

Dies erfordert auch eine Abstimmung des konkreten Projektes mit anderen Raumnutzungen.

Die Funktion des Raumordnungsverfahrens besteht darin, "daß es auf einer verhältnismäßig frühzeitigen Stufe der Planung und Zulässigkeitsprüfung eines Vorhabens eine Konfliktmittlung übernimmt, die vor allem für die Standortentscheidung und die Umweltverträglichkeit eines Vorhabens sowie für die Vermeidung von Planungsfehlern bestimmend ist, die ansonsten nur unter erheblichem Planungs-, Zeit- und Kostenaufwand korrigierbar wären" [9].

Als Ergebnis des Raumordnungsverfahrens wird in einem raumplanerischen Entscheid festgestellt, ob das Vorhaben mit den Erfordernissen der Raumordnung übereinstimmt und wie das Vorhaben mit anderen raumbedeutsamen Planungen und Maßnahmen unter den Gesichtspunkten der Raumordnung abgestimmt oder durchgeführt werden kann (§ 18 Abs. 3 Landesplanungsgesetz Rheinland-Pfalz, Entwurf der Novelle 1994).

Das Raumordnungsverfahren für die Linienverbesserung Schifferstadt

Im Bereich des Bahnhofs Schifferstadt weisen die Gleisbögen derzeit zu geringe Radien auf (600 m), so daß hier eine Geschwindigkeit von 200 km/h nur mit Hilfe einer Linienverbesserung erreicht werden kann. Aufgrund des Verlaufs der bestehenden

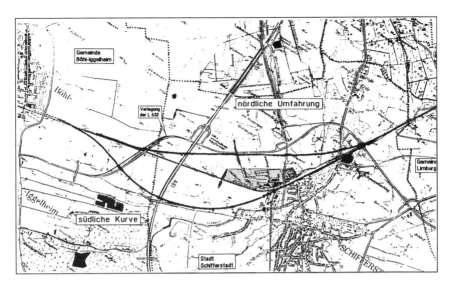

Abbildung 2: *Linienverbesserung Schifferstadt: Trassenvarianten*
*Quelle: Deutsche Bundesbahn: Schnellbahnverbindung Paris−Ostfrankreich−Südwest-
deutschland (POS-Nord), Ausbaustrecke 23 Saarbrücken−Ludwigshafen (Rh.), Abstimmung mit den Belangen der Raumordnung, Streckenabschnitt 2 Neustadt/W.−Ludwigs-
hafen, Linienverbesserung Schifferstadt, Karlsruhe 1993*

Strecke und der gegebenen Siedlungsstrukturen im Raum Schifferstadt sind für die Linienverbesserung zwei grundsätzliche Lösungsmöglichkeiten/Varianten denkbar
(Abb. 2):

−   eine südliche Kurve,

−   eine nördliche Umfahrung.

Zur Vorbereitung der Antragsunterlagen wurde mit der Deutschen Bundesbahn der
zu erwartende Problemkreis abgesteckt und der für das Raumordnungsverfahren erforderliche Untersuchungsumfang festgelegt [10]. Der Entwurf der Raumordnungsunterlagen wurde schließlich in einer abschließenden Besprechung auf Vollständigkeit
überprüft.

Die Unterlagen zur Einleitung des Raumordnungsverfahrens umfassen im einzelnen:

−   die Begründung des Vorhabens

−   eine Kurzbeschreibung der technischen Planung sowie eine Darstellung der un-
    tersuchten Varianten

−   eine Umweltverträglichkeitsuntersuchung (UVU), bestehend aus:

- einer ökologischen Risikoanalyse zum Komplex "Mensch – Naturhaushalt – Landschaftsbild"
- einer schall– und erschütterungstechnischen Untersuchung
- einem geologischen Überblick
- einer Untersuchung der hydrogeologischen und wasserwirtschaftlichen Verhältnisse
- einer agrarstrukturellen Untersuchung
- Informationen zu Altablagerungen und Verdachtsflächen.

Die UVU schließt mit einer zusammenfassenden Bewertung der zu erwartenden umwelterheblichen Wirkungen des Vorhabens, schlägt eine Trassenalternative unter besonderer Berücksichtigung der Umweltauswirkungen des Vorhabens vor und zeigt Möglichkeiten der Eingriffsvermeidung, –verminderung sowie des Ausgleiches und Ersatzes auf,

- eine zusammenfassende Bewertung, die unter Berücksichtigung der Ergebnisse der technischen Planung und der Ergebnisse der UVU mit einem Trassenvorschlag aus Sicht des Antragstellers abschließt.

Aus dem Inhalt der Raumordnungsunterlagen wird deutlich, daß es sich hier um eine am konkreten Einzelvorhaben orientierte Zusammenstellung von Daten und Informationen handelt. Inhalt und Umfang der Raumordnungsunterlagen hängen vom jeweiligen Einzelfall ab.

Im Hinblick auf die verursachten Umweltauswirkungen wird die nördliche Umfahrung als günstigste Trassenvariante vorgeschlagen (Abb. 3). Sie schneidet in allen drei Bewertungsbereichen, mit Ausnahme der Hydrologie und Wasserwirtschaft, besser ab als die südliche Kurve.

In der Gesamtbewertung wird unter Berücksichtigung der Ergebnisse der technischen Planung und der Ergebnisse der UVU der nördlichen Umfahrung der Vorzug gegeben, da sie eindeutige technische Vorteile aufweist und vergleichsweise geringere Beeinträchtigungen der Umwelt verursacht (Abb. 4).

Die Deutsche Bundesbahn beantragte am 1.4.1993 die Durchführung des Raumordnungsverfahrens gem. § 6a ROG i.V.m. § 18 LPlG Rheinland–Pfalz bei der Staatskanzlei Rheinland–Pfalz, Oberste Landesplanungsbehörde. Die von der Staatskanzlei mit der Durchführung des Raumordnungsverfahrens beauftragte Bezirksregierung Rheinhessen–Pfalz leitete das Verfahren am 15.4.1993 ein. Die Raumordnungsunterlagen wurden in den betroffenen Gebietskörperschaften für die Dauer eines Monats offengelegt, so daß auch die Öffentlichkeit die Möglichkeit hatte, sich frühzeitig über die Planung zu informieren und gegebenenfalls zu äußern. Nach Abschluß der schriftlichen Anhörung schloß sich im Juli 1993 die Auswertung der Stellungnahmen und eine Erörterung der vorgebrachten Bedenken und Anregungen mit der Deutschen Bundesbahn an. Schließlich fand am 4.11.1993 ein allgemeiner mündlicher Erörte-

BEWERTUNGSBEREICHE / VARIANTEN	NÖRDLICHE UM-FAHRUNG	SÜDLICHE KURVE
Naturhaushalt, Landschaftsbild, Mensch		
- Beeinträchtigung der Feucht- und Naßwiesen-fauna	o	++
- Verlust biotisch aktiver Bodensubstanz		
°quantitative Beeinträchtigung	++	+
°qualitative Beeinträchtigung	+	+
- Beeinträchtigung von Erholungsräumen	+	++
- Beeinträchtigung von Wohnsiedlungsbereichen	+	++
Günstigste Trasse: Nördliche Umfahrung		
Schall und Erschütterung		
- Beeinträchtigung bebauter Bereiche durch Lärmimmissionen (Erfordernis aktiver/passiver Schallschutzmaßnahmen)	+	++
- Beeinträchtigung bebauter Bereiche durch Erschütterungen	+	++
Günstigste Trasse: Nördliche Umfahrung		
Geologie		
Trassenalternativen im Hinblick auf die Baugrundverhältnisse gleichwertig		
Hydrologie und Wasserwirtschaft		
- Beeinträchtigung von Wassergewinnungs-anlagen	++	o
Günstigste Trasse: Südliche Kurve		
Agrarstruktur		
- direkter Flächenverbrauch	++	+
- Trennung und Zerschneidung landw. Flächen	+	++
- Beeinträchtigung bestehender Anbaustrukturen	+	++
Günstigste Trasse: Nördliche Umfahrung		
Altablagerungen		
- Gefährdungspotential im Hinblick auf bekannte Altablagerungen	+	++
Günstigste Trasse: Nördliche Umfahrung		

++   relativ hoch / sehr hoch
+   mittel / relativ gering
o   entfällt

Trassenvorschlag:
Unter Berücksichtigung aller Bewertungsbereiche wird die Nördliche Umfahrung im Hinblick auf die verursachten Umweltauswirkungen als günstigste Trassenalternative vorgeschlagen.

Abbildung 3: *Ergebnis der Bewertung der Umweltauswirkungen*
Quelle: Deutsche Bundesbahn: Schnellbahnverbindung Paris–Ostfrankreich–Südwestdeutschland (POS-Nord), Ausbaustrecke 23 Saarbrücken–Ludwigshafen (Rh.), Abstimmung mit den Belangen der Raumordnung, Streckenabschnitt 2 Neustadt/W.–Ludwigshafen, Linienverbesserung Schifferstadt, Karlruhe 1993

Bewertungsbereiche	Varianten	
	Südliche Kurve (S3)	Nördliche Umfahrung (N2)
1. Technische Planung		
- Trassenlänge (m)	4250	5820
- Bahnhofsumbau (m)	1900	
- Trassierungsparameter (Bogenhalbmesser in m)	2000	3500
- Betriebsführung	Durchfahrung	Entlastung Bahnhof Schifferstadt
- Baudurchführung	Bf-Umbau bei lfd. Betrieb	ortsferne Bauarbeiten
- Bauzeit (Jahre)	3 - 4	2,5 - 3
- Anzahl erforderlicher Brückenbauwerke	5	8
- Voraussichtl. Erdmassenbedarf für Dämme (1000 m^3)	435	485
Günstigste Trasse:	**Nördliche Umfahrung**	
2. Umweltverträglichkeitsuntersuchung		
2.1 Naturhaushalt, Landschaftsbild, Mensch		
- Inanspruchnahme wertvoller Biotope	hoch	gering
- Verlust biotisch aktiver Bodensubstanz	gering	mittel
- Beeinträchtigung Landschaftsbild und der Erholungsfunktion	hoch	gering
Günstigste Trasse:	**Nördliche Umfahrung**	
2.2 Schall und Erschütterung		
- Verlärmung der Ortsrandlagen	hoch	gering
- Erschütterungseinwirkung in Wohngebieten	In Einzelfällen über Anhaltswert	nicht relevant
Günstigste Trasse:	**Nördliche Umfahrung**	
2.3 Geologie und Hydrologie		
- Baugrundverhälltnisse	normal	normal
- Beeinträchtigung Oberflächengewässer	gering	gering
- Beeinträchtigung Grundwasservorkommen	gering	hoch
Günstigste Trasse:	**Südliche Kurve**	
Gesamtbewertung:		
Günstigste Trasse:	**Nördliche Umfahrung**	

Trassenvorschlag:

Unter Berücksichtigung aller Bewertungsbereiche wird die Nördliche Umfahrung (N 2) als Vorzugstrasse ausgewählt, da sie geringste Beeinträchtigungen der Umwelt verursacht und eindeutige technische Vorteile aufweist.

Abbildung 4: *Gesamtbewertung*
Quelle: Deutsche Bundesbahn: Schnellbahnverbindung Paris–Ostfrankreich–Südwestdeutschland (POS-Nord), Ausbaustrecke 23 Saarbrücken–Ludwigshafen (Rh.), Abstimmung mit den Belangen der Raumordnung, Streckenabschnitt 2 Neustadt/W.–Ludwigshafen, Linienverbesserung Schifferstadt, Karlsruhe 1993

rungstermin mit allen Verfahrensbeteiligten statt. In der mündlichen Erörterung legt zum einen der Antragsteller dar, wie er die vorgebrachten Bedenken und Anregungen berücksichtigen will, zum anderen haben die Verfahrensbeteiligten die Möglichkeit, ihre Belange vertieft mit dem Antragsteller zu diskutieren. Auf der Basis der Raumordnungsunterlagen sowie der vorgebrachten schriftlichen und mündlichen Äußerungen erarbeitete die Bezirksregierung Rheinhessen–Pfalz einen Vorschlag für den Abschluß des Raumordnungsverfahrens, das am 21.1.1994 durch die Staatskanzlei Rheinland–Pfalz mit dem raumplanerischen Entscheid abgeschlossen wurde.

Als Ergebnis der raumordnerischen Abwägung wird im abschließenden Entscheid dargelegt, daß den weiteren Planungen, d.h. der eisenbahnrechtlichen Planfeststellung, die nördliche Trassenvariante zugrunde zu legen ist. Aus den zahlreichen Auflagen, die mit dieser Entscheidung verbunden sind, sind die folgenden besonders hervorzuheben:

–   Der Ausbau der Bahnstrecke für hohe Geschwindigkeiten darf die Qualität des Regional– und Nahverkehrs nicht beeinträchtigen.

–   Zur Sicherung der Trinkwasserversorgung im Bereich Schifferstadt ist vor dem Bau der Schnellbahntrasse die Ersatzwasserbeschaffung sicherzustellen.

–   Vor Baubeginn ist ein Konzept für die zukünftige Ausgestaltung des Beregnungsleitungsnetzes zu erarbeiten.

–   Die in der UVU vorgeschlagenen Maßnahmen zur Eingriffsvermeidung und –verminderung sowie die Ausgleichs– und Ersatzmaßnahmen sind in der landespflegerischen Begleitplanung zu konkretisieren und so weit wie möglich umzusetzen.

–   Umfang und Art der Lärmschutzmaßnahmen sind in der Planfeststellung konkret festzusetzen.

–   Für den Schutz der Bevölkerung und von Gebäuden vor Erschütterungen sind in Teilabschnitten der neuen Trasse Beweissicherungsverfahren durchzuführen.

Das Raumordnungsverfahren gibt den betroffenen Städten und Gemeinden sowie den Fach– und Einzelplanungen die Sicherheit, daß ihre Belange frühzeitig in eine Abwägung eingebracht werden. Es eröffnet ihnen die Chance, über Auflagen im abschließenden raumplanerischen Entscheid, die Beachtung ihrer spezifischen Forderungen zu sichern. Durch die Beteiligung der Raumordnungsbehörden im anschließenden Planfeststellungsverfahren wird gewährleistet, daß die Auflagen des raumplanerischen Entscheids beachtet werden.

Ausblick auf die Planung des TGV–Est

Nach dem Beschluß der französischen Regierung vom 23.September 1993 soll die Hochgeschwindigkeitsbahn auf französischer Seite in 2 Etappen realisiert werden. Dieser Beschluß ist insofern bemerkenswert, als erst im Februar 1993 die seinerzeitige sozialistische Regierung Beregovoy entschieden hatte, die Strecke vorerst nur bis zum lothringischen Baudrecourt (30 km östlich von Metz) zu bauen und den Weiterbau nach Straßburg auf unbestimmte Zeit zu verschieben. Dies hätte dem Nordast der POS auf längere Zeit einen Reisezeitvorsprung gegenüber der Linienführung über Straßburg gesichert.

Die Bauarbeiten auf französischer Seite sollen jetzt gleichzeitig in Paris und Straßburg aufgenommen werden. Diese erste Projektphase sieht den Bau einer neuen Strecke zwischen Paris und Vandieres (zwischen Metz und Nancy) einerseits und zwischen Sarrebourg (westlich von Saverne) und Straßburg andererseits, einschließlich eines Tunnels unter den Vogesen, vor. Sie soll bis zum Jahr 2000 abgeschlossen sein. Die zweite Projektphase umfaßt den Neubau zwischen Vandieres und Sarrebourg und soll bis zum Jahr 2005 fertiggestellt sein.

Die Kosten für den Bau der ersten Phase betragen ca. 21,5 Mrd. Franc. Es ist vorgesehen, eine gemischtwirtschaftliche Gesellschaft zu gründen, die Eigentümer der neuen Strecke wird und diese an die SNCF vermietet. An der gemischtwirtschaftlichen Gesellschaft sind neben der EU und dem französischen Staat die betroffenen Regionen Alsace, Lothringen, Champagne und Ile-de-France beteiligt. Ferner hat Luxemburg einen Finanzierungsanteil übernommen mit der Maßgabe, daß 4 TGV-Paare von Paris über Metz nach Luxemburg verkehren.

Die Verschiebung des Streckenendpunktes von Baudrecourt nach Vandieres bewirkt, daß die Züge der POS-Nord zunächst weiterhin den Kopfbahnhof Metz anfahren müssen, was zu erheblichen Reisezeitverlusten in der Relation Metz-Saarbrücken führt. Nach Realisierung der ersten Projektphase ergeben sich in der Relation Paris – Mannheim keine wesentlichen Zeitvorteile eines der beiden Streckenäste. Wird hingegen das fehlende Teilstück Vandieres-Sarrebourg fertiggestellt, besitzt der Südast der POS Reisezeitvorteile.

Um konkurrenzfähig bleiben zu können, werden im Zuge der POS-Nord alle Maßnahmen zur Verbesserung der Reisezeit – einschließlich Neubaumaßnahmen im Teilstück Hochspeyer-Neustadt/W. – ausgeschöpft werden müssen.

Anmerkungen

1   Stadt Karlsruhe/Regionalverband Mittlerer Oberrhein (Hrsg.): Untersuchung zur Frage einer deutschen Anbindung an das französische Hochgeschwindigkeits-Eisenbahnnetz (Bearb.: Prof. Dr.-Ing. W. Leutzbach, Karlsruhe); Karlsruhe 1986.

2   Verkehrs- und strukturpolitische Bedeutung der Schienenschnellverkehrsverbindung Paris-Saarbrücken – Kaiserslautern-Ludwigshafen/Mannheim; Gutachten im Auftrag der Länder Rheinland-Pfalz und Saarland (Bearb.: Prof. Dr.-Ing. R. Kracke, Hannover; Steierwald, Schönharting und Partner GmbH, Stuttgart; Prof. Dr. G. Aberle, Gießen); Hannover 1990.

3   ebenda, S. 228.

4   Lutter, Horst; Pütz,Thomas: Erreichbarkeit und Raumentwicklung der Regionen in Europa. Welche Rolle spielen die Fernverkehrssysteme?; In: Informationen zur Raumentwicklung, Heft 9/10.1993, S. 619-637.

5   ebenda, S. 621.

6   ebenda, S. 628.

7 Die Fahrzeitverbesserungen nach Realisierung der POS werden wie folgt abgeschätzt:

	heute	künftig
Mannheim–Saarbrücken	1 Std. 20Min.	1 Std.
Mannheim–Paris	5 Std. 20Min.	2 Std. 50Min.
Saarbrücken–Paris	4 Std.	1 Std. 50Min.

8 Kiefert, Horst; Samaras, Aris, Schinner, Gerhard: Schnellbahnverbindung Paris–Ostfrankreich–Südwestdeutschland (POS); In: Die Deutsche Bahn, Heft 9–10/1993, S. 615–625.

9 Bartlsperger, Richard: Die Rechtsfunktion des Raumordnungsverfahrens bei der Vorhabenzulassung. Vortrag am 16.7.1993 vor der LAG Bayern der Akademie für Raumforschung und Landesplanung (unveröffentlichtes Manuskript), S. 4.

10 Diese Arbeitsgruppe setzte sich aus Vertretern der Deutschen Bundesbahn, der Staatskanzlei Rheinland–Pfalz, des Ministeriums für Wirtschaft und Verkehr Rheinland–Pfalz, des Ministeriums für Umwelt Rheinland–Pfalz, verschiedener Fachreferate der Bezirksregierung Rheinhessen–Pfalz, der Regionalplanung und sonstiger Fachbehörden (z.B. Landesamt für Umweltschutz und Gewerbeaufsicht, Landesamt für Wasserwirtschaft) zusammen.

Die zu erwartenden Auswirkungen des Projektes A60/B50n des Bundesverkehrswegeplans auf die Erreichbarkeitsverhältnisse in den Räumen Brüssel/Lüttich, Rheinland–Pfalz und Rhein–Main

Von Georg Herrig

Einleitung

Der vorliegende Beitrag beschäftigt sich mit der Thematik der Bewertung von Fernverkehrsmaßnahmen anhand des Kriteriums der Verbesserung der Erreichbarkeitsverhältnisse. Dieses Kriterium wird sowohl von seiten der Verkehrsplanung als auch von seiten der Raumordnung innerhalb des Bewertungsverfahrens zur Bundesverkehrswegeplanung eingesetzt. In der folgenden Untersuchung wird der Versuch unternommen, ein ausgewähltes Projekt des Bundesverkehrswegeplans 1992 (BVWP 92) einer Bewertung anhand seiner Auswirkungen auf die Erreichbarkeitsverhältnisse zu unterziehen. Dabei wird ein Verfahren zur Ermittlung von Erreichbarkeitseffekten von Fernverkehrsmaßnahmen herangezogen, das von der Bundesforschungsanstalt für Landeskunde und Raumordnung in Bonn verwendet wird, um Maßnahmen der Bundesverkehrswegeplanung einer Beurteilung zu unterziehen. Diese Bewertungsergebnisse finden hier Eingang in der Stellungnahme, die das Bundesministerium für Raumordnung, Bauwesen und Städtebau (BmBau) im Rahmen der interministeriellen Abstimmung zu den Maßnahmen des Bundesverkehrswegeplans abgibt.

Für die vorliegende Erreichbarkeitsanalyse wurde eine Fernstraßenmaßnahme ausgewählt, die als Bestandteil des aktuellen Bundesverkehrswegeplans noch eines der größeren Projekte in den alten Bundesländern darstellt, von dem umfangreichere Auswirkungen auf die Erreichbarkeitsverhältnisse zu erwarten sind. Es handelt sich hierbei um die BAB A60/B50 in Rheinland–Pfalz, die aufgrund ihres Verlaufes von der belgischen Grenze bis zur A 61 am Rhein nicht nur auf nationaler Ebene von Bedeutung ist, sondern auch im europäischen Maßstab eine wichtige Ergänzung des Fernstraßennetzes darstellt.

Raumbezogene Verkehrswissenschaften – Anwendung mit Konzept
hrsg. im Auftrag des Deutchen Verbandes für Angewandte Geographie
von Arnulf Marquardt-Kuron und Konrad Schliephake
in Material zur Angewandten Geographie (MAG), Band 26, Bonn 1996

Erreichbarkeit

Erreichbarkeit wird innerhalb der Verkehrsgeographie als Hilfsmittel zur verkehrsbezogenen Charakterisierung eines Raumes angesehen, wobei hier die funktionale und dynamische Betrachtungsweise des Verkehrs im Vordergrund steht. Erreichbarkeit gibt nach Rutz ein genaues Bild darüber ab, welcher Art und wie intensiv die Beziehungen zwischen zwei Räumen sind, die über ein Verkehrssystem miteinander verbunden sind (vgl. Rutz 1971, S. 145).

Aus raumordnerischer Sicht ist vor allem die gute Erreichbarkeit von zentralen Orten mit ihren Versorgungs— und Dienstleistungseinrichtungen und von Arbeitsmarktzentren von großer Wichtigkeit. Überregional sind insbesondere geringe Distanzen, gemessen z.b. in Reisezeiten, zu Absatzmärkten oder Lieferanten im Bereich des Güterverkehrs und zu Geschäftspartnern oder Erholungszielen im Personenverkehr eine wichtige Voraussetzung zur wirtschaftlichen Entwicklung einer Region (vgl. Sinz 1978, S. 633f.). Verbessert werden können die Erreichbarkeitsverhältnisse zum einen durch die veränderte Verortung wichtiger Ziele und zum anderen durch die Verbesserung der Verkehrsbeziehungen zwischen Ausgangs— und Zielregionen, womit die Erreichbarkeit zu einem wichtigen Kriterium bei der Bewertung geplanter Verkehrsmaßnahmen wird.

Die Verbesserung der Erreichbarkeit ist ein Kriterium innerhalb der Nutzen—Kosten—Analyse, die seitens des Bundesministeriums für Verkehr (BMV) zur gesamtwirtschaftlichen Bewertung von Verkehrsmaßnahmen herangezogen wird. Ebenso spielt sie, wie in der Einleitung bereits beschrieben, bei der raumordnerischen Beurteilung von Maßnahmen des Bundesverkehrswegeplans durch den BmBau, mit der dieser in die Ressortabstimmung über den Entwurf des Bundesverkehrswegeplans geht, eine wichtige Rolle. Das dabei verwendete Erreichbarkeitskriterium, das auch in der hier beschriebenen Untersuchung zur Anwendung kam, verzichtet allerdings auf eine Monetarisierung, wie sie bei der Nutzen—Kosten—Analyse durch das BMV durchgeführt wird, und kann daher als anschaulicher und nachvollziehbarer angesehen werden (vgl. Hochstrate 1992, S. 245ff.).

Innerhalb der Fachliteratur wird die Frage, ob durch eine Fernstraßenbaumaßnahme noch großräumige Erreichbarkeitseffekte zu erzielen sind, die so umfangreich sind, daß dadurch Auswirkungen auf die Wirtschafts— und Siedlungsstruktur eintreten, kontrovers diskutiert. So sieht beispielsweise Lutter vom weiteren Ausbau des Fernstraßennetzes keine oder nur noch sehr geringe raumwirtschaftliche Entwicklungsimpulse ausgehen, da die großräumige Fernstraßenerreichbarkeit beim heutigen Netzausbau nahezu ubiquitär geworden ist, die Unternehmen nur noch eine geringe Standortmobilität aufweisen und das Neuansiedlungspotential weitgehend erschöpft ist (Lutter 1980, S. 5f.).

Dem gegenüber steht beispielsweise die Ansicht von Brenken und Kuchenbecker, nach deren Auffassung Investitionen in Fernstraßeninfrastruktur grundsätzlich positive regionalwirtschaftliche Folgeeffekte zu bewirken vermögen, da generell durchaus noch Erreichbarkeitsverbesserungen im Fernstraßennetz zu erzielen sind, die Standort- und Kostenvorteile für arbeitsplatzschaffende Neuansiedlungen und Erweiterungsmaßnahmen bewirken (Brenken; Kuchenbecker 1981, S. 207f.).

In Anbetracht dieser unterschiedlichen Auffassungen ergibt sich für diese Untersuchung somit folgende Fragestellung:

Sind durch ein Fernstraßenprojekt wie die A60/B50 noch großräumige Erreichbarkeitswirkungen zu erzielen, die in dem betroffenen Raum Folgen für die Wirtschaftsstruktur – in Form von z.b. Neuansiedlungen oder Erweiterungen von Betrieben und Unternehmen – und die Siedlungsstruktur – in Form von z.b. veränderten Pendelbewegungen – haben könnten?

Das Projekt A60/B50n des Bundesverkehrswegeplans 1992

Die A60/B50n (vgl. Abb. 1) wird als vierstreifiger Lückenschluß in der Fernstraßenverbindung Belgien–Rheinland–Pfalz–Rhein–Main–Ballungsgebiet bezeichnet (vgl. BMV: Projektdossier zur B50). Im BVWP 92 wurde sowohl die A60 zwischen der deutsch–belgischen Grenze und der A 48 bei Wittlich als auch die B50 zwischen der A48 und der A61 in den vordringlichen Bedarf eingestuft.

Eine wichtige Rolle spielte bei dieser – gegenüber der von 1985 verbesserten – Einstufung die prognostizierten Verkehrsmengen für diese nun durchgehend vierspurig geplante Fernstraßenverbindung. Bei diesen Verkehrsmengen soll es sich vor allem um verlagerte Verkehre von den Rheinautobahnen (speziell A61) handeln. Somit ist davon auszugehen, daß für diesen Streckenzug überwiegend mit Durchgangsverkehr zu rechnen ist, von dem wiederum ein relativ hoher Anteil LKW–Verkehr sein wird (Auskunft des Bundesministeriums für Verkehr).

Der Raum Brüssel/Lüttich – Rheinland–Pfalz – Rhein/Main

Aufgrund der von der A60/B50n im wesentlichen ausgehenden Erreichbarkeitseffekte, die durch Testrechnungen bestimmt wurden, und der angesprochenen beabsichtigten Funktion des Projektes als Lückenschluß in der Fernstraßenverbindung Belgien–Rheinland-Pfalz und Rhein–Main, wurde ein Untersuchungsraum abgegrenzt, der von Brüssel und Lüttich im Nordwesten über die vier rheinland-pfälzischen Oberzentren Trier, Koblenz, Kaiserslautern und Mainz bis nach Frankfurt am Main im Südosten reicht.

Bevor im folgenden auf Zielsetzungen eingegangen wird, die im Bereich dieses Untersuchungsraumes auf verschiedenen räumlichen Ebenen der Raumordnung und Verkehrsplanung bezüglich des untersuchten Projektes geäußert werden, erfolgt eine kurze Charakterisierung des Raumes in siedlungs- und wirtschaftsstruktureller Hinsicht. Zwei dafür herangezogene Indikatoren sind die Bevölkerungsdichte und die Arbeitslosenquote.

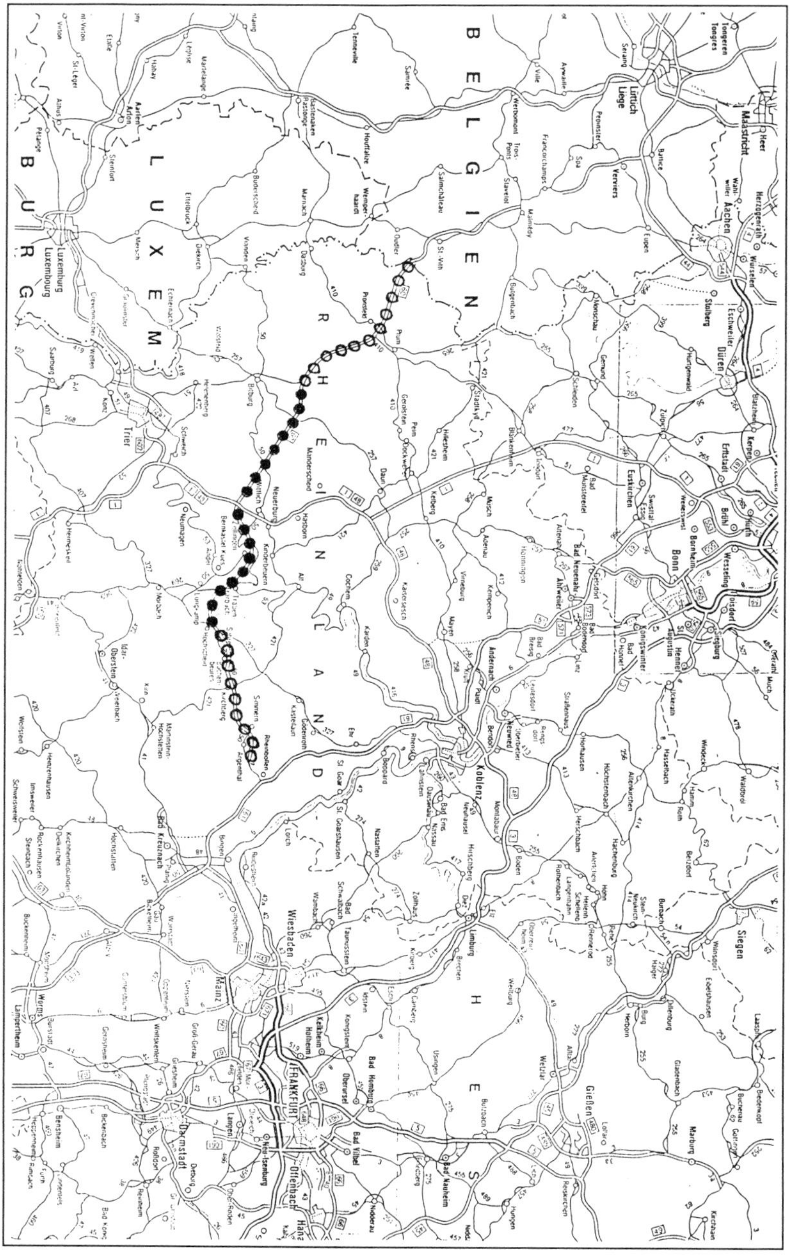

Abbildung 1: *Verlauf des Projektes A60/B50:* ● *= Neubau;* ○ *= Ausbau*

Quelle: Bundesverkehrsministerium, Ausschnitt aus dem Bedarfsplan für Bundesfernstraßen 1992

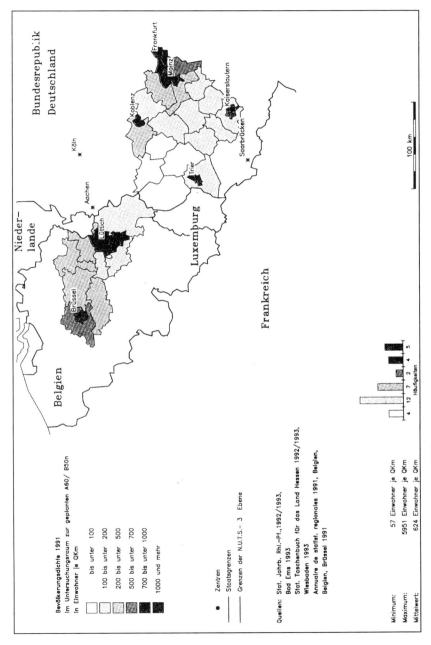

Abbildung 2: *Bevölkerungsdichte 1991*

Die Karte der Bevölkerungsdichte (Abb. 2) zeigt die im Untersuchungsraum vorhandenen großen Gegensätze bzgl. der Siedlungsdichte. Den auch im europäischem Maßstab hochverdichteten Räumen Brüssel und Rhein–Main stehen sehr gering besiedelte Eifel–und Moselkreise sowie in belgischer Nachbarschaft Arrondissements in den Ardennen gegenüber. Relativ gleichmäßig steigt die Bevölkerungsdichte von den dünn besiedelten zu den verdichteten Regionen an mit den restlichen Zentren des Untersuchungsraumes als weitere Bevölkerungsschwerpunkten.

Zur Veranschaulichung der Wirtschaftsstruktur soll als Indikator die Arbeitslosenquote des Jahres 1992 dienen (Abb. 3). Diese Quoten sind aufgrund ihrer Harmonisierung auf EU–Ebene nicht direkt mit denen vergleichbar, die in der Bundesrepublik Deutschland veröffentlicht werden.

Günstig ist die Wirtschaftsstruktur im Rhein-Main-Gebiet, das sich auch durch relativ geringe Arbeitslosenquoten auszeichnet.

Ungünstiger sieht dagegen die Situation in der Westpfalz aus, die von der rheinland–pfälzischen Landesplanung als strukturschwach eingestufte Region (vgl. Rheinland-Pfalz: Ministerpräsident, 1980, S. 15) durch Mangel an industriell–gewerblichen Arbeitsplätzen, Überwiegen krisenanfälliger Industrien und noch unzureichende Tertiärisierung der Wirtschaft gekennzeichnet ist (vgl. Planungsgemeinschaft Westpfalz 1990, S. 31).

Strukturschwächen weisen auch die Kreise im Eifel–, Mosel– und Hunsrückraum auf, wobei die Region Trier insgesamt als sogar erheblich strukturschwach eingestuft wird (vgl. Rheinland–Pfalz: Ministerpräsident 1980, S. 17). Relativ geringer Industrialisierungsgrad und mangelnde Arbeitsplatzzahlen im sekundären und vor allem tertiären Bereich sind die Gründe für einen noch hohen Anteil von Beschäftigten in der Landwirtschaft (vgl. Planungsgemeinschaft Trier 1985, S. 22ff.). Der Nachteil der nationalen Grenzlage dieser Region wird als eine Ursache dieser Rückständigkeit angesehen. Die als zentral zu bezeichnende Lage innerhalb der EU bietet hier Chancen zur wirtschaftlichen Entwicklung. Problemverschärfend wirken hier allerdings, wie vielfach in Rheinland–Pfalz, die mit der militärischen Konversion zusammenhängenden Schwierigkeiten (vgl. IHK Trier 1991, S. 3).

Das belgische Teilgebiet zeichnet sich insgesamt durch hohe Arbeitslosenquoten aus. Davon besonders betroffen ist die Provinz Lüttich, in der, wie in ganz Wallonien, seit Mitte der siebziger Jahre Umstrukturierungsprozesse in den traditionellen Industriezweigen wie metallverarbeitende– und Bergbauindustrie, Maschinenbau und Textilindustrie stattfinden (vgl. Statistisches Bundesamt 1993, S. 61). Dadurch verlorengegangene Arbeitsplätze konnten bis jetzt nicht voll ausgeglichen werden. Ähnliche Probleme sind in Limburg in Flandern festzustellen, während die restlichen flämischen Regionen in wirtschaftlicher Hinsicht von der Nähe zu Brüssel profitieren (vgl. Kommission der EG 1993, S. 163ff.). In Brüssel selber liegt die Arbeitslosenquote wiederum sehr hoch.

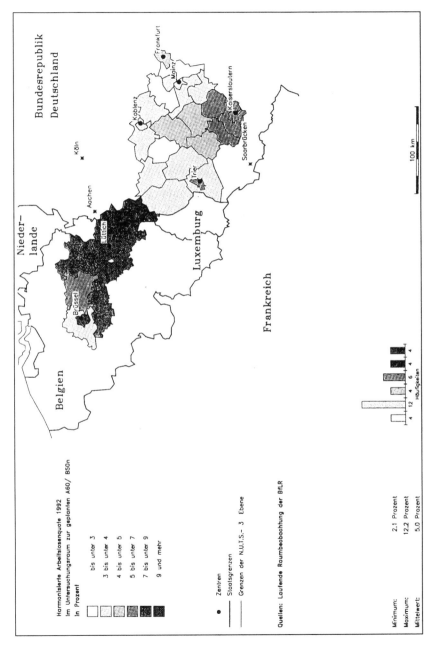

Abbildung 3: *Harmonisierte Arbeitslosenquote 1992*

Zielsetzungen von Raumordnung und Verkehrsplanung

Europäische Ebene

Auf der Ebene der EU gibt es, auch nach dem Vertrag von Maastricht, keine eigenständige Kompetenz für den Bereich der Raumordnung. Raumordnungspolitik findet hier durch mitgliedstaatliche Zusammenarbeit in Raumordnungsfragen auf Ministerebene bei informellen Treffen statt. Dahinter steckt die Zielsetzung, sektorale Maßnahmen der Kommission, wie z.b. im Bereich Verkehr, auf der Basis regionaler, nationaler und EU−weit abgestimmter Vorstellungen zur Raumentwicklung zu koordinieren. Solche Vorstellungen sind z.b. der umweltgerechte Ausbau leistungsfähiger Verkehrsinfrastrukturen sowie die Wahrung und Verbesserung der grenzüberschreitenden Zusammenarbeit.

Die grenzüberschreitende Zusammenarbeit in Raumordnungsfragen findet vor allem durch bilaterale Raumordnungskommissionen zwischen der Bundesrepublik Deutschland und benachbarten Staaten statt (vgl. BmBau 1994, S. 200ff.). Seit 1971 besteht die Deutsch−Belgische Raumordnungskommission, die sich als Aufgabe gesetzt hat, raumbedeutsame Maßnahmen in den Grenzgebieten zur Förderung des Zusammenwachsens des gesamten Planungsraumes aufeinander abzustimmen (vgl. Deutsch−Belgische Raumordnungskommission 1978b, S. 6). Daher wurde bereits 1978 der Bau der A60 empfohlen, die eine dringend erforderliche Verbindung zwischen den belgischen Verdichtungsräumen Brüssel und Lüttich sowie dem Rhein−Main−Gebiet darstelle. Diese Autobahn erschließe aber gleichzeitig auch die strukturschwachen und abwanderungsgefährdeten Gebiete der Ardennen und Eifel und könne so zur Verbesserung der Standortgunst dieser Räume beitragen (vgl. Deutsch−Belgische Raumordnungskommission 1978a, S. 1).

Die Ziele der europäischen Verkehrsplanung sind dem "Weißbuch zur europäischen Verkehrspolitik" zu entnehmen, das 1992 von der Kommission erarbeitet wurde. Diese Ziele sind die des EWG−Vertrages bzw. des Vertrages zur EU, also eine harmonische und ausgewogene Entwicklung des Wirtschaftslebens in der Gemeinschaft sowie die Förderung deren wirtschaftlichen und sozialen Zusammenhalt. Diesem Ziel dient der Ausbau transeuropäischer Netze, zu dem die Gemeinschaft seit dem Maastrichter Vertrag beiträgt. Die gemeinsame Verkehrspolitik soll aber auch übergreifenden Problemen wie der Zunahme der globalen Umweltschäden Rechnung tragen, weswegen ein Verkehrssystem erhalten werden soll, das von der Qualität und Sicherheit her hochwertig und kostengünstig ist und zu einer umweltgerechten Entwicklung beiträgt (vgl. Kommission der EG 1992, S. 21ff.). Der Beitrag der Gemeinschaft zum Ausbau transeuropäischer Netze besteht in der Erstellung von Leitlinien für die verschiedenen Verkehrsnetze. Über die Realisierung der Infrastrukturvorhaben entscheiden die nationalen, regionalen und lokalen Behörden (vgl. Kommission der EG 1992, S. 54ff.). Ende 1993 hat die Kommission einen Vorschlag für ein transeuropäisches Straßennetz erarbeitet. Bestandteil diese Leitschemas ist auch die A60 zwischen der belgischen Grenze und der A 48 bei Wittlich (vgl. Kommission der EG, Generaldirektion Verkehr 1993, S. 40).

Landesebene

Die Landesregierung von Rheinland–Pfalz sieht als Oberziel ihrer Verkehrspolitik die "nachhaltige Sicherung gleichwertiger Lebensbedingungen in allen Landesteilen und die Verbesserung der großräumigen Standortgunst unter Wahrung der Umweltziele des Landes" an (Rheinland–Pfalz: Ministerpräsident,...1993, S. 139). Es soll also zum einen die innere Erschließung des Landes und zum anderen seine Einbindung in den nationalen und europäischen Raum gewährleistet werden. Dabei muß die Erhaltung von Grün– und Freiräumen gesichert sein.

Zur Erfüllung dieser Ziele trägt auch die A60/B50n bei. Sie stellt die kürzeste Verbindung zwischen den belgischen Verdichtungsräumen und dem Rhein–Main–Gebiet dar, verbindet direkt die Oberzentren Trier und Mainz und sorgt für die bessere großräumige Einbindung der strukturschwachen Gebiete in der Eifel, an der Mosel und im Hunsrück national und europaweit (vgl. Rheinland–Pfalz: Ministerpräsident,... 1980, S. 39 u. 56).

Großes Gewicht legt die rheinland–pfälzische Landes– und Verkehrsplanung aber auch auf die Förderung einer integrierten Verkehrsplanung mit einer engen Kooperation der Verkehrsträger Schiene, Straße und Luft– bzw. Schiffsverkehr. Insbesondere wird hierbei die Verlagerung von Verkehr auf Verkehrsträger mit hoher Massenleistungsfähigkeit angestrebt (vgl. Rheinland–Pfalz: Ministerium für Wirtschaft und Verkehr 1990, S. 36ff.).

Regionalebene

Auch innerhalb der Region Trier, durch die der größte Teil des Fernstraßenprojektes verläuft, stehen zwei wesentliche von diesem Projekt erhoffte Wirkungen im Mittelpunkt der Äußerungen. Zunächst soll die Erreichbarkeit des Rhein–Main–Raumes mit der Landeshauptstadt Mainz aus dem Eifel–, Mosel– und Hunsrückraum heraus und zweitens die Zugänglichkeit zwischen den entlang der Trasse liegenden Mittelzentren verbessert werden (vgl. Planungsgemeinschaft Trier 1995, S. 39).

An einer Verstärkung des Durchgangsverkehrs zwischen Brüssel/Lüttich und Rhein–Main durch die Region besteht verständlicherweise hier kein Interesse. Diese Verkehre sähe man lieber auf die Schiene entlang des Rheines verlagert. Die aus regionaler Sicht geäußerten Hoffnungen an die neue Fernstraße ließen also durchaus einen zweispurigen Ausbau der A60/B50 als ausreichend erscheinen.

Aus landesplanerischer Sicht erscheint aber zumindest eine vierspurige Führung bis zur A 48 zur Schließung einer Lücke im rheinland–pfälzischen Autobahnnetz notwendig. Aus europäischer Sicht schließlich muß die gesamte A60/B50n bis zur A 61 bei Rheinböllen vierspurig gebaut werden, um die erwarteten Durchgangsverkehre bewältigen zu können, zumal eine Hochbrücke, wie sie hier im Zuge des B50–Neubaus über die Mosel geplant ist, direkt vierspurig gebaut würde (Auskunft der Bezirksregierung Trier).

Einfluß der A60/B50nn auf die Erreichbarkeitsverhältnisse im Raum Brüssel/ Lüttich – Rheinland–Pfalz–Rhein–Main

Die Erreichbarkeitsberechnungen wurden mit dem bei der BfLR installierten Programmsystem EVA (Erreichbarkeits– und Versorgungsgradanalysen) durchgeführt. Die dabei im europäischen Fernstraßennetz ermittelten Reisezeiten können zum einen in Form von Flächenkarten dargestellt werden, durch die die Lage aller Orte im Untersuchungsraum im Verhältnis zu den ausgewählten Zielen bzw. die eventuelle Veränderung dieser Lage aufgrund des untersuchten Fernstraßenprojektes zum Ausdruck kommt. Die andere Form der Darstellung ist der Wegebaum, der die Verbindungen eines Quellortes zu allen anderen Regionshauptorten über den verkehrsgünstigsten Weg darstellt und deutlich macht, ob und wie sich diese verkehrsgünstigsten Wege bei Einsatz des untersuchten Projektes ändern werden und zu welchen Zielen sich die Routen wahrscheinlich ändern werden (Eckey u. Horn 1992, S. 13).

Abbildung 4 stellt die Reisezeiten aller NUTS–III–Regionen zu den sieben ausgewählten Zentren dar. Es fallen die zunehmenden Reisezeitwerte zum belgischen Untersuchungsgebiet hin auf, was mit der Auswahl der Zielzentren und den dadurch bedingten weiten Wegen zu den dritten bis siebten Zentren zu begründen ist. Günstige Reisezeitwerte weisen vor allem die entlang des Rheines gelegenen Regionen auf, bei denen die günstige Lage zu den meisten der Zentren und auch eine qualitativ günstige Verkehrsinfrastruktur zusammenfallen.

Wird nun diese Berechnung mit ins Netz integriertem Projekt A60/B50n durchgeführt (Abb. 5), fällt auf, daß im belgischen Bereich keine Region ihre Klassenzugehörigkeit verändert hat, während sich im deutschen Teilgebiet einige Kreise verbessern konnten. Genauere Aussagen über Reisezeitverbesserungen einzelner Regionen werden bei Betrachtung der Differenzen zwischen Bestandsnetz und Projektnetz möglich (Abb. 6). Die Kreise Bitburg–Prüm und Bernkastel–Wittlich weisen die größten Reisezeitgewinne auf, gefolgt vom Rhein–Hunsrück–Kreis. Das sind die Kreise, durch die die Trasse der A60/B50n verlaufen soll. Reisezeitgewinne verzeichnet auch der Landkreis Trier–Saarburg und die kreisfreie Stadt Trier sowie die belgischen Regionen Verviers, Lüttich und Waremme. Demgegenüber stehen die Regionen mit keinem oder nur sehr geringen Reisezeitgewinnen wie z.B. Brüssel oder Koblenz. Für diese Regionen wird also im Gegensatz zu den Eifel– und Hunsrückkreisen die neue A60/ B 50 bezüglich der untersuchten Beziehungen gar nicht oder nur in geringem Umfang als neue Route in Betracht kommen. Das insgesamt doch geringe Niveau der Reisezeitverbesserungen verdeutlicht auch der niedrige Mittelwert von drei Minuten.

Genauere Auskünfte über die bei der Wahl des zeitkürzesten Weges zu fahrenden Routen geben Wegebäume. Der diesem Fernstraßenprojekt zugemessenen Bedeutung entsprechend werden Wegebäume mit den Quellorten Brüssel und Wittlich vorgestellt. Erstere sollen Auskunft über den Einfluß des Projektes auf die Verbindung zwischen den Verdichtungsräumen Brüssel/Lüttich und Rhein–Main geben, die Wegebäume Wittlich beschreiben exemplarisch die Anbindung des Eifel–, Mosel– und

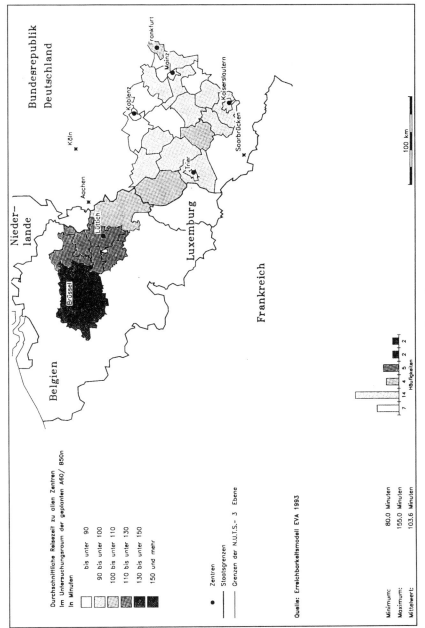

Abbildung 4: *Durchschnittliche Reisezeit zu allen Zentren im Bestandsnetz*

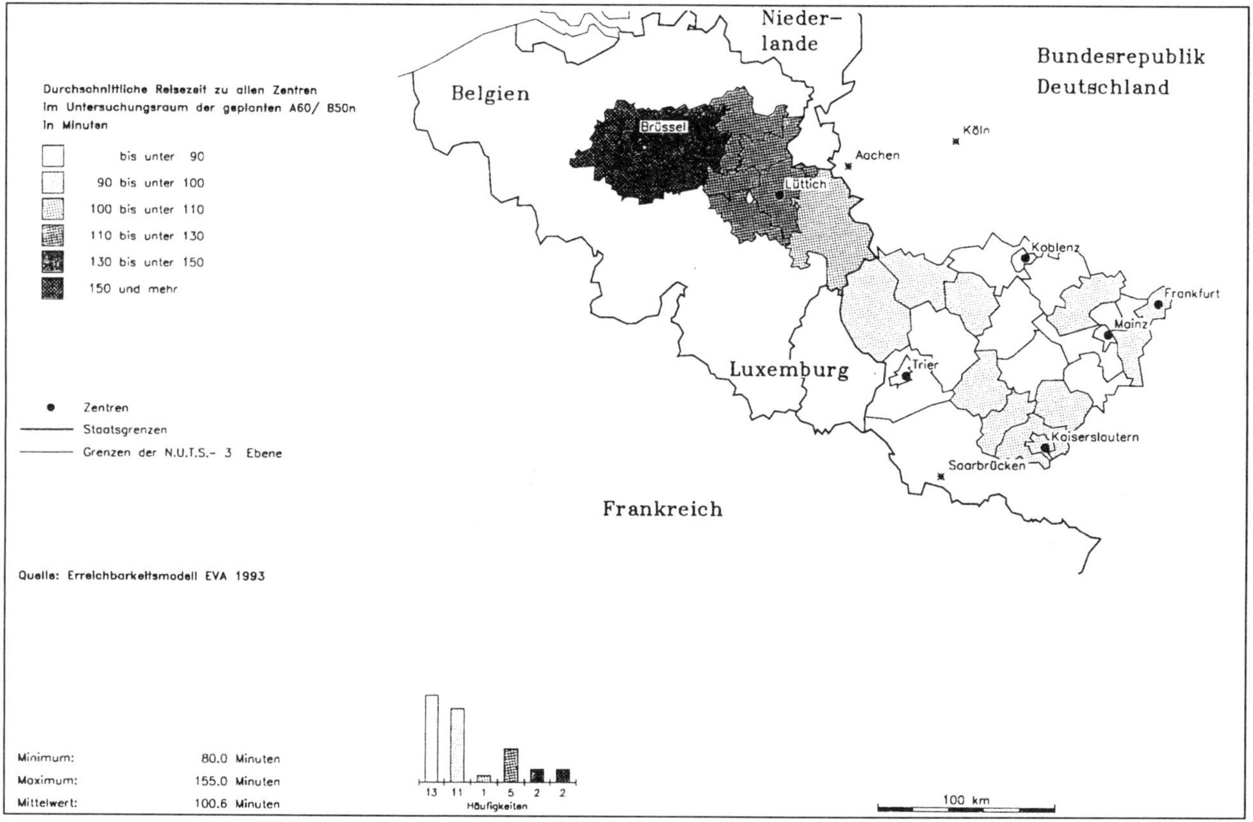

Abbildung 5: *Durchschnittliche Reisezeit zu allen Zentren im Projektnetz*

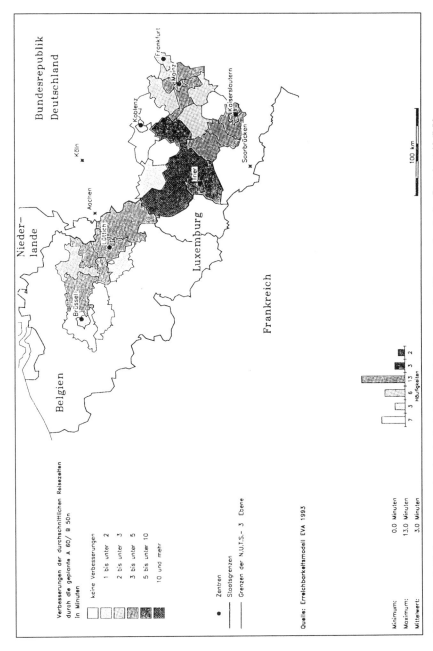

Abbildung 6: *Verbesserungen der durchschnittlichen Reisezeiten zu allen Zentren durch das Projekt A60/B50*

Hunsrückraumes an diese Verdichtungsräume bzw. deren Beeinflussung durch die A60/B50n.

Wegebäume Brüssel

Im bestehenden Netz (Abb. 7) führt der schnellste Weg von Brüssel zu den hessischen Kreisen im Untersuchungsgebiet über Aachen und den Rheinautobahnen A 61 und A 3. Der kürzeste Weg nach Trier, Kaiserslautern und auch Wittlich führt über Luxemburg, während Bitburg schon über die bestehende A60 am schnellsten erreicht wird.

Wird nun das Projekt in das bestehende Netz integriert (Abb. 8), fällt auf, daß der kürzeste Weg von Brüssel nach Frankfurt, aber auch zu den beiden rheinland-pfälzischen Oberzentren Mainz und Trier nicht über die A60 bzw. die B50 führen wird. Verkürzt werden hingegen die Verbindungen vor allem nach Wittlich (25 Min. schneller) und Kaiserslautern. Es zeigt sich, daß von Brüssel in Richtung Rhein-Main Simmern der letzte Ort ist, der nun über die A60/B50n schneller als über die Strecke am Rhein entlang zu erreichen ist.

Zu allen in Richtung Rhein-Main-Gebiet folgenden Kreisen führt der kürzeste Weg nach wie vor schneller über die Autobahnen beiderseits des Rheines.

Wegebäume Wittlich

Im Bestandsnetz (Abb. 9) verläuft die kürzeste Verbindung zwischen Wittlich und Frankfurt über die A48 und A3 und der kürzeste Weg nach Mainz durch das Moseltal und die bestehende B50 und die A61. Wie bereits festgestellt, ist Brüssel am schnellsten über Trier und Luxemburg zu erreichen, der schnellste Weg nach Lüttich führt über die bestehende A60 und die B50.

Im Projektnetz (Abb. 10) werden diese Verbindungen durch die neue Fernstraße beschleunigt, und zwar um die erwähnten 25 Minuten nach Brüssel, um 22 Minuten in Richtung Mainz und um 16 Minuten in Richtung Frankfurt bei immer noch hohen absoluten Reisezeiten von 146 (Brüssel), 77 (Mainz) und 96 Minuten (Frankfurt).

Überträgt man diese Ergebnisse auf die anderen Eifel-, Mosel- und Hunsrückkreise, so ist zu erwarten, daß auch der Kreis Bitburg-Prüm und der Rhein-Hunsrück-Kreis aufgrund ihrer Lage in der Nähe der Trasse Reisezeitgewinne erzielen werden. Diese werden für den Kreis Bitburg-Prüm höher für die Verbindung in das Rhein-Main-Gebiet und für den Rhein-Hunsrück-Kreis höher für die Verbindung in den belgischen Raum ausfallen. Für Kreise, die schon näher zu den beiderseits des Rheines verlaufenden Fernstraßen liegen, wie die Landkreise Daun oder Cochem-Zell, wird die A60/B50n für die untersuchten Beziehungen kaum zu einer günstigeren Alternative werden.

Verkehrsströme

Die sich nach Ermittlung der Reisezeiteffekte dieser geplanten Fernstraße anschließende Frage ist die nach der Wirksamkeit dieser zu erwartenden räumlichen Vorteile. Hohe Wirksamkeit ist sicherlich dann gegeben, wenn umfangreiche Reisezeitverbesserungen auch auf starke Verkehrsströme treffen. Andererseits werden die Effekte eher gering sein, wenn die Verkehrsströme oder/ und die Reisezeitgewinne gering ausfallen (vgl. Schildberg 1982, S. 170).

Ein Vergleich von durch die untersuchte Fernstraße zu erzielenden Reisezeitgewinnen mit bestehenden und prognostizierten Verkehrsströmen im Güter- und Personenverkehr hat hier ergeben, daß der verbesserten Erreichbarkeit der belgischen Verdichtungsräume und des Rhein-Main-Raumes aus dem Eifel-, Mosel- und Hunsrückraum heraus, die durch die A60/B50n zu erwarten sind, nur vergleichsweise geringe Verkehrsbeziehungen gegenüberstehen.

Die Möglichkeit, daß sich diese Verkehrsbeziehungen aufgrund der verbesserten Zugänglichkeiten verstärken werden, ist wegen der erwähnten immer noch weiten zurückzulegenden Entfernungen überwiegend als gering anzusehen.

Dieser Raum hat seine wichtigsten Verkehrsverflechtungen mit den näher gelegenen Regionen im Osten und Westen, also mit Koblenz, dem Köln/Bonner Raum und dem Saarland. Die für die A60/B50n prognostizierten Verkehrsmengen, die einen nur relativ geringen Umfang haben, machen deutlich, daß auch in Zukunft nicht von einer starken Steigerung der Verkehrsströme zwischen dem Eifel-, Mosel- und Hunsrückraum und dem Rhein-Main-Gebiet bzw. den belgischen Verdichtungsräumen ausgegangen wird.

Das zweite wesentliche Ergebnis ist, daß den umfangreichen Verkehrsbeziehungen, die zwischen dem Rhein-Main-Gebiet und Belgien vor allem im Bereich des Straßenverkehrs bestehen, nur geringe bzw. keine Reisezeitgewinne gegenüberstehen. Diese Ströme dürften aus Gründen der reinen Zeiteinsparung nicht von den Fernstraßen entlang des Rheines auf diese geplante A60/B50n verlagert werden. Diese Verlagerungen werden aber aufgrund von Kapazitätsengpässen auf diesen Strecken dennoch zu erwarten sein.

Zusammenfassende Bewertung

Eine der wesentlichen von der geplanten Fernstraße A60/B50n erhofften Wirkungen ist die Verbesserung der großräumigen Verbindung zwischen den wichtigen europäischen Agglomerationsräumen Brüssel/Lüttich und Rhein-Main. Beide Verdichtungsräume, insbesondere aber das Rhein-Main-Gebiet, stellen sich als Regionen mit günstiger wirtschaftsräumlicher Struktur dar, die untereinander umfangreiche Verkehrsverflechtungen aufweisen, für deren Umfang in der Zukunft noch wesentliche Steigerungsraten prognostiziert werden.

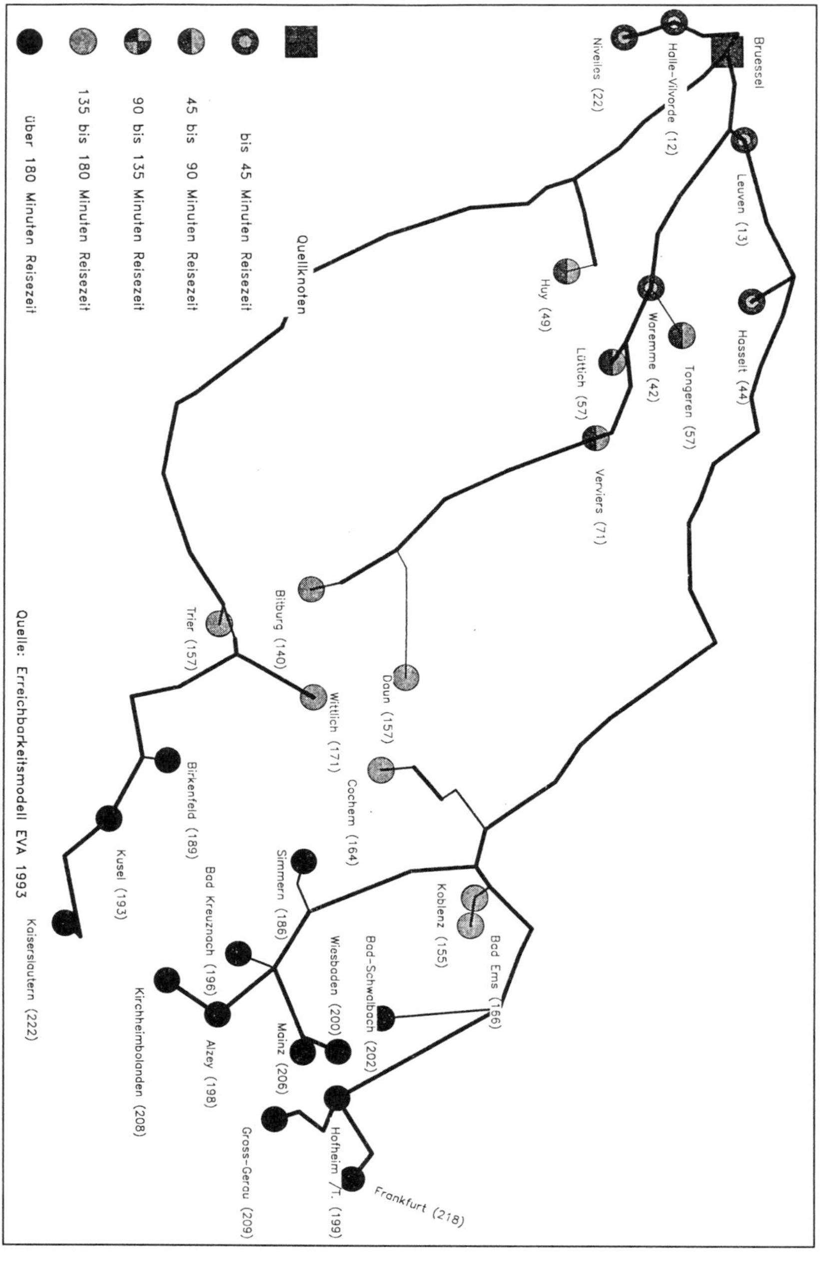

Abbildung 7: *Wegebaum von Brüssel zu allen anderen Regionshauptorten im Bestandsnetz*

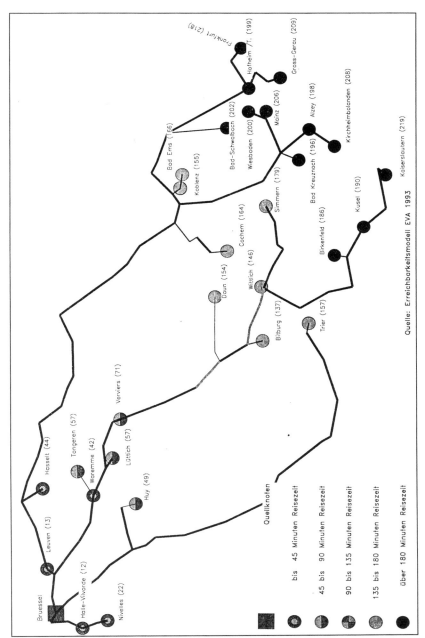

Abbildung 8: *Wegebaum von Brüssel zu allen anderen Regionshauptorten im Projektnetz*

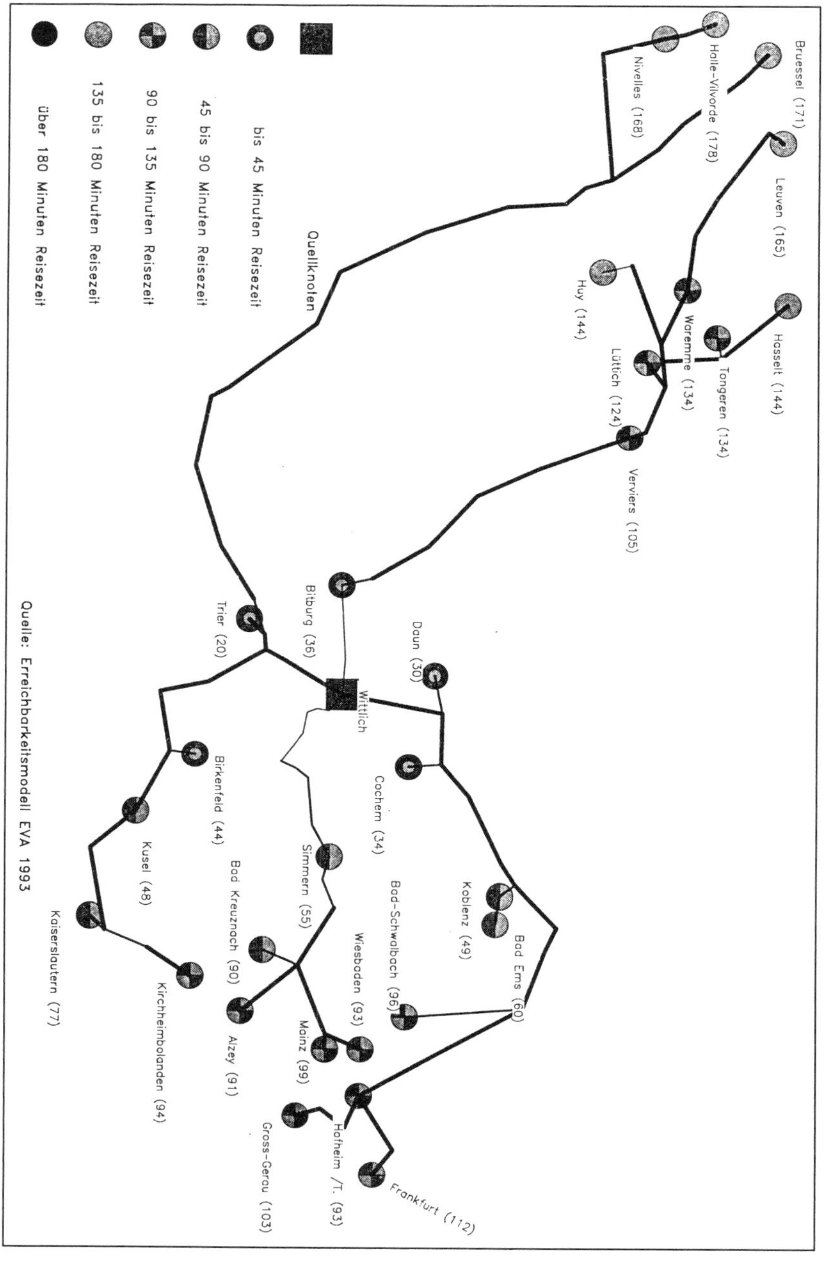

Abbildung 9: *Wegebaum von Wittlich zu allen anderen Regionshauptorten im Bestandsnetz*

Quelle: Erreichbarkeitsmodell EVA 1993

Quellknoten

bis 45 Minuten Reisezeit

45 bis 90 Minuten Reisezeit

90 bis 135 Minuten Reisezeit

135 bis 180 Minuten Reisezeit

über 180 Minuten Reisezeit

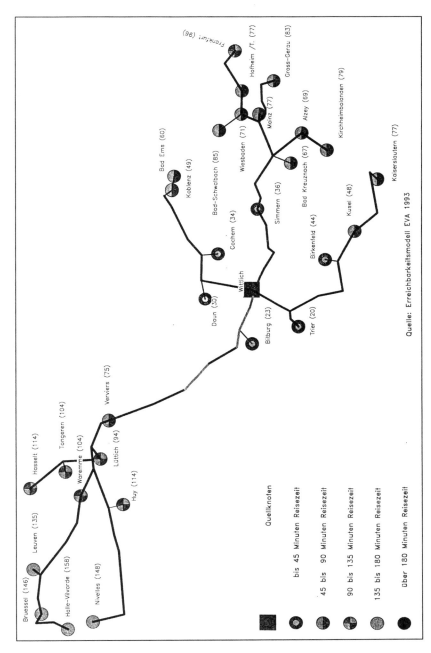

Abbildung 10: *Wegebaum von Wittlich zu allen anderen Regionshauptorten im Projektnetz*

Die A60/B50n wird aufgrund ihrer Verlaufsrichtung als eine Maßnahme angesehen, die noch zur Beschleunigung und Intensivierung dieser Beziehungen beitragen kann und Entlastung der bisher hauptsächlich benutzten Fernstraßen vor allem entlang des Rheines erhoffen läßt.

Die vorgestellten Untersuchungen haben allerdings ergeben, daß diese geplante Fernstraße nicht die erwarteten Erreichbarkeitsverbesserungen der angesprochenen Räume herbeiführen wird und auf dieser großräumigen Verbindung keine günstigere Alternative zu dem dichten und qualitativ guten bestehenden Fernstraßennetz darstellt. Weiterhin wird vor allem von landes— und regionalplanerischer Seite an dieses geplante Fernstraßenprojekt die Hoffnung geknüpft, daß sich für die Kreise im Eifel—, Mosel— und Hunsrückraum, die überwiegend durch geringe Siedlungsdichten und ungünstige Wirtschaftsstrukturen gekennzeichnet sind, durch die verbesserte Erreichbarkeit der erwähnten Verdichtungsräume Chancen für eine bessere wirtschaftliche Entwicklung ergeben.

Die Erreichbarkeiten werden vor allem für die Kreise verbessert, durch deren Gebiet die Trasse der neuen Fernstraße verlaufen soll. Diesen verbesserten Erreichbarkeiten steht allerdings ein insgesamt nur geringes Verkehrsbedürfnis gegenüber. Die Reisezeitverkürzungen könnten zur Intensivierung dieser Beziehungen beitragen, wobei aber aufgrund der immer noch weiten zurückzulegenden Entfernungen z.B. die Ausdehnung des Pendlereinzugsbereichs des Rhein—Main—Raumes bis zur Mosel als unwahrscheinlich angesehen werden muß.

Weiterhin sind für eine eventuelle Ansiedlung neuer Betriebe im Eifel—, Mosel— und Hunsrückraum nicht alleine Reisezeitverbesserungen ausschlaggebend, die zudem nicht den erwarteten Umfang haben, sondern auch noch andere wichtige Faktoren wie günstige Grundstückspreise oder Arbeitskräftepotential, die aber überwiegend als hier vorhanden angesehen werden können. Daraus kann der Schluß gezogen werden, daß ein Betrieb, der sich bei den gegebenen Voraussetzungen bisher noch nicht zur Ansiedlung in diesem Raum entschlossen hat, dazu wahrscheinlich auch nicht durch die zu erwartenden Reisezeitverkürzungen veranlaßt wird. Ausnahmen könnten hierbei sicherlich Handels— und Transportbetriebe sein, für die verbilligte Transportkosten eine besonders wichtige Rolle spielen, die aber in der Regel nur wenige und darüber hinaus nur wenig qualifizierte Arbeitsplätze zur Verfügung stellen. Somit kann hinsichtlich der Erreichbarkeitseffekte, die von dieser geplanten Fernstraße ausgehen werden, und unter Beachtung der zu erwartenden starken naturräumlichen Eingriffe, die der Bau der Maßnahme verursachen wird, dieser nicht befürwortet werden.

Alternativen

Aufgrund der topographischen Gegebenheiten im Eifel—, Mosel— und Hunsrückraum stieße ein eventueller Ausbau des bestehenden Bundes— und Landesstraßennetzes als Alternative zur Neubaustrecke auf erhebliche Schwierigkeiten.

Realisierbare Alternativen liegen somit vor allem im Ausbau und in der verstärkten Nutzung der anderen Verkehrsträger Schiene bzw. öffentlicher Verkehr und Wasserstraße. Im Bereich des Güterverkehrs bestehen hier für zahlreiche Gütergruppen, die zur Zeit per LKW transportiert werden, durchaus noch Verlagerungspotentiale auf die Binnenschiffahrt. Auch im Bereich des Personenverkehrs ergeben sich vor allem für den Fernverkehr zwischen Brüssel/Lüttich und dem Rhein−Main−Gebiet noch Verlagerungsmöglichkeiten auf das Schienennetz.

Für den Verkehr zwischen dem Eifel−, Mosel− und Hunsrückraum und den genannten Verdichtungsräumen erscheint vor allem im Bereich des Schienenverkehrs eine wesentliche Angebotsverbesserung und gleichzeitig der Ausbau des kombinierten Verkehrs notwendig.

Die ländlichen Gebiete müssen besser durch den öffentlichen Verkehr erschlossen und somit die Anbindung an das Fernstreckennetz der Bundesbahn optimiert werden. Das sind Vorstellungen, die auch von seiten der Regionalplanung im betroffenen Raum dringend empfohlen werden.

Literatur

Brenken, Günter; Kuchenbecker, Karl−Geert (1981): Raumwirksamkeit von Fernstraßen−Erfahrungen aus Rheinland−Pfalz. In: Informationen zur Raumentwicklung, Heft 3/4, Bonn, S. 205−209.

Bundesministerium für Raumordnung, Bauwesen und Städtebau (Hrsg.): Raumordnungsbericht 1993, Bonn 1994.

Bundesministerium für Verkehr (Hrsg.): Projektdossier zur B50 Moselübergang−OU Argenthal vom 15.07.92.

Deutsch−Belgische Raumordnungskommission (Hrsg.): Empfehlung vom 29.05.1978 zum Bau der Autobahn A 27/A60 (Lüttich−Rhein−Main−Gebiet), o.O. 1978a.

Deutsch−Belgische Raumordnungskommission: Der deutsch−belgische Grenzraum, Brüssel 1978b.

Eckey, Hans−Friedrich; Klaus Horn: Lagegunst− und Verkehrsanalysen für die Kreise des vereinigten Deutschlands im Straßen− und Schienenverkehr. In: Erreichbarkeit und Raumordnung. Materialien zur Raumentwicklung, Heft 42, Bonn 1992, S. 1−69.

Hochstrate, Klaus: Raumordnerische Bewertung von Fernverkehrsmaßnahmen mit einem interaktiven Bewertungsverfahren. In: Informationen zu Raumentwicklung, Heft 4, Bonn 1992, S. 245−263.

IHK Trier (Hrsg.): Wirtschaft 1990. Bericht der IHK Trier über den Raum Mosel, Eifel, Hunsrück, Trier 1991.

Kommission der Europäischen Gemeinschaften: Portrait der Regionen. Band 1 Deutschland, Benelux und Dänemark, Amt für amtliche Veröffentlichungen der EG, Luxemburg 1993.

Kommission der Europäischen Gemeinschaften: Die künftige Entwicklung der Gemeinsamen Verkehrspolitik. Globalkonzept einer Gemeinschaftsstrategie für eine auf Dauer tragbare Mobilität. Mitteilung der Kommission KOM (92) 494, Brüssel 1992.

Kommission der Europäischen Gemeinschaften, Generaldirektion Verkehr: Transeuropäische Netze. Auf dem Weg zu einem Leitschema für das Straßennetz und den Straßenverkehr, Bericht der Arbeitsgruppe "Autobahnen", Brüssel, Luxemburg 1993.

Lutter, Horst: Raumwirksamkeit von Fernstraßen. Eine Einschätzung des Fernstraßenbaus als Instrument zur Raumentwicklung unter heutigen Bedingungen. Forschungen zur Raumentwicklung, Band 8, Bonn 1980.

Planungsgemeinschaft Trier (Hrsg.): Regionaler Raumordnungsplan Region Trier, Trier 1985.

Planungsgemeinschaft Westpfalz (Hrsg.): Regionaler Raumordnungsplan Westpfalz, Neustadt a.d. Weinstraße 1990.

Rheinland−Pfalz, Ministerium für Wirtschaft und Verkehr (Hrsg.): Landesverkehrsprogramm Rheinland−Pfalz '90. Integration der Verkehrssysteme, Mainz 1990.

Rheinland−Pfalz: Ministerpräsident, Staatskanzlei, Oberste Landesplanungsbehörde: (Hrsg.): Landesentwicklungsprogramm Rheinland–Pfalz 1980, Mainz 1980.

Rheinland–Pfalz: Ministerpräsident, Staatskanzlei, Oberste Landesplanungsbehörde (Hrsg.): Landesentwicklungprogramm III. Entwurf zur Beteiligung bzw. Anhörung nach § 11 LPlG, Mainz 1993.

Rutz, Werner: Erreichdauer und Erreichbarkeit als Hilfswerte verkehrsbezogener Raumanalyse. In: Raumforschung und Raumordnung, 29, Heft 4, Köln 1971, S. 145–156.

Schildberg, Ulrich: Regionalentwicklung in der Ems–Dollart–Region, Dortmund 1982.

Sinz, Manfred: Das Subsystem "Verkehr" in der Laufenden Raumbeobachtung. In: Informationen zur Raumentwicklung, Heft 8/9, Bonn 1978, S. 627–643.

Statistisches Bundesamt Wiesbaden (Hrsg.): Länderbericht Belgien 1993, Wiesbaden 1993.

Erreichbarkeit für Behinderte –
Qualitätskriterium öffentlicher Räume

Von Kurt Ackermann

Vorbemerkung

Das Stichwort "Erreichbarkeit" hat – neben der großräumigen Dimension der Entwicklungen in Europa und im wiedervereinigten Deutschland – eine andere Dimension – ganz pragmatisch und elementar, wenn es um die bauliche Umwelt, wenn es um öffentliche Räume und Bauten – z.B. in städtischen Gebieten – geht. In dem vorliegenden Beitrag soll deshalb Erreichbarkeit auf begrenzte Räume bezogen und an baulich–gestalterische Voraussetzungen geknüpft werden.

Öffentlicher Raum und Mobilität

Die Gestaltung öffentlicher Räume und Verkehrssysteme hat die Gesamtheit der Ansprüche der Nutzer zu berücksichtigen, Ansprüche, die teilweise divergieren oder gar konträr sind. In der Vergangenheit erfolgten Gestaltung und Bemessung von baulichen und verkehrlichen Anlagen überwiegend auf der Grundlage von erwachsenen, gesunden Menschen im Leistungsalter. Aber reichlich ein Drittel der Bevölkerung ist aus unterschiedlichen Gründen zeitweise oder ständig mobilitätseingeschränkt. Zu dieser Personengruppe gehören Menschen im höheren Lebensalter, deren Anteil an der Gesamtbevölkerung ständig wächst, Rollstuhlfahrer, Blinde, Sehbehinderte, akut und chronisch Gehbehinderte, Personen mit Kinderwagen bzw. mit schwerem Gepäck, Hörgeschädigte, Kinder im Vorschulalter usw.

Dieser hohe Anteil Mobilitätseingeschränkter von mehr als einem Drittel der Bevölkerung schließt die gedankliche Abdrängung dieser Personengruppe in die Rolle einer Minderheit aus und gebietet die bewußte und zielstrebige Durchsetzung behindertengerechter Anlagen in öffentlichen Räumen sowie bei der Anbindung von Gebäuden.

Raumbezogene Verkehrswissenschaften – Anwendung mit Konzept
hrsg. im Auftrag des Deutchen Verbandes für Angewandte Geographie
von Arnulf Marquardt-Kuron und Konrad Schliephake
in Material zur Angewandten Geographie (MAG), Band 26, Bonn 1996

Damit werden zugleich Nutzungserleichterungen für andere Personengruppen geschaffen. Das planerische Instrumentarium zur Gestaltung behindertengerechter öffentlicher Räume und Verkehrsmittel liegt weitgehend vor und ist bekannt (Bundesministerium für Verkehr 1992a und 1992b, Verkehrsministerium des Freistaates Sachsen 1992).

Daher soll hier weniger auf Details eingegangen werden, die in den Empfehlungen ausführlich dargelegt sind. Statt dessen werden im folgenden einige grundsätzliche Überlegungen und Beispiele vorgestellt.

Mobilitätseinschränkung, Behindertengerechtigkeit, Nutzungserleichterung

Zunächst soll jedoch auf die drei bisher verwendeten Begriffe eingegangen werden:
- mobilitätseingeschränkt,
- behindertengerecht,
- Nutzungserleichterung.

Bürger haben Recht auf Sicherung ihres Mobilitätsanspruches. Das bedeutet nicht Anspruch auf Pkw-Mobilität; hier kann die Gesellschaft mit mehr oder weniger sanfter Gewalt Einfluß auf die Realisierung der Mobilität ausüben. Aber elementare Mobilität als Fußgänger, auch als Rad- und ÖV-Nutzer, ist unverzichtbar. Insofern ist Mobilität Menschenrecht, Mobilität für alle, auch für Mobilitätseingeschränkte. Das stellt Forderungen an nutzerfreundliche Verkehrsräume, -anlagen und -mittel. Diese Forderungen nicht zu erfüllen, heißt doch - etwas überzogen - ein Menschenrecht zu verletzen.

Daß die Frage gerechtfertigt ist, beweisen Ergebnisse standortpolitischer Entscheidungen für Einkaufsparks, Gewerbegebiete, Wohngebiete in den neuen Bundesländern, die häufig ohne Anbindung mit öffentlichen Verkehrsmitteln erfolgen, damit die generelle Erreichbarkeit einschränken und erhebliche Erschwernisse bei der Alltagsbewältigung verursachen sowie zu sozialer Ausgrenzung mobilitätsbehinderter Menschen ohne Pkw-Verfügbarkeit führen.

Also sind Verkehrsinfrastruktur und Verkehrsmittel behindertengerecht zu gestalten. Behindertengerecht oder behindertenfreundlich? Gerecht bedeutet höchstes Anspruchsniveau, bedeutet mitunter perfektionistische Durchsetzung einschlägiger Normen und Empfehlungen. Dies sollte bei neuen Anlagen angestrebt werden, nicht um jeden Preis, aber dort, wo es sinnvoll realisierbar ist.

Behindertenfreundlich charakterisiert ein niedrigeres Anspruchsniveau, das dennoch keine Einschränkung der Funktionsfähigkeit beinhaltet, das den Anspruch "nutzbar für alle" und "barrierefrei" einschließt. Das bedeutet ausreichende Breiten bzw. Flächen für Fortbewegung und Begegnung, angemessene Hilfen für die Überwindung von Höhenunterschieden, hindernisfreie Anbindung öffentlicher Gebäude, Erreichbarkeit notwendiger und wünschenswerter Ziele in einem System aus öffentlichem und individuellem Verkehr. Behindertenfreundlich kann gegen behindertengerecht abgegrenzt werden: So gut wie nötig, nicht so gut wie möglich. Aber schon dadurch werden Voraussetzungen für Erreichbarkeit geschaffen. Ich sage dies bewußt so pragmatisch, weil es hierbei noch Verunsicherungen gibt.

Zum dritten Begriff "Nutzungserleichterung" oder auch "Nutzerfreundlichkeit" sei angemerkt: Nützlich nennt jeder, was gut ist für ihn selbst. Aber ist dies nicht zu eng? Die Frage nach dem wahren Nutzen ist übergeordnet. Es ist die Aufhebung des subjektiven Nutzensbegriffes. In Wahrheit nützt dem Menschen nicht, was ihm allein nützt, sondern was dem Mitmenschen, der Gemeinschaft, der Gesellschaft nützt. Nutzen für andere, für viele, für alle schließt den Kompromiß als Lösung ein. In diesem Zusammenhang sei an das Maß der Bordabsenkung auf 30 mm erinnert, das aus Einzelsicht der Behindertengruppen Rollstuhlfahrer und Blinde gewiß kein Optimum darstellt, das als Kompromiß jedoch für beide zu einer verträglichen Lösung führt.

Handlungserfordernisse

Aus dem Stand der derzeitigen Entwicklung ergeben sich besonders aus Sicht der neuen Bundesländer einige Handlungserfordernisse:

1. Durch Verbreitung einschlägiger Richtlinien und Empfehlungen ist vor allem bei Verwaltungen, Planungs- und Ingenieurbüros das Informationsdefizit weiter abzubauen. Dies sollte einhergehen mit der Sensibilisierung der Öffentlichkeit durch die Medien.

2. Empfehlungen und Richtlinien sind kreativ anzuwenden. So sollten z.B. zeitweilig (vielfältig baustellenbedingt) empfohlene Mindestwerte im Rahmen vertretbarer Toleranzen unterschritten werden können.

3. Sanierungen, Um- und Neubauten im öffentlichen Raum sollten behindertengerecht durchgeführt werden.

4. Im ÖPNV ist die Niederflurtechnik im Verbund mit baulichen Maßnahmen an Haltestellen sowie in deren Umfeld durchzusetzen; vorgezogener Haltestellenumbau (z.B. Erhöhung der Wartefläche) schafft zwischenzeitlich Erleichterungen und Vorlauf für die Einführung der Niederflurfahrzeuge.

5. Für Rollstuhlfahrer und Blinde sind schrittweise von punktuellen über partielle schließlich flächendeckende Lösungen bei Wege- bzw. Leitsystemen anzustreben. In die Vorbereitung und Entscheidungsfindung sind Betroffene einzubeziehen.

Fazit

Unser Handeln für die behindertengerechte Stadt bedarf technischer und gestalterischer Mittel. Das Ethos unser verantwortungsvollen Tätigkeit ist nicht Gebot sondern Einsicht in den Zusammenhang, der die Wirkungen des Handelns einschließt. Die

Mittel zur Gestaltung von behindertenfreundlichem, von behindertengerechtem Straßenraum und öffentlichem Verkehr sind bekannt, das Instrumentarium ist vorhanden. Aber dieses Instrumentarium, diese Mittel müssen bewußt angewendet werden, manchmal wird die Anwendung aufgeschoben oder unterlassen. Begründungen für Entscheidungen dieser Art finden sich leicht. Wir sollten sie nicht gelten lassen. Außerdem ist behindertengerechte Nachrüstung realisierter Maßnahmen mit deutlich höherem Aufwand verbunden. Dabei klagen die Kommunen zu Recht über Mittelknappheit. Aber wer heute Mittel über das Gemeindeverkehrsfinanzierungsgesetz (GVFG) in Anspruch nehmen will, muß behindertengerecht bauen.

Alle Maßnahmen, die der baulichen Umwelt das Prädikat behindertengerecht oder -freundlich verleihen, sind, allgemein gesagt, auch menschengerecht. Daraus sollte der kategorische Imperativ unseres Handeln abgeleitet werden, nicht aber um einem Technikanspruch nachzugehen.

Literatur

Bundesministerium für Verkehr (1992a): Niederflur-Verkehrssystem – Gestaltung von Haltestellen in den alten und neuen Bundesländern, Reihe "direkt", Heft 46, Bonn.

Bundesministerium für Verkehr (1992b): Bürgerfreundliche und behindertengerechte Gestaltung des Straßenraumes, Reihe "direkt", Heft 47, Bonn.

Verkehrsministerium des Freistaates Sachsen: Planungsgrundlagen für barrierefreie Gestaltung des öffentlichen Verkehrsraumes, Schriftenreihe "Barrierefreies Planen und Bauen im Freistaat Sachsen", Heft 1/1992.

Teil IV

Räumliche Verkehrsmodelle
und ihre Bedeutung für die Praxis

Verkehrsnetze als Analyse– und Planungswerkzeuge in der Raumordnung

Von Klaus Horn

Methodische Grundlagen

Es werden die methodischen Grundlagen des eingesetzten Verkehrsmodells beschrieben. Zur Erläuterung der Verfahren werden Beispiele aus verschiedenen Gutachten genutzt. [1]

Anforderungen der Raumordnungspolitik

Aufgabe der Raumordnungspolitik ist es, für gleichwertige regionale Lebensbedingungen zu sorgen. Ein Instrument zur Erreichung dieses Zieles ist eine gute verkehrsinfrastrukturelle Erschließung aller Regionen eines Landes. Dieser anzustrebende Zustand war auf dem Gebiet der alten Bundesrepublik Deutschland weitgehend realisiert; ähnliches galt für die Staaten in Westeuropa. Durch die im Verlauf der letzten Jahre eingetretenen Veränderungen in Deutschland und in Europa entstand jedoch eine grundlegend neue Situation: die regionalen Unterschiede in bezug auf Lagegunst, Erreichbarkeit und Güte der Verkehrsinfrastruktur sind deutlich angewachsen. Dieser Effekt wird überlagert von Anforderungen an die Verkehrsinfrastruktur, die sich durch die dramatischen Zunahme von Personen– und Güterströmen im gesamteuropäischen Rahmen ergibt und in Zukunft noch in verstärktem Maße ergeben wird.

Eine effektive Raumordnungspolitik verlangt deshalb Werkzeuge, um vorhandene regionale Unterschiede zu erkennen und die möglichen Auswirkungen von Ausbaumaßnahmen der Verkehrsinfrastruktur abschätzen zu können.

In unserem Standardmodell führen wir Erreichbarkeits– und Verkehrsanalysen im nationalen und internationalen Rahmen durch; z.Z. liegen die Schwerpunkte in Aussagen zur Bewertung von Regionen in Deutschland und in Mitteleuropa; in naher Zukunft auch bezüglich Europa als Ganzes. Das Modell nutzt die Verfahren des Programm–Systems VERENA (Autor: K. Horn).

Raumbezogene Verkehrswissenschaften – Anwendung mit Konzept
hrsg. im Auftrag des Deutschen Verbandes für Angewandte Geographie
von Arnulf Marquardt-Kuron und Konrad Schliephake
in Material zur Angewandten Geographie (MAG), Band 26, Bonn 1996

Raumüberwindung zwischen den Regionen

Zunächst müssen Regionen als Untersuchungsobjekte festgelegt werden: Wir haben uns aus Gründen der leichten Beschaffbarkeit von Strukturdaten in unserem Standard–Modell für die bei der EU als NUTS3–Regionen verwendeten räumlichen Einheiten entschlossen: Dies sind in Deutschland die Kreise, in Frankreich die Departements, in Italien die Provinzen, in Dänemark die Ämter etc. Für die Nicht–EU–Staaten (Polen, Tschechische Republik, Schweiz, Österreich) nutzen wir entsprechende Einheiten (Wojewodschaften, Kleinkreise, Kantone, Bezirke). Diese Regionen sind leider in keiner Weise homogen; die Definition eigener Raumeinheiten ist jedoch unmöglich. Als Abbild der Raumüberwindung zwischen den Regionen dient das Verkehrsnetz: es besteht aus Knoten und den sie verbindenden Kanten. Eine Region wird jeweils durch einen (einzigen !) Knoten repräsentiert: die Daten dieses "Meßpunktes" stehen als Indikatoren zur Bewertung der Region zur Verfügung (Abb. 1).

Bei der Erfassung des Verkehrsnetzes konkurrieren zwei Aspekte: einerseits sollte das Netz möglichst vollständig sein, um realistische Distanzdaten ableiten zu können; andererseits muß die Datenmenge noch beherrschbar sein (neben der Ersterfassung der Netzes ist die Fortschreibung unerläßlich !). Hilfestellung bei diesem in höchstem Maße empirischen Prozeß bieten Klassifizierungsschemata, die in einigen Staaten definiert sind (z.B. die Straßen mit dem Status "Primary Route" in Großbritannien). Erfahrungen über einen längeren Zeitraum, die möglichst an eine Person gebunden sind, sind m.E. unerläßlich.

Unser Standard–Verkehrsnetz umfaßt die Teilnetze des Straßen– und des Eisenbahnnetzes (vgl. Tab. 1). Mit insgesamt 1072 Regionen umfaßt es Verkehrsnetze für den Bereich Deutschland, Benelux, Frankreich, Schweiz, Österreich, Norditalien, Tschechische Republik, Polen, Dänemark (vollständig bez. NUTS3) sowie Rest–Europa (nur Anschluß der jeweiligen Hauptorte der Staaten).

Das Straßennetz ist ausreichend vollständig bezüglich der genutzten Meßpunkte. Es enthält (innerhalb von Deutschland) das vollständige Netz der Bundesfernstraßen (Autobahnen, Bundesstraßen) sowie ergänzende sonstige Strecken, soweit sie für eine adäquate Anbindung der Meßpunkte notwendig sind (Abb. 2). Die Dichte des außerdeutschen Netzes ist entsprechend. Das Eisenbahnnetz umfaßt praktisch alle Strecken, die noch in Betrieb sind (Abb. 3).

Tabelle 1: *Größe des aktuellen Standard–Netzes*

Verkehrsnetz	Straße		Schiene
Anzahl Knoten	9502		4663
Anzahl Kanten	13885		6422
Anzahl Zugverbindungen		3070	

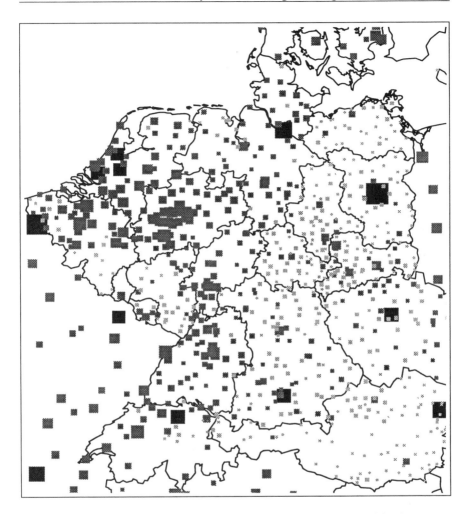

Abbildung 1 : *Regionen, dargestellt als ihre Meßpunkte, im Ausschnitt Mitteleuropa*
Die Regionen in der Form der sie repräsentierenden Meßpunkte sind als Quadrate dargestellt. Die Größe ist der Bevölkerung der Region proportional. Die Graustufen entsprechen drei Klassen (Klasse 1: unter 100000 Einwohner; Klasse 2: bis 1 Mio. Einwohner; Klasse 3: über 1 Mio. Einwohner).
Die Inhomogenität der Regionen ist deutlich erkennbar: zum einen zwischen den Kreisen in den westlichen (kaum Klasse 1) und den östlichen (in der Regel in Klasse 1) Bundesländern in Deutschland; zum anderen in der räumlichen Dichte zwischen Deutschland (Kreise: eng) und Frankreich (Departements: weit).

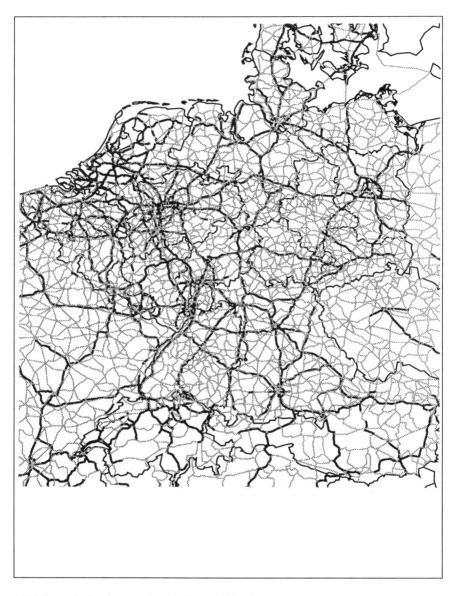

Abbildung 2: *Straßennetz für den Bereich Mitteleuropa*
Die Autobahnen sind durch kräftigere Linien hervorgehoben.

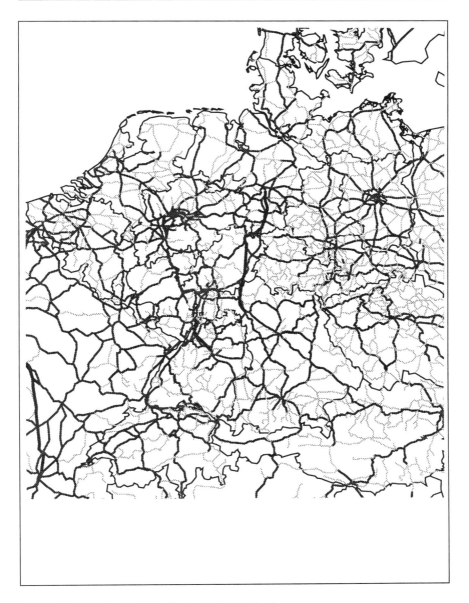

Abbildung 3: *Eisenbahnnetz für den Bereich Mitteleuropa*
Die Nebenstrecken sind als dünne Linien, die Hauptstrecken als dickere Linien darge-
stellt. Die Neubaustrecken der DB und der SNCF sind besonders hervorgehoben.

Im Straßennetz enthalten die Kanten Distanzdaten (Länge der Strecke; Kennwerte, aus denen sich eine mittlere Geschwindigkeit berechnen läßt) und Kapazitätsdaten (Kennwerte, aus denen sich die Geschwindigkeit auf der Kante als Funktion des aktuellen Verkehrsstromes berechnen läßt; es erfolgt eine Typisierung nach den RAS⁻ Richtlinien).

Für Erreichbarkeitsanalysen im Eisenbahnnetz liegt zusätzlich zum Streckennetz das Netz der Zugverbindungen vor: aus den aktuellen Fahrplänen wird pro Strecke die jeweils schnellste Verbindung als Fahrzeit zwischen den die Knoten darstellenden Haltepunkten erfaßt; hierbei werden Systemhalte auf den Bahnhöfen berücksichtigt. Die Wartezeiten für evt. notwendiges Umsteigen sind jedoch nicht enthalten.

Distanzmatrix und Wegebäume

Ausgehend von den Verkehrsnetzen wird unter Nutzung der Zeitdistanzen auf den Kanten mit Algorithmen zur Suche minimaler Wege die Matrix minimaler Zeitdistanzen zwischen den Meßpunkten für die beiden Verkehrsnetze Straße und Schiene berechnet. Diese "Distanzmatrizen" sind Ausgangspunkt für die anschließend zu berechnenden Indikatoren zur Lagegunst und zur Verbindungsqualität.

Weiterhin können die Verläufe der Wege selbst abgespeichert und als "Wegebaum" darstellt werden: Ein Wegebaum zeigt – ausgehend von einem bestimmten Meßpunkt – die zeitminimalen Wege zu allen anderen Meßpunkten. Vergleicht man die Wegebäume in zwei Varianten eines Verkehrsnetzes, so kann die Verlagerung von Fahrwegen deutlich gemacht werden.

Am Beispiel des Wegebaums Berlin⁻Zoo (Abb. 4a/4b) wird dies verdeutlicht: Die Verbindungen aus Bayern, die im Bezugsfall (Abb. 4a) weitgehend über die Neubaustrecke Würzburg⁻Kassel⁻Hannover verlaufen, werden im Analysefall (Abb. 4b) – infolge des Ausbaus von Nürnberg⁻Erfurt⁻Leipzig – über diese Strecke umgelenkt.

Indikatoren zur Lagegunst

Diese Erreichbarkeitsmaße stellen die "klassischen" Indikatoren der Raumordnung für die Beurteilung der Verkehrserschließung eines Raumes dar; sie wurden als erstes für VERENA entwickelt und eingesetzt.

Aggregation innerhalb von Distanzzonen

Für vorgegebene Distanzzonen werden für ein vorgegebenes Merkmal Aggregate der jeweils erreichten Regionen berechnet und als Lagegunstindikator der im Mittelpunkt der "Distanzkreise" liegenden Region zugeordnet (Beispiel: erreichbare Bevölkerung innerhalb 1, 2 und 3 Stunden).

Distanzmessung

Es wird die Menge der zu erreichenden Zielmeßpunkte vorgegeben (z.b. alle Meßpunkte, alle Oberzentren) und der Mittelwert der Distanzen von einem Meßpunkt zu den Meßpunkten aus der vorgegebenen Zielmenge errechnet. Es ist sinnvoll, die Distanzwerte (z.B. mit der Einwohnerzahl) zu gewichten. In Abbildung 5a/5b wird am Beispiel der Gewichtung mit der Einwohnerzahl deutlich, daß die günstigste Lage 1991 die Kreise im Dreieck Frankfurt – Dortmund – Braunschweig aufweisen. Die größten Verbesserung ihrer Lage innerhalb von Deutschland erreichen die Kreise an der Ostsee östlich von Rostock und im Süden der östlichen Bundesländer.

Aussagekräftige Lagegunstmaße lassen sich auch für bestimmte Zielmengen benachbarter Meßpunkte aufstellen: Distanz zum nächsten Oberzentrum, zum nächsten Flughafen, zum nächsten IC–Bahnhof; mittlere Distanz zu denjenigen nächsten Regionen, mit denen 5 Mio. Einwohner erreicht werden.

Indikatoren zur Verbindungsqualität

Zwischen zwei Meßpunkten ist die Güte der Netzverbindung von besonders hoher Qualität, wenn sich einerseits eine hohe Geschwindigkeit längs des Weges erreichen läßt und andererseits das Ziel möglichst direkt ohne Umweg erreicht wird.

Für die Netzverbindungen zwischen den Meßpunkten i und k gelte

$t[i,k]$ Fahrzeit in Minuten längs des zeitminimalen Weges

$w[i,k]$ Länge des Weges in km längs des zeitminimalen Weges

$l[i,k]$ Luftlinienentfernung in km

Dann werden als Gütemaße genutzt

$VW[i,k]$ mittlere Geschwindigkeit längs des Weges $:= w[i,k] / t[i,k]$

$UF[i,k]$ Umwegfaktor $:= w[i,k] / l[i,k]$

In VERENA werden diese beiden Maße zu einem besonders aussagekräftigen Maß, der "Luftliniengeschwindigkeit", verknüpft:

$VL[i,k]$ Luftliniengeschwindigkeit $:= l[i,k] / t[i,k]$

Für die Auswirkung von VW und UF auf die Ausprägung von VL gilt die Zuordnung nach Tabelle 2.

Tabelle 2 : *Ausprägungen des Indikators Luftliniengeschwindigkeit VL*

	Umweg ist gering	Umweg ist groß
VW ist hoch	VL ist hoch	VL ist mittel
VW ist niedrig	VL ist mittel	VL ist niedrig

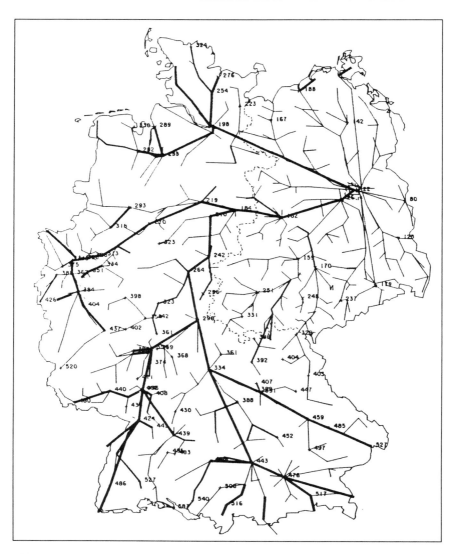

Abbildung 4a: *Verkehrswegebaum Schiene Berlin–Zoo im Bezugsfall (Zustand 1991)*
Die Zugverbindungen längs der minimalem Wege von den Meßpunkten in Deutschland
zu dem Meßpunkt Berlin–Zoo in unterschiedlicher Liniensignatur (dreifache Linie =
IC–Verbindung). Am Ort der Meßpunkte wird die minimale Zeitdistanz nach Berlin–
Zoo in Minuten angegeben.

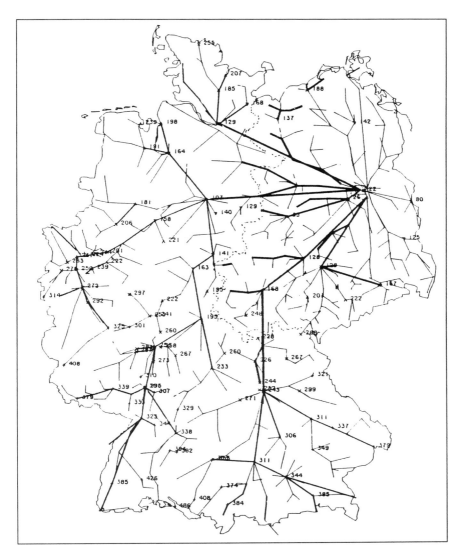

Abbildung 4b: *Verkehrswegebaum Schiene Berlin–Zoo im Analysefall (nach Realisierung aller Maßnahmen des Projektes "Deutsche Einheit")*
Die Zugverbindungen längs der minimalem Wege von den Meßpunkten in Deutschland zu dem Meßpunkt Berlin–Zoo in unterschiedlicher Liniensignatur (dreifache Linie = Verbindung über eine Aus–/Neubaustrecke). Am Ort der Meßpunkte wird die minimale Zeitdistanz nach Berlin–Zoo in Minuten angegeben.

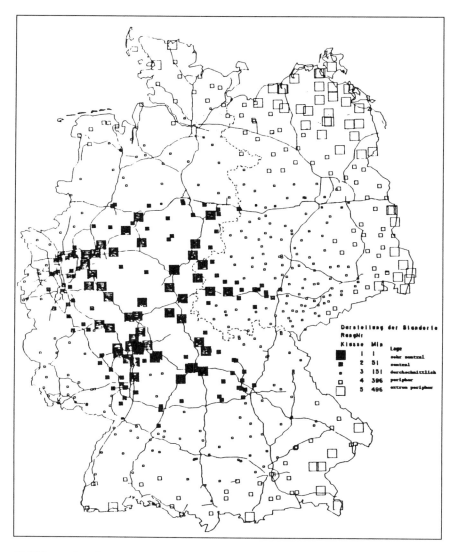

Abbildung 5a: *Lagegunst der Kreise in Deutschland im Straßennetz (mit der Ein-wohnerzahl gewichtete mittlere Zeitdistanz zu allen anderen Kreisen in Deutschland); Bezugsfall: Zustand 1991*

Klasse:	1	2	3	4	5
Quadrat:	schwarz groß	schwarz mittel	leer klein	leer mittel	leer groß
Lage:	sehr zentral	zentral	durchschnittlich	peripher	extrem peripher

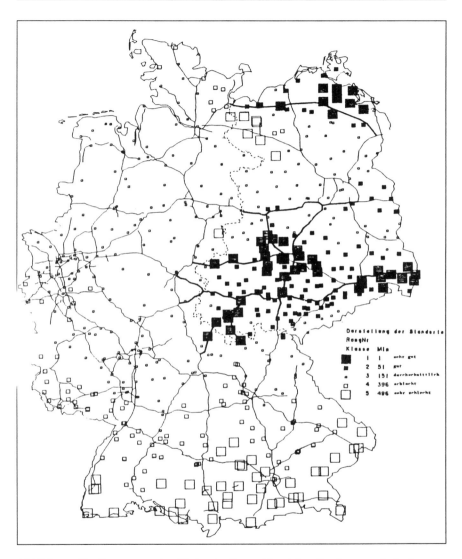

Abbildung 5b: *Lagegunst der Kreise in Deutschland im Straßennetz (mit der Einwohnerzahl gewichtete mittlere Zeitdistanz zu allen anderen Kreisen in Deutschland); Analysefall: Veränderungen nach (Aus–)Bau aller betrachteten Autobahnen*

Klasse:	*1*	*2*	*3*	*4*	*5*
Quadrate:	*schwarz groß*	*schwarz mittel*	*leer klein*	*leer mittel*	*leer groß*
Verbesserung:	*am größten*	*groß*	*durchschnittlich*	*gering*	*am geringsten*

Der Indikator "Luftliniengeschwindigkeit" kann auf zweifache Art zur Bewertung der Güte der Verkehrsinfrastrukur genutzt werden. Zum einen kann analog zum Lagegunstindikator für jeden Meßpunkt der gewichtete Mittelwert der Maße der Luftliniengeschwindigkeit zu allen anderen Meßpunkten im Netz berechnet werden; auf diese Weise ergeben sich an den Orten der Meßpunkte jeweilige Ausprägungen des Güte der Verbindungsqualitäten im Netz.

Abbildung 6a zeigt, daß im Ist-Zustand die Kreise in Norddeutschland sowie einige an den Endpunkten schneller Verbindungen in Süddeutschland im Bereich der Deutschen Bundesbahn die besten Verbindungsqualitäten aufweisen; besonders schlechte Werte ergeben sich für den südlichen Bereich der Deutschen Reichsbahn. Die Maßnahmen der Verkehrsprojekte "Deutsche Einheit" bewirken eine besonders deutliche Verbesserung für Kreise im Anschluß an den Ausbau der Strecke Hannover–Berlin. Die Kreise im Süden der Länder Thüringen und Sachsen sind jedoch weiterhin stark benachteiligt (Abb. 6b).

Andererseits kann die Aussage eingeschränkt werden auf die Verbindungsqualität jeweils zwischen Meßpunktpaaren. Auf diese Weise sind aussagekräftige Analysen möglich z.B. bezüglich der schlechtesten Verbindungen in einer bestimmten Netzvariante oder bezüglich der größten Veränderungen von einer zu einer anderen Netzvariante.

Abbildung 7a zeigt ein gehäuftes Auftreten schlechter Verbindungsqualität im Mittelgebirgsraum insbesondere in West-Ost-Lage; extrem schlechte Werte ergeben sich bezüglich Südthüringen. Der Neu-/Ausbau der Strecke Nürnberg–Erfurt–Leipzig zeigt dagegen deutlichste Auswirkungen zwischen (Nord)Bayern und Thüringen/Sachsen, die teilweise bis hin nach Berlin ausstrahlen (Abb. 7b).

Daß die Ergebnisse in Abbildung 6 die Auswirkung der Neubaustrecke Hannover – Berlin und in Abbildung 7 die der Strecke Nürnberg–Erfurt–Leipzig besonders deutlich hervortreten lassen (bei identischem Analysefall), unterstreicht die Notwendigkeit des Einsatzes einer Vielfalt von Analysewerkzeugen: nur in ihrer Gesamtheit lassen sich alle Facetten der Verkehrserschließung eines Raumes verdeutlichen.

Verkehrsströme

Die Raumordnungspolitik verlangt neben Maßzahlen zur Lagegunst und der Güte der Verbindungsqualität auch Hinweise auf die Verteilung der Verkehrsströme auf den Kanten des Verkehrsnetzes, insbesondere unter den Aspekten, Engpässe auszuweisen und Verlagerungen der Ströme bei Netzmodifikationen zu verdeutlichen. Das z.Z. in VERENA realisierte Modell erlaubt bei einer vorgegebenen verkehrsnetzbezogenen Quelle-Ziel-Matrix der Verkehrsverflechtung zwischen den Meßpunkten eine Umlegung auf die benutzen Kanten längs der berechneten minimalen Wege im Netz. Für das Straßennetz werden in einem Iterationsprozeß nacheinander portionsweise die Ströme der Verflechtungsmatrix auf die Kanten verteilt. Nach jedem Iterationsschritt wird die mittlere Geschwindigkeit auf einer Kante aufgrund der aktuellen Belegung neu berechnet; auf diese Weise kann u.U. im nächsten Iterationsschritt wegen relativer Überlastung ein abweichender Weg berechnet werden (capacity–restraint–Verfahren: Bestwegumlegung unter Beachtung belastungsabhängiger Eigenschaftsänderungen und Kapazitätsbegrenzungen).

Die nachfolgenden Ergebnisse für das Teilnetz Straße können als erste Näherung eines leistungsfähigen und aussagekräftigen Modells vorgestellt werden; die Ausgangsverflechtungsmatrix setzt sich aus den folgenden Anteilen zusammen:

–   Der Personenfernverkehr (weiter als 50 km) wird der Matrix zwischen Verkehrszellen entnommen, die auch für die Berechnungen des BMV für den BVWPlan genutzt wurden ("Szenario H").

–   Für den Personennahverkehr wurden die Ströme aus vorliegenden Einpendlerdaten für die Kreise abgeleitet.

–   Für den Personenbinnenverkehr innerhalb eines Kreises wurden die Binnenpendlerdaten auf die Kanten einer Region unter der Annahme eines Anteils für den Öffentlichen Personennahverkehr umgelegt.

–   Der Güterverkehr wird pauschal aus der Menge des Personenverkehrs auf einer Kante abgeleitet.

–   Es werden Annahmen bezüglich einer Steigerung der Pendlerzahlen für die östlichen Länder gemacht.

In Abbildung 8 wird die Prognose der Verkehrsströme für den Zustand nach dem Aus–/Neubau aller betrachteten Straßen dargestellt. Die Belastungsschwerpunkte in den Verdichtungsräumen Rhein–Ruhr, Rhein–Main, Karlsruhe–Mannheim, Stuttgart, München, Nürnberg, Hannover, Hamburg, Berlin, Halle–Leipzig, Dresden sind deutlich erkennbar. Bei einigen Neubaumaßnahmen des BVWP ergeben sich nur geringe bzw. mittlere Belastungen (Ostsee–, Südharz–, Thüringerwald–Autobahn); die Notwendigkeit dieser Maßnahmen ist deshalb zu problematisieren.

Analyse– und Planungsschwerpunkte

Die vorliegenden Daten sowie die mit VERENA realisierten Verfahren erlauben schwerpunktmäßig die folgenden raumordnerischen Analysen und Planungen:

–   Analyse eines vorhandenen Verkehrsnetzes für einen bestimmten Untersuchungsraum: Mittels aussagekräftiger Indikatoren werden die Regionen des Untersuchungsraumes bezüglich ihrer gegenseitigen Lage, der Güte der Verbindungen zwischen ihnen und der durch Angebot und Nachfrage induzierten Verkehrsströme absolut und relativ bewertet, wodurch sich Gunst– und Ungunsträume erkennen lassen.

–   Es werden Netzvarianten / Netzzustände verglichen: Es werden maximale und minimale Veränderungen erkannt.

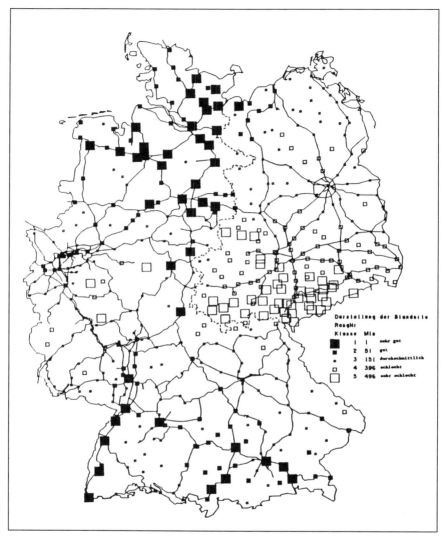

Abbildung 6a: *Güte der Verkehrsinfrastruktur Schiene für die Kreise in Deutschland: mit der Einwohnerzahl gewichtete mittlere Luftliniengeschwindigkeit zu allen anderen Kreisen in Deutschland; Bezugsfall: Zustand 1991 (Streckennetz: nur die Hauptstrecken als einfache Linie)*

Klasse:	1	2	3	4	5
Quadrat:	schwarz groß	schwarz mittel	leer klein	leer mittel	leer groß
Güte:	sehr gut	gut	durchschnittlich	schlecht	sehr schlecht

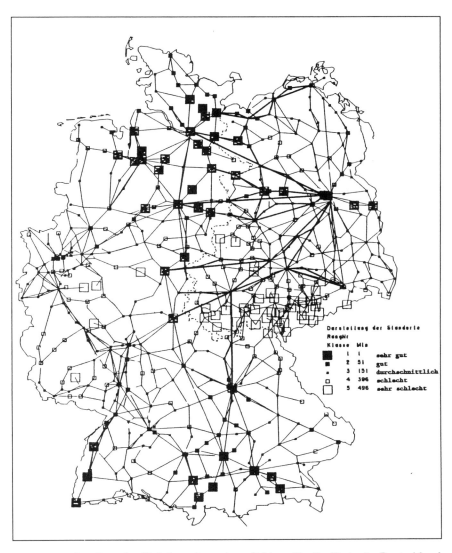

Abbildung 6b: *Güte der Verkehrsinfrastruktur Schiene für die Kreise in Deutschland: mit der Einwohnerzahl gewichtete mittlere Luftliniengeschwindigkeit zu allen anderen Kreisen in Deutschland; Analysefall: Verkehrsprojekte "Deutsche Einheit" (Zugverbindungen vollständig; Verbindungen für Aus–/Neubau–Strecken als Doppellinie)*

Klasse:	*1*	*2*	*3*	*4*	*5*
Quadrat:	*schwarz groß*	*schwarz mittel*	*leer klein*	*leer mittel*	*leer groß*
Güte:	*sehr gut*	*gut*	*durchschnittlich*	*schlecht*	*sehr schlecht*

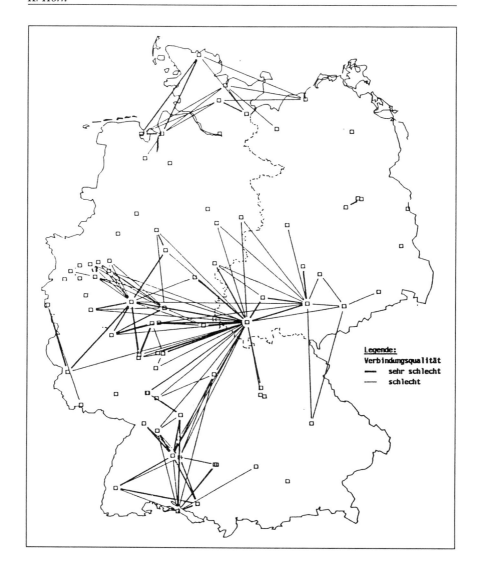

Abbildung 7a: *Verbindungsqualitäten im Schienennetz zwischen den Oberzentren in Deutschland*
Bezugsfall: Stand 1991 (Verbindungen mit den schlechtesten Werten für den Indikator Luftliniengeschwindigkeit)
Darstellung: geradlinige Verbindung zwischen den Meßpunkten

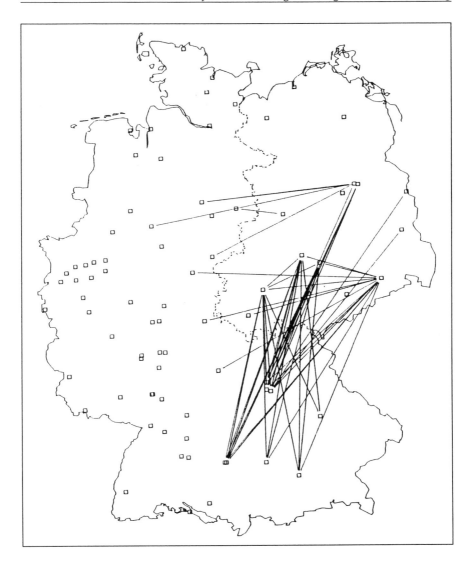

Abbildung 7b: *Verbindungsqualitäten im Schienennetz zwischen den Oberzentren in Deutschland*
Analysefall: alle Maßnahmen zum Verkehrsprojekt "Deutsche Einheit" (Verbindungen, bei denen sich die größten Verbesserungen für die Luftliniengeschwindigkeit ergeben)
Darstellung: geradlinige Verbindung zwischen den Meßpunkten

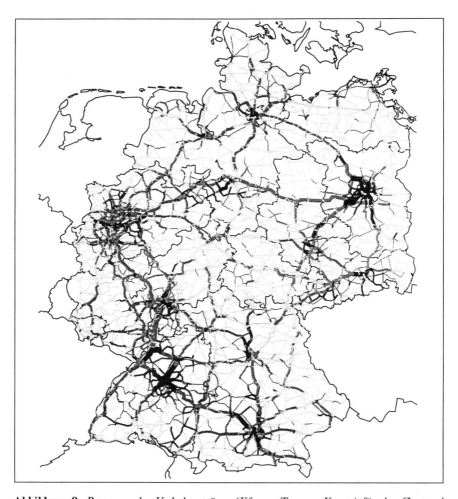

Abbildung 8: *Prognose der Verkehrsströme (Kfz pro Tag pro Kante) für den Zustand nach dem Aus−/Neubau aller betrachteten Straßen*
Bandbreite proportional zum Strom: einfache Linie für unter 20000 Kfz pro Tag
*   doppelte Linie für bis zu 40000 Kfz pro Tag etc.*
Graustufe als Maß für Auslastung: Klasse (1) bis 75 % der Grenzkapazität C: hell
*   Klasse (2) 75 bis 125 % von C : mittel*
*   Klasse (3) mehr als 125 % von C : dunkel*
Die Grenzkapazität C als Funktion eines RAS−Typs ist definiert als diejenige Belegung einer Strecke, bei der sich die mittlere Geschwindigkeit auf die Hälfte der Geschwindigkeit bei Belegung = 0 verringert. Somit bedeutet Klasse 1 geringe Belastung, Klasse 2 mittlere Belastung und Klasse 3 starke Belastung.

–   Was wäre wenn ? – Analysen: Es werden Planungsvarianten in ihren Auswirkungen untersucht; mehrere in Frage kommende Netzvarianten werden miteinander verglichen und durch aussagekräftige Kennwerte bewertet.

Erweiterung des Verkehrsmodells

Wir streben an, das beschriebene Verkehrsmodell in seinen unterschiedlichen Komponenten zu erweitern und zu verbessern.

Vervollständigung des Verkehrsnetzes

–   räumliche Erweiterung

Die Netze unseres Standardmodells (Straße und Schiene) werden mit größter
Priorität auf alle Staaten der EU ausgedehnt (Rest von Italien, Spanien, Portugal, Großbritannien, Irland, Griechenland).

–   inhaltliche Erweiterung

Aufbau der Flugverbindungen als drittes Teilnetz: die Kanten dieses Netzes enthalten die Flugzeit zwischen den Flughäfen unter Berücksichtigung der mittleren
Abfertigungszeit; der Übergang zu Knoten im Straßen– und Eisenbahnnetz muß
gewährleistet sein.

Prognose der Verkehrsverflechtungen

Bei den auf die Kanten des Netzes umzulegenden Daten aus der Verflechtungsmatrix
handelte es sich bisher um modellexterne Eingangsdaten. Hier wird ein eigenes Modell vorbereitet. Mit ihm sollen im Personenverkehr Prognosen für unterschiedliche
Verkehrszwecke (Berufspendler, Urlaubsfahrten, Geschäftsverkehr) und im Güterverkehr für verschiedene Sektoren (vor allem des produzierenden Gewerbes) durchgeführt werden. Es müssen jeweils die Phasen Verkehrserzeugung, Verkehrsverteilung,
Verkehrsmittelwahl und Verkehrsumlegung durchgeführt werden.

Verfahren zur Verkehrsumlegung

Bei der Umlegung der Verkehrsströme auf die Kanten des Straßennetzes muß der
Strom des Pkw– und des Lkw–Verkehrs mittels zweier gesonderter, jedoch eng ver-
zahnter Teilmodelle berechnet werden. Für die Personen– und Güterverkehrsströme
im Eisenbahnnetz sind entsprechende Verfahren notwendig.

Verfeinerung des Modells für innerregionale Analysen

Das benutzte Verkehrsnetz ist für überregionale Untersuchungen angelegt. Durch Verknüpfung mit einem für eine bestimmte Region verfeinerten Netz (z.B. für einen

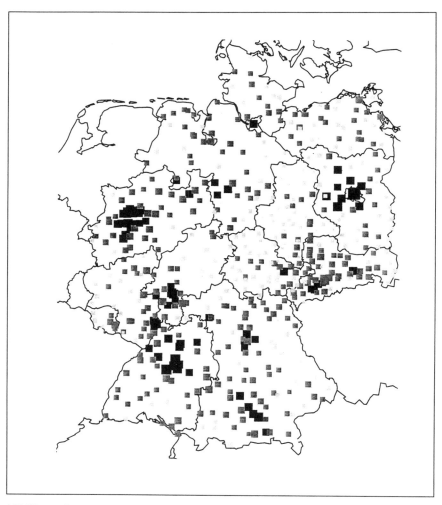

Abbildung 9a: *Grob−Indikator für die durch den Straßenverkehr verursachten Bela-*
stungen in den Kreisen der Bundesrepublik Deutschland für den Zustand nach BVWP:
Mittlere Anzahl von Kfz pro Tag auf den Straßen des Kreises
Darstellung: Größe der Quadrate proportional zur Belastung.

                 Graustufen gemäß der Klassen
                 1 hell   *weniger als 20000 Kfz pro Tag*
                 2 mittel   *zwischen 20000 und 50000 Kfz pro Tag*
                 3 dunkel   *mehr als 50000 Kfz pro Tag*

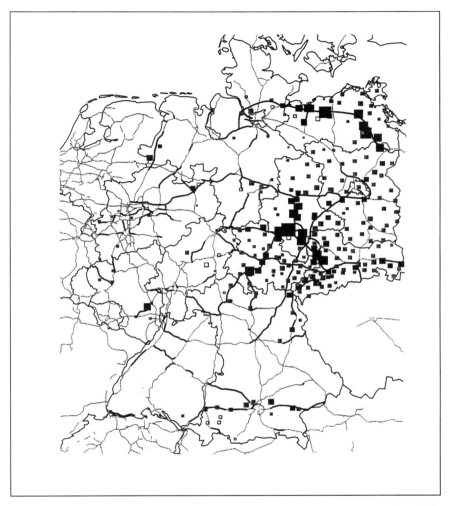

Abbildung 9b: *Grob–Indikator für die durch den Straßenverkehr verursachten Bela-*
stungen in den Kreisen der Bundesrepublik Deutschland für den Zustand nach BVWP:
Veränderung der Belastung im Analysefall im Vergleich zum Bezugsfall
Darstellung: *Größe der Quadrate proportional zur Veränderung in %, sofern der Abso-*
lutwert größer als 10 % ist.
Graustufen gemäß der Klassen:
1 offene Quadrate Abnahme
2 helle Füllung Zunahme unter 50 %
3 dunkle Füllung Zunahme über 50 %
Die Ausbau–/Neubaustrecken im BVWP sind durch dicke Linien hervorgehoben.

Landkreis mit Gemeinden als relevante Meßpunkte) können die Beiträge des
und Fernverkehrs analysiert werden.

Umweltrelevante Betrachtungen

Eine Verbesserung der verkehrsmäßigen Erschließung für die Regionen eines Raumes
hat eine Reihe von erheblichen Auswirkungen, die bisher nur in vollkommen ungenü-
gender Weise in die Betrachtungen der Raumordnungspolitik Eingang gefunden haben:

- Inanspruchnahme von Fläche
  - Versiegelung der Landschaft
  - Zerschneidung der Landschaft
- Lärm und Emission von Schadstoffen
- Verbrauch von Rohstoffen

Wir werden entsprechende Indikatoren in unser Modell einfügen, um sie bei zukünftigen Analysen auszuweisen.

Als allerersten Versuch in dieser Richtung haben wir eine grobe Abschätzung der Belastung durch den Straßenverkehr durchgeführt, wie sie bei Realisierung aller Maßnahmen des vordringlichen Bedarfs im Bundesverkehrswegeplan zu erwarten ist.
Abbildung 9a setzt die Ergebnisse von Abbildung 8 deutlich für die Regionen um. In
Abbildung 9b kann man einige wenige Regionen mit verringerter Belastung erkennen:
dort haben sich Verkehrsströme teilweise auf andere Autobahnen verlagert (z.B. Kreis
Hersfeld–Rotenburg; Verlagerung A7 auf A44). Die Zunahmen zeigen sich generell
für die Kreise in den östlichen Bundesländern und speziell für Kreise, die bisher von
keiner Autobahn berührt worden sind (in Mecklenburg–Vorpommern, Suhl–Ilmenau;
Chemnitz–Halle–Magdeburg).

Anmerkung

[1]   Zur Erläuterung der Verfahren werden Beispiele aus folgenden Gutachten genutzt:

   1.
   Veränderung der Lagegunst und Erreichbarkeit der Kreise im vereinigten Deutschland durch geplante
   Aus– und Neubaumaßnahmen von Verkehrswegen, Kassel 11/1991
   Bezugsfall: Ist–Zustand Straße und Eisenbahn 1991
   Analysefall: Realisierung aller Maßnahmen aus "Verkehrsprojekte Deutsche Einheit"
   als Quelle für die Abbildungen 4 bis 7

   2.
   Bezugsfall: Ist–Zustand Straße 1993
   Analysefall: Bundesverkehrswegeplan 92 : vordringlicher Bedarf
   als Quelle für die Abbildungen 8 bis 9

Darstellung von Erreichbarkeiten durch generalisierte Reisezeiten – Das Beispiel London

Von David Voskuhl

Einführung

In dem vorliegenden Beitrag soll das Konzept der generalisierten Reisezeiten als Definition und Maß für Erreichbarkeit vorgestellt werden. Mit Anwendungsbeispielen aus dem Personenverkehr des Verkehrsträgers Hochgeschwindigkeitsbahn (HGB) in Großbritannien werden darüber hinaus mögliche Praxisanwendungen vorgeschlagen.

Der Kanaltunnel

Über den Bau, die feierliche Eröffnung und die immer wieder verschobene Inbetriebnahme des Kanaltunnels zwischen Großbritannien und Frankreich ist in den allgemeinen Medien umfassend berichtet worden. Diese gehen allerdings selten über den Autoverladeverkehr ("Shuttle") hinaus. Die Aufbereitung des Projektes in einem weiteren Zusammenhang in der geographischen Fachliteratur beschränkt sich zudem überwiegend auf britische Beiträge [2]. An dieser Stelle soll nun auf Erreichbarkeitsauswirkungen für die britische Peripherie durch die Anbindung des Landes an das europäische Hochgeschwindigkeitsbahnnetz eingegangen werden.

Der Tunnel ermöglicht erstmals eine landfeste Verbindung zwischen dem britischen Bahnnetz und dem europäischen Festland. Damit wird für den Hochgeschwindigkeits–Personenverkehr ein Teilstück des nordwesteuropäischen HGB–Kernnetzes zwischen Paris, Brüssel, Köln, Amsterdam und London, der PBKAL (Abb. 1), errichtet. Auf der französischen Seite des Tunnels ist die TGV–Trasse betriebsbereit. Der Neubau einer Hochgeschwindigkeitsstrasse "Union Railways" (UR) zwischen dem Tunnel und London ist jedoch erheblich verzögert und wird in diesem Jahrtausend nicht realisiert werden können. Deshalb wird der Bahnverkehr bis auf weiteres auf nichtausgebauten Network SouthEast–Strecken (dem Bahnnetz südöstlich von London, das

---

Das dargestellte Modell und die dazugehörigen Fallstudien entstammen der Diplomarbeit des Verfassers [1], deren Fragestellung – für den Anlaß der DVAG-Tagung modifiziert – in etwa so formuliert werden kann: Wie ändert sich die Erreichbarkeit der britischen Regionen jenseits von London durch die HGB–Anbindung Großbritanniens mit dem Kontinent durch den Kanaltunnel?

Raumbezogene Verkehrswissenschaften – Anwendung mit Konzept
hrsg. im Auftrag des Deutschen Verbandes für Angewandte Geographie
von Arnulf Marquardt-Kuron und Konrad Schliephake
in Material zur Angewandten Geographie (MAG), Band 26, Bonn 1996

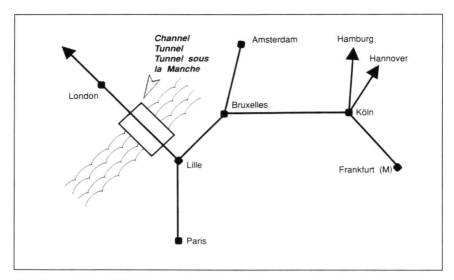

Abbildung 1: *Das HGB–Kernnetz Paris-Brüssel-Köln-Amsterdam-London (PBKAL)*
Quelle: Kommission der EG

vorwiegend für den Pendler– und Vorortverkehr genutzt wird) betrieben werden müssen.

Zumindest ist die Hauptstadt London unmittelbar an den europäischen Kernraum angeschlossen. Doch ist die Metropole nicht wie andere Knotenpunkte an der PB-KAL einfach durch einen Hauptbahnhof zu durchqueren; vielmehr besteht das britische Bahnetz aus einem radialen Netz, deren Verbindungen von den Regionen in Londoner Kopfbahnhöfen enden (Abb. 2). Die meisten IC–Zugpaare verkehren zwischen regionalen Endpunkten im Westen und Norden des Landes einerseits und den Londoner Bahnhöfen andererseits. Als Verbindung zwischen diesen Bahnhöfen – und damit für die Mehrzahl der Routen zwischen den Regionen und dem Tunnel – ist ein Umsteigen auf das Londoner U–Bahn–System notwendig (Abb. 3).

Vor diesem Hintergrund stellte sich die Frage, wie Erreichbarkeitsauswirkungen für die britischen Regionen hinsichtlich des Verkehrs durch den Kanaltunnel definiert, quantifiziert und dargestellt werden können. Der gebrochene Verkehr in London gebot es, die Erreichbarkeit über den reinen Zeitaufwand für eine Relation hinaus zu erfassen. Außerdem sollten mit einem Vergleich von Szenarien nicht nur der Status quo, sondern auch mögliche künftige Entwicklungen betrachtet werden.

Bisher verwendete Erreichbarkeitsmessungen zielten auf ähnliche Aufgabenstellungen ab, erscheinen jedoch für die dargelegte Problematik in London wenig brauchbar. Dennoch seien exemplarisch zwei Ansätze als Ausgangspunkt der Überlegungen diskutiert:

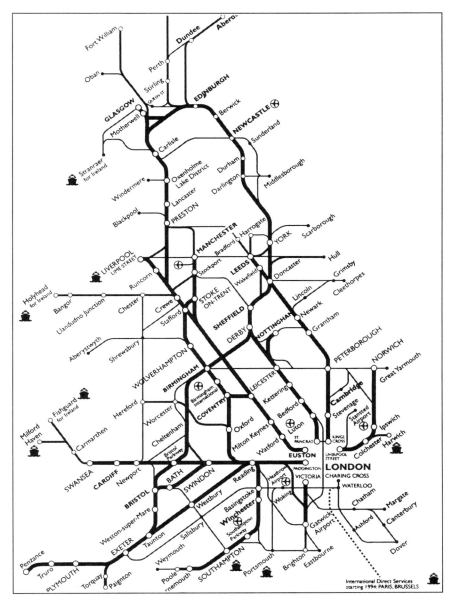

Abbildung 2: *Das britische Intercity–Bahnnetz*
Quelle: BritishRail

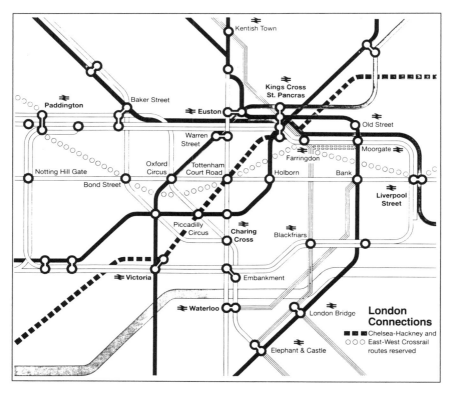

Abbildung 3: *Das U-Bahnnetz im Zentrum Londons*
Quelle: London-Underground

— Rutz (1971) verwendet eine Definition "mittlere Erreichbarkeit", um Fortbewegung pro Zeiteinheit auszudrücken:

$$V_{E_M} = \frac{L}{E_M} \tag{1}$$

mit V = mittlere Erreichbarkeit

L = überwundene Distanz

E_M = mittlere Erreichdauer, in der Geschwindigkeit und Häufigkeit einer Verkehrsbewegung enthalten sind.

Somit handelt es sich hierbei um eine "Geschwindigkeitsmessung". Im Ergebnis ließen sich mit diesem Ansatz Isochronenkarten für ein radiales SPNV–Netz um Nürnberg (loc. cit., S. 180) und Karten der "Verkehrsbedienungsqualität", ausgedrückt in Zugpaarungen und durchschnittlicher "Geschwindigkeit", für multipolare Relationen konstruieren. Im hier zu bearbeitenden Fallbeispiel handelt es sich jedoch durch die Umsteigevorgänge um einen nicht–stetigen Verkehrsfluß, der nicht mit Isochronen oder "km/h" adäquat dargegestellt werden kann.

Die Erreichbarkeitsstudie der BfLR von Lutter et al. (1992) verwendet "Reisezeiten mit dem jeweils schnellsten Verkehrsmittel unter Berücksichtigung von Pkw–Geschwindigkeiten auf der Straße sowie der jeweils schnellsten Züge und Flüge mit einer definierten Mindestbedienungsqualität" (loc. cit., S. 6). Dieser Ansatz zielt auf eine schnellstmögliche Verbindung über mehrere Verkehrsträger ab. Zwar wird dieser multimodale Ansatz von Vickerman (1993) zutreffend als Fortschritt gelobt, doch ist er auf die Fragestellung in vorliegenden Beitrag nicht anwendbar, weil es hier ausschließlich um Erreichbarkeitsauswirkungen eines Verkehrsträgers zwischen drei Quell–/Zielorten und dem Tunnel geht.

Wie Lutter schon im Rahmen dieser Veranstaltung anmerkte (vgl. Beitrag in diesem Band), ist der Hochgeschwindigkeitsbahnverkehr primär zur Verbindung der Zentren höchster Ordnung geeignet; die flächenhafte Erschließung müsse über nachgeordnete Bedienungen sichergestellt werden. Somit müssen die beiden vorgestellten Ansätze im Hinblick auf die hier verwendete Fallstudie verworfen werden. Ziel muß vielmehr sein, weg von einer reinen Fahrt– und Wartezeit–Kumulierung hin zu einer Index–Bildung, mit der sich Raumüberwindung quantifizieren läßt, zu kommen. Aufgrund des gebrochenen Verkehrs läßt sich Erreichbarkeit nicht in absoluten Werten messen.

Erreichbarkeit in diesem Zusammenhang geht über die reine Zeitmessung hinaus und soll definiert sein als die Leichtigkeit, mit der die Distanz zwischen Quell– und Zielpunkt überwunden werden kann. Diese Erreichbarkeit ist limitiert durch den Aufwand, der für diese Lageveränderung im Raum betrieben werden muß. Diese "disutility of transport" besteht aus "Kosten" finanzieller, zeitlicher und sonstiger Art. Durch Messung dieser "Kosten" ließe sich der Aufwand für Raumüberwindung und damit quasi eine "Nicht–Erreichbarkeit" erfassen.

In der Verkehrswissenschaft existiert das gängige Modell der generalisierten Transportkosten (GTK) [3], in der Aufwand für einen Transportvorgang indexiert werden kann. In GTK werden Zeit, finanzieller Aufwand, Distanz und weitere Faktoren wie Sicherheit und Komfort in einer Zahl zusammengefaßt, die durch Umformungen entweder in Geld– oder in Zeiteinheiten ausgedrückt werden.[4] In dieser Form sollen die GTK den "Nicht–Nutzen" einer Reise darstellen, und zwar so, wie sie von Reisenden wahrgenommen werden.

Diese nicht unumstrittene Indexierung der generalisierten Transportkosten war Gegenstand kontroverser Diskussionen [5], als deren Ergebnis – gleich welcher Auffassung man eher zuneigen mag – festgehalten werden kann, daß die a priori eingeschränkte Aussagekraft eines Transportkostenindex mit der Verwendung weiterer Variabler und Dimensionen abnimmt.

Eine Anwendung der GTK auf Verkehrsströme durch den Kanaltunnel wurde bereits durch Spiekermann und Wegener (1992) durchgeführt. Diese weisen zwar auf die Unannehmlichkeiten und den erhöhten Zeitaufwand durch gebrochenen Verkehr hin (loc. cit., p. 8), und die Bedeutung durchgehender Bedienungen für den Tunnelgüterverkehr wird hervorgehoben (loc. cit., p. 10), aber die Engpaßsituation in London für den Personenverkehr bleibt zu wenig berücksichtigt.

Vor dem Hintergrund dieser Ansätze und des betrachteten Fallbeispieles soll das Konzept der Transportkostenindexierung für die Anwendung auf den Hochgeschwindigkeits−Personenverkehr behutsam verwendet werden. Es wird für vertretbar gehalten, einzelne Faktoren wie Fahrpreis ganz aus der Betrachtung auszuschließen. Durch diese Verkürzung der Betrachtung auf die Dimension "Zeit" werden zwar einzelne Aspekte ausgeblendet, aber die Aussagefähigkeit des Index erhöht. Der im folgenden "generalisierte Reisezeit" (GRZ) genannte Index setzt sich zusammen aus:

$$\text{GRZ} \quad = \quad f\,(\text{FZ, WZ, UZ, UA, Z}) \;[\text{min}] \tag{2}$$

mit FZ = reine Fahrtzeit
WZ = Wartezeit
UZ = Umsteigezeit
UA = Umsteigeaufschlag
Z = Zuverlässigkeitsindex für bestimmte Streckenabschnitte

In seiner einfachsten Form, die auch im Fallbeispiel verwendet wurde, nimmt die GRZ die Summe der Variablen mit Gewichtungsfaktoren an:

$$\text{GRZ} \quad = \quad \alpha\text{FZ} \,+\, \beta\text{WZ} \,+\, \gamma\text{UZ} \,+\, \delta\text{UA} \,+\, \epsilon\text{Z} \tag{3}$$

Neben dem echten Zeitaufwand werden in der GRZ insbesondere Umsteigevorgänge durch Einfügen der UA berücksichtigt; darüber hinaus können neuralgische Streckenabschnitte, die regelmäßig zu nennenswerten Verspätungen führen, durch Benutzung von Z berücksichtigt werden. In Anlehnung an die gängige Methodik in der ÖPNV−Modellierung wurde für die Fallstudien ein dreistufiges Schema für Umsteigeaufschläge entwickelt (Tab. 1).

Der Wert 60 als Umsteigeaufschlag der höchsten Stufe wurde nach Aussage von European Passenger Services (EPS), dem zukünftigen Betreiber der HGB−Personenzüge zwischen Großbritannien und dem Kontinent, empirisch für den internationalen Per-

Tabelle 1: *Dreistufiges Schema für Umsteigeaufschläge (UA)*

Stufe	niedrig	mittel	hoch
Merkmale	gleicher ▶ Verkehrsträger ▶ Betreiber ▶ Terminal ▶ Betriebsstufe	verschiedene ▶ Verkehrsträger oder ▶ Betreiber oder ▶ Terminals oder ▶ Betriebsstufe	verschiedene ▶ Verkehrsträger, ▶ Betreiber, ▶ Terminals und ▶ Betriebsstufe
Beispiele	korrespondierende IC-Halte in Köln, Mannheim (...) Hbf	Wechsel von IC-/EC-Verbindung SPNV	Wechsel von internationaler HGB-Verbindung auf örtlichen ÖPNV
verursachte Nachteile	lediglich Fahrzeugwechsel	Fahrzeugwechsel mit einigen Merkmalen der hohen Stufe	Wechsel von ▶ Fahrzeug, ▶ Tarifsystem, ▶ Terminal, mit längeren Umsteigewegen und erhöhtem Risiko eines verpaßten Anschlusses
mögliche Bandbreite [Minuten]	$2 \leq UA \leq 10$	$15 \leq UA \leq 30$	$30 \leq UA \leq 60$
Im Fallbeispiel verwendeter Wert [Minuten]	10	30	60

Entwurf: David Voskuhl   Idee: Roger W. Vickerman

sonenverkehr ermittelt. Weitere Informationen von British Rail über fahrplanmäßige Reisezeiten und verwendete Z–Werte (in diesem Beispiel für Network SouthEast) vervollständigen die Datenbasis für ein Durchspielen von jeweils drei Szenarien zum Durchqueren von London für drei Destinationen in den britischen Regionen. Es werden exemplarisch Newcastle, Plymouth und Liverpool betrachtet.

Mit diesem Instrumentarium wird es möglich, durch eine abgestufte Aufwertung der Umsteigevorgänge die Behinderung des Verkehrsflusses im Personenverkehr durch gebrochenen Verkehr zu quantifizieren, mit echten Fahrt- und Wartezeiten in einer Indexzahl auszudrücken und in mehreren Szenarien miteinander zu vergleichen. Im folgenden soll die Anwendung der GRZ auf jeweils 3 Szenarien für die genannten Fallbeispiele (Fahrtrichtung Region–Kanaltunnel) dargestellt werden.

Die Szenarien 1 gehen in allen drei Fällen vom Status quo nach Inbetriebnahme des Tunnels aus: EPS–Züge verbinden London mit dem Kontinent; in London muß in die U–Bahn umgestiegen werden, um von den jeweiligen BR–Bahnhöfen die Zielorte in den Regionen zu erreichen. In den Szenarien 2 wurde eine durchgehende Verbindung mit EPS–Zügen zwischen Newcastle, Plymouth und Liverpool mit dem PB-KAL–Netz angenommen. Nach Aussage von EPS ist das über eine westliche Umgehungstrasse (via Kensington/Olympia) technisch möglich und wird für einige Relationen in Erwägung gezogen. In der Fallstudie Plymouth wird im Gegensatz zu Newcastle und Liverpool die neu zu bauende UR benutzt.

Die Szenarien 3 schließlich stellen für jedes Fallbeispiel individuelle Eigenarten dar: Für Newcastle wurde eine durchgehende EPS–Verbindung über die UR–Trasse via ein neues dazugehöriges Terminal King's Cross International angenommen. Plymouth wird im Szenario ebenfalls über diese Hochgeschwindigkeitstrasse bedient, jedoch nur bis zum ersten Londoner Bahnhof Stratford International, von wo aus eine geplante CrossRail ("S–Bahn") Verbindung zum InterCity ab Paddington führen soll. Für Liverpools Szenario schließlich bleibt alles wie in Szenario 1 bis auf die Benutzung der Hochgeschwindigkeitstrasse zwischen Tunnel und London. Die Ergebnisse der GRZ–Berechnungen für diese insgesamt neun Szenarien verdeutlichen die jetzige Engpaßfunktion von London im britischen Verkehrssystem und zeigen auf, wo und wie der Verkehrsfluß durch oder um London verbessert werden kann.

Die GRZ–Werte für die Fallstudie zeigen von Szenario 1 bis 3 einen abnehmenden Aufwand zur Raumüberwindung. Mit 231 in Szenario 1 ist der Aufwand, London zu durchqueren, größer als für die Strecke Newcastle–London mit 180. Eine starke Verbesserung um 181 wird in Szenario 2 mit einer durchgehenden Bedienung auf jetzt schon existierender Infrastruktur erreicht. Die Benutzung von UR in Szenario 3 hat im Vergleich dazu lediglich eine nachgeordnete Auswirkung.

Auch in der Fallstudie Plymouth werden die größten Einsparungen von 157 durch eine durchgehende Verbindung beim Sprung von Szenario 1 zu Szenario 2 erreicht. Die Benutzung von CrossRail und UR in Szenario 3 ermöglicht trotz weiter bestehender Umsteigevorgänge immerhin die Reduzierung des GRZ–Wertes für die Durchquerung von London um ein gutes Drittel zu Szenario 1.

Die Ergebnisse der Fallstudie Liverpool bestätigen die Quintessenz der ersten beiden: Der große Sprung von 203 auf 50 wird in Szenario 2 mit der durchgehenden Verbindung erreicht, während allein die Inbetriebnahme von UR in Szenario 3 nur eine minimale Verbesserung bringt.

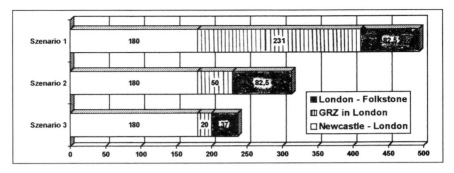

Abbildung 4: *GRZ–Werte für die Fallstudie Newcastle*

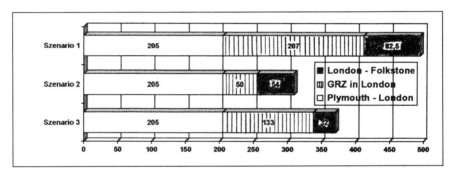

Abbildung 5: *GRZ–Werte für die Fallstudie Plymouth*

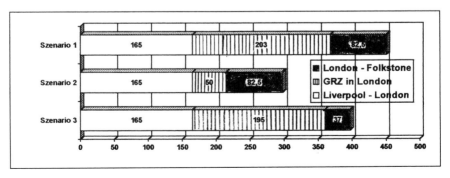

Abbildung 6: *GRZ–Werte für die Fallstudie Liverpool*

Die Anwendungsbeispiele in den Fallbeispielen ergeben somit, daß eine Überbrük-kung des gebrochenen Verkehrs in London (die sich durch Wegfall oder Reduzierung der UA in den Rechnungen niederschlüge) die Erreichbarkeit der Regionen erheblich verbessert, während die Inbetriebnahme neuer Infrastruktur abgesehen von teilweise erheblichen, hier aber vernachlässigten Kapazitätsausweitungen nur eine nachrangige Bedeutung haben.

Abschließend läßt sich festhalten, daß die GRZ als Variante der GTK eine Erreich-barkeit im Sinne von Aufwand für Raumüberwindung ausdrücken kann. Die Bedeu-tung des räumlichen Verkehrsmodells für die Praxis besteht in der Darstellbarkeit schwer zu quantifizierender Hindernisse durch gebrochenen Verkehr. Im dargestell-ten Anwendungsbeispiel wurde mit diesem Instrument verdeutlicht, daß unter der An-nahme der wahrscheinlichsten Zukunftsperspektiven London ein Engpaß für den HGB-Verkehr zwischen dem Kontinent und den britischen Regionen darstellen wird. Die GRZ in der verwendeten Form stellten die notwendigen Umsteigevorgänge als Hindernis heraus und relativierten die Fortschritte, die durch die Inbetriebnahme neuer (Hochgeschwindigkeits-) Verbindungen gemacht werden können.

Literatur

Bruton, M.J. (1985): Introduction to Transportation Planning.- UCL Press, London.

Button, K.J. (1982): Transport Economics. Heinemann, London.

Goodwin, P.B. (1978): On Grey's Critique of Generalised Cost; in: Transportation, Vol. 7, pp. 281-295.

Grey, A. (1978): The Generalised Cost Dilemma; in: Transportation, Vol. 7, pp. 261-280.

Lutter, H., Pütz, T. und M. Spangenberg (1992): Accessibility and Peripherality of Community Regions: The Role of Road, Long Distance Railway and Airport Networks. (Bundesforschungsanstalt für Landeskunde und Raumordnung.) Bonn Bad Godesberg.

Ortuzar, J. and L.G. Willumsen (1990): Modelling Transport.- Wiley, Chichester.

Rutz, W. (1971): Erreichdauer und Erreichbarkeit als Hilfswerte verkehrsbezogener Raumanalyse; in: Raumfor-schung und Raumordnung, 29. Jg., S. 145-156.

Spiekermann, K. and M. Wegener (1992): The Impact of the Channel Tunnel on Transport Flows and Regional Development in Europe. Paper presented at the Regional Science Association 32nd European Congress, Louvain La Neuve (Belgium), 25-28 August 1992.

Vickerman, R.W. (1993): Accessibility and Peripheral Regions. Working Paper compiled in July 1993.

Anmerkungen

[1] Voskuhl, David (1994): Accessibility Implications of High Speed Rail Links on Peripheral Regions: The Example of the Channel Tunnel. Unveröffentlichte Diplomarbeit, Bonn.

[2] vgl. z.B. Hollidax, I.M., Marcou, G. and R.W. Vickerman (1991): The Channel Tunnel: Public Policy, Re-gional Development and European Integration.- Belhaven Press, London/New York.

[3] nach Grey (1978) ist der Ursprung der GTK Indexierung zu finden bei: Warner, S.L. (1962): Stochastic Choices of Mode in Urban Travel. A Study in Binary Choice. Northwestern, Evanston IL (U.S.A.).

[4] vgl. z.B. Ortuzar/Willumsen (1990), p. 131 oder Bruton (1985), p. 148.

[5] vgl. die aufeinanderfolgenden Beiträge von Grey und Goodwin (1978).

Verkehrserzeugungsmodelle als Grundlage nachfragegerechter ÖV-Planung am Beispiel Coburg und Umland

Von Mario Mohr

Problemstellung

Unsere Fragestellung bezieht sich auf die Realität der Verkehrsnachfrage und ihrer räumlichen Verteilung in einer Region, die durch schnell wachsende IV-Mobilität und Stagnation der ÖV-Benutzung unter veränderten Rahmenbedingungen gekennzeichnet ist. Der Wegfall der innerdeutschen Grenze bescherte der Untersuchungsregion Coburg plötzlich einen großen Einzugsbereich für berufs- und versorgungsorientierte Bewegungen (vgl. Schliephake, Mohr & Oberwalleney, 1992, S. 92). Die negativen Folgen "überbordender" Individualverkehrsströme im Coburger Land veranlaßten die Verkehrsträger und kommunale Gebietskörperschaften zu Gedanken an ein (tariflich) intergriertes ÖV-Angebot. Im Rahmen eines Verkehrsverbundes sollte rasch ein nachfrageorientiertes ÖV-System geschaffen werden. Hierzu war von unserer Seite das Nachfragepotential für den ÖV zu bestimmen, das aus

– der tatsächlichen Nachfrage (=Verkehrsstrom), gemessen in geleisteten Fahrtenfällen und Reisendenkilometern auf einzelnen Bahn- und Buslinien, und

– der potentiellen Nachfrage (=Verkehrsspannung), d.h. der Verkehrsteilnehmer, die bei bestimmten Verbesserungsmaßnahmen im ÖV vom IV her umsteigen,

besteht.

Als Verbesserungsmaßnahmen in diesem Zusammenhang gelten die Einführung eines Verkehrsverbundes sowie die Schaffung von Taktverkehren auf den ÖV-Hauptachsen in der Region.

Die Praxis forderte also von unserer Seite eine Erfassung der realen Nachfrage sowie eine kurzfristige Prognose für die nächsten 1 bis 2 Jahre.

Raumbezogene Verkehrswissenschaften – Anwendung mit Konzept
hrsg. im Auftrag des Deutschen Verbandes für Angewandte Geographie
von Arnulf Marquardt-Kuron und Konrad Schliephake
in Material zur Angewandten Geographie (MAG), Band 26, Bonn 1996

Verkehrsprognoseverfahren

Nach Maier u. Atzkern (1992, S. 135) wird zur Erstellung einer Verkehrsprognose häufig von drei Modelltypen ausgegangen:

- Verfahren, die mit Wachstumsfaktoren arbeiten,
- Verfahren, die das nächstliegende akzeptable Fahrtenziel bei der Verkehrsverteilung berücksichtigen (opportunitymodel) und
- Verfahren auf der Basis des Gravitationsprinzips (gravitymodel).

Insbesondere, die in der Geographie für verschiedene Anwendungen weiterentwickelten Gravitationsmodelle bieten theoretisch eine adäquate Möglichkeit, das Nachfragepotential räumlich und qualitativ zu fassen. Für uns schied dieser Ansatz jedoch aufgrund der hohen Zahl an Siedlungsplätzen im Coburger Land (> 200) und dem damit verbundenen großen Rechenbedarf aus. Ergänzend sei angemerkt, daß dieser konzeptionell einwandfreie Ansatz auch hohe Kosten verursacht, die körperschaftliche Auftraggeber in ihrer finanziellen Potenz übersteigt. Für die Fragestellung dieser Arbeit bedeutet dies, daß raumbezogene Verkehrswissenschaften in ihrer praktischen Anwendung anderen Konzepten als wissenschaftlichen unterliegen. Wir versuchten daher, ein stark vereinfachtes Verfahren der Verkehrsprognose zu erarbeiten. Hierbei hielten wir uns an ein System von Regeln, das von der Ausgangssituation mittels bestimmter Operationen zum Ziel führt und somit als Methode zu bezeichnen ist, nicht als Modell.

Nachfrageerfassung und −bewertung für den ÖV

Bereits die Nachfrageerfassung im ÖV ist für den angewandt arbeitenden Geographen im Gelände ein mühsames Geschäft, weitaus schwieriger ist es allerdings, die potentielle Nachfrage zu erfassen. Der Verkehrsstrom mißt sich als reale Fahrtenfälle auf den einzelnen Bahn− und Buslinien.

Neben dem quantitativen Umfang interessieren auch qualitative Aspekte. Deshalb führten wir zusätzlich zu Zählungen auch Befragungen zu folgenden Punkten durch:

- Quell−Ziel−Beziehungen
- Alter, Fahrtmotive der Fahrgäste.

Die empirischen Befunde sind zu vergleichen mit der (hypothetischen) Verkehrsspannung (=potentielle Nachfrage), d.h. der Anzahl der aktuellen und der zusätzlichen Fahrgäste bzw. Fahrtenfälle, die bei bestimmten Angebotsverbesserungen zum ÖV vom IV her umsteigen (vgl. Schliephake 1992, S. 2). Daß die potentielle Nachfrage zumindest für Verkehrsunternehmen, die schienengebundene Verkehrsleistungen anbieten, im ländlichen Raum auch realisiert werden kann, wie prognostische Arbeiten im Auftrag des Bundesverkehrsministeriums z.B. für Region Schweinfurt ausweisen, belegen Beispielerhebungen in der Franken, wo Schliephake (1991) innerhalb eines Jahres auf dem Abschnitt Heuchelhof−Würzburg bei Umstellung von Bus− auf

Straßenbahnbetrieb eine 30%ige Steigerung der Fahrgastzahlen ermitteln konnte, und Zählungen der BD Nürnberg (Knopp u. Greul 1990) auf dem Abschnitt Miltenberg–Aschaffenburg nach Einführung eines Taktverkehres zwischen 1988 und 1992, die eine Zunahme der Fahrgastzahlen um 45 % ausweisen. Diese Ergebnisse sprechen für das Erfordernis einer verstärkten Betrachtung und Bemühung um die potentiellen Nachfrager für den ÖV von Seiten der Verkehrsträger als auch der kommunal– und regionalpolitisch Verantwortlichen.

Verkehrserzeugung (Trip Generation)

Unser Arbeitsansatz gliedert sich in eine stufenweise Methode zur Erstellung einer Verkehrsprognose (vgl. Abb. 1).

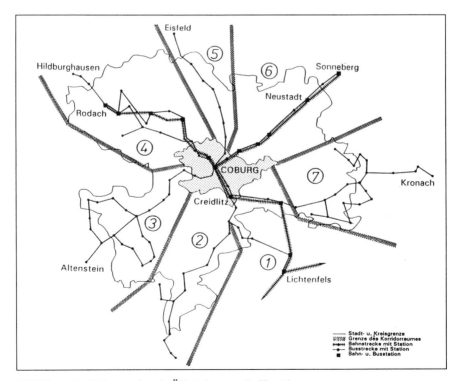

Abbildung 1: *Coburger Land: ÖV–Achsen und –Korridore*
Entwurf: M. Mohr, Quelle: DB–Kursbuch, OVF–Kursbuch

Verkehrserzeugung

Grundlagedaten für die Verkehrserzeugung akquirierten wir auf verschiedene Art und Weise. Zunächst errechneten wir für die Region Coburg Bewegungen im NIV, IV und ÖV mittels eines einwohnerbezogenen Rechenweges. Als Basis für die räumliche Orientierung der Bewegungen dienten die Mobilitätsdaten (vgl. Bundesministerium für Verkehr 1991) und Auspendlerdaten (Berufs– und Ausbildungspendler) der Volkszählung 1987, sowie eigene empirische Zählungen. In Tabelle 1 ist das Ergebnis dieser Berechnungen wiedergegeben (vgl. Schliephake, Mohr u. Oberwalleney 1992, S. 101). Zur Plausibilitätsprüfung zogen wir unsere Zählungen auf den verschiedenen Verkehrskorridoren im Coburger Land (vgl. Abb. 1) sowie weitere Quellen für den innerstädtischen Verkehr (Verkehrsentwicklungsplan 1991) heran.

Während das Ergebnis für die Stadt Coburg genau im westdeutschen Durchschnitt der ÖV–Bewegungen liegt, machen die 12.560 ÖV–Bewegungen im Landkreis gerade die Hälfte des zu erwartenden Ergebnisses aus. Dies kann mehrere Ursachen haben:

–   zum einen eine Unterschätzung bzw. –bewertung der Schul– und Werkbusverkehre, und

–   zum anderen ein nicht ausgeschöpftes ÖV–Potential, das es zu aktivieren gilt.

Für letzteres sprechen unter anderem auch empirische Vergleichsdaten zur ÖV–Nutzung, die für einzelne Achsen im Coburger Land aufgrund frührerer Untersuchungen vorliegen. Aus Abbildung 2 ist beispielsweise mit Schließung der Nebenstrecke Coburg–Rossach eine Verlagerung des Verkehrsaufkommens vom ÖV hin zum IV trotz Einwohnerzunahme und unwesentlicher Änderung der Alterstruktur der Bevölkerung zu verzeichnen.

Verkehrstrennung

Für die regionale, nachfrageorientierte Verkehrsplanung müssen diese Bewegungen entlang bestehender und möglicher ÖV–Achsen betrachtet, d.h. in räumlichen Bezug gebracht werden. Hierbei waren die verschiedenartig strukturierten Verkehrszellen im Coburger Land und die Verkehrsbedürfnisse zwischen diesen Zellen zu berücksichtigen (vgl. Maier u. Atzkern 1992, S. 134).

Tabelle 1: *Fahrtenfälle im ÖV in Coburg und Umland*

DB und OVF	*8.000*
Schul– und Werkbusverkehre	*2.500 (geschätzt)*
SÜC über Stadtgrenze	*2.060*
SÜC innerstädtisch	*12.940*

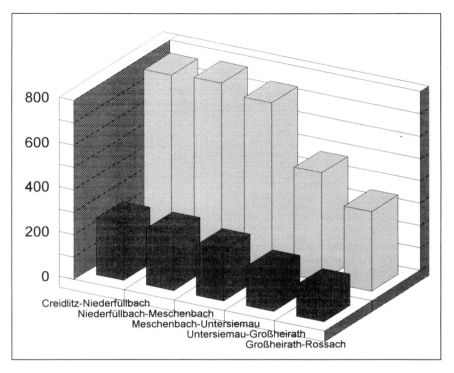

Abbildung 2: *Verkehrsaufkommen auf der Achse Coburg – Rossach im zeitlichen Vergleich*
dunkle Balken (vorne): ÖV–Fahrer 1991; helle Balken (hinten): ÖV–Fahrer 1977

Die Strukturierung der Verkehrszellen (Gemeinden, Gemeindeteile) ging in unseren Ansatz über den Auspendleranteil an den Einwohnern (aus der Volkszählung 1987) ein.

Die räumliche Orientierung der Auspendler diente uns als Grundlage für die Ermittlung der Verkehrsbedürfnisse zwischen den Zellen. Als Zellen wählten wir Gemeindeteile, da uns hier ortsteilbezogene Einwohnerdaten zur Verfügung standen. Die Orientierung der Berufs– und Ausbildungspendler wurde dann, bezogen auf die prozentuale Verteilung der Einwohneranteile umgelegt. Unter der Annahme, daß alle anderen nicht–produktionsorientierten Bewegungen in gleichem Maße wie die produktionsorientierten in die aus der Volkszählung benannten Zielorte führen, gelangten wir zu einer räumlichen Orientierung der Verkehrsbedürfnisse. Um hier nicht unrealistische Werte zu erhalten, mußten wir davon ausgehen, daß in Abhängigkeit der Zentralität eines Ortes die nicht–produktionsorientierten Bewegungen nicht in vollem Umfang

Tabelle 2: *Korrekturfaktor für einwohnerbezogene ÖV–Fahrten*

Anteil der Auspendler den Einwohnern	Korrekturfaktor
über 40%	1
31 – 40%	0,75
21 – 30%	0,5
unter 20%	0,3

Quelle Auspendleranteil: Volkszählung 1987

gemeindegrenzüberschreitend realisiert werden. Wir führten deshalb einen Korrekturfaktor für einwohnerbezogene ÖV–Fahrten entsprechend dem Pendleranteil an der Gesamtbevölkerung ein (Tab. 2).

Verkehrsteilung (modal split)

Mit dem bundesweiten Durchschnittswert von 0,3–ÖV–Fahrten–Fällen je Einwohner quantifizierten wir die Verkehrsverteilung auf die für uns wichtigen ÖV–Verkehrsträger, wobei wir jedoch nicht zwischen Bahn und Bus unterschieden. In nachfolgender Tab. 3 ist ein Teilergebnis für ein berechnetes ÖV–Nachfragepotential (Zeithorizont 1991) für die Gemeinde Meeder und Ortsteile dargestellt.

Damit konnten für jeden Siedlungskern die zu erwartenden gemeindegrenzüberschreitenden ÖV–Fahrtenfälle nach der Formel (nach Verkehr in Zahlen 1992)

$$F\ pot = EW\ ges * Anteil\ OT * k * n \quad ,$$

wobei   Ewges =   Einwohner Gesamtgemeinde 1991;

            Anteil OT =   Anteil Siedlungskern an EW Gesamt (nach Angaben der Gemeindeverwaltungen 1991);

            k =   Korrekturfaktor entsprechend der Zentralität einer Gemeinde (0,3 – 1);

            n =   zu erwartende ÖV–Fahrtenfälle bei modal split von 0,3 (bzw. Alternativen)

berechnet werden. Für die angrenzenden südthüringischen Nachbargemeinden mußten wir uns sowohl bei Einwohnerzahlen (je Ortsteil) als auch Berufs– und Ausbildungsorientierung von Auspendlern auf mündliche Mitteilungen bzw. Schätzwerte stützen.

Tabelle 3: *Berechnetes ÖV–Nachfragepotential (Zeithorizont 1991) für die Gemeinde Meeder (Lkr. Coburg) und Ortsteile*

Quelle / Ort	Ew.	0,3 ÖV- Fahrten	korr. Faktor 0,75	Ziel Rodach (8,3%)	Coburg (81,3%)	Rödental (6,9%)	Dörfles (2,7%)
Meeder	1081	324	243	20	198	17	6
Wiesenfeld							
Kösfeld	650	195	146	12	119	10	4
Beierfeld							
Moggenbrunn	260	78	58	5	47	4	2
Neida	180	54	40	3	33	3	1
Kleinwalbur	105	32	24	2	20	2	1
Großwalbur	705	211	159	13	129	11	4
Ottowind							
Mürsdorf	330	99	74	6	60	5	2
Ahlstadt	235	71	53	4	43	4	1

Quelle: eigene Berechnungen; Pendlerdaten 1987; Einwohner 1990

Verkehrsumlegung

Die einzelnen Teilergebnisse wurden von uns anschließend auf die einzelnen ÖV–Achsen umgelegt und aufsummiert dargestellt (Abb. 3).

Als Gesamtergebnis haben wir das derzeitige empirisch ermittelte Verkehrsaufkommen auf den ÖV–Achsen im Coburger Land unseren Potentialberechnungen gegenübergestellt. Für die planerische Praxis, die in der Realität eher Szenarien der Entwicklung benötigt, variierten wir den modal split nochmals, ausgehend von

–   0,2 Fahrtenfällen/Einwohner/Werktag = Potential 1,

–   0,3 Fahrtenfällen/Einwohner/Werktag = Potential 2,

so daß diese beiden Varianten in die Abbildung eingehen.

Alle vorliegenden Berechnungen berücksichtigen nur die Gemeinden im Coburger Land und die mit dem Coburger Land funktional verflochtenen Nachbargemeinden, die im jeweiligen Verkehrskorridor aufgeführt werden.

Erfolgskontrolle

Nach Fertigstellung des Lückenschlusses der DB zwischen Sonneberg und Neustadt bei Coburg, der in unserem Sinne bereits eine Verbesserung des Verkehrsangebotes

Abbildung 3: *Coburg und Umland – Reale und potentielle Nachfrage nach ÖV–Leistungen entlang der Bahn– und Buskorridore*

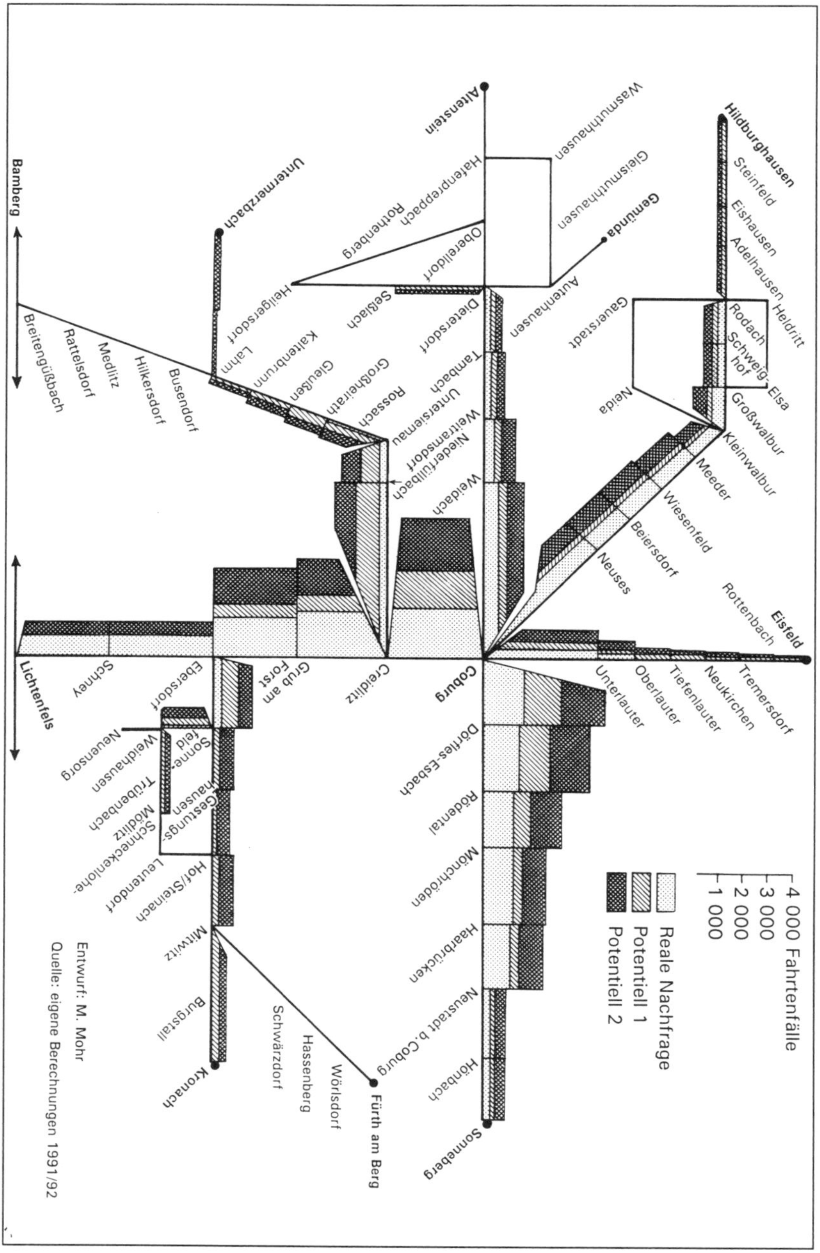

darstellt, ergab sich für uns die Möglichkeit, unsere Prognoseaussagen zumindest für diesen einen Korridor im Rahmen von Kontrollzählungen für die DB einer Kontrolle zu unterziehen. So haben sich die reisendenkilometrischen Leistungen auf dem Abschnitt Neustadt bei Coburg und Sonneberg/Thüringen innerhalb eines Jahres (Februar 1991 bis Februar 1992) um 18 % erhöht, im Gesamtabschnitt Coburg–Sonneberg um 71 % (vgl. Schliephake u. Mohr 1992; Schliephake u. Blüm, 1992).

Ausblick

Es zeigte sich, daß der iterative Arbeitsansatz, der einer Prüfung auf Modellkonsistenz natürlich nicht standhält, rasch zu plausiblen Ergebnissen führt. Um genauere Aussagen zu erhalten, müßten jedoch weitere Randbedingungen in das Arbeitsmodell aufgenommen werden. Solche Randbedingungen können sein:

– plausible Zeit– und Wegstreckenaufwendungen für den Zu– und Abgang im ÖV als Kriterien zur ÖV–Wahl;

– der eingeführte Korrekturfaktor k muß geeicht werden;

– qualitative Aspekte der ÖV–Nutzer (Kann–/Mußfahrer) müssen in die räumliche Verteilung des Potentials mit eingehen;

– die innergemeindlichen ÖV–fähigen Bewegungen sowie psychologische Parameter der potentiellen Nutzer (Wahrnehmung von Distanz, Zugangsmöglichkeiten zu ÖV–Haltepunkten) müssen mit in den Ansatz integriert werden.

Die Verbesserung und konzeptionelle Erweiterung des vorgestellten Ansatzes bleibt an angewandt–verkehrsgeographischen Arbeiten interessierten Forschern offen.

Literatur

Bundesministerium für Verkehr (Hrsg.) (1990, 1991, 1992): Verkehr in Zahlen (1990, 1991, 1992).– Bonn.

Knopp, H.J. u. A. Greul (1990): Die Maintalbahn. Vorwärtsstrategien im Schienenpersonennahverkehr.– In: Die Bundesbahn 11, 1990: S. 1087–1090.

Maier, J. u. R. Atzkern (1992): Verkehrsgeographie. Stuttgart.

Schliephake, K. (1991): Mobilität in Würzburg und Umland.– In: Würzburger Geographische Manuskripte. H. 27: S. 33–56.

Schliephake, K. (1992): Nachfrageorientierte Nahverkehrsplanung.– In: Der Nahverkehr, 8/1992: S. 2–4.

Schliephake, K. u. R. Blüm (1992): Kontrollzählungen zum Schienenlückenschluß (Coburg–) Neustadt–Sonnberg.– Ms.– Würzburg.

Schliephake, K. u. M. Mohr (1992): Neugestaltung des öffentlichen Personenverkehrs im Coburger Land. (= Würzburger Geographische Manuskripte. H. 30).

Schliephake, K., M. Mohr u. K. Oberwalleney (1992): Neue Konzepte für den Öffentlichen Personennahverkehr im Coburger Land – Nachfragepotential und Angebotsstrukturen .– In: Kommunal– und Regionalstudien. H. 17: S. 91–115. Kronach.

Raumperzeption und Wegweisung −
ein Beschilderungskonzept für Würzburger Straßen

Von Roland Gerasch

Raumwahrnehmung und Mental map

Die Behavioral Geography versucht, "im Menschen ablaufende Prozesse, die zur Entwicklung räumlicher Aktivitäten führen, zu erhellen" (Wiessner (1978), S. 420). Hierbei werden im deutschen Sprachgebrauch zwei unterschiedliche Strömungen innerhalb der Behavioral Geography unterschieden, die zwar genaugenommen zu trennen sind, sich aber doch gegenseitig stark beeinflussen. Es sind dies der wahrnehmungsgeographische bzw. der verhaltensorientierte Ansatz. In der angelsächsischen Literatur wird dem durch die beiden unterschiedlichen Begriffe behavior in space (Verhalten im Raum) und spatial behavior (Einstellung zum Raum) Rechnung getragen. Zur Verdeutlichung sei in einem Begriffsschema der Verhaltensablauf vorgeführt (Abb. 1).

Den Gegenstand des wahrnehmungsgeographischen Ansatzes stellen nun die Vorstellungen und Images von der realen Umwelt im Gedächtnis des Menschen dar; das daraus resultierende Verhalten gilt als Untersuchungsziel der Verhaltensgeographie (nach Haubrich 1984, S. 522).

Der Begriff Image im Schema der Abbildung 1 ist für die eher theoretische Auflistung sicher nützlich, für unsere Belange läßt sich aber ohne Probleme durch den Begriff mental map ersetzen, gemeint ist das subjektive und auch selektive Abbild der realen Umwelt im Kopf des einzelnen. Da Image im Sprachgebrauch eher etwas Theoretisches umschreibt (Bsp.: Impressionen einer Stadt) oder gar für Vorstellungsbilder von Sachen (Bsp.: Image einer Getränkemarke) verwendet wird, sollte man es auch als Überbegriff im Sinne von Vorstellungsbildern stehen lassen und für eher geographische Sachverhalte die Begriffe mental map oder kognitive Karte benutzen.

Der Terminus "mental map" stellt nun nicht nur einen zentralen Begriff im theoretischen Rahmen der Behavioral Geography dar, er ist folglich auch für viele praktische Anwendungen und Probleme die entscheidende Größe.

Raumbezogene Verkehrswissenschaften − Anwendung mit Konzept
hrsg. im Auftrag des Deutschen Verbandes für Angewandte Geographie
von Arnulf Marquardt-Kuron und Konrad Schliephake
in Material zur Angewandten Geographie (MAG), Band 26, Bonn 1996

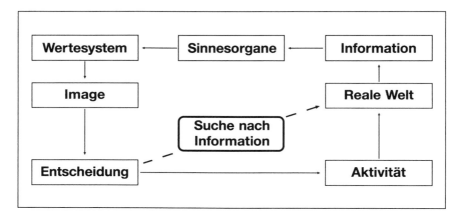

Abbildung 1: *Verhaltensablauf*
Quelle: Schrettenbrunner (1974) nach Downs, S. 65

Die Orientierung im Raum

Die gerade für die Verkehrsteilnahme wichtige Orientierung im Raum läßt sich in diesem Zusammenhang anführen. Eine Anordnung des terminus "Orientierung" kann anhand der Abbildung 1 erfolgen. Die Orientierung besitzt praktisch eine Mittlerfunktion zwischen den Bereichen kognitive Karte (in der Abbildung als Image bezeichnet) und den von den Sinnesorganen übermittelten Wahrnehmungseindrücken. "Orientierung bezieht sich auf den Zusammenhang zwischen unserer Kenntnis der räumlichen Umwelt und dieser selbst, also den zwischen unserer kognitiven Karte und der realen Welt. Können wir diese notwendige Verbindung zwischen dem, was wir um uns wahrnehmen, und unserer kognitiven Karte nicht herstellen, so verirren wir uns" (Downs und Stea 1982, S. 80).

Orientierungslosigkeit oder nicht ausreichende Orientierung im Raum bewirken beim Menschen in der Regel Angstgefühle, Beklemmung oder zumindest unsicheres Verhalten. Konkretisiert man nun die Orientierung auf das Verhalten im Straßenverkehr, so lassen sich verschiedene Probleme aufzeigen. Abbildung 2 zeigt hierbei den idealtypischen Ablauf des Orientierungsprozesses.

Es bleibt anzumerken. daß es Planungsunterschiede zwischen einer Überlandfahrt und einer Fahrt in der Großstadt gibt. Diese liegen in der Art und Weise, wie die Orientierung stattfindet. Während bei der räumlichen Fernorientierung die "Gedächtnisstützen" aus Orten bestehen, also die Fahrt von einem bestimmten Ort zum anderen erfolgt und somit die Tatsache unterstützend wirkt, daß unser topographisches Verständnis eher ortsverankert ist, kann diese Methode bei der Orientierung in einer Großstadt nicht greifen. Hier ist vielmehr in der Regel eine linienhafte Orientierung

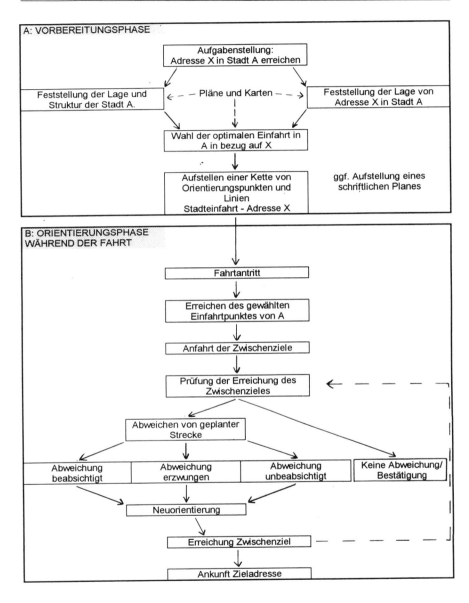

Abbildung 2: *Theoretischer Ablauf des Orientierungsprozesses*
Quelle: Ellinghaus (1980), S. 26

Tabelle 1: *Hierarchische Darstellung der Faktoren, die die Innenortsorientierung erschweren (Quelle: Ellinghaus 1980, S. 38)*

Rang–platz	Problembereich		Rang–wert
1	Stadtteilidentifizierung	"In fremden Städten ist es häufig schwierig, festzustellen, in welchem Stadtteil man sicher gerade befidnet, wenn man keinen Stadtplan hat."	2,3
2	Richtungsgebote	"Durch Einbahnstraßen und Abbiegeverbote innerhalb der Städte ist der Weg zum Ziel oft so kompliziert, daß man sich leicht verirren kann."	2,3
3	Umleitungen	"Wenn man in fremden Stdäten auf größere Umleitungen trifft, verliert man meistens die Orientierung."	2,4
4	Wegweisung	"Die Ortsnamen, die auf den Wegweisungsschildern stehen, werden manchmal nicht konsequent auf den folgenden Schildern wiederholt."	2,5
5	Wegweisung	"Auf den Wegweisern in den Städten fehlen manchmal gerade diejenigen Ortsangaben, die man sucht."	2,5
6	Wegweisung	"Auf den Wegweisungstafeln stehen oft so viele Namen, daß man bis zum Erreichen der Kreuzung gar nicht genug Zeit hat, alle zu lesen."	2,6
7	Einordnen	"In einer fremden Stadt finde ich es häufig schwierig, mich rechtzeitig einzuordnen."	2,7
8	Wegweisung	"In der Großstadt stehen so viele Schilder, daß man Schwierigkeiten hat, die gesuchten Wegweiser rechtzeitig zu entdecken."	2,7
9	Wegweisung	"Die Wegweisung und Beschilderung innerhalb Deutschlands ist von Stadt zu Stadt unterschiedlich."	2,7
10	Straßennamen	"Bei der Suche nach einer Adresse stellt man häufig fest, daß die Schilder mit den Straßennamen nicht zu finden sind."	2,8
11	Straßennamen	"Die Schilder mit den Straßennamen sind im Vorbeifahren nicht zu lesen, weil sie von der Straße zu weit entfernt sind."	2,8
12	Wegweisung	"Bei manchen Wegweisungsschildern kann man kaum erkennen, in welche Richtung man fahren oder abbiegen muß."	3,0

Die Rangwerte basieren auf einer Bewertungsskale, die von 1 = "stimmt ganz genau" bis 5 = "stimmt gar nicht" reicht. Die Kennziffern sind somit Durchschnittswerte.

(z.B. an Straßenzügen) nötig, die den meisten Menschen aber, aufgrund der Strukturierung der mental maps überwiegend anhand von Orten bzw. Punkten, ungleich schwerer fällt. Dazu kommt im Stadtverkehr praktisch an jedem Verkehrsknoten der fast kontinuierliche Zwang, Entscheidungen über die Fahrtrichtung zu treffen. Hierzu fehlen aber häufig die unterstützenden Informationen aus der Umwelt, sei es, daß Hinweisschilder fehlen oder daß die Informationen erst gar nicht erfaßt werden können, da das Wahrnehmungssystem, ob der Reizfülle, die in einer Großstadt auf das optische System einströmt, überlastet ist und die entscheidenden Informationen erst gar nicht ins Bewußtsein gelangen. In Tabelle 1 sind die wichtigsten Gründe einer erschwerten Innerortsorientierung dargestellt.

Aus Tabelle 1 geht hervor, daß genau die Hälfte der angegebenen Gründe direkt aus einer Kritik an der Wegweisung herrühren. Wenn man nun die Kritik an der Stadtteilidentifizierung und den Straßennamenschildern hinzurechnet – was durchaus erlaubt ist, da auch jene zur Wegweisung zu zählen sind –, so ergibt sich, daß in drei Viertel aller Fälle die Wegweisung die Zielscheibe der Kritik ausmacht. Das heißt mit anderen Worten, daß die Hilfsmittel (hier Wegweisung), welche die Orientierung erleichtern sollen, nicht oder nicht ausreichend auch ihrem Zweck dienen.

Die amtliche Wegweisung

Die Aufgaben der amtlichen Wegweisung lassen sich im wesentlichen auf folgende Punkte zusammenfassen (vgl. Bundesminister für Verkehr 1992, S. 9):

- richtiges und sicheres Auffinden des gewünschten Zielortes,

- Ortsbestimmung,

- Sicherheit und Leichtigkeit der Verkehrsabwicklung auf möglichst umwegfreien Fahrtrouten und/oder

- eine gewünschte Verteilung des Verkehrs im Straßenraum und innerhalb von Teilnetzen.

Um diese wichtigen Ziele erfüllen zu können, gibt es eine Reihe praktischer Regeln zur Wegweisung, von denen hier nur die drei wichtigsten genannt werden sollen.

- Die Lesbarkeit bestimmt die Zahl der auf den Schildern geführten Zielangaben. Im Interesse der Wahrnehmbarkeit und somit der Informationsaufnahme durch den Kraftfahrer ist darauf zu achten, daß eine Überfrachtung mit Zielangaben vermieden wird. Dies bedeutet pro Fahrtrichtung maximal vier Ziele.

- Die Sichtbarkeits– bzw. Wahrnehmbarkeitsregel mahnt, die Wegweisung derart zu gestalten und aufzustellen, daß sie bei allen Witterungsverhältnissen und auch bei Dunkelheit rechtzeitig wahrgenommen und somit gelesen werden kann. Dies erfordert neben einem günstigen Aufstellungsort auch eine gute Reflektierbarkeit der Schilder. Diese läßt aber mit zunehmenden Alter (nach etwa 10 bis 15 Jahren) verständlicherweise erheblich nach.

–   Die Kontinuitätsregel stellt eine der wichtigsten Regeln dar. Sie soll die Stetigkeit der Zielangaben gewährleisten. Dies bedeutet, daß ein einmal in die Wegweisung aufgenommenes Ziel bis zum erreichen desselben auch auf den folgenden Wegweisern geführt werden muß.

Das Beispiel Würzburg

Um die Situation in Würzburg offenzulegen, erfolgte die Analyse von zwei Seiten. Einmal wurde der Bestand der Wegweisung untersucht, um auf diese Weise Mängel und Lücken der Informationshilfen zu erkennen. Auf der anderen Seite wurde aber auch versucht, die Orientierung der auswärtigen Besucher, ihre Orientierungshilfsmittel, ihre Beurteilung der bestehenden Beschilderung sowie ihre Fahrtrouten und konkreten Problemstellen aufzuzeigen. Dabei hat sich gezeigt, daß die wegweisende Beschilderung gerade für ortsunkundige Besucher eine entscheidende Bedeutung besitzt und das wichtigste Hilfsmittel zur Orientierung darstellt. Ebenso wurde die bereits vermutete stärkere Bedeutung des Gedächtnisses (mental map) zur Lösung der räumlichen Probleme bei dieser Personengruppe bestätigt; immerhin benutzte noch ein erheblicher Teil (ca. 25 %) zumindest teilweise die Wegweisung als Orientierungshilfe. Dieser eigentlich erfreuliche Sachverhalt – diese Personengruppen lassen sich somit auch gezielt durch ein entsprechendes Wegweisungskonzept leiten – wird allerdings durch die festgestellten Mängel in der bestehenden Beschilderung relativiert. Das dokumentiert sich in den zahlreichen Verstößen gegen die in der einschlägigen Literatur aufgestellten Regeln, denen eine wirksame und qualitativ hochwertige Wegweisung genügen muß.

Somit sind auch die Beurteilungen der Besucher zur bestehenden Wegweisung (über 50 % der Befragten gaben eine eher schlechte Bewertung) erklärbar. Ein weiterer Einfluß der mangelhaften Beschilderung dokumentiert sich in den über 30 % der befragten Besucher, die angaben, daß Probleme bei der Zielfindung aufgetreten seien. Dies ist umso bedauerlicher, da hiermit meistens Irrfahrten entstanden und somit unnötiger Verkehr erzeugt wurde.

Aus den bisherigen Ausführungen wird deutlich, daß ein Handlungsbedarf zur Verbesserung der vorhandenen Wegweisung besteht. Nicht zuletzt durch die Fertigstellung verschiedener Großprojekte und die Durchsetzung verkehrspolitischer Ziele (vor allem in der Innenstadt) und die dadurch erfolgten Eingriffe in die Wegweisungssystematik und den daraus entstandenen Problemen, gerade im Hinblick auf die Kontinuität der Zielangaben, ist eine vollständige Überarbeitung der gesamten Wegweisung angezeigt. Durch den Systemcharakter der Wegweisung muß bei einem Eingriff an einer Stelle (Kreuzung) immer auf die entstehenden Auswirkungen, die das gesamte System betreffen, geachtet werden.

Aufbauend auf der amtlichen Wegweisung wurde eine neue Konzeption der Beschilderung in Würzburg entwickelt. Hierbei galt es insbesondere zu beachten, daß die Orientierung im Raum in erster Linie von den mental maps gesteuert oder zumindest beeinflußt wird. Somit ergeben sich auch die Personengruppen, welche überwiegend von der Wegweisung gelenkt bzw. geleitet werden können. Dies sind größtenteils Verkehrsteilnehmer, die aufgrund der geringen Zahl ihrer bisherigen Aufenthalte in Würzburg sich noch kein genaues Abbild der Stadt geschaffen haben und folglich auf Orientierungshilfen von außerhalb, also beispielsweise die Wegweisung, angewiesen sind. Diese Abhängigkeit, Hilfsmittel zur Orientierung verwenden zu müssen, steigt praktisch proportional zur steigenden Ungenauigkeit der jeweiligen mental maps des einzelnen von diesem Raum. Vereinfacht bedeutet dies: Je seltener sich jemand in Würzburg aufhält, desto ungenauer wird seine mental map der Stadt und umso größer folglich auch sein Bedarf an Orientierungshilfen.

Es ergibt sich somit die Folgerung, daß Verkehrsteilnehmer mit einer genauen mental map der Stadt nur schwer durch eine wegweisende Beschilderung zu lenken sind; sei es, weil sie die Beschilderung gar nicht bewußt erfassen oder sie aufgrund ihrer eigenen Raum– und Entfernungsvorstellungen einfach ignorieren. Natürlich existieren nicht nur diese beiden Extreme, sondern auch "Mittelwege" derart, daß sich Kraftfahrer teilweise an die Wegweisung halten, in Gebieten, in welchen sie sich aber besser auszukennen glauben, dann lieber nach ihrem Gedächtnis (mental map) fahren.

Die Zahl der folglich von der Wegweisung betroffenen Kraftfahrer läßt sich auf mindestens ca. 5.300 Fahrzeuge pro Tag schätzen. Diese ergeben sich aus täglich etwa 58.000 Einkaufs– und Freizeitpendlern (durchschnittliche Bestzungszahl je PKW: 1,4 Personen), die mit dem Auto in die Stadt gelangen, sowie durchschnittlich 5.000 Touristen (durchschnittliche Besetzungszahl je PKW: 2 Personen), von denen etwa drei Viertel mit dem Kraftfahrzeug anreisen (an Saisontagen weit über 10.000 Besucher). Zu beachten ist ferner, daß von den Einkaufs– und Freizeitpendlern erfahrungsgemäß etwa 10 bis 15 % auf die Wegweisung angewiesen sind, während bei den Touristen dieser Prozentsatz deutlich über 75 % liegt.

Nicht in der Zahl von 5.300 Fahrzeugen enthalten sind allerdings Lieferverkehre und auch andere nur schwer zahlenmäßig zu erfassende Fahrtenfälle (z.B. Geschäftsreisende), so daß die für einen normalen Werktag vorsichtig geschätzten 5.300 Fahrzeuge eine unterste Grenz darstellen und in der Regel deutlich übertroffen werden. Wenn der Anteil an allen Verkehrsteilnehmern somit auch nur zwischen 5 und 10 % schwankt, so ist diese Personengruppe doch nicht zu vernachlässigen, weil bereits wenige unsichere bzw. orientierungslose Kraftfahrer Störungen des Verkehrsablaufes bis hin zu Unfällen verursachen können.

Ein weiterer wichtiger Sachverhalt, den es bei der Ausarbeitung der neuen Konzeption zu beachten galt, betraf die Einhaltung der die Wegweisung betreffenden Regeln und daraufhin die Beseitigung der festgestellten Mängel. Die bei einer eigens durchgeführten Befragung auswärtiger Verkehrsteilnehmer dokumentierte Meinung zur Wegweisung und etwaige Beschilderungswünsche untermauerten noch die bereits festgestellten Beschilderungsmängel bzw. zeigten neue, noch nicht erkannte Schwachpunkte des Beschilderungssystems auf. Neben der Rekonstruktion der verschiedenen benutzten "Einfallschneisen" und somit der Offenlegung der benutzten Orientierungshilfsmittel brachten auch die Darlegung besonders problematischer Beschilderungsziele und die Fixierung konkreter Problemkreuzungen wertvolle Erkenntnisse für eine Neugestaltung der Wegweisung. Ebenfalls mit einfließen konnten hierbei die Beschilderungsvorschläge bzw. die Einstellung der Probanden zu einem P & R–System.

Hierarchisiertes Wegweisungssystem

Wir konzipierten ein auf der amtlichen Wegweisung aufbauendes, hierarchisch gegliedertes Beschilderungssystem. Hierarchisch steht hierbei einerseits für die Gliederung der Zielangaben in Fern–, Regional–, und Innerortziele (in Abstimmung zur geläufigen Dreiteilung der amtlichen Wegweisung: Blaues, Gelbes, Weißes System für die Autobahn–, Bundesstraßen–, Innerortswegweisung). Andererseits aber auch für die Abstufung der Innerortsziele nach ihrer jeweiligen Bedeutung in drei Kategorien und somit den unterschiedlichen Grad ihrer räumlichen Ausschilderung.

Den Kern bildet hierbei in zweierlei Hinsicht der Begriff Stadtring (Abbildung 3 zeigt den Verlauf des "Stadtrings" und die wichtigsten Straßenzüge in Würzburg):

–   Erstens fungiert die Strecke gleichen Namens als Verteiler für sämtliche innerörtliche Ziele, die von diesem "Ring" problemlos zu erreichen sind.

–   Zweitens erfüllt der Begriff "Stadtring" als Sammelhinweis die Aufgabe, eine Überfrachtung der Wegweiser zu verhindern, ohne daß hierdurch Informationen verlorengehen.

Durch das Bündeln der Zielbegriffe unter der Ausschilderung "Stadtring" lassen sich im Gegenteil mehr Innerortsziele ausschildern, da diese in der Regel erst beim Verlassen der Zielroute vom Stadtring ausgeschildert werden. Lediglich fünf extrem wichtige Innerortsziele sind zusätzlich flächendeckend beschildert und bilden die Kategorie 1 der ebenfalls hierarchisch aufgebauten Innerortsziele.

Somit lassen sich wichtige verkehrsplanerische Zielvorstellungen zumindest unterstützen. Darunter fällt neben der Vermeidung unnötigen Verkehrs, bedingt durch Fehlfahrten von orientierungslosen Verkehrsteilnehmern und der Erhöhung der Verkehrssicherheit, auch die Umsetzung stadt– bzw. verkehrsplanerischer Zielvorstellungen. Hierzu zählt u.a. die Verlagerung des Durchgangsverkehrs auf den Stadtring, die gleichzeitig zu einer Entlastung innerstädtischer Straßenzüge beiträgt.

Besonders wichtig erscheint es daher, das Konzept im Gesamtzusammenhang eines generellen Verkehrsentwicklungsplanes zu sehen. Die Wegweisung nimmt dabei als kollektives (an alle Verkehrsteilnehmer gerichtet), wenn auch statisches System eine Schlüsselposition ein. Andere gewünschte Verbesserungen, etwa ein Parkleitsystem oder ein "Hotelwegweiser" lassen sich dabei genauso in die Konzeption einklinken, wie eine beabsichtigte Förderung des Öffentlichen Verkehrs.

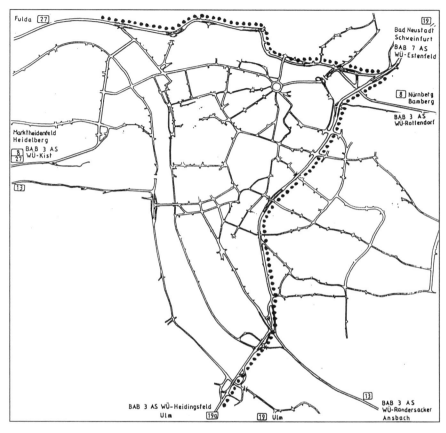

Abbildung 3: *"Stadtring" in Würzburg*

Schlußbemerkung

Dem kollektiven System Wegweisung fällt in absehbarer Zeit auch weiterhin die Hauptaufgabe der Orientierungshilfe zu, so daß es hohen Anforderungen und Zielen, welche im heutigen Straßenverkehr an die Beschilderung gestellt werden, genügen muß.

Das hierarchische Beschilderungskonzept trägt diesem Sachverhalt Rechnung, da es dem ortsunkundigen Kraftfahrer durch stadtplanerisch verträgliche Routenvorschläge diese wichtigen Orientierungshilfen bietet. Es leistet somit auch einen wichtigen Beitrag zu einer stadtverträglichen Gesamtverkehrsplanung.

Literaturhinweise *

Boesefeldt, J. u. W. Kunze (1982): Erfahrungen mit der Planung und dem Einsatz von Parkleitsystemen. – in: Straßenverkehrstechnik Heft 4/1982, S. 99–109.

Brägas, P. u. W. Kumm (1985): Elektronische Leitsysteme für den Straßenverkehr.– in: Straßenverkehrstechnik Heft 2/1985, S. 52–55.

Bundesanstalt für Straßenwesen (Hrsg.) (1981 b): Informationsverarbeitung und Einstellung im Straßenverkehr. Köln.

Bundesminister für Verkehr (Hrsg.) (1986 a): Verzeichnis der Fern– und Nahziele an Bundesstraßen.– Dortmund.

Bundesminister für Verkehr (Hrsg.) (1986 b): Richtlinien für die wegweisende Beschilderung auf Bundesautobahnen (RWBA).– Köln.

Bundesminister für Verkehr (Hrsg.) (1992): Richtlinien für wegweisende Beschilderung außerhalb von Autobahnen (RWB 1992).– Dortmund.

Bundesminister für Verkehr (Hrsg.) (1993): Pressemitteilung Nr. 192/93 vom 19. Oktober 1993.– Bonn.

Downs, R. u. D. Stea (1982): Kognitive Karten: Die Welt in unseren Köpfen.– New York. Uni–Taschenbücher 1126.

Ellinghaus, D. (1979): Räumliches Orientierungsverhalten von Kraftfahrern.– Köln. (= Forschungsberichte der Bundesanstalt für Straßenwesen Bereich Unfallforschung Nr. 32).

Ellinghaus; D. (1987): Verloren im Schilderwald.– Köln. (= Uniroyal Verkehrsuntersuchung Nr. 13).

Ellinghaus, D. u. M. Welbers (1980): Suche mit Hindernissen. Eine Untersuchung über Orientierungsprobleme in der Großstadt.– Köln. (= Uniroyal Verkehrsuntersuchung Nr. 7).

Fliedner, D. (1993): Sozialgeographie (Lehrbuch der allgemeinen Geographie Band 13).– Berlin, New York.

Gerasch, R. (1994): Hierarchisiertes Wegweisungssystem für den Individualverkehr in Würzburg. Perzeption und planerische Umsetzung.– Unveröffentlichte Diplomarbeit am Geogr. Inst. d. Univ. Würzburg.

Gottlieb, W. (1981): Belastung und Beanspruchung beim Ablesen von Wegweisern (Diss.).– Braunschweig.

Gould, P.R. (1970): Der Mensch gegenüber seiner Umwelt; ein spieltheoretisches Modell.– in: D. Bartels (Hrsg.): Wirtschafts– und Sozialgeographie, S. 388–402. Köln.

Gould, P.R. u. R. White (1968): The mental maps of British school leavers.– in: Regional Studies 2, S. 161–182.

Grund, L. (1974): Das Bild einer Stadt. – in: Umwelt Heft 6, S. 16–19.

Haubrich, H. (1984): Geographische Erziehung für die Welt von morgen.– in: Geographische Rundschau 36, S. 520–526.

Papp, A. v. (1987): Alte Stadt – moderner Verkehr; Probleme des Würzburger Verkehrskonzeptes.– in: Würzburg heute Heft 44, S. 3–7.

Schliephake, K. (1987): Stadtverkehr in Würzburg.– in: Würzburger Geographische Arbeiten 68, S. 233–254.

Schliephake, K. (1989): Bewegungen in der Stadt.– in: Würzburg heute Heft 48, S. 15–20.

Schliephake, K. (1991): Mobilität in Würzburg und Umland. Exogene und endogene Einflußgrößen zu Umfang und Verkehrsmittelwahl.– in: K. Schliephake u. J. Riedmayer (Hrsg.): Personenmobilität und Verkehrsplanung in Würzburg und Umland (= Würzburger Geographische Manuskripte Heft 27), S. 33–56.

Schliephake, K. u. R. Gerasch (1993): Parken in Würzburg. Herkunft und Standort der Pkws in der Würzburger Innenstadt am Samstag, 13.2.1993 (Manuskript) – Würzburg.

Schneider, H.–W. (1973): Die Zielspinne als Grundlage der städtischen Wegweisung.– in: Straßenverkehrstechnik Heft 6/1973, S. 204–207.

Schrettenbrunner, H. (1974): Methoden und Konzepte einer verhaltenswissenschaftlich orientierten Geographie.– in: Der Erdkundeunterricht Heft 19, S. 64–86.

Thomale, E. (1974): Geographische Verhaltensforschung.– in: Marburger Geographische Schriften Heft 61, S. 9–30. Marburg/Lahn.

Wiessner, R. (1978): Verhaltensorientierte Geographie.– in: Geographische Rundschau 30, S. 420–426.

---

*   Die empirischen Arbeiten erfolgten mit Unterstützung des Tiefbauamtes der Stadt Würzburg (Dipl.–Ing. W. Kuttenkeuler).

Die Intelligente Straße –

Basis für Navigations– und Leitsysteme

Von Ramona Maaßen

Einleitung

Mit diesem Beitrag sollen die Aktivitäten der Firma EGT–Deutschland GmbH zu einem geographischen Informationssystem des europäischen Straßennetzes dargestellt werden. Dieses Informationssystem soll einen wesentlichen Beitrag liefern zu zukünftigen, intelligenten Navigations– und Leitsystemen.

EGT hat dazu eine Strategie entwickelt, mit der eine Straßendatenbank des europäischen Verkehrswegenetzes aufgebaut wird, die alle europäischen Länder abdeckt:

– eine einzige Datenbankkonzeption und ein einziger Datenbankanbieter resultierend in einem einzigen Datenbankprodukt,

– eine Datenbank mit hoher Beständigkeit und Qualitätsgarantie,

– eine zielgerichtete Vorgehensweise bezüglich Copyrightfragen und Gewinnung von Partnerschaften für die Datenbankpflege.

Um diese Ziele zu erreichen, baut EGT ein starkes Netz strategischer Partner auf, bestehend aus Unternehmen und Organisationen, die EGT Zusammenarbeit und Unterstützung in finanzieller, technischer und wirtschaftlicher Hinsicht bieten.

Dabei glauben wir, daß folgende Faktoren für den Erfolg ausschlaggebend sind:

– Eine Datenbankkonzeption, die in Zusammenarbeit mit Partnern im Bereich der Technologie geschaffen wurde, die Navigation umfaßt, maßstabsgerecht aufgebaut ist, und flexibel und geeignet ist, anderen Anwendungsmöglichkeiten gerecht zu werden.

– Eine navigierbare Datenbank, die die notwendige geographische Genauigkeit, die geforderte Vollständigkeit bezüglich Flächendeckung und navigierbaren und nichtnavigierbaren Attributen sowie die Strukturen zur Pflege der Datenbank verbindet.

Raumbezogene Verkehrswissenschaften – Anwendung mit Konzept
hrsg. im Auftrag des Deutschen Verbandes für Angewandte Geographie
von Arnulf Marquardt-Kuron und Konrad Schliephake
in Material zur Angewandten Geographie (MAG), Band 26, Bonn 1996

- Datensammlung und Datenpflege durch Partner, die EGT unterstützen, wie z.B. langfristige Partnerschaften mit Regierungen, Behörden und Verwaltungen, die über Kartenmaterial verfügen, oder andere Organisationen, deren Zweck und Struktur darauf ausgerichtet sind, eine realitätsbezogene Datenbank zu pflegen.

- Eine gesetzlich geschützte Softwareproduktion und ein Datenbankverwaltungssystem, das mit einem Datenbankkonzept arbeitet und zahlreiche externe Systeme unterstützt.

- Ein internationales partnerschaftliches Marketing– und Vertriebsnetz, das es jedem Partner ermöglicht, mit anderen Partnern in diesem Netz zusammenzuarbeiten und sich zugleich auf seinen eigenen Geschäftsschwerpunkt, wie z.B. Verkauf, Systemintegration, Anwendungen und Netzwerke zu konzentrieren.

Einführung zu EGT

EGT wurde 1991 von Navigation Technologies, einer US–Gesellschaft mit langjähriger Erfahrung im Bereich des Datenbankaufbaus in Zusammenarbeit mit weiteren Investoren gegründet.

Viele kommerzielle Anwendungs– und Nutzungsmöglichkeiten der EGT Datenbank wurden seither erkannt, und EGT wurde für viele Aktionäre interessant. Heute zählen dazu: Navigation Technologies, Institut Géographic National, Renault, Philips, QC Data, Automobile Association, Mees Pierson (ABN–AMRO), ANDSoftware, ELDA und Sagem.

Zur Zeit beschäftigt EGT 140 Mitarbeiter in seiner Hauptniederlassung in Best, Niederlande, und zusätzlich 40 Mitarbeiter verteilt auf Tochtergesellschaften in Deutschland, Großbritannien, Frankreich, Belgien und Italien. Weitere 170 Mitarbeiter werden im Bereich der Digitalisierung in Subunternehmen beschäftigt.

Intelligenz durch Daten

Grundlage für ein intelligentes Navigations– und Leitsystem ist immer das Vorhandensein von aktuellen und präzisen Daten. Der Aufbau einer solchen Datenbank als Grundlage für ein geographisches Informationssystem ist die Aufgabe von EGT. Im folgenden wird auf die Konzeption dieser Datenbank eingegangen.

Datenbankinhalte

EGT unterscheidet drei Kategorien von Daten:

Geometrische Daten

Sie bilden das geographische Fundament der Datenbank. Dies sind vor allem vektorisierte Straßenmittelliniendarstellungen, aber auch weitere Beschreibungen der Geometrie z.B. Polygone, relative Höhenunterschiede usw.

Navigationsattribute

Dies sind Attributinformationen, die für die verkehrs- und straßenrechtliche Nutzung notwendig sind, wie z.b. Einbahnstraßen, Abbiegegebote und weitere verkehrslenkende Merkmale.

Nicht-navigierbare Attribute

Zahlreiche zusätzliche Informationen von geographischer Relevanz und von maßgebender Bedeutung wie z. B. verwaltungsmäßige und kartographische Merkmale, aber auch Parkhäuser, Park & Ride-Anbindungen, Kfz-Werkstätten oder Hotels, um nur einige zu nennen.

Datenbankanforderungen

Die Konzeption einer Datenbank, die die in der Einleitung beschriebenen Merkmale erfüllt, muß folgenden Anforderungen genügen:

- Vollständigkeit in bezug auf Flächendeckung: die Garantie für ein zusammenhängendes Straßennetz.

  In der "Intertown Database" wird die Geometrie im Maßstab 1:25.000 aufgenommen. Städte werden als Knotenpunkte, alle Überlandstraßen als Vektoren im Netzknotensystem dargestellt. Für die "Detailed City Database" ist der Maßstab 1:5.000 Grundlage der Geometrie. Es werden alle Straßen der Städte > 100.000 Einwohner und Ballungsräume erfaßt. Zusätzlich zu Geometriedaten werden Attributinformationen gespeichert. Autonavigationssystemanwendungen z.B., basierend auf der EGT-Datenbank, erfordern sehr detaillierte Informationen bezüglich navigierbarer und nichtnavigierbarer Attribute, um den Erfordernissen der Automobilindustrie und der Autofahrer gerecht zu werden.

- Genauigkeit:

  Geometrische Vektordaten mit einer Genauigkeit von +/- 5 Metern werden für die detaillierten Datenbanken garantiert. Attributinformation wird bis zu 97 % garantiert, wie in der Definition der EGT-Datenbank festgesetzt ist.

- Standardisierung:

  EGT überwacht und plant ständig externe technische Entwicklungen durch Teilnahme an F&E-Projekten und Tätigkeiten im Bereich der Standardisierung. Unsere Datenbankdefinitionen und Spezifikationen müssen deshalb diesen Änderungen in unserem Umfeld angepaßt werden. Aus diesem Grund hat EGT ein umfangreiches Kooperationsprogramm mit unseren technologischen Partnern Philips, NavTech und SEI/SSI aufgestellt. Eine gemeinsame Datenbankkommission bewertet sorgfältig alle notwendigen Datenbankinhalte und Formatierungsänderungen, bevor diese als Standardwerte in die Datenbank genommen werden. Diese Vorgehensweise sichert einen reibungslosen Produktionsverlauf.

Außerdem wird dadurch eine identische funktionale Datenbankentwicklung in den USA und Europa erleichtert und somit unseren Partnern die Möglichkeit gegeben, global anwendbare Produkte zu entwickeln.

Die Datenbank wird allen Erfordernissen für Anwendungen im Bereich der Autonavigation und dem Flottenmanagement gerecht. Außerdem ist sie flexibel genug, um Anwendungsmöglichkeiten bei Reiseinformationssystemen, automatisierter Kartographie und geographischen Informationssystemen entsprechen.

Erstellung und Pflege der Datenbank

Datensammlung

EGT arbeitet mit Behörden und Verwaltungen sowie Organisationen in den verschiedenen europäischen Ländern zusammen. Für eine Zusammenarbeit müssen Rahmenbedingungen geschaffen werden, die die Copyrightfragen sowie Lizenz- und Kostenstrukturen betreffen.

Ebenso müssen Vereinbarungen im Hinblick auf Art der Daten und Häufigkeit der Datenlieferungen (Fortführungsphase) getroffen werden.

Für den Aufbau der originären Datenbank und der langfristigen Datenbankpflege erhält EGT von diesen Partnern aktuelles kartographisches Basismaterial, Luftbilder und Attributinformationen.

Die landesspezifischen Informationen erhält EGT durch seine Tochtergesellschaften. Diese Tochtergesellschaften sammeln über ihre Landesbüros verfügbares Informationsmaterial von Gemeinden und Städten und führen auch umfangreiche Feldarbeit durch.

Nachdem die benötigte Information (Zeitrahmen, Flächenbestimmung) und das optimale Datenmaterial festgelegt wurden (Definition u.a. von Form, Kompatibilität und Preis), beginnt der Prozeß der Datensammlung mit Preresearch and Research.

Dateneingabe

Der anschließende Produktionsprozeß basiert auf der gesetzlich geschützten Produktionssoftware (GWS), die EGT in Zusammenarbeit mit NavTech und SEI/SSI entwickelt hat.

In einem ersten Schritt werden die geometrischen und ausgewählten Bezugsinformationen manuell auf dem Kartenmaterial hervorgehoben. Im zweiten Schritt – Digitalisierung – wird mit Unterstützung von Vertragspartnern eine Vektordatenbank aufgebaut.

Detaillierte Luftbilder werden herangezogen, um die Geometrie zu bestätigen. Ist die Eingabe der geometrischen Struktur beendet, werden Attributinformationen eingegeben und den einzelnen Elementen der digitalisierten Vektordatenbank zugeordnet

(Geo–Coding). Wenn möglich, werden Informationen automatisch aus anderen computerlesbaren Quellen eingegeben. Im Fall von Ungenauigkeiten oder wenn Attributinformationen nicht aus anderen Quellen bezogen werden können, wird Feldarbeit eingesetzt, um die Lücken zu schließen. Kontroll–, Genauigkeits– und Vollständigkeitsprüfungen werden durchgeführt, wenn die Daten in die Datenbank eingegeben werden. So ist sichergestellt, daß Fehler oder Unstimmigkeiten bereits vor der endgültigen Ausgabe in der Datenbank korrigiert und beseitigt werden können.

In der Phase der Digitalisierung und des Geo–Coding werden technische Probleme im Zusammenhang mit Generalisierung, Bezugspunkten und Datenintegration gelöst.

Während der letzten Phase wird die Datenbankqualität nochmals durch Feldarbeit überprüft. Fehlende Informationen werden ergänzt und auftretende Probleme beseitigt.

Ein Programm für die Qualitätsgarantie vor, während und nach der Produktion wurde in Zusammenarbeit mit NavTech und SEI/SSI aufgestellt, das den ganzen Prozeß Schritt für Schritt dokumentiert. Die Qualitätsüberprüfung beinhaltet ebenso Simulationen über die beabsichtigte Nutzung und visuelle Vergleiche mit gedrucktem Kartenmaterial.

Datenpflege

Da bei fast 10 % der Straßen im Laufe eines Jahres Änderungen zu verzeichnen sind, muß die Pflege der Daten bereits ganz am Anfang der Produktion beginnen. Die erste Datensammlung muß deshalb schon so ausgerichtet sein, daß langfristige – auf Partnerschaften basierende – Kooperationen zur Datenpflege sichergestellt werden.

Kunden und Anwendungsmöglichkeiten verlangen genaue und topaktuelle Informationen. Es wird eine große und effiziente Organisation benötigt, um diesen Forderungen gerecht zu werden. Durch die Errichtung von Tochtergesellschaften mit ihren einzelnen Landesbüros in jeder größeren Stadt und in Ballungsgebieten schafft EGT ein Netzwerk für die Datenpflege. Die Landesbüros pflegen Kontakte zu allen örtlichen Behörden oder Organisationen, um einen ständigen Informationsfluß über Änderungen im Straßennetz oder bei den für die Datenbank wichtigen Attributen zu gewährleisten. Verträge über die Datenpflege werden mit Polizei oder Feuerwehr, Behörden, Unternehmen etc. geschlossen. Zusätzlich beinhalten die Verträge mit unseren größeren Partnern (z. B. in Deutschland die Landesvermessungsämter oder in Frankreich IGN) Vereinbarungen über die Datenlieferung für den Zweck der Datenpflege.

Aufgrund dieses Netzwerkes von Partnerschaften in punkto Pflege kann EGT eine kurze Zeitspanne zwischen den Änderungen in der Realität und der Integration in die Datenbank garantieren.

EGT beabsichtigt ein On–line–Computer–Netzwerk zu schaffen, in dem aktuelle Informationen direkt be– und verarbeitet werden können. Die aktualisierte Datenbank kann dann an die entsprechenden beteiligten Partner, normalerweise GIS−Anwender, zurückgegeben werden.

Forschung und Entwicklung

EGT betrachtet Forschung und Entwicklung als einen wesentlichen Erfolgsfaktor. Für eine Datenbank, die Anwendungsmöglichkeiten im Bereich der "Intelligenten Mobilität", unterstützt, müssen Format, Inhalt und Anwendung ganz genau den Ansprüchen der Endverbraucher angepaßt sein. Weiterhin betrachtet die Industrie die Navigationsdatenbank des europäischen Verkehrswegenetzes als eine der Kerntechnologien für die weitere Entwicklung von Flotten− und Verkehrsmanagementsystemen, von Systemen zur Geographischen Entscheidungshilfe und von Reiseinformationssystemen.

Um die Datenbank allen relevanten technologischen Entwicklungen anzupassen, ist EGT zusammen mit vielen Partnern an europäischen und weltweiten Forschungs− und Standardisierungsprojekten wie z. B. Eureka, Drive und ISO/CEN/NNI beteiligt.

EUREKA

EGTs Genegis−Information−Technology−Project vereinigt IGN, Sagem, AND Software und Ordnance Survey of Great Britain in einem Konsortium, das seine Forschungsarbeit auf Datenbankverwaltung, Software−Entwicklung und Lösungen für Probleme bei digitalen Karten, wie z.B. Generalisierungs−, Kompressions−, Zusammenschluß− oder Bezugsprobleme, konzentriert. Forschung auf diesem Gebiet hilft EGT, seine Datenbank letztlich zu konvertieren, um externe Anwendungen zu unterstützen und sich diesen anzupassen.

Innerhalb des Eureka−Projektes ist EGT seit kurzem in das Prometheus−Projekt miteinbezogen. In diesem Projekt haben Automobilhersteller, Zulieferfirmen, Elektronikindustrie und eine große Anzahl von Forschungsinstituten ihre Kräfte vereint, um im Bereich Sicheres Fahren, Verkehrsentflechtung sowie Reise− und Transportplanung zu forschen. EGT hat die Möglichkeit gerne wahrgenommen, um an diesem Projekt mit ihrer Datenbank von Paris teilzunehmen.

In nächster Zukunft hofft EGT, ein neues Eureka−Konsortium mit begründen zu können, um neue Möglichkeiten für die automatische Sammlung von Attributinformationen und deren Integration in die bestehende Datenbank zu erforschen. Diese Technologie würde ganz wesentlich die Datensammlung und die Effektivität des Datenbankaufbaus verbessern.

DRIVE

Die aktive Teilnahme an DRIVE und der Beitrag für die europäische F&E innerhalb des DRIVE−Programms verschafft EGT eine ausgezeichnete Chance, den technologischen Fortschritt zu überwachen und zu gestalten, sowie unsere Datenbank diesen technologischen Entwicklungen anzupassen. EGT ist Partner bei den Projekten Socrates/Rhapit and Llamd und arbeitet mit Firmen wie Ford, Opel, Heusch Boesefeldt und dem Hessischen Landesamt für Straßenbau zusammen, um im Zusammenhang mit der Auto–Navigation die wichtige Rolle der Kern–Telekommunikations–Technologie zu untersuchen. In diesen Projekten leistet EGT ferner Forschungsarbeit im Hinblick auf mögliche Verknüpfungen unserer Datenbank mit Verkehrszentren über RDS/TMC und der Integration der Datenbank mit dynamischen und statischen Informationen bezüglich Verkehr und öffentliche Verkehrsmittel.

Auch innerhalb des DRIVE–Projektes ist EGT in EDRM II als Vertragspartner von Philips eingebunden. Der Hauptzweck von EDRM II besteht darin, GDF als Standard für Datenaustausch für RTI–Systeme zu entwickeln, ebenso wie die Entwicklung von Möglichkeiten, für die Erzeugung von GDF–Daten und die Entwicklung von Integrationsmöglichkeiten von statischen Kartenmaterialdaten und dynamischen Verkehrsinformationen in Verkehrsleitzentren. EGT hat bei der Entwicklung von Testspezifikationen für die Qualität der Daten aus Kartenmaterial beigetragen.

ISO/CEN

EGT nimmt aktiv teil an den Standardisierungsprojekten ISO und CEN. Einer der Hauptbeiträge auf diesem Gebiet betrifft die Mitentwicklung beim Standard Location Reference Numbering (SLRN). SLRN bezieht sich auf die systematische Kodierung von Straßenabschnitten, um den Datenaustausch und die Kommunikation zwischen den Verkehrszentren und den Bordcomputersystemen in den Fahrzeugen zu erleichtern.

Kommerzialisierung der Datenbank

Neben der Auto–Navigation gibt es noch zahlreiche andere Anwendungsgebiete für die Datenbank. Bis heute unterscheidet EGT zwischen vier großen Anwendungsbereichen.

1. Bordcomputer

   Flottenmanagement

   Verkehrsmanagent

2. Reiseinformationssysteme

   öffentlicher und privater Informationsdienst, basierend hauptsächlich auf PC oder PDA Infrastruktur

3. Automatisierte Kartographie

4. Geographische Informationssysteme (GIS)

In Übereinstimmung mit EGTs Strategie wird ein internationales Marketing– und Vetriebsnetz aufgebaut. Während EGT sich auf den Aufbau und die Pflege der Datenbank konzentriert, werden Partner gesucht, die Anwendungsmöglichkeiten für die EGT–Datenbank entwickeln. Philips ist einer der größten Partner von EGT und schließt die Entwicklung des CARIN Auto–Navigationssystems ab. Andere Firmen stehen noch am Anfang hinsichtlich der Entwicklung von Anwendungsmöglichkeiten. Zu diesen Partnern zählen Netzwerk– und Elektronikfirmen, GIS–Anwender und GIS–Softwarefirmen, wie z. B. ESRI.

Schon Mitte 1994 ist die EGT Datenbank auf dem Markt erschienen. Diese beinhaltet die "Intertown Database" aller alten Bundesländer und die "Detailed City Database" mit den Ballungsräumen: München, Stuttgart, Rhein–Main, Ruhrgebiet, Hamburg, Berlin und etwa 50 Städte mit mehr als 100.000 Einwohner. EGT hat bis Frühjahr 1995 die gesamte BRD und die restlichen Städte komplett in die Datenbank aufgenommen.

Schlußbemerkungen

In diesem Vortrag wurde das Vorgehen der Firma EGT zur Erstellung eines Informationssystems des europäischen Straßennetzes dargestellt. Dieses Informationssystem soll einen Beitrag zur " Intelligenz" (i.e. Daten) von zukünftigen Navigations– und Leitsystemen liefern.

Der Datenbankinhalt wurde beschrieben als geometrische Elemente, Navigationsattribute sowie nichtnavigierbare Attribute. Als Anforderungen an die Datenbank werden Vollständigkeit, Genauigkeit und Standardisierung identifiziert. Daneben wurde der Aufbauprozeß der Datenbank erklärt, von der Datensammlung über die Vorbereitungsphase, Digitalisierung, Geo–Coding bis hin zur Feldarbeit und zur Qualitätskontrolle. EGTs Programm zur Datenpflege wurde aufgezeigt und dabei die Bedeutung von Tochtergesellschaften und langfristigen Partnern bei Behörden und Instituten, die über Kartenmaterial verfügen, herausgestellt. Es wurde ferner darauf hingewiesen, wie wichtig es für EGT ist, an Projekten wie DRIVE oder EUREKA teilzunehmen und einen Beitrag zu leisten bei Standardisierungs–projekten von ISO/CEN und NNI.

Nach einer Test– und Auswertungsphase steht die EGT–Datenbank seit Herbst 1994 dem Markt zur Verfügung. Bedeutende GIS–Lieferanten und PC–Software–Entwickler wie auch Organisationen im Bereich der Telekommunikation sind auf dem gleichen Gebiet tätig und wollen ihre Produkte ebenfalls auf den Markt bringen. Das internationale Interaktionsnetz von EGT und NavTech in Europa, USA und Japan expandiert schnell und ist in puncto Marktchancen sehr vielversprechend.

Wie im Vortrag dargestellt, basiert EGT sein Vorgehen stark auf die Zusammenarbeit mit Partnern. Wir würden uns deshalb sehr freuen über Vorschläge Ihrerseits betreffend Mitarbeit oder Kooperation.

Teil V

Räumliche Auswirkungen von Planungen großer Infrastrukturmaßnahmen in Mecklenburg-Vorpommern

Wechselwirkungen von raumwirtschaftlich wichtigen Planungsfällen und Verkehr am Beispiel des Flächenlandes Mecklenburg–Vorpommern

Von Karl–Heinz Breitzmann und Hans Obenaus

Problemstellung

In Mecklenburg–Vorpommern – wie in allen neuen Bundesländern – verlaufen raumwirtschaftlich bedeutsame Vorgänge mit außerordentlich hoher Dynamik. Für den Verkehr entstehen damit neue Ausgangspunkte und Probleme, die kaum im voraus bedacht werden und über deren Beeinflußbarkeit nur wenige Erkenntnisse vorliegen.

Vom Institut für Verkehr und Logistik der Universität Rostock wurden in einem Forschungsprojekt verkehrliche Anforderungen untersucht, die in ländlich strukturierten Regionen des Flächenlandes Mecklenburg–Vorpommern an raumwirtschaftlich bedeutsame Investitionsvorhaben zu stellen sind. Als solche raumwirtschaftlich wichtigen Planungsfälle werden die Anlage von Gewerbegebieten, von großflächigen Handelseinrichtungen, von neuen Wohnsiedlungen im Umland der Städte, von touristischen Großobjekten sowie von Güterverkehrszentren angesehen.

Erfaßt wurden jeweils die Vorgänge im Land Mecklenburg–Vorpommern insgesamt sowie noch detaillierter in der Region Neubrandenburg. Das Projekt schloß zugleich Untersuchungen im Freistaat Sachsen ein, die von der Technischen Universität Dresden durchgeführt wurden, so daß Vergleiche angestellt und Gemeinsamkeiten und Unterschiede herausgearbeitet werden konnten.

Der vorliegende Beitrag ist darauf gerichtet,

- eine kurze Übersicht über Entwicklungen im Bereich der genannten Planungsfälle für Mecklenburg–Vorpommern zu vermitteln,
- einige verkehrliche Zusammenhänge dieser Entwicklungen aufzuzeigen sowie
- erste Schlußfolgerungen für die Landes– und Regionalplanung abzuleiten.

Raumbezogene Verkehrswissenschaften – Anwendung mit Konzept
hrsg. im Auftrag des Deutschen Verbandes für Angewandte Geographie
von Arnulf Marquardt-Kuron und Konrad Schliephake
in Material zur Angewandten Geographie (MAG), Band 26, Bonn 1996

Entwicklung raumwirtschaftlich bedeutsamer Planungsfälle in Mecklenburg–Vorpommern

Mecklenburg–Vorpommern ist mit einer Größe von 23.400 qkm und 1,871 Mio. Einwohnern ein relativ dünn besiedeltes Flächenland. Die Wirtschaftsstruktur des Landes war durch die Konzentration auf wenige Zweige und Bereiche (Landwirtschaft, Schiffbau, Seeverkehr) einseitig ausgerichtet. Sie erwies sich beim Übergang zur Marktwirtschaft als ausgesprochen strukturschwach. Gegenwärtig befindet sich Mecklenburg–Vorpommern in einem Strukturumbruch ohne Beispiel. Dieser ist mit einem Arbeitsplatzabbau großen Ausmaßes in mehreren Sektoren der Volkswirtschaft verbunden. Um dem drastischen Arbeitsplatzabbau entgegenzuwirken und neue Unternehmen anzusiedeln, erfolgt in vielen Gebieten die Erschließung neuer Gewerbegebiete, die aus der sogenannten Gemeinschaftsaufgabe Aufschwung Ost massiv gefördert wurden (vgl. Abb. 1).

Bei der landesplanerischen Bestätigung von Planvorhaben ging man von einem Orientierungswert von 30 qm/EW aus. Daraus errechnet sich für das Land insgesamt ein Gewerbeflächenbedarf von ca. 5.600 ha. Diese Flächengröße ist nahezu erreicht. Berücksichtigt man, daß außerdem noch ca. 6000 ha alte Gewerbeflächen vorhanden sind, dann werden die Befürchtungen von einem bereits erreichten Überangebot verständlich.

In Mecklenburg–Vorpommern, wie in den neuen Bundesländern überhaupt, wurde mit der Wirtschafts– und Währungsunion und der Vereinigung Deutschlands ein erhebliches Defizit an Einzelhandelskapazitäten schlagartig sichtbar. Sehr rasch wurden deshalb viele großflächige Einzelhandelseinrichtungen geplant, die in den letzten zwei Jahren eröffnet wurden oder sich im Bau befinden.

Bis Mitte 1993 (worauf sich unsere Untersuchungsergebnisse beziehen) hat man 316 Vorhaben mit neuer Verkaufsraumfläche von 1 Mio. qm landesplanerisch begutachtet (vgl. Abb. 2). Bis 1995/96 wird ein Ausstattungsgrad, der zum Zeitpunkt der politischen Wende 0,3 qm/EW betrug, auf 1 qm/EW angestrebt. Inzwischen kann man davon ausgehen, daß ca. 0,8 qm/EW erreicht worden sind.

Etwa 60 % der Verkaufsraumfläche der genehmigten Vorhaben entfällt auf Standorte auf der "Grünen Wiese" außerhalb von Siedlungen (vornehmlich von Städten), etwa 25 % auf städtische Randlagen und nur 15 % sind in Innenlagen von Städten oder größeren Siedlungen lokalisiert.

Während großflächige Einzelhandelseinrichtungen und neue Gewerbegebiete als Investitionsschwerpunkte in ihrer Entwicklung weit fortgeschritten sind, gewinnen neue Wohngebiete als Investitionsobjekte erst jetzt an Bedeutung. Für diesen Investitionsschwerpunkt liegen bislang noch keine landesweiten Analysen vor, da Prozesse der Planung und Realisierung in vollem Gange sind.

Eine von uns gerade fertiggestellte erste Übersicht für den Raum Rostock zeigt aber, daß die Suburbanisierungsprozesse mit so hoher Dynamik verlaufen, daß auch auf

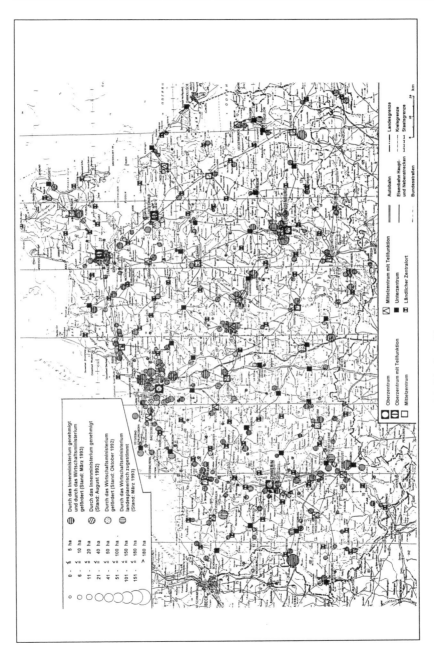

Abbildung 1: *Standorte neuer Gewerbegebiete in Mecklenburg-Vorpommern*

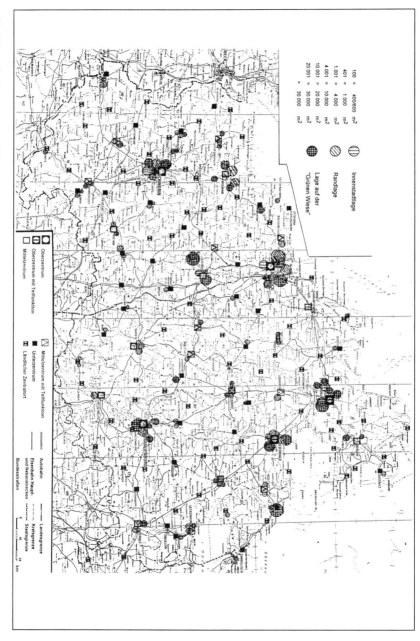

Abbildung 2: *Standorte großflächiger Handelseinrichtungen in Mecklenburg-Vorpommern*

diesem Gebiet die in den alten Bundesländern über Jahrzehnte vollzogenen Ansiedlungen im Umland der Großstädte hier in zeitlich gedrängter Form vor sich gehen (vgl. Abb. 3).

Neben den genannten Investitionsschwerpunkten werden in Mecklenburg–Vorpommern touristische Großobjekte zu den Schwerpunkten wirtschaftlicher Entwicklung gerechnet. Landesplanerisch wird das Ziel angestrebt, diese Standorte vorrangig in Gebieten mit vorhandener touristischer Nutzung zu konzentrieren, um Zersiedlung der Landschaft entgegenzuwirken und vorhandene Infrastruktur nutzen zu können.

Von den bislang etwa 20 größeren flächenverbrauchenden und 15 mehr punktartigen Großobjekten im Lande entfallen 80 % der Standorte auf den Küstenbereich und nur 20 % auf die Binnenregion. Diese Standortverteilung widerspricht in gewisser Weise der Strategieentwicklung des Tourismus im Lande, die auf eine verstärkte Erschließung der Binnenregion durch Tourismus/Erholung orientiert.

Ein aus verkehrlicher Sicht besonders interessantes Untersuchungsobjekt stellt schließlich das Güterverkehrszentrum Rostock dar, das in der Nähe des Überseehafens Rostock entsteht (vgl. Abb. 4). Es wurde innerhalb nur eines Jahres bis zum Erschließungsbeginn im Oktober 1993 vorbereitet. Gegenwärtig sind bereits die Anlagen der Ansiedler im Bau. Nachdem die erste Ausbaustufe von 20 ha erschlossen und weitgehend vermarktet ist, wird nun ein zweiter Abschnitt in Angriff genommen.

Resümiert man diese Entwicklungsprozesse raumwirtschaftlich wichtiger Planungsfälle, dann ist einerseits der kurze Zeitraum hervorzuheben, in dem sich strukturelle Wandlungen im Wirtschaftsraum trotz anfänglich fehlender gesetzlicher Grundlagen und raumordnerischer Pläne vollzogen haben und noch vollziehen. So fehlen bis heute noch immer die in Aussicht gestellten regionalen Raumordnungsprogramme.

Andererseits ist eine Schrittfolge dieser im Zeitraffertempo vor sich gehenden Entwicklung zu konstatieren, die im Gegensatz zu den Altbundesländern mit den Handelseinrichtungen begann, die sich mit Gewerbegebieten fortgesetzt hat und die sich künftig mit den neuen Wohnsiedlungen weiter entwickeln wird.

Charakteristisch ist aber auch, daß für diese Investitionsobjekte gesonderte Standorte gesucht und landesplanerisch unabhängig voneinander begutachtet wurden, was nicht ohne Konsequenzen auf verkehrliche Entwicklungen geblieben ist.

Zusammenhänge zwischen raumwirtschaftlich wichtigen Investitionsobjekten und Verkehr

Unsere Untersuchungen waren zunächst darauf gerichtet, wesentliche Aspekte der Wechselwirkungen zwischen den beschriebenen Planungsfällen und dem Verkehr analytisch zu erfassen.

Eine wichtige Fragestellung besteht darin, daß die Mehrheit aller Investitionsvorhaben an Bundesfernstraßen lokalisiert ist. Das betrifft z.B. zwei Drittel der Flächen neuer

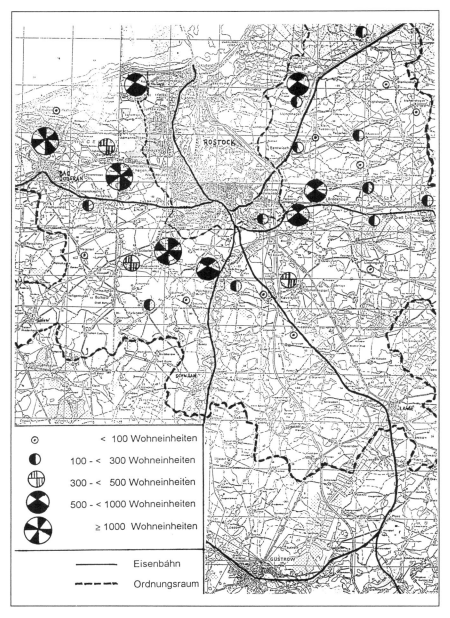

Abbildung 3: *Ordnungsraum Rostock – geplante Wohneinheiten nach Gemeinden*

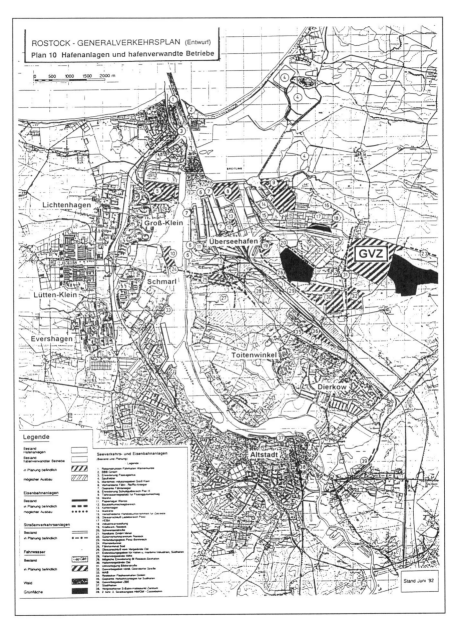

Abbildung 4: *Rostock – Generalverkehrsplan (Entwurf)*

Gewerbegebiete und 85 % der Verkaufsraumflächen großflächiger Einzelhandelseinrichtungen sowie das Güterverkehrszentrum Rostock. Ähnliches zeigt sich bei der Ausweisung neuer Siedlungsflächen. Eine Ausnahme stellen die touristischen Großobjekte dar, deren Standortwahl von den naturräumlichen Gegebenheiten dominiert wird.

Bei der Standortwahl für diese Arten von Investitionsobjekten ist überwiegend kein Wert darauf gelegt worden, die Nähe von Bahnstrecken und Bahnhöfen zu suchen. Das scheint uns in Anbetracht notwendiger Entwicklungen künftiger Verkehrsstrategien sehr bedenklich. Wenn eine solche räumliche Nähe besteht, dann ist sie mitunter mehr zufällig zustandegekommen, denn nur einige Ansiedler sind – wie unsere Beispieluntersuchungen gezeigt haben – von dieser Anforderung ausgegangen. Richtigerweise ist allerdings für das GVZ von Anfang an ein leistungsfähiger Bahnanschluß vorgesehen worden. Eine ähnliche Aussage muß für den öffentlichen Personenverkehr getroffen werden. Zuerst werden durch die Initiativen der Gemeinden die Standorte solcher Großvorhaben bestimmt und erst nach Fertigstellung wird dann geprüft werden, ob der öffentliche Personennahverkehr zum Einsatz gelangen kann. Das trifft oftmals auch auf die Standorte neuer Wohngebiete zu.

Aus quantitativer Sicht erweisen sich die großflächigen Einzelhandelseinrichtungen als diejenigen Vorhaben, die den meisten Verkehr induzieren. Da die Standorte dieser Einrichtungen oftmals auf der "Grünen Wiese" außerhalb von Ortslagen und dabei zur Hälfte in der Nähe von Orten ohne Zentralität liegen, findet das Einkaufen weit entfernt vom Wohnen und Arbeiten statt. Die Konzeptionen dieser Einrichtungen gehen grundsätzlich davon aus, daß die Kunden den privaten PKW benutzen, wozu, wiederum im Gegensatz zu den Innenstädten, großzügig angelegte gebührenfreie Parkplätze anregen.

Verkehrszählungen an einigen Gewerbegebieten haben im Vergleich zu den großflächigen Einzelhandelseinrichtungen ein wesentlich geringeres Verkehrsaufkommen ergeben, wenn man die Fahrzeugbewegungen z.B. auf die Flächengröße bezieht. Allerdings ist dabei zu berücksichtigen, daß insbesondere im ländlichen Raum Mecklenburg–Vorpommern Einzelhandelseinrichtungen oft in Gewerbegebiete integriert sind. In einer Reihe von Fällen stellen sie dort gemeinsam mit Autohäusern den Hauptteil der Ansiedler dar.

Im ländlichen Raum wirft das Verkehrsaufkommen der analysierten Investitionsobjekte in aller Regel allerdings keine großen Probleme auf. Hier kommt es darauf an, zweckmäßige Lösungen für die Anbindung des Mikrostandortes zu finden. Ganz anders sieht aber die Situation in den Gebieten der großen Städte aus. In den verdichteten Räumen in der Nähe der Städte werden häufig an den gleichen Achsen großflächige Handelseinrichtungen, Gewerbegebiete, neue Wohnsiedlungen und Hotels lokalisiert. Die daraus entspringende Überlagerung verkehrlicher Wirkungen kann oft mit den vorhandenen Straßen nicht abgefangen werden, so daß z.T. chaotische Zustände eintreten.

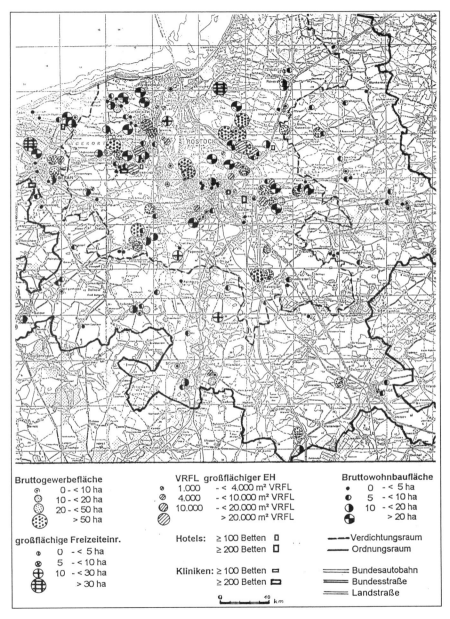

Abbildung 5: *Standorte neuer Investitionsvorhaben im Raum Rostock*

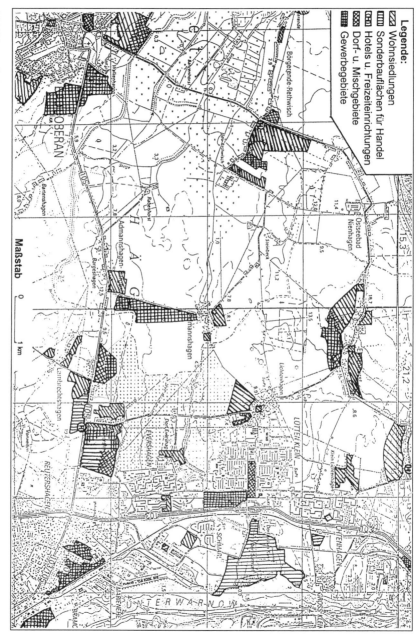

Abbildung 6: *Standorte neuer Investitionsvorhaben zwischen Rostock und Bad Doberan*

Legende:

- Wohnsiedlungen
- Sonderbauflächen für Handel
- Hotels u. Freizeiteinrichtungen
- Dorf- u. Mischgebiete
- Gewerbegebiete

Maßstab

0   1 km

Die Abbildungen 5 und 6 sollen das am Beispiel des Rostocker Raumes demonstrieren. Im Gebiet entlang der B 105 Rostock–Bad Doberan und der Stadtautobahn Rostock–Warnemünde sind mehrere Gewerbegebiete und Wohnsiedlungen angeordnet. Der gerade eröffnete Ostseepark Rostock–Sievershagen verfügt über eine Verkaufsraumfläche von 33.000 qm. Durch diese Objekte wird zum einen ein zusätzlicher Verkehr für die schon vorher stark belasteten Straßen hervorgebracht und zum anderen wird die Kapazität der Verkehrswege durch die ampelgestützten Einspeisungen herabgesetzt. Das Ergebnis sind derartig starke Staus, daß man negative Rückwirkungen auf die Wirtschaft der Stadt und des Umlandes sowie auf die Lebensqualität befürchten muß.

Erste Schlußfolgerungen und Fragestellungen

Die Analyse hat mit großer Deutlichkeit gezeigt, daß verkehrliche Aspekte bei der Planung von raumwirtschaftlich wichtigen Investitionsobjekten zu wenig berücksichtigt werden. Das betrifft z.B. die oftmals geforderte Durchmischung der Funktionen Wohnen, Arbeiten, Einkaufen und Erholen.

Häufig beschränken sich die Überlegungen der Investoren darauf, einen Standort an einer überregional bedeutsamen Straße zu finden und den Anschluß des Mikrostandortes selbst zu gewährleisten. Die Auswirkungen auf die Netzbelastung werden dagegen kaum beachtet. Vielleicht hängt das auch damit zusammen, daß die anschließend gegebenenfalls auftretenden Verkehrsengpässe nicht unbedingt von den Verursachern selbst finanziell getragen werden müssen.

Von den regionalen Planungsinstitutionen werden diese Probleme zunehmend erkannt. Sie benötigen dazu aber praxiswirksame Instrumentarien, um schon im Planungs– und Begutachtungsprozeß verkehrliche Wirkungen abschätzen zu können.

Bestandteil unseres Forschungsobjektes ist es deshalb auch, entsprechende Methoden vorzuschlagen. Darüber hinaus haben die Untersuchungen zur Formulierung verkehrlicher Mindestanforderungen geführt, die bei der Planung solcher Vorhaben beachtet werden sollten (vgl. Tab. 1). Beispielsweise betrifft dies Forderungen nach der Anlage von Bahnanschlüssen und der Berücksichtigung des öffentlichen Personenverkehrs. Weiter sollte nicht zugelassen werden, daß alle Vorhaben an die Bundesstraßen drängen, da dadurch deren zentrale Funktion der überörtlichen Verbindung wesentlich beeinträchtigt wird.

Bei der Einschätzung der bisher in den neuen Bundesländern abgelaufenen Prozesse raumwirtschaftlich wichtiger Investitionsobjekte muß berücksichtigt werden, daß mit Entscheidungen nicht bis zum Vorliegen regionaler Raumordnungsprogramme gewartet werden konnte. Das jetzt sichtbar werdende Resultat dieser Übergangszeit ist oftmals unbefriedigend. Ergebnisse dieser Entwicklung lassen sich zwar nicht mehr rückgängig machen, sie erfordern jedoch im Nachhinein Konsequenzen der Synthese von MIV und ÖPNV. Hierzu laufen exemplarisch für Rostock und für sächsische Städte

Tabelle 1: *Raumplanerische und verkehrliche Mindestanforderungen von Güterverkehrszentren*

Anforderungsbereich	Anforderung
raumplanerisch	
Lokalisierung des Standortes	- in der Peripherie eines Ballungszentrums
verkehrlich	

Straßenverkehr
- ankommende/abgehende
  LKW im Fernverkehr
	- direkter Autobahnanschluß, möglichst in der
	  Nähe eines Autobahnkreuzes
	- Lage an möglichst wenig vorbelasteten Autobahn-/
	  Bundesstraßenabschnitten
	- möglichst mehrfacher Anschluß an umliegendes
	  Straßennetz

- regionaler Sammel- und
  Verteilerverkehr
	- Anbindung an untergeordnetes und Bundes-
	  straßennetz

- PKW-Verkehr von Beschäf-
  tigten und Besuchern des
  GVZ
	- Anbindung an untergeordnetes und Bundes-
	  straßennetz

Eisenbahnverkehr kombinierter Verkehr und Wagenladungsverkehr	- rasche Erreichbarkeit von Hauptabfuhrstrecken sowie von Nebenfernstrecken der Eisenbahn - Anbindung an KLV-Relationen - Anbindung an das Intercargo-Netz - Nähe eines Rangierbahnhofs
Binnenschiffahrt	- Anschluß an Binnenwasserstraßennetz, wo sich ein solcher aufgrund der räumlichen Lage anbietet
Luftverkehr	- Lage bei Flughäfen, auf denen Frachtverkehr abgewickelt wird, kann ein Standortvorteil sein
Standortbezogener Verkehr	- separate Erschließungsstraße im GVZ zur Vermeidung von Verkehrsüberlagerungen - Ausbau der zum GVZ zulaufenden Straßen - Gleisanschluß des GVZ

Untersuchungen zum Prozeß der Suburbanisierung und zu verkehrlichen Lösungen, die vor allem die genannten Überlagerungseffekte von Investitionsobjekten einbeziehen. Gleichermaßen wichtig werden auch Untersuchungen, die auf Lösungen des Güterverkehrs der Gewerbegebiete und der großflächigen Handelseinrichtungen gerichtet sind und insbesondere die City–Logistik fordern.

Auf Grund der unbefriedigenden Situation der Lösung wachsender verkehrlicher Probleme ist es umso wichtiger, für die Aufstellung von Raumordnungsprogrammen und für deren Qualifizierung Vorschläge und Instrumentarien zu erarbeiten, die von den Planungsinstitutionen in die Praxis umgesetzt werden können.

Die Autobahn A20 –
Aufschwung Ost oder
regionalwirtschaftlicher Risikofaktor?

Von Arnulf Marquardt–Kuron

Vorbemerkung

Die Autobahn A20 ist das mit Abstand umstrittenste der sogenannten Verkehrsprojekte Deutsche Einheit. In dem vorliegenden Band wird daher dieses Infrastrukturprojekt ausführlich behandelt. In diesem Beitrag werden die wirtschafts- und sozialräumlichen Auswirkungen der Autobahn dargestellt (vgl. Marquardt-Kuron 1993). Weitere Aspekte dieses Verkehrsprojektes werden behandelt in den Beiträgen von

–   K.-H. Breitzmann und H. Obenaus (verkehrsräumliche Grundlagen, S. 263),
–   M. Krause (Politik, S. 291),
–   A. Hader (parallele Küstenschiffahrt, S. 311) sowie
–   A. Marquardt-Kuron (paralleler Eisenbahnbau, S. 323).

Kontroverse Diskussionen über das Für und Wider von großen Infrastrukturmaßnahmen (vgl. Marquardt-Kuron, 1993, S. 35-68) werden immer dann geführt, wenn es um den Bau von neuen Autobahnen oder neuen Autobahnteilstücken geht. Die Diskussion um die Weiterführung der A40, die in Nordrhein-Westfalen im Frühjahr 1996 zu einer schweren Koalitionskrise führte, ist nur ein aktuelles Beispiel.

Viele Befürworter eines flächendeckenden Autobahnbaus behaupten, daß wirtschaftliches Wachstum – zumal in peripheren Räumen – durch einen gezielten Bau von Autobahnen induziert werden könne. Dieser Ansicht schloß sich auch der ehemalige Bundesverkehrsminister Günther Krause an: "Wirtschaftswachtsum und Verkehrswachtsum können wir nicht entkoppeln" (General-Anzeiger vom 2.9.1992), wobei diese Meinung jedoch umstritten ist. Die Verkehrspolitik ist heute an einem (Wende-) Punkt angelangt, an dem die Energiepolitik in der Mitte der siebziger Jahre stand. Damals wurde diskutiert, ob Wirtschaftswachstum ohne eine Steigerung des Energieverbrauchs – also eine Entkopplung von Energieverbrauch und Wirtschaftswachstum – möglich sei. Heute weiß man, daß genau diese Entkopplung eingetreten ist (vgl. Deutsche Shell AG 1990).

Raumbezogene Verkehrswissenschaften – Anwendung mit Konzept
hrsg. im Auftrag des Deutschen Verbandes für Angewandte Geographie
von Arnulf Marquardt-Kuron und Konrad Schliephake
in Material zur Angewandten Geographie (MAG), Band 26, Bonn 1996

Räumliche Effekte

Die räumlichen Effekte von Investitionen in Verkehrswege können während der Planungs-, der Bau- und später in der Betriebsphase unterschiedlich sein. Dabei laufen alle raumwirksamen Prozesse auf zwei Ebenen, der politischen und der ökonomischen, ab. Letztlich ist zu beachten, daß die Effekte innerhalb und außerhalb der betrachteten Region unterschiedlich ausfallen können.

Die Landesplanung des Landes Mecklenburg–Vorpommern steht vor großen Problemen, da der Zusammenbruch der sozialistischen Kommandowirtschaft und der Übergang in die soziale Marktwirtschaft zu erheblichen Strukturbrüchen führt. Hinzu kommt, daß Mecklenburg–Vorpommern das dünnst besiedelte Bundesland Deutschlands mit einer insgesamt unausgewogenen Wirtschaftsstruktur ist.

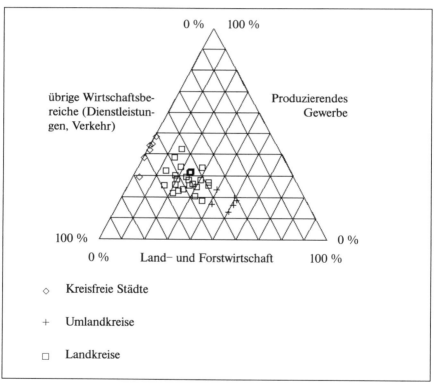

Abbildung 1: *Beschäftigte nach Wirtschaftsbereichen in den Kreisen Mecklenburg–Vorpommerns am 30.11.1990*

Quelle: *Statistisches Landesamt Mecklenburg–Vorpommern (Hrsg.), Statistische Berichte A VI/S/–90, S. 17*

Abbildung 1 belegt die starke Spezialisierung zwischen den kreisfreien Kernstädten, den dazugehörigen Umlandkreisen und den Landkreisen. Insgesamt gesehen ist das produzierende Gewerbe recht schwach ausgebildet. In Mecklenburg-Vorpommern gibt es keine "Region mit großen Verdichtungsansätzen". Das Land verfügt – laut Raumordnungsbericht 1991 – mit der Hansestadt Rostock über lediglich eine "Region mit Verdichtungsansätzen" und über "ländlich geprägte Regionen" (vgl. Abb. 2).

Instrumente der Landesplanung und Raumordnung aus den alten Bundesländern können in den neuen Ländern nicht ohne weiteres übernommen werden. So ist es

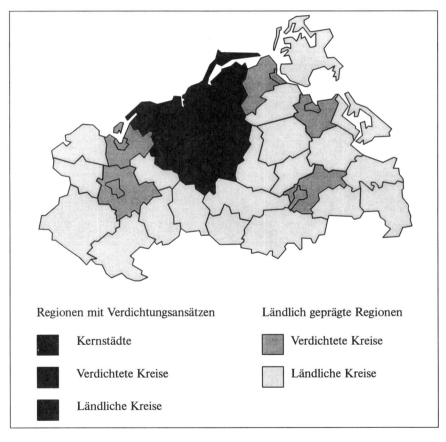

Regionen mit Verdichtungsansätzen

Kernstädte

Verdichtete Kreise

Ländliche Kreise

Ländlich geprägte Regionen

Verdichtete Kreise

Ländliche Kreise

Abbildung 2: *Siedlungsstrukturelle Kreistypen in Mecklenburg–Vorpommern*
Quelle: Bundesministerium für Raumordnung, Bauwesen und Städtebau
(Hrsg.), Raumordnungsbericht 1991 der Bundesregierung, Bonn 1991, S.
31, verändert

beispielsweise problematisch, in Regionen mit niedriger Bevölkerungsdichte und un-
gleichgewichtiger Bevölkerungsverteilung – wie Mecklenburg-Vorpommern (vgl. Abb.
3 und 4) – Entwicklungsachsen auszuweisen, die eine Mindestbesiedlungsdichte von

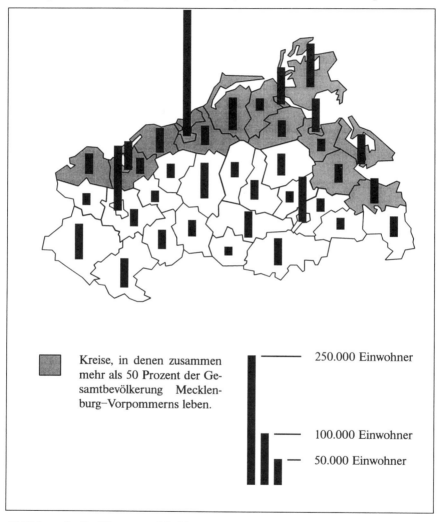

Kreise, in denen zusammen mehr als 50 Prozent der Gesamtbevölkerung Mecklen-
burg–Vorpommerns leben.

250.000 Einwohner

100.000 Einwohner

50.000 Einwohner

Abbildung 3: *Bevölkerung in Mecklenburg–Vorpommern am 30.6.1991 nach Kreisen*
Quelle   *Statistisches Landesamt Mecklenburg–Vorpommern (Hrsg.), Statistische*
Berichte AI2–hj1/91, Bevölkerungsstand der Kreise des Landes Meck-
lenburg–Vorpommern am 30.6.1991, eigene Berechnung

etwa 300 EW/qkm über eine Mindestlänge von 15 km erfordern, auch wenn die in der Literatur genannten Mindestwerte nur mehr oder weniger plausible Richtgrößen darstellen (vgl. Brösse 1975, S. 80ff).

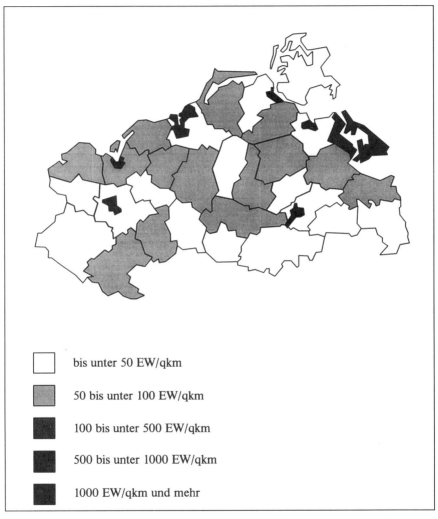

bis unter 50 EW/qkm

50 bis unter 100 EW/qkm

100 bis unter 500 EW/qkm

500 bis unter 1000 EW/qkm

1000 EW/qkm und mehr

Abbildung 4: *Bevölkerungsdichte in Mecklenburg–Vorpommern in Einwohner je Qua-dratkilometer (Stand: 31.12.1990)*
Quelle   Laufende Raumbeobachtung der Bundesforschungsanstalt für Landes-kunde und Raumordnung, August 1992

Im Entwurf des Raumordnungsprogramms werden Maßnahmen zur Lösung dieser Probleme vorgestellt. In Bezug auf die Planung der Verkehrsprojekte Deutsche Einheit sind sie allerdings nicht widerspruchsfrei.

Als Voraussetzung für die Wirksamkeit von Entwicklungsachsen wird in der Literatur die Bündelung der Bandinfrastruktur auf den Achsen gefordert. Dieser Bündelungseffekt soll bewirken, "daß mit Zunahme der Bündelung die Standortwirksamkeit der Bandinfrastruktur wächst." (Brösse 1975, S. 80) Aus diesem Grunde steht die Forderung nach Bündelung der Bandinfrastruktur entlang der Entwicklungsachsen in den meisten Raumordnungs- und Landesentwicklungsprogrammen. In Abbildung 5 ist der Verlauf der geplanten Autobahn A20 unter Berücksichtigung der gegebenen raumordnerischen Rahmenbedingungen − zentrale Orte und die Entwicklungsachsen − dargestellt. Deutlich ist zu erkennen, daß die Autobahn A20 nur im Bereich zwischen Lübeck und Wismar entlang einer Entwicklungsachse verläuft. Zwischen Wismar und Rostock entfernt sie sich dann von der Entwicklungsachse und verläuft von Rostock über Demmin bis nach Prenzlau in weitem Bogen zwischen den Entwicklungsachsen Wismar−Stralsund und Schwerin−Neubrandenburg bzw. kreuzt die Achse Rostock−Wittstock und Stralsund−Neubrandenburg. Mit anderen Worten verläuft die A20 durch Regionen fernab der Wohn- und Arbeitsstandorte entlang der Ostseeküste. Dies widerspricht jedoch in eklatanter Weise der Forderung, daß die "Einrichtungen der Bandinfrastruktur (...) bevorzugt im Zuge von Entwicklungsachsen geschaffen" (Brösse 1975, S. 81) geschaffen werden sollen.

Kein Zusammenhang zwischen Autobahnverlauf und Gewerbeflächenausweisung

Im interkommunalen Wettbewerb um Investoren haben die mecklenburg-vorpommerschen Gemeinden in der Summe zuviel Gewerbefläche ausgewiesen. Viele dieser Gewerbegebiete auf der "grünen Wiese" sind "im Zuge der anfänglichen Ansiedlungseuphorie und falsch verstandener Planungshoheit der Gemeinden" (Hajny 1994, S. 3) entstanden. Die Landesplanung hat jedoch darauf reagiert und versucht heute, "übertriebene(n) Flächenexpansionen am Stadtrand" (Hajny 1994, S. 4) entgegen zu wirken. So wurden in den Jahren 1991 bis 1994 etwa 250 Einzelhandelsvorhaben mit insgesamt 1,7 Mio. qm Verkaufsraumfläche einer landesplanerischen Prüfung unterzogen. Davon wurden 51% nicht genehmigt.

Bei einem Vergleich von Gewerbestandorten und Autobahnnetz ist deutlich zu erkennen, daß sich die Gewerbegebiete in den dichter bevölkerten Regionen befinden. Entlang der bereits bestehenden Autobahnen A19 Rostock−Berlin und A24 Hamburg−Berlin ist jedenfalls keine Häufung von Gewerbestandorten im Vergleich zu anderen Regionen des Landes wie Neubrandenburg, Stralsund, Neustrelitz oder Rostock zu erkennen. Die vorhandenen Autobahnen üben offenbar in Mecklenburg-Vorpommern keinen Anreiz zur Bündelung von Funktionen aus. Es ist daher auch nicht zu erwarten, daß die A20 bündelnde Kräfte entfalten wird (Marquardt-Kuron 1993, S. 8).

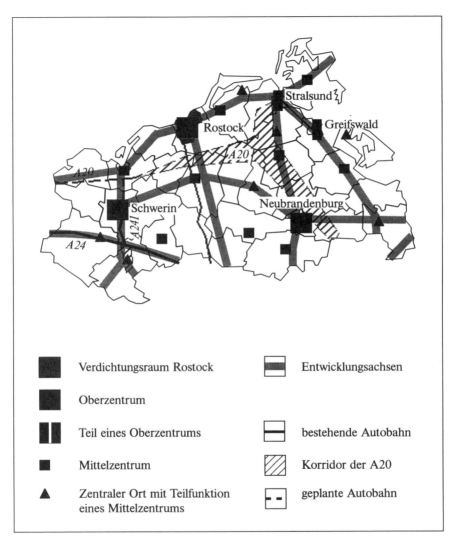

Abbildung 5: *Verdichtungsräume, Entwicklungsachsen, Zentrale Orte und Verlauf der Autobahnen mit Korridor der geplanten A20 in Mecklenburg–Vorpommern*

Quelle   *Nach: Wirtschaftsministerium (Landesplanungsbehörde) des Landes Mecklenburg–Vorpommern, Entwurf des Landesraumraumordnungsprogramms, Karten 2, 3 und 11, Schwerin 1992, verändert*

Standortentscheidungen der Unternehmen

Im Sommer 1992 wurden in Mecklenburg-Vorpommern Unternehmen zu den ihren Standort bestimmenden Faktoren befragt (vgl. hierzu Marquardt-Kuron 1993).

Bei Neugründungen von kleinen Unternehmen fällt die große persönliche Präferenz der Gründer und Gründerinnen für die Region auf, die in dieser Gruppe das entscheidende Kriterium für die regionale Standortwahl darstellt.

Bei Neugründungen von Unternehmen mittlerer Größe werden die regionalen Standortentscheidungen offensichtlich eher nach kaufmännischen Gesichtspunkten getroffen, wohingegen sich die kleinräumige Standortentscheidung nach weiteren Kriterien richtet, die sich an Art und Größe der verfügbaren Flächen orientieren. Dabei suchen die Investoren 'sichere' Standorte, deren planungs- und eigentumsrechtliche Gegebenheiten geklärt sind.

Für die Übernahme von Unternehmen sind in der großräumigen Standortentscheidung die folgenden Gründe ausschlaggebend:
- die Größe und Qualität der betrieblichen Infrastruktur (Gebäude, Ausstattung),
- der Ausbildungsstand der Mitarbeiter sowie
- die Qualität der bisherigen Betriebsführung.

Viele Unternehmen in Mecklenburg-Vorpommern sind – zum Teil heute noch – von guten Exportbeziehungen in die ehemaligen RGW-Staaten, vor allem in die heutigen GUS-Staaten, abhängig. Die Unternehmen, die in der Vergangenheit in hohem Maße auf Exporte in die Länder des früheren RGW ausgerichtet waren, wurden von den Umwälzungen in den GUS-Staaten stark getroffen und spüren insbesondere die Folgen der Währungsumstellung des Transfer-Rubels zum 1.1.1991. Zahlungsschwierigkeiten dieser Staaten führten zur sofortigen Stillegung der Produktion in mecklenburg-vorpommerschen Unternehmen.

Hier zeigt sich die ambivalente Situation in der Abhängigkeit vieler ostdeutscher Unternehmen von der wirtschaftlichen Lage in den GUS-Staaten, vor allem in Rußland. Auf der einen Seite besteht die große Chance, durch die traditionell guten Handelsbeziehungen in die ehemalige Sowjetunion einen Wettbewerbsvorteil gegenüber westlichen Unternehmen zu nutzen. Andererseits wirkt die schlechte wirtschaftliche Lage – vor allem in Rußland – für diese Unternehmen existenzbedrohend.

Ungeklärte Eigentumsverhältnisse haben negative Auswirkungen auf das Niederlassungsverhalten von Unternehmen. Das relativ geringe Interesse von Unternehmen des Produzierenden Gewerbes kann unter anderem auf "die erforderlichen größeren Flächen und die damit verbundenen größeren Probleme mit ungeklärten Eigentumsverhältnissen" (Gaulke/Heuer 1992, S. 20) zurückgeführt werden. Oft kompliziere die notwendige Koordinierung der Interessen mehrerer bereits feststehender oder möglicher Eigentümer die Sachlage zusätzlich. Die Klärung der Eigentumsfrage ist das wesentliche Kriterium für die Standortanforderungen westlicher Investoren in den neuen Bundesländern (vgl. Gaulke/Heuer 1992, S. 22.

Verkehrsanbindung der Unternehmen

Die Qualität der Verkehrsanbindung wird von den Unternehmen im Vergleich zu anderen Faktoren – wie z.b. Flächenangebot, Eigentumsverhältnisse, Marktanteile, Telekommunikation usw. – als unproblematisch beurteilt (vgl. Albach, S. 6).

Von den befragten Unternehmen (vgl. Marquardt-Kuron 1993) gab letztlich nur eines zu verstehen, daß es an einem direkten Autobahnanschluß interessiert sei – und hatte sich auch direkter Nähe zur A19 niedergelassen. Alle anderen befragten Unternehmen gaben an, daß sie im intraregionalen bzw. im lokalen Verkehr erhebliche Probleme hätten. Die Unternehmen konnten ohne Zögern temporäre oder ständige Engstellen (z.b. Ladevorgänge von LKW, Eisenbahnschranken, Ampelkreuzungen) angeben. Überregionale Verkehrsprobleme wurden nicht genannt (vgl. Marquardt-Kuron 1993, S. 147ff, S. 173).

Dieses Ergebnis deckt sich mit Erkenntnissen aus anderen Studien. So kamen Fürst und Zimmermann Anfang der 70er Jahre bei einer Unternehmensbefragung zu dem Ergebnis, "daß Transportprobleme weniger gravierend sind als in der klassischen Standorttheorie noch angenommen" (Fürst/Zimmermann 1973, S. 91).

Selbst vor dem Hintergrund noch sehr schlechter Straßenverhältnisse in den neuen Ländern im Herbst 1990, die mittlerweile das Niveau der alten Länder erreicht haben, kommen Gaulke und Heuer zu folgendem Ergebnis: "Die gravierenden Mängel in der Infrastruktur der neuen Bundesländer sind potentiellen Investoren aus dem Westen ein bekanntes Phänomen, das aber die Investitionsbereitschaft offenbar nicht entscheidend tangiert" (Gaulke/Heuer 1992, S. 62). Auch in dieser Studie ist die Verkehrsinfrastruktur in der Auflistung der Standortfaktoren an die letzte Stelle gerückt. Die Autoren beschreiben, daß die ungeklärten Eigentumsverhältnisse sowie Anforderungen an die technische Infrastruktur wie Telekommunikation und Ver- und Entsorgung mit Energie und Wasser die eigtenlichen Probleme darstellen. "Hinzu kommt die Notwendigkeit des Ausbaus der Verkehrsinfrastruktur, damit vor allem der Schwerlastverkerh leichteren Zugang zu den Industriestandorten erhält" (Gaulke/Heuer 1992, S. 62f). Damit ist jedoch der kleinräumige Ausbau der kommunalen Verkehrsinfrastruktur gemeint, mit der Standorte wie das Gewerbegebiet Schwerin-Sacktannen an das Bundesstraßennetz angebunden werden sollen.

Die überregionale Versorgung mit Straßenverkehrsinfrasturktur in einer akzeptablen Qualität ist in Mecklenburg-Viorpommern inzwischen zur Ubiquität geworden. So wurden beispielsweise alle Bundesstraßen flächendeckend mit einer neuen Decke versehen.

Aufgrund dieser ubiquitären Versorgung mit Verkehrsinfrastruktur ist auch der Stellenwert der Verkehrsanbindung im Standortgefüge der Unternehmen weit abgesunken. Aus Sicht der Unternehmen ist der Bau oder Nichtbau der A20 völlig belanglis und kein Kriterium für ihre Standortwahl.

Migration

Vor allem im westlichen Landesteil Mecklenburg haben sich in den letzten Jahren auf dem bereits vorhandenen Straßennetz starke Pendlerströme in Richtung Westen nach Schleswig-Holstein, Niedersachsen und Hamburg entwickelt. Diese Situation wird aufgrund hoher Arbeitslosigkeit in Mecklenburg-Vorpommern und vorhandener Einkommensunterschiede auch in absehbarer Zukunft noch bestehen bleiben. Durch den Bau der A20 wird der Sogeffekt der westlichen Agglomerationen sich noch deutlicher zeigen und diese Pendlerströme anschwellen lassen. Außerdem wird die Autobahn zu einer Verschiebung der Fahr-Isochronen in Richtung Osten führen; anders ausgedrückt: Für noch mehr Menschen in Mecklenburg-Vorpommern lohnt es sich, in die westlichen Länder zu pendeln.

Unter den gegenwärtigen Bedingungen hoher Arbeitslosigkeit in Mecklenburg–Vorpommern wird eine starke Ausdünnung der ländlichen Kreise zwischen den relativ weit voneinander entfernten Zentren unausbleiblich sein. Eine solche Entwicklung ist grundsätzlich nichts Neues; sie konnte bereits in den 60er und 70er Jahren in der Eifel, im Westerwald und in einem etwa 50 km breiten Streifen entlang der innerdeutschen Grenze beobachtet werden.

Die Abwanderungen konzentrieren sich auf die Altersgruppe der unter 25–jährigen. Gerade die jüngeren Arbeitskräfte pendeln zu den Arbeitsplätzen in den alten Bundeländern. Die Arbeitsplatzwanderer sind ebenfalls dieser eher jüngeren Gruppe zuzuordnen. Ein Zusammenhang zwischen Pendlertum und Wanderungen in dieser Altersgruppe ist unverkennbar.

Aus dem Verhalten von Dauerpendlern kann aber auch geschlossen werden, daß sie gerade nicht bereit sind, zu wandern, weil sie eine starke Präferenz zum Wohnort – zum Beispiel durch Eigentum – besitzen. Wohneigentum ist in den neuen Bundesländern nur sehr wenig verbreitet. Daraus folgt, daß die Pendler, wenn sie keine Präferenzen zum Wohnort haben, in Richtung Arbeitsplatz abwandern werden.

Die A 20 würde nicht nur die Zahl der Pendler ansteigen lassen, sondern als Folge auch die Abwanderungswelle aus Mecklenburg–Vorpommern noch vergrößern, da sie zunächst einem größeren Kreis von Erwerbslosen die Möglichkeit eröffnet, als Pendler zu einem Arbeitsplatz im Westen zu gelangen (vgl. Gatzweiler 1975, S. 77ff). Nach einiger Zeit des Pendelns werden sich diese dann zum Umzug entscheiden. Um die Abwanderungswelle zu stoppen, sind also weniger verkehrspolitische als vielmehr wohnungs- und städtebaupolitische Initiativen erforderlich.

Arbeitsplätze

Da in der Bundesrepublik Deutschland Jahr für Jahr erhebliche Mittel in den Bau von Verkehrswegen investiert werden, hoffen viele Menschen in Mecklenburg–Vorpommern, daß vor allem während der Bauphase der Verkehrsprojekte Deutsche Einheit 1 und 10 erhebliche Wirkungen auf Beschäftigung und Einkommen in der Region hervorgerufen werden. Allerdings überträgt sich diese Hoffnung allein auf den Bau der A 20, was von offizieller Seite unterstützt wird: Bundesverkehrsminister "Krause aber glaubt, mit der Autobahn die Arbeitslosigkeit auf dem flachen Land in den Griff zu bekommen. Die Bauern in der DDR seien ohnehin keine Bauern im herkömmlichen Sinne gewesen. Sie hätten unter freiem Himmel mit schwerer Technik den Boden bearbeitet. Da sei der Unterschied zum Straßenbau gar nicht so groß, erklärte er kürzlich in Wolgast" (Ostseezeitung vom 27.3.1992). Das in die A 20 investierte Geld soll nach Meinung des Bundesverkehrsministers im Osten bleiben und nicht an große "westdeutsche Baukonzerne" fallen: "Es wäre furchtbar, wenn die Mecklenburger und Vorpommern ihre Autobahn nicht selbst bauten" (Ostseezeitung vom 27.3.1992).

Die regionale Wirkung der direkten und indirekten Produktions–, Beschäftigungs– und Einkommenseffekte beim Bau von Fernverkehrsinfrastrukturen darf jedoch nicht überschätzt werden (vgl. Marquardt-Kuron 1993, S. 10/11).

Regionale Verteilung des Einkommens durch Grundstücksverkäufe

Von den Staatsausgaben für Verkehrsinfrastrukturinvestitionen profitieren zunächst die Verkäufer von Grund und Boden. Wenn die Verkäufer Privatleute sind, ist der Verkaufserlös direktes Einkommen der privaten Haushalte (vgl. Aberle/Kaufmann 1981, S. 5ff). Die regionale Wirkung dieser Transferzahlungen hängt also entscheidend von den Eigentumsverhältnissen der für die A20 vorgesehenen Flächen ab, wobei die A20 größtenteils über landwirtschaftliche Nutzfläche ehemaliger Landwirtschaftlicher Produktionsgenossenschaften (LPG) verläuft. Die LPG-Anteile sind mit dem Einigungsvertrag an die Bauern bzw. deren Erben zurückgefallen, so daß sich heute die Flächen größtenteils im Besitz regional ansässiger Eigentümer befinden dürften. Der Einkommenseffekt aus den Grundstücksverkäufen wird zwar bemerkbar sein, jedoch aufgrund seiner Einmaligkeit keine langfristige Wirkung entfalten.

Regionale Verteilung des Einkommens aufgrund von Sach- und Arbeitsleistungen

Als zweite Gruppe profitieren die am Bau beteiligten Hoch- und Tiefbauunternehmen. Von diesen fließen Einkommen in Form von Löhnen und Gehältern an die privaten Haushalte. Von den geleisteten Zahlungen haben jedoch nur diejenigen regionalpolitische Bedeutung, die in der Region verbleiben bzw. über Nachfrageströme zu vermehrtem Einkommen führen. Eine positive Wirkung dieses Multiplikatoreffektes hängt entscheidend von der Wirtschaftsstruktur der Region ab. Generell profitieren beim Bau von Verkehrswegen Branchen wie Steine und Erden, Eisen- und Metallverarbeitung, chemische und Holzindustrie. Für die Höhe der regionalen Wirkungen sind dabei die Produktionsstandorte der benötigten Einsatzgüter maßgebend (vgl. Aberle/Kaufmann 1981, S. 5ff).

Im eher agrarisch und maritim geprägten Mecklenburg-Vorpommern sind diese spezifischen Branchen unterrepräsentiert. Ein nennenswerter Beschäftigungs- und Einkommenseffekt in der Region ist also nicht zu erwarten. Es werden vor allem Unternehmen außerhalb Mecklenburg-Vorpommerns den überwiegenden Teil der Investitionssumme als Einnahmen verbuchen können. Profitierende Regionen werden die industrialisierten Agglomerationen sein, in denen die entsprechenden Industriezweige ansässig sind.

Im Verkehrswegebau sind die Baumaterialien vor allem transportkostenintensive, relativ homogene Massengüter wie Schotter, Kies und Sand. Zwar werden die Aufträge zur Bereitstellung und Verarbeitung dieser Materialien am Investitionsort großenteils an lokale Unternehmen vergeben, doch ist gerade der im Straßen- wie im Schienenwegebau benötigte Schotter ein Produkt, das aus anderen Regionen (z.B. Polen, Schweden) importiert werden muß. Daher ist auch in diesem Bereich – außer im Transportwesen – kaum mit größeren Einkommenseffekten für die Bevölkerung von Mecklenburg-Vorpommern zu rechnen.

Aufgrund des vermehrten Einsatzes kapitalintensiver Technologien in der Bauindustrie ist der Anteil der Lohnkosten an den gesamten Kosten gesunken. Infolge der zunehmenden Mechanisierung wird vor allem die Zahl der Arbeitsplätze für ungelernte Kräfte mit hoher marginaler Konsumquote, die in Mecklenburg-Vorpommern besonders hoch sein dürfte, reduziert.

Zudem haben die großen Straßenbaugesellschaften ihren Sitz in den Agglomerationen außerhalb von Mecklenburg–Vorpommern und setzen ihre eigenen, spezialisierten Mitarbeiter auf den Baustellen ein. Demzufolge sind über eine Beeinflussung der Löhne und damit der Konsumausgaben und die Bereitstellung zusätzlicher Arbeitskräfte während der Bauphase der A20 in Mecklenburg-Vorpommern multiplikative Prozesse größeren Umfangs nicht zu erwarten. Es ist weder mit einem Beschäftigungs– noch mit einem Einkommenseffekt in der Region in nennenswerter Höhe zu rechnen.

Das Anwachsen der Größe von Baulosen bevorteilt einseitig die größeren, kapitalintensiven Bauunternehmen. Somit nimmt auch aus diesem Grund bei Fernverkehrsinvestitionen in ländlich strukturierten Räumen – wie in Mecklenburg–Vorpommern – die Tendenz zu, "daß Großfirmen aus Agglomerationsräumen Aufträge an sich ziehen und die Produktions– und Beschäftigungswirkungen an der Region vorbeilaufen" (Aberle/Kaufmann 1981, S. 10) Diese Befürchtung teilt auch der Bundesverband Junger Unternehmer, Regionalverband Mecklenburg-Vorpommern (vgl. Marquardt-Kuron 1993, S. 142). Er hat Bedenken geäußert, daß bei einem Generalunternehmen (aus dem Westen) die mittelständische Wirtschaft in Mecklenburg–Vorpommern benachteiligt wird.

Durch die Struktur und die Standorte der Unternehmen und ihrer Zulieferer bedingt, fällt ein großer Teil der Beschäftigungs-- und Einkommenseffekte während der Bauzeit, vor allem bei Eisenbahn– und Fernverkehrsstraßenprojekten, bei spezialisierten

Unternehmen in den großen Agglomerationen und nicht in den ländlichen Regionen an.

Die obigen Aussagen, daß die Beschäftigungs- und Einkommenseffekte der Verkehrsprojekte Deutsche Einheit in Mecklenburg-Vorpommern während der Bauphase höchstens marginal sind, werden von den Planungsgesellschaften bestätigt.

Die DEGES ist Auftraggeber einer europaweiten Ausschreibung zum Bau der Autobahn, wobei das billigstanbietende Unternehmen den Zuschlag erhält. Es gibt keine Möglichkeit, die Ausschreibung auf regionale Anbieter zu beschränken. Die Chance, daß Mecklenburger Firmen als Subunternehmer beschäftigt werden, ist jedoch gegeben. Die DEGES hat darauf jedoch keinen Einfluß. Selbstverständlich können sich regionale Firmen direkt an der Ausschreibung beteiligen. Sie sollten allerdings mindestens 250 Mitarbeiter haben und das entsprechende Know-How vorweisen können. Es ist jedoch für kleine Ost-Firmen nicht unbedingt vorteilhaft, wenn sie sich an diesem Projekt beteiligen, da es nicht nur um die reine Baumaßnahme geht, sondern möglicherweise auch Gewährleistungsansprüche gestellt werden, die kleine Firmen aufgrund einer zu dünnen Eigenkapitaldecke nicht erfüllen können (vgl. Interview mit der DEGES vom 20.5.1992, zit. in Marquardt-Kuron 1993, S. A61).

Ansiedlung neuer Unternehmen

Es konnte gezeigt werden, daß Unternehmen sich in ihrem Standortverhalten erst bei der Wahl des Mikrostandortes nach der vorhandenen bzw. geplanten Verkehrsinfrastruktur richten. Sie haben in Mecklenburg-Vorpommern mit anderen, drängenderen Problemen zu kämpfen. Dazu gehören

-   im produzierenden Gewerbe und der Industrie verlorengegangene Absatzmärkte, schlechte Auftragslage,
-   im innerstädtischen (Fach-)Einzelhandel und bei den Kaufhäusern die großen Einkaufsmärkte auf der "Grünen Wiese" sowie
-   für alle Gewerbetreibenden Eigentumsprobleme, Flächennutzungskonflikte in Gemengelagen etc.

Die Verkehrsanbindung wird von den Unternehmen letztlich als unproblematisch angesehen. Ansiedlungswillige Unternehmen in Mecklenburg-Vorpommern richten sich nach der vorhandenen Verkehrsinfrastruktur. Sie beurteilen Transportprobleme aufgrund der gegebenen Verkehrsinfrastruktur als lösbar.

Negative Auswirkungen auf Unternehmenswachstum und Arbeitsmarkt

Die A20 verbessert die großräumigen Erreichbarkeitsverhältnisse deutlich (vgl. Bundesforschungsanstalt für Landeskunde und Raumordnung 1992). Dies wird erhebliche negative Auswirkungen auf den Arbeitsmarkt in Mecklenburg-Vorpommern haben, da selbst weite Transporte von Fertigprodukten möglicherweise wirtschaftlich günstiger sind als die Produktion vor Ort. Es ist ökonomischer, die Kapazitäten im Stammhaus eines Unternehmens auszulasten, als zusätzliche Kapazitöäten in den neuen Bundesländern zu schaffen. Dieses gilt ganz besonders, wenn sich die konjunkturelle Lage verschlechtert. Viele Unternehmen uin Mecklenburg-Vorpommern erhalten dadurch keine relle Chance zur erfolgreichen Sanierung ihrer Betriebe. Unter diesem Aspekt ist auch die vehemente Fürsprache zum Bau der A20 der Wirtschaftslobby aus Schleswig-Holstein zu verstehen, die in Mecklenburg-Vorpommern ein zusätzliches großes Absatzgebiet sieht.

Sogeffekte auf Arbeitnehmer: Pendlertum und Wanderungen

Es konnte gezeigt werden, daß bereits heute Sogeffekte ein ausgeprägtes Pendlertum sowie Abwanderungen aus Mecklenburg–Vorpommern in die westlichen Bundesländer – vor allem in den Raum Hamburg–Lübeck – ausgelöst haben. Das nord–östliche Mecklenburg–Vorpommern ist ein ländlicher, strukturschwacher Raum. Seine Wirtschaftsstruktur kann der Sogwirkung des Verdichtungsraumes Hamburg–Lübeck – die durch die straßenseitige Erreichbarkeitsverbesserung durch die A20 noch erhöht werden dürfte – wenig entgegensetzen. Daher ist ein Anwachsen der Fernpendlerzahlen und die Abwanderung von – vor allem jüngeren und qualifizierten – Arbeitskräften zu erwarten.

Die A20 wird den Sogffekt auf Arbeitnehmer in Richtung Westen verstärken und, da sie die Isochronen in Richtung Osten erweitert, noch weiter nach Mecklenburg–Vorpommern hineintragen. Heute liegt die Linie, bis zu der noch Tagespendler fahren, im Raum Wismar–Rostock. Nach Fertigstellung der A20 wird sie sich bis weit nach Vorpommern hinein verschieben.

Sogeffekte auf Unternehmen nach Polen

Es ist zu erwarten, daß lohnkostenintensive Unternehmen nach Fertigstellung der A20 diese als günstigen Transitweg betrachten und ihre Standortentscheidung zugunsten Polens treffen werden, weil das Lohnniveau in Polen erheblich unter dem deutschen liegt. Bereits heute kann eine ähnliche Entwicklung zwischen Bayern bzw. Sachsen und der Tschechischen Republik beobachtet werden. Unternehmen schließen ihre Betriebsstätten in Bayern und siedeln aus Gründen der Lohnkosten nach Tschechien – zehn Kilometer hinter die Grenze – über.

Auch zwischen Brandenburg und Polen existiert dieses Problem. Im Frühjahr 1996 kam es heftigen Diskussionen um die Situation im Raum Frankfurt/Oder.

Der Sogeffekt der A20 wäre – angesichts der hohen Arbeitslosigkeit gerade im vorpommerschen Teil des Landes Mecklenburg-Vorpommern – eine unerwünschte Auswirkung der A20, die die bestehenden regionalen Arbeitsmarktprobleme für lange Zeit verfestigt.

Tourismus

Die Fremdenverkehrswirtschaft an der Ostseeküste Mecklenburg-Vorpommerns wird durch den verstärkten Tourismus nicht nur profitieren. "Die negativen Folgen eines durch das Autobahnprojekt massenhaften, autoorientierten Wochenend- und Tageser- holungsverkehrs sind in anderen Regionen bereits nachzuverfolgen" (BfLR-Mitteilun- gen 1992), wie das Nordufer des Bodensees beispielhaft zeigt. Ähnlich ("Der größte Feind des Touristen ist der Tourist") wurde auch während der DVAG-Tagung "Um- weltschonender Tourismus" in Trier (vgl. hierzu Moll 1995) argumentiert.

Vor allem verliert die A20 den von ihr geforderten Anspruch, das untergeordnete (Bundes-)Straßennetz, u.a. die B 105 Lübeck – Wismar – Rostock – Stralsund, zu entlasten. Vielmehr ist zu erwarten, daß durch den verstärkten Individualverkehr, der aus weiter entfernten Regionan nach Mecklenburg-Vorpommern herangeführt wird, die untergeordneten Straßen "voll-laufen"; Staus wären die unvermeidliche Folge. Auch müßten die Kommunen entsprechende Parkmöglichkeiten bereitstellen – mit allen bekannten negativen Folgen für Stadtgestalt und Landschaftsbild.

Alternativen

Aus den obigen Ausführungen werden im folgenden – im Rahmen des Straßenbaus – zwei Handlungsempfehlungen für die politisch Handelnden – vor allem in Bund und Land – abgeleitet, die innerhalb eines integrierten Verkehrskonzeptes durchgeführt werden sollten (vgl. hierzu Marquardt-Kuron in diesem Band, S. 323).

– Verzicht auf den Bau der A 20

Es konnte nachgewiesen werden, daß ein Bau der A20 in der Bauphase keine nennenswerten Arbeitsmarkteffekte in Mecklenburg–Vorpommern auslöst. Die ansiedlungswilligen Unternehmen richten sich bei ihrer Standortentscheidung nach anderen Faktoren als nach der Qualität der Verkehrsinfrastruktur.

Auch führt die Erreichbarkeitsverbesserung durch die A20 zu einer Schwächung der regionalen Wirschaft, weil die 'Importe' aus anderen Regionen Deutschlands günstiger sind als die Produktion in Mecklenburg–Vorpommern. Die A20 wird darüber hinaus den bereits vorhandenen Sogeffekt auf arbeitsintensive Unter- nehmen in Richtung Polen verstärken. Hiervon werden dann auch weitere (östli- cher gelegene) Regionen betroffen sein.

Die A 20 wird keine Entlastung der Gemeinden in Mecklenburg–Vorpommern von ihren Verkehrsproblemen bringen.

Daher sollte auf den Bau der A 20 gänzlich verzichtet werden.

- **Ausbau des untergeordneten Bundesstraßennetzes**

Alternativ zum Bau der A20 sollte das untergeordnete Bundesstraßennetz aus‾ und umgebaut werden. Auch die im Kabinettsbeschluß zum Bundesverkehrswegeplan vom 15.7.1992 in den weiteren Bedarf eingeordneten Ortsumgehungen sind baldmöglichst zu realisieren.

Die Erreichbarkeitsverhältnise der regionalen Mittel‾ und Oberzentren sind vergleichbar mit den durch die A20 hervorgerufenen Erreichbarkeiten. Der Vorteil ist hier jedoch die direkte Anbindung der Städte und Gemeinden durch die Bundesstraßen.

Vom Aus‾ und Umbau des Bundesstraßennetzes profitieren gewöhnlich die mit den Bauausführungen beauftragten, meist kleineren Unternehmen der Region. Die von ihnen gezahlten Löhne und Gehälter werden zu einem wesentlich höheren Anteil in der Region wirksam, als dies bei überregional tätigen Unternehmen der Fall ist. Damit treten während der Bauphase dieser Straßen vergleichsweise starke regionale Produktions-, Beschäftigungs- und Einkommenswirkungen auf.

Literatur

Aberle, Gerd und Lothar Kaufmann: Verkehrspolitik und Regionalentwicklung, Schriftenreihe der Gesellschaft für Regionale Strukturentwicklung, Band 6, Bonn 1981

Albach, Horst: Die Dynamik der mittelständischen Unternehmen in den neuen Bundesländern, in: Discussion-Paper FS IV 91-29, Wissenschaftszentrum Berlin 1991

BfLR-Mitteilungen 3/1992

Brösse, Ulrich: Raumordnungspolitik, Berlin/New York 1975

Bundesforschungsanstalt für Landeskunde und Raumordnung: Raumordnerische Einschätzung der Verkehrsprojekte Deutsche Einheit (VPDE) aufgrund von Erreichbarketisberechnungen, interner Bericht, Bonn 1992

Deutsche Shell AG): Szenarien für Deutschland, Wirtschaftswachstum ohne Energieverbrauchsanstieg, Aktuelle Wirtschaftsanalysen, Heft 21, 9/1990

Fürst, Dietrich, Klaus Zimmermann und Karl-Heinrich Hansmeyer: Standortwahl industrieller Unternehmen – Ergebnisse einer Unternehmensbefragung, Schriftenreihe der Gesellschaft für Regionale Strukturentwicklung, Band 1, Bonn 1993

Gaulke, Klaus-Peter und Hans Heuer: Unternehmerische Standortwahl und Investitionshemmnisse in den neuen Bundesländern – Fallbeispiele aus sechs Städten, Deutsches Institut für Wirtschaftsforschung (Hrsg.), Beiträge zur Strukturforschung, Heft 125, Berlin 1992

Gatzweiler, Hans-Peter: Zur Selektivität interregionaler Wanderungen, Ein theoretisch-empirischer Beitrag zur Analyse und Prognose altersspezifischer interregionaler Wanderungen, Forschungen zur Raumentwicklung 1/1975

General-Anzeiger vom 2.9.1992

Hajny, Peter: Rahmenbedingungen für die Innenstadtentwicklung in Mecklenburg-Vorpommern aus Sicht der Raumordnung, in: Deutsches Seminar für Städtebau und Wirtschaft (Hrsg.; Bearb. Arnulf Marquardt-Kuron), Die Revitalisierung der Innenstädte in Mecklenburg-Vorpommern, DSSW-Schriften 9, Bonn 1994

Marquardt-Kuron, Arnulf: Untersuchungen zum Problem der Parallelplanung neuer Verkehrslinien im Rahmen der Verkehrsprojekte Deutsche Einheit, dargestellt am Beispiel Mecklenburg-Vorpommern, Diplomarbeit am Institut für Wirtschaftsgeographie der Universität Bonn

Marquardt-Kuron, Arnulf: Die Ostseeautobahn A20 in Mecklenburg-Vorpommern – Hoffnungsschimmer oder falsche Verkehrspolitik? in: STANDORT – Zeitschrift für Angewandte Geographie, Heft 3/1993, S. 6‾13

Ostseezeitung vom 27.3.1993

Der politische Werdegang der A 20

Von Matthias Krause

Einleitung

Die Geschichte der sogenannten Ostseeautobahn von Lübeck bis an die polnische Grenze beginnt mit dem "politischen Gestaltungswillen" des damaligen Bundesverkehrsministers Günther Krause (CDU). Ungetrübt von jeglichem Datenmaterial über Bedarf, wirtschaftlichen Nutzen und Eingriffe in den Naturhaushalt fügte der Minister 1990 das Projekt zu den Vorhaben hinzu, die nach der politischen Wende in der DDR von einer in aller Eile etablierten Arbeitsgruppe zwischen dem Verkehrsministerium West und dem Verkehrsministerium Ost erarbeitet worden waren.

Die inzwischen in Teilabschnitten in Bau befindliche A 20 ist mit 275 Kilometern die längste Autobahn, die je in Deutschland zusammenhängend geplant worden ist. Doch statt ihre ökologischen Folgen näher zu betrachten, ihren wirtschaftlichen und verkehrlichen Bedarf abzuschätzen und die Alternativen zu erörtern, ist das Projekt 10 der Verkehrsprojekte Deutsche Einheit mit "dem Finger auf der Landkarte" entstanden. Es gibt weder einen Gesamtverkehrsplan in Mecklenburg–Vorpommern, in den die rund 3,2 Milliarden DM teure A 20 eingebettet werden könnte, noch hat man versucht, durch ein integriertes Verkehrskonzept die Autobahn überflüssig zu machen. Angesichts der Langfristigkeit ihrer Wirkung von wenigstens 100, vielleicht auch 200 Jahren, wäre ein besonders gründliches Planungs– und Genehmigungsverfahren zu erwarten gewesen, das Gegenteil ist jedoch der Fall. Der vorliegende Aufsatz ist die Zusammenfassung einer Projektarbeit (Krause, M. 1992), die das Policy–Netz der A 20–Akteure analysiert, das sich um die Entscheidungsfindung rankt. Dabei wurde versucht, mit politikwissenschaftlichen Methoden Gründe für die weitgehende Wirkungslosigkeit von wissenschaftlichen Erkenntnissen in der politischen Praxis zu ergründen. Denn von Greenpeace über die Bundesanstalt für Raumforschung und Landesplanung (BfRL) bis hin zum Umweltbundesamt haben Wissenschaftler die "Nullvariante" favorisiert, doch gebaut wird die A 20 dessen ungeachtet.

Raumbezogene Verkehrswissenschaften – Anwendung mit Konzept
hrsg. im Auftrag des Deutschen Verbandes für Angewandte Geographie
von Arnulf Marquardt-Kuron und Konrad Schliephake
in Material zur Angewandten Geographie (MAG), Band 26, Bonn 1996

Fragestellung

Wer sich den politischen Werdegang der Ostseeautobahn ansieht, erliegt leicht dem Eindruck, daß rund 60 Jahre raumwissenschaftlicher Forschung in einem politischen Prozeß schnell unter den Tisch fallen können, wenn nur die Rahmenbedingungen entsprechend ungünstig sind. Die raumbezogene Verkehrsforschung beurteilt spätestens seit dem Lutter–Gutachten 1981 die Effekte von Autobahnen für periphere Regionen zumindest kritisch, wenn nicht überwiegend negativ. Speziell für die Küstenautobahn kommt zum Beispiel Marquardt–Kuron (1993) zu dem Schluß, daß sie weder für die Wirtschaftsstruktur noch für die von Verkehrsproblemen gebeutelten Küstengemeinden deutlich positive Effekte bringen werde. Dagegen sind Sogeffekte in Richtung Polen und in Richtung auf die Agglomerationen Lübeck und Hamburg zu erwarten (vgl. u.a. Greenpeace 1991a).

Dennoch preisen die politisch Verantwortlichen im Mecklenburg–Vorpommern die A 20 weiter als das Columbus–Ei der Wirtschaftsförderung. Und die Erkenntnisse der Raumwissenschaft schlagen sich mithin in der politischen Entscheidungsfindung höchstens als Randerscheinung nieder, haben auf den letztendlichen Beschluß jedoch keinerlei Auswirkungen.

An diese These schließt sich ein Bündel von Fragen an.

– Welche Konstellation läßt im politischen Bargaining–Prozeß oberflächlich begründete, offensichtlich interessengesteuerte Argumente gegen gut begründete, wissenschaftlich fundierte Argumente die Oberhand gewinnen?

– Ist diese Konstellation typisch für den politischen Entscheidungsfindungsprozeß in Deutschland oder eher der Ausnahmesituation geschuldet, die durch die Vereinigung beider deutscher Staaten entstanden ist?

– Welche Rolle und welches Gewicht haben die Akteure im Policy–Netz und wie wirkt sich das auf die Entscheidungsfindung aus?

Und schließlich:

– Unter welchen Umständen hätte eine "Nullvariante" eine Chance gehabt?

Grundlagen der Policy–Analyse von Netzwerken

In der politischen Wissenschaft entwickelte sich die Untersuchung politischer Netzwerke in den 50er und 60er Jahren in den USA, so analysierte zum Beispiel David Truman (1951) den US–amerikanischen Regierungsprozeß und sprach in diesem Zusammenhang von einem "web of relationships". In der britischen Politikfeldanalyse werden sogenannte "policy communities" untersucht, in Deutschland sind detaillierte Analysen politischer Netzwerke bisher eher selten. Unter politischen Netzwerken läßt sich nach Schubert (1991) ein Verbund von Gruppen, Organisationen und Einzelpersonen verstehen, der Einfluß auf die staatliche Entscheidungsfindung ausübt. Charakteristisch ist dabei die interne Komplexität solcher Netzwerke, deren Autonomie gegenüber anderen politischen Akteuren und deren vertikale und horizontale Integrationsfunktion. Netzwerke können eng oder weit, eingespielt und starr oder kurzzeitig, quasi spontan sein. Sie können sich durch eine gleichmäßige Machtverteilung oder eine Konzentration der Macht auf wenige Akteure auszeichnen.

Bei dem Netzwerk, das sich um die Planung und Durchsetzung von Bundesfernstraßen rankt, handelt es sich um ein etabliertes, zum großen Teil durch gesetzliche Regelungen kontrolliertes Policy–Netz, das sich an einem starren Instrumentarium orientiert. Eine Planungsdauer von bis zu 20 Jahren weist schon darauf hin, daß hier eine große Zahl von divergierenden Interessen in einem komplizierten Verfahren verhandelt und abgewogen werden muß.

Allgemein bezeichnet man alle Handlungs– und Entscheidungseinheiten, die in einem Policy–Prozeß involviert sind, als Akteure. Hierzu gehören Institutionen und Organisationen, die durch die politische Organisation einer Gesellschaft formell zur Gestaltung öffentlicher Politiken bestimmt sind, ebenso wie sämtliche Handlungseinheiten, die faktisch – direkt oder indirekt – auf die inhaltliche Gestaltung einer Politik einwirken. Dabei werden Individuen in erster Linie als Agenten organisierter Einheiten verstanden.

Für die Beurteilung des Gewichtes, das ein Akteur im Policy–Prozeß besitzt, ist die Bewertung seines Tauschpotentials zentral. Dabei liegt es nahe, daß Akteure sich dann gegenseitig für relevant halten, wenn in ihrer Perzeption die Ressourcen und die Machtposition der jeweils anderen Akteure wichtig für die Durchsetzung einer bestimmten Politik sind. Ausgehend von der politischen Struktur in Deutschland unterscheidet Schneider (1988) grob wenigstens vier Akteursgruppen:

- Regierung und Verwaltung
- Parlament
- Interessenverbände
- Wissenschaftliche und technische Organisationen

Schließlich sei noch erwähnt, daß "Akteur" nicht immer gleichzusetzen ist mit "aktiv". Es gibt Gruppen im Policy–Prozeß, die sich lethargisch verhalten und dennoch den Prozeß durch ihr Nichthandeln beeinflussen. Zum einen stärken sie in der Regel durch ihre Lethargie den status quo. Zum anderen können die "aktiven" Akteure beeinflußt werden, wenn nämlich die "Ohne–mich–Stimmung" diffundiert und sich auf Akteure legt, deren Machtfülle Ausgangsbedingung der Situation war (Prittwitz 1990).

Die Ausgangslage

Eine Bundesautobahn ist nicht nur eine Straße, sondern ein Mythos, der sich nur schwer fassen läßt. Für die einen bedeutet er die technische Voraussetzung, um ihren Geschwindigkeitsrausch und ihr angebliches Bürgerrecht (Slogan: "Freie Fahrt für freie Bürger") aus leben zu können. Zum anderen ist eine Autobahn bei vielen noch ein Synonym für wirtschaftlichen Aufschwung und Fortschritt. In den 60er Jahren setzten sich die bundesdeutschen Raumplaner gar das Ziel, daß kein Bürger weiter als

20 Kilometer vom nächsten Autobahnanschluß entfernt wohnen dürfe. Zwar hat man davon in der Zwischenzeit Abstand genommen, aber dennoch ist das bundesdeutsche Autobahnnetz das am dichtesten gesponnene auf der ganzen Welt.

Teilweise scheint es fast so, als habe die Propaganda des Hitler–Regimes, das den Autobahnbau unter anderem als "Arbeitsbeschaffungsmaßnahme" während der Wirtschaftskrise einsetzte und massiv politisch vermarktete, bis heute in einigen Köpfen nachgewirkt. Erst in den letzten 20 Jahren hat das positive Image der Autobahn mit der einsetzenden Umweltdiskussion erhebliche Kratzer bekommen und ist, ähnlich wie das Auto an sich, – zumindest in Teilen der Gesellschaft – im Zuge eines Wertewandels zu einem Symbol der Umweltzerstörung und einer technisierten, entmenschlichten Welt geworden.

Auch in der Diskussion um die Küstenautobahn nehmen Mythos und Image einen breiten Raum ein. Dabei spielt die Tatsache, daß Mecklenburg–Vorpommern das ärmste aller 16 Bundesländer ist, eine besondere Rolle bezüglich der Erwartungshaltung der Bewohner. Auf einer Fläche von knapp 24 000 Quadratkilometern leben im Norden der ehemaligen DDR 1,96 Millionen Menschen. Das entspricht einer Einwohnerdichte von 82,4 pro Quadratkilometer und ist mit Abstand die geringste in Deutschland. Auch bei der Arbeitslosenquote nimmt die durch die sterbende Werftindustrie, die Landwirtschaft und den Tourismus geprägte Region eine Spitzenstellung im negativen Sinne ein. Vor diesem Hintergrund verlieren Argumente, die im Zusammenhang mit dem Autobahnbau positive Impulse für die wirtschaftliche Entwicklung Mecklenburg–Vorpommerns versprechen, leicht an Kritikwürdigkeit.

Die Argumente

Die Gründe, die nach Meinung der Befürworter für den Bau der A 20 sprechen, lassen sich in drei Aspekten zusammenfassen – den wirtschaftlichen, den verkehrlichen und den sozialen:

– Positive Impulse für die Wirtschaftsentwicklung Mecklenburg–Vorpommerns erhoffen sie sich auf direktem und indirektem Wege. Allein durch den Bau der Autobahn würden eine Reihe von Arbeitsplätzen geschaffen und damit eine regionale Nachfrage induziert. Indirekt werde durch den Standortfaktor Autobahn ein zusätzlicher Anreiz für Unternehmen geschaffen, sich in Mecklenburg–Vorpommern niederzulassen.

– Aus verkehrlicher Sicht soll die Ostseeautobahn die Anbindung zum einen an Schleswig–Holstein und Hamburg – und damit letztlich auch an die Wirtschaftszentren Westdeutschlands und Westeuropas – sichern sowie "das Tor zu den Märkten Osteuropas aufstoßen". Gleichzeitig versprechen die Befürworter sich eine Entlastung der vor dem Verkehrskollaps stehenden Küstengemeinden.

– In sozialer Hinsicht soll schließlich die Lebensqualität der Menschen gesteigert und damit die Abwanderung gestoppt werden.

Die Gegner sehen in der A 20 allerdings ein in allen drei Aspekten ungeeignetes Mittel, um die genannten Ziele zu erreichen:

– Direkt werde sich der Bau der Ostseeautobahn nur marginal auf die Arbeitskräftenachfrage auswirken. Die Wahrscheinlichkeit, daß ein einheimisches Unternehmen den Zuschlag für den Bau eines Teilstücks erhalte, sei sehr gering. Indirekt seien vielmehr Sogeffekte zu erwarten, die dazu führten, daß Arbeitssuchende pendelten oder abwanderten. Der Aufbau einer regionalen Wirtschaftsstruktur werde dadurch eher behindert, wenn nicht sogar unmöglich.

– Das Verkehrsgeschehen in den Küstengemeinden werde praktisch nicht tangiert, da die A 20 nicht als Ortsumgehung tauge und der Anteil des Fernverkehrs nicht größer als zehn Prozent sei. Gleichzeitig werde jedoch der Bau von dringend notwendigen Ortsumgehungen verhindert, um die Autobahn politisch zu legitimieren (vgl. Marquardt‒Kuron 1993, S. 10). Auch der Fremdenverkehr werde durch einen induzierten, massenhaften, autoorientierten Tourismus unter negativen Folgen zu leiden haben, wie das Beispiel Bodensee‒Nordufer zeige.

– Dementsprechend seien die sozialen Folgen der A 20 überwiegend negativ zu bewerten.

Die Instrumente

Um die Stellung der Akteure im Policy‒Netz zu lokalisieren und zu gewichten, muß zuerst ein Blick auf die Planungsinstrumente geworfen werden. Wer plant was, wer entscheidet, wer ist verantwortlich und wie sind die Mitwirkungsrechte zum Beispiel der Betroffenen? Diese Fragen werden unter der Prämisse dreier unterschiedlicher Szenarien untersucht, die jeweils Stellung und Machtposition der Akteure tangieren.

Das übliche Verfahren

Das übliche Verfahren der Verkehrswegeplanung vollzieht sich in drei Schritten, die Voruntersuchung, das Raumordnungsverfahren und das Planfeststellungsverfahren (vgl. Bundesministerium für Verkehr 1992, S. 8f.):

– In der Voruntersuchung werden hauptsächlich verschiedene Varianten durchgespielt, um die Vor‒ und Nachteile in den weiteren Verfahrensschritten abwägen zu können. Dabei wird insbesondere auf den verkehrswissenschaftlichen Aspekt (Verkehrsprognosen) und auf den Umwelt‒Aspekt abgehoben. Beim Straßenbau dauert die Voruntersuchung in der Regel zwischen zweieinhalb und vier Jahren, bei Eisenbahnstrecken kann sich das Verfahren bis zu zehn Jahre hinziehen.

– Im Raumordnungsverfahren wird der Blick auf die betroffene Region gerichtet. Die verschiedenen Nutzungsansprüche sollen in dieser Phase koordiniert werden. Gleichzeitig findet eine Umweltverträglichkeitsprüfung (UVP) statt, die Öffentlichkeit hat zum ersten Mal die Möglichkeit, sich zu beteiligen. Am Ende legt das Bundesverkehrsministerium in Abstimmung mit den an der Raumordnung beteiligten Ministerien die endgültige Trasse fest. Dieser Planungsschritt dauert in der Regel zwischen ein und vier Jahren.

- Schließlich wird das Planfeststellungsverfahren eingeleitet. Dabei nehmen alle betroffenen Behörden und Gemeinden zum Projekt Stellung. Es wird eine zweite UVP durchgeführt, die Gemeinden sind verpflichtet, die Pläne öffentlich auszulegen und so den Bürgern die Möglichkeit zum Einspruch einzuräumen. Mögliche Enteignungen finden ebenfalls in diesem Stadium der Planung statt. Wenn das Planfeststellungsverfahren abgeschlossen ist, was in der Regel drei bis vier Jahre in Anspruch nimmt, kann nur noch das Verwaltungsgericht angerufen werden, um die Rechtmäßigkeit der Planungen zu überprüfen.

Insgesamt vergehen von der Idee für ein Verkehrsprojekt bis zu seiner Verwirklichung gewöhnlich 15 bis 20 Jahre (vgl. Bundesministerium für Verkehr 1992, S. 8). Das liegt unter anderem daran, daß in der Praxis die Problemfälle überwiegen.

Das Beschleunigungsgesetz

Ziel des "Gesetzes zur Beschleunigung der Planungen für Verkehrswege in den neuen Ländern sowie im Land Berlin (Verkehrswegeplanungsbeschleunigungsgesetz)" ist die Reduzierung der Planungszeiten für Verkehrsprojekte um die Hälfte (vgl. Verkehrsprojekte 1992: 9). Das Beschleunigungsgesetz, das für Straßenprojekte bis 1995 und für Bahnprojekte bis 1999 befristet ist, umfaßt Änderungen des üblichen Planungsweges im Bereich der Linienbestimmung, beim Raumordnungsverfahren, beim Planfeststellungs- und beim Verwaltungsgerichtsverfahren (vgl. Krause, M. 1992, S. 17f.).

Das Beschleunigungsgesetz wird insbesondere von den Natur- und Umweltschutzverbänden heftig kritisiert. Ein von Greenpeace in Auftrag gegebenes Rechtsgutachten kommt unter anderem zu dem Schluß, daß die Bundesregierung die Bürger- und Verbandsbeteiligung lediglich als lästiges Hindernis für die Durchsetzung ihrer Verkehrsprojekte zu betrachten scheint. Das Gesetz sei von der obrigkeitsstaatlichen Bestrebung gekennzeichnet, die schlichte Durchsetzung hoheitlicher Maßnahmen gegen die konkret Betroffenen ohne ausreichende Berücksichtigung ihrer Belange zu ermöglichen (Greenpeace 1991c, S. 9ff).

Das Investitionsmaßnahmegesetz

In Anbetracht der Tatsache, daß es seit Ende 1991 mit dem Beschleunigungsgesetz bereits eine rechtliche Grundlage für eine schnellere Planung von Verkehrswegen gibt, mag es verwundern, daß mit dem Investitionsmaßnahmegesetz eine weitere Rechtsgrundlage geschaffen worden ist, um die Sanierung und den Neubau von Verkehrswegen zu forcieren. Anders als das Beschleunigungsgesetz beläßt es das Investitionsmaßnahmegesetz nicht bei der ursprünglichen Struktur des Planungsverfahren. Stattdessen zieht der Gesetzgeber eine Aufgabe an sich, die nach der grundgesetzlichen Ordnung eigentlich der Verwaltung obliegt.

Die Greenpeace–Gutachter erklären diesen scheinbaren Widerspruch damit, daß zum einen die politische Durchsetzbarkeit der Maßnahmegesetze keineswegs sicher sei. Und zum anderen stoße das "Ausnahmeinstrument Maßnahmegesetz" auf so massive verfassungsrechtliche Bedenken, daß sich der Gesetzgeber auf keinen Fall allein auf diesen Weg verlassen könne. Beschleunigungsgesetz und Maßnahmegesetz seien somit Bestandteil eines "doppelgleisigen Vorgehens der Bundesregierung" (vgl. Greenpeace 1991c, S. 2f).

Wie immer man diese Einschätzung beurteilen mag, Fakt ist letztlich, daß in dem Augenblick, in dem ein Investitionsmaßnahmegesetz für ein bestimmtes Projekt (im Gegensatz zum Beschleunigungsgesetz gilt das Maßnahmegesetz nicht generell, sondern muß für jedes einzelne Projekt extra erlassen werden) rechtskräftig wird, die Planungen nur noch nach Maßgabe des Maßnahmegesetzes stattfinden. Das Beschleunigungsgesetz würde für diesen Einzelfall bedeutungslos und sämtliche Entscheidungs– und Abwägungsvorgänge, die in einem "normalen" Verfahren bis zu 20 Jahre in Anspruch nehmen, mit ihm.

Die Erstellung der Pläne wird in diesem Fall auf eine private Planungsgesellschaft übertragen. Bei der A 20 handelt es sich um die "Deutsche Einheit Fernstraßenplanungs– und baugesellschaft mbH" (DEGES). Wie groß der Einfluß des BMV bei einer Verwirklichung eines Verkehrsprojektes mit einem Investitionsmaßnahmegesetz ist, zeigt der erste Absatz des Paragraphen 2 des Entwurfes: "Der Bundesminister für Verkehr wird ermächtigt, durch Rechtsverordnung ohne Zustimmung des Bundesrates die Pläne nach § 1 unter Einhaltung der Grundzüge der Planung zu ändern, soweit nach Inkrafttreten des Gesetzes Tatsachen bekannt werden, die der Ausführung des Vorhabens nach den getroffenen Festsetzungen entgegenstehen. Der Bundesminister für Verkehr hat eine Abwägung aller betroffenen Belange vorzunehmen" (Krause 1991, S. 6).

Der ehemalige Hamburger Umweltsenator und Rechtsanwalt Jörg Kuhbier (SPD), der im Auftrag des Ministers für Wirtschaft, Technik und Verkehr des Landes Schleswig–Holstein eine Stellungnahme zur A 20 erarbeitet hat, bemerkt dazu: "Ein Maßnahmegesetz zur Ersetzung eines Planfeststellungsverfahrens kann den verfassungsrechtlichen Normen nicht genügen. (...) Wir müssen uns hüten, gerade einen so einmaligen geschichtlichen Vorgang wie die Wiedervereinigung zum Anlaß zu nehmen, unsere Verfassung in essentiellen Bereichen wie z.B. die Rechtsweggarantie, die zum verfassungsfesten Minimum gehört, anzutasten. Hier gilt der Grundsatz: Wehret den Anfängen!" (Kuhbier 1992, S. 103).

Netz und Akteure im A 20–Projekt

Das Policy–Netz für das Projekt Ostseeautobahn (vgl. Abbildung 1) umfaßt Akteure, die sich in 14 Gruppen zusammenfassen lassen.

Naturgemäß nimmt das Bundesverkehrsministerium die zentrale Stelle in diesem Netz ein. Quasi auf gleicher Ebene befindet sich die Deutsche Einheit Fernstraßenplanungs– und baugesellschaft (DEGES), die für die Fachplanung sowie Ausführung der A 20 zuständig und sowohl personell/organisatorisch als auch wirtschaftlich sehr eng mit dem BMV verknüpft ist.

Auf einer Ebene über dem BMV befinden sich die Bundesparlamente Bundestag und Bundesrat, die das Ministerium kontrollieren und "letzte Instanz" bei der Verabschiedung von Gesetzen wie dem Bundesverkehrswegeplan oder dem Investitionsmaßnahmegesetz sind, sowie die Regierung.

Auf der Ebene quasi zwischen dem Parlament/Regierung und dem Bundesministerium befinden sich die politischen Parteien, die Interessenverbände und Gewerkschaften, die auf alle drei staatlichen Organe Einfluß nehmen. Dort sind auch die beiden Landesregierungen von Schleswig–Holstein und Mecklenburg–Vorpommern lokalisiert, ohne deren Zustimmung und planerische Unterstützung der Autobahnbau nicht möglich wäre.

Auf einer weiteren Ebene folgen die Fachbehörden, die mit ihren Stellungnahmen und Planungen mehr oder weniger entscheidenden Einfluß auf die politischen Entscheidungsträger haben. Daneben nimmt die Autolobby eine Sonderstellung ein. Sie hat in Deutschland ein besonders großes Gewicht, auf das im weiteren noch näher eingegangen wird.

Schließlich folgen die Umweltschutzorganisationen und die Bürgerinitiativen. Die Umwelt– und Naturschutzverbände sind unterteilt in jene, die qua Gesetz an den Planungen beteiligt werden müssen, und jene, die sich von sich aus einmischen.

Schließlich – außerhalb des eigentlichen, engen Politiknetzes, das graphisch durch den Kasten abgetrennt ist – spielt jener Teil der Bevölkerung eine Rolle, der zwar von den Planungen unmittelbar betroffen ist, sich aber nicht in einer der anderen Akteursgruppen engagiert. Diese Gruppe greift zwar nicht aktiv in den Entscheidungsprozeß ein, beeinflußt ihn aber dennoch auch durch ihr Nichthandeln (vgl. Prittwitz 1990).

Die Stärke der Linien soll eine Ahnung von der Intensität der Einflußnahme bzw. der Macht der Akteure vermitteln. Die Akteure und ihre Rolle im Policy-Netz werden im folgenden einzeln vorgestellt.

Das Bundesministerium für Verkehr (BMV)

Das BMV muß sich keinen Zugang zum Policy–Netz verschaffen, sondern ist quasi per Gesetz sein Mittelpunkt. Das Ministerium hat die Federführung bei der Planung der Bundesfernstraßen und schlägt einzelne Projekte zur Aufnahme in den Bundeswe-

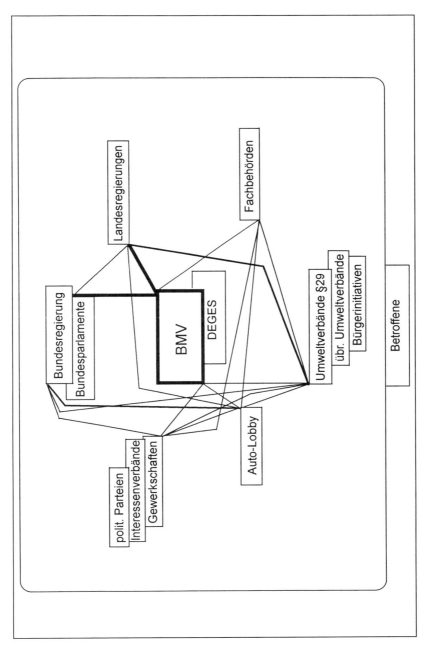

Abbildung 1: *Policy–Netz der A20–Akteure (Entwurf: M. Krause, 1992)*

Geographisches Institut
der Universität Kiel

geplan vor, der von den Parlamenten beschlossen wird und gleichzeitig Voraussetzung für die Finanzierung aus dem Bundeshaushalt ist.

Im Fall der A 20 ist der Einfluß des BMV sogar noch größer, es hat die Initiative für dieses Projekt übernommen. Man kann sogar sagen, daß Verkehrsminister Krause die A 20, die erst nach seiner Berufung zum Verkehrsminister zu den "Verkehrsprojekten Deutsche Einheit" hinzugekommen ist, persönlich am Herzen lag.

Über die Motive Krauses, der seinen Willen innerhalb des Ministerium rigeros durchsetzte und in seiner Amtszeit bereits zwei Abteilungsleiter entlassen hat, kann man nur spekulieren. Natürlich war er als CDU–Landesvorsitzender in Mecklenburg–Vorpommern und Politiker, der seinen Bundestagswahlkreis in Wismar hatte, darauf bedacht, "für seine Region etwas Gutes zu tun". Von Seiten der Umweltschützer wird Krause außerdem als ein Mann charakterisiert, der eine besondere Vorliebe für Großprojekte hatte, wie nicht nur die Autobahn–, sondern auch die Transrapid– und ICE–Pläne zeigten.

Die Macht von Krause war erheblich. Das gilt sowohl im eigenen Haus als auch für die damals von der CDU dominierte Landesregierung in Mecklenburg–Vorpommern. Mit der Schaffung der Planungsgesellschaft DEGES hatte Krause seinen Machtbereich auch auf die Fachplanung ausgedehnt. Zudem hat das Beschleunigungsgesetz eine Machtverschiebung von den Umweltschutzverbänden, der Bevölkerung, den Gemeinden sowie den Fachbehörden hin zum Duo BMV/DEGES bewirkt. Damit ist das BMV und letztlich auch der Minister von seiner Rolle als Moderator der verschiedenen Interessen (Bund/Land/Gemeinde, Verkehr/Wirtschaft/Raumordnung/Umwelt etc.) weit abgerückt.

Daß Krause es auch verstand, seinen Einfluß in der Regierung geltend zu machen, belegte zum Beispiel der Entwurf für den Bundeshaushalt 1993. Neben dem Posten "Versorgung" war der Bereich "Verkehr" mit einem Zuwachs von 10,7 Prozent auf 44 254,8 Millionen Mark derjenige, mit der zweitgrößten Zuwachsrate. Dagegen waren zum Beispiel beim Umweltressort Kürzungen von 3,5 Prozent geplant (vgl. Tagesspiegel vom 10. September 1992, S. 7).

Schließlich konnte der Minister die Bevölkerung zumindest in den neuen Bundesländern hinter sich wähnen. Solange der Autobahnbau ungeachtet jeder Zweifel in der wissenschaftlichen Diskussion von der Bevölkerung (und damit natürlich auch von den Wählern) als eine Maßnahme angesehen wird, die positive wirtschaftliche und verkehrliche Effekte in Mecklenburg–Vorpommern bringt, konnte Krause praktisch frei schalten und walten.

Somit hatte der Minister ein ganzes Bündel an Tauschpotentialen anzubieten: Angeblichen wirtschaftlichen Aufschwung, Arbeitsplätze und eine Verbesserung der Lebensqualität (in bezug auf die Erreichbarkeit) für die Bevölkerung, Wählerstimmen für Landes– und Bundesregierung im allgemeinen und für seine Partei im speziellen, finanzielle Mittel für die Landesregierungen, die Bauwirtschaft und die Auto–Lobby sowie des DEGES.

Die Deutsche Einheit Fernstraßenplanungs– und –baugesellschaft (DEGES)

Die DEGES kann getrost als verlängerter Arm des BMV bezeichnet werden, worin auch ihre zentrale Stellung im Policy–Netz begründet ist. Nach § 2 des DEGES–Gesellschaftervertrages ist es ihre Aufgabe, den Bau der "Verkehrsprojekte Deutsche Einheit" vorzubreiten und abzuwickeln (vgl. Antrag der Landesregierung Mecklenburg–Vorpommern "Planung und Baudurchführung der West–Ost Autobahn (A 20)", Drucksache 1/725 vom 10. September 1991). Gesellschafter der DEGES sind zu je 50 Prozent die Bundesrepublik Deutschland zusammen mit der Rhein–Main–Donau AG (RMD) einerseits und die fünf neuen Länder andererseits. Da der Bund wiederum zu 50 Prozent an der Rhein–Main–Donau AG beteiligt ist, hat er bei der DEGES den größten Einfluß.

Der DEGES–Aufsichtsrat setzt sich aus je drei Mitgliedern des Bundes und der RMD, zwei aus Thüringen und je einem aus den anderen neuen Ländern zusammen. Vorsitzender des Aufsichtsrates ist Ministerialdirigent Dr. Huber, Leiter der Unterabteilung A 2 der verkehrspolitischen Grundsatzabteilung des BMV (vgl. Organisationsplan des Bundesministeriums für Verkehr, Stand 1.5.1991). Diese Konstruktion, die laut Krause die Planungszeiten verkürzen und die "überforderten Verwaltungen" in den Ländern nicht zusätzlich belasten soll, hat den Effekt, daß eine sonst übliche Abwägung der Interessen der verschiedenen an der Planung beteiligten Bundes– und Landesbehörden nicht oder nur in stark eingeschränktem Maße stattfindet. Letztlich ist darin also ein weiterer Machtzuwachs des BMV zu sehen, gleichzeitig werden die Einflußmöglichkeiten der Gegner schon systemimmanent beschränkt. Denn je zentralistischer der Planungsablauf und je eindimensionaler der Abwägungsprozeß, desto stabiler ist das System gegen Einflüsse von außen.

Inwieweit es sich bei der DEGES um eine Organisation handelt, die nur reagiert oder auch selber Impulse gibt, läßt sich nur schwer sagen. Ihre und die Stellung des BMV wird im Falle der A 20 zusätzlich durch das Verhalten der Landesregierungen gestärkt. In Erwartung der Verabschiedung einen Maßnahmegesetzes, haben die Landesregierungen und ihre nachgeordneten Behörden in Schleswig–Holstein und in Mecklenburg–Vorpommern sozusagen "in vorauseilendem Gehorsam" eine eigenverantwortliche Planung weitestgehend aufgegeben und sich auf die Rolle des Zuarbeiters beschränkt (vgl. Kuhbier 1992, S. 103).

Die Bundesparlamente

Deutlich weiter vom Zentrum des beschriebenen Policy–Netzes entfernt sind der Bundestag und der Bundesrat entfernt. Ihnen kommt formell die Rolle der Verabschiedung von Gesetzen wie dem Bundesverkehrswegeplan, dem Beschleunigungs–, dem Investitionsmaßnahme– und dem Haushaltsgesetz zu. Außerdem übt der Bundestag die parlamentarische Kontrolle über die Regierung und damit auch über den Bundesverkehrsminister aus. Ferner wird in den mit Verkehrspolitik befaßten Parlamentsausschüssen an der entsprechenden Mitgestaltung der betreffenden Gesetze gearbeitet.

In bezug auf das A 20–Projekt haben die Parlamente bisher durch die Verabschiedung der "Verkehrsprojekte Deutsche Einheit", des Bundeswegeplanes, des Beschleu-
nigungsgesetzes und des Maßnahmegesetzes für den ersten Teilabschnitt der A 20
Einfluß genommen.

Die Bundesregierung

Auch die Bundesregierung ist von den Planungen und Entscheidungen in der Verkehrspolitik relativ weit entfernt, denn für diese Aufgabe hat sie ja gerade das
Fachressort "Verkehrsministerium" geschaffen. Natürlich findet im Rahmen des Üblichen die Abstimmung der Vorstellungen von Ministerium und Regierung statt. Doch
in bezug auf die A 20 lassen sich keine Besonderheiten in diesem Prozeß vermerken
außer der Tatsache, daß die Entscheidungen des BMV offenbar wenig umstritten sind
und die Regierung den "Verkehrsprojekten Deutsche Einheit" eine hohe Priorität bei-
mißt.

Die politischen Parteien

Speziell zur A 20 halten sich die im Bundestag vertretenen Parteien bemerkenswert
zurück. Lediglich Die Grünen/Bündnis 90 haben sich klar gegen dieses Projekt ausgesprochen und agieren entsprechend. Doch ihr direkter Einfluß ist gering. Allerdings
spielen sie als Informationsquelle für die Umweltverbände eine wichtige Rolle. Die
SPD, die der A 20 zumindest kritisch gegenüber stand, hatte nach dem eindeutigen
Votum ihres damaligen Parteivorsitzenden und designierten Kanzlerkandidaten Björn
Engholm, zu dem Zeitpunkt Ministerpräsident in Schleswig–Holstein, pro A 20 praktisch ihre distanzierte Haltung aufgegeben. CDU/CSU und FDP tragen die Verkehrspolitik "ihres" damaligen Ministers und plädierten auch für den Weg über ein Investitionsmaßnahmegesetz.

Die Auto–Lobby

Die Auto–Lobby gehört zu den stärksten und einflußreichsten im deutschen Politik-
geschehen. Das hängt damit zusammen, daß es in der Bundesrepublik sieben große
Autohersteller gibt, die zusammen jährlich 4,1 Millionen Pkw und damit rund 10 Prozent der Weltproduktion herstellen (vgl. Greenpeace Ökobilanz 1991, S. 76).

Folgerichtig verzeichnet zum Beispiel "Das Taschenbuch der Automobilwirtschaft" im
Kapitel "Verbände und Organisationen" 205 Lobbyisten (vgl. DEKRA 1990). "So
läßt sich unter anderem erklären, weshalb in der Bundesrepublik als einzigem Indu-
strieland bis heute kein generelles Tempolimit auf den Autobahnen existiert. Die Auto– und Öl–Lobby setzt in den Medien weiter auf eine auto–dominierte Zukunft. In
der neuen BRD wird beispielsweise bis 2000 der Zuwachs des PKW–Bestandes um
über 20 % auf 42,6 Millionen angenommen" (Greenpeace 1991b, S. 76). Entsprechend ihrer langen Tradition und ihres großen Gewichts hat die Auto–Lobby einen

kurzen Draht zum BMV, zu den politischen Parteien und allen anderen mit Verkehrspolitik befaßten Entscheidungsträgern in Bonn. Dennoch ist ihr Einfluß im speziellen
Fall der A 20 nicht größer und nicht kleiner als sonst auch, er ist quasi eine Konstante, der eine Reform oder gar eine Abkehr einer autoorientierten Verkehrspolitik erschwert.

Gewerkschaften und Interessenverbände

Die Interessenverbände und Gewerkschaften werden in diesem Policy–Netz nicht mit
der Auto–Lobby zusammengefaßt – obwohl natürlich auch diese Gruppen Lobby–
Arbeit in Bonn, Kiel und Schwerin leisten –, weil ihre Bedeutung "vor Ort" deutlich
größer ist und damit ihre Stellung im Netz eine andere. Anders als die Auto–Lobby
treten zum Beispiel Industrie– und Handelskammern direkt mit den Betroffenen, den
Bürgerinitiativen und den Umweltverbänden in die Diskussion.

Generell läßt sich festhalten, daß – erwartungsgemäß – die A 20 bei den Vertretern
der Wirtschaftsverbände breite Zustimmung findet. Von den Gewerkschaften haben
sich nur die der Eisenbahner und die ÖTV in Mecklenburg auf die Seite der Autobahn–Gegner geschlagen. Von anderen Gruppen aus diesem Bereich gibt es keine ex-
pliziten Stellungnahmen zur A 20. Die informellen Kontakte und eine entsprechende
Einflußnahme zwischen den Ministerien und dieser Gruppe ist nicht zu unterschätzen.

Vor allen Dingen die Industrie– und Handelskammern (IHK) sind vor Ort für die
Landes– und Bundespolitikern begehrte Moderatoren, denen von der Bevölkerung
wirtschaftliche Kompetenz zugetraut wird. Umgekehrt hoffen diese Interessengrup-
pen, durch eine frühzeitige, in der Regel informelle Beteiligung an der Planung das
Optimum für ihre Region herauszuholen. Dabei gilt nicht nur für viele Bürgermeister,
sondern auch für viele IHK die trügerische Gleichung: Autobahn = Gewerbegebiet =
Profit/Steuereinnahmen.

Eine pikante Ausnahme in dem Verbund der Wirtschaftsverbände, die sich für die A
20 einsetzen, bildet übrigens der "Verband Junger Unternehmer" in Lübeck. Die
Nachwuchsmanager haben sich gegen das Großprojekt gewandt und werden seitdem
von den Umweltverbänden immer wieder gerne zitiert: Als Beleg dafür, daß selbst offensichtlich ökonomisch kompetente Gruppen den angeblichen Hauptnutzen der A
20 bezweifeln. Dieses Beispiel zeigt, wie eine Auffassung allein schon dadurch an Gewicht gewinnen kann, daß sie aus dem "vermeintlich feindlichen Lager" kommt.

Die Landesregierungen

Im traditionellen Planungsverfahren haben die betroffenen Landesregierungen beim
Fernstraßenbau einen großen Einfluß. Auch die A 20 wäre gegen entschiedenen Widerstand der Regierungen in Kiel oder Schwerin nicht durchsetzbar. Den hatte Verkehrsminister Krause auf diese Ebene jedoch nicht zu fürchten.

Daß die CDU/FDP–Regierung in Mecklenburg–Vorpommern die Argumentation des BMV bezüglich der A 20 voll übernimmt, mag angesichts der Stimmung in der Bevölkerung nicht verwundern. Darüber hinaus erhoffen sich die Mecklenburger Politiker einen Prestigezuwachs bei den Wählern, in dem sie durch das Großprojekt "Geld ins Land bringen".

Während in Mecklenburg–Vorpommern praktisch die gesamte Regierung hinter der Küstenautobahn steht, schien in Schleswig–Holstein in erster Linie Ministerpräsident Björn Engholm die treibende Kraft zu sein. Engholm, der aus Lübeck stammt und auch seinen Bundestageswahlkreis in jener Stadt hatte, die nach Meinung aller Experten am meisten von dem Bau einer A 20 profitieren wird, stellte sich mit dieser Haltung in einen deutlichen Widerspruch der verkehrspolitischen Grundsatzbeschlüsse der Bundes–SPD. Beide Landesregierungen haben sich in erster Linie auf die Rolle des Moderators der Krause–Pläne zurückgezogen und die ihnen unterstellten Verwaltungen zu Zuarbeitern degradiert (vgl. Kuhbier 1992, S. 102).

Die Fachbehörden

Die Fachbehörden auf Landes– und Bundesebene haben in der herkömmlichen Planung von Bundesfernstraßen einen festen Platz. Diese Stellung ist durch die mit der Verabschiedung der "Verkehrsprojekte Deutsche Einheit" einhergegangene Einsetzung der DEGES als zentrale Planungsinstitution praktisch "unterhöhlt" worden.

Zwar spielen die Fachbehörden auch in dem Verfahren nach dem Beschleunigungsgesetz eine wichtige Rolle, doch durch die Verkürzung der Planungszeiten ist oft eine gewissenhafte Ausarbeitung der Stellungnahmen und eine Abwägung der unterschiedlichen Interessen nicht in dem üblichen Rahmen möglich. Je stärker die Planung zentralisiert wird, desto geringer sind auch hier für kritische, neben der offiziellen Linie liegende Stellungnahmen die Chancen, Gehör und letztlich Beachtung zu finden.

Als Beispiel sei hier die Stellungnahme des Umwelt Bundesamtes (UBA) zu den "Verkehrsprojekten Deutsche Einheit" zu nennen. Darin heißt es unter anderem: Das Verkehrsaufkommen werde in dem vom BMV als Grundlage genommenen Gutachten überschätzt, die Zahlen seien insgesamt zweifelhaft. Der Neubau der A 20 verursache große ökologische Probleme, "es sollte die Null–Variante angestrebt werden".

Als Alternative sei der Ausbau der vorhandenen Fernstraßen zu präferieren. Es solle eine verkehrsübergreifende Variante untersucht werden: Ausbau der Schienenverbindungen, Ausbau der Fernstraßen und Bau von Ortsumfahrungen, Verlagerung des Güterverkehrs nach Skandinavien auf die Schiene. Diese Punkte sind im weiteren Verlauf der Planungen beim BMV glatt unter den Tisch gefallen. Erst die Umweltverbände haben die Argumentation des UBA dann für sich entdeckt und wieder in die Diskussion gebracht.

Nach § 29 zu beteiligende Umweltschutzverbände

Die in Paragraph 29 der Landesnaturschutzgesetze aufgeführten Naturschutzverbände genießen ein besonderes Mitspracherecht bei die Umwelt betreffenden Planungen. So müssen sie zum Beispiel beim Bundesfernstraßenbau frühzeitig am Raumordnungsverfahren beteiligt werden. Auch innerhalb der Umweltverträglichkeitsprüfung haben diese Verbände ein Recht auf Stellungnahme.

In Schleswig–Holstein sind der Landesnaturschutzverband Schleswig–Holstein (LNV), der Bund für Umwelt und Naturschutz (BUND), Landesgruppe Schleswig–Holstein, und der Deutsche Naturschutzbund (DNB), Landesgruppe Schleswig–Holstein nach Paragraph 29 anerkannt. In Mecklenburg–Vorpommern gibt es bisher nur ein sogenanntes Vorschaltgesetz, das Landesnaturschutzgesetz ist im Parlament noch nicht verabschiedet worden. Das Vorschaltgesetz führt in der Anlage zu § 29 bisher nur den Deutschen Naturschutzbund (DNB), Landesgruppe MV, auf.

Die generelle Arbeitsweise dieser per Gesetz in das Policy–Netz involvierten Umweltverbände unterscheidet sich nicht. Alle versuchen, den Bau der A 20 zu verhindern. Die Naturschützer in Mecklenburg–Vorpommern verfügen allerdings noch nicht über die Erfahrung und die Etabliertheit, die sich ihre westlichen Kollegen in den letzten Jahren erarbeitet haben. Große Verbände wie der LNV und der BUND arbeiten "mit allen Tricks". Neben zahlreichen informellen Kontakten haben sie die fachliche Kompetenz, um das von den Behörden vorgelegte Material kritisch und fundiert beurteilen zu können. Nicht zuletzt haben sie die finanzielle Potenz, Gegengutachten in Auftrag zu geben und umfassende Alternativpläne zu erarbeiten.

Dank ihrer – zumindest in Umweltfragen – anerkannten Kompetenz finden sie auch in den Medien Gehör. So ist es den Umweltverbänden gelungen, die Bedenken gegen die A 20 in die Öffentlichkeit zu tragen und Bürgerprotest zu aktivieren. Als Tauschpotential haben die Verbände neben dem Umwelt–Prestige, das sie einem Projekt entziehen oder zur Verfügung stellen können, einen deutlich spürbaren Medieneinfluß und das Vertrauen, das ihnen die Bevölkerung in Umweltfragen entgegenbringt, anzubieten. Außerdem genießen sie in der Regel den Ruf der politischen Unabhängigkeit.

Zusammenfassend läßt sich sagen, daß die Umweltverbände eine weit über ihre – im Vergleich zu den Wirtschaftsverbänden, den Lobbyisten und den Behörden – geringe personelle und finanzielle Ausstattung hinaus eine große Bedeutung in den Medien und bei den Betroffenen erlangt haben. Dabei ist der formell geregelte Zugang zum Policy–Netz nur ein kleiner, wenn auch für manche Informationen entscheidender Türspalt, der Zugang über informelle Wege hat eine deutlich größere Bedeutung.

Andere Umwelt– und Naturschutzverbände

Vom ökologisch orientierten Verkehrs Club Deutschland (VCD) bis zur Grünen Liga lassen sich eine ganze Reihe weiterer Umweltverbände nennen, die sich gegen die A 20 engagiert haben. Ihre Arbeitsweise unterscheidet sich allerdings nicht wesentlich von der der oben beschriebenen Umweltverbände. Den Nachteil, nicht über den Paragraphen 29 formell an der Planung beteiligt zu sein, machen die Autobahngegner durch eine enge Zusammenarbeit und einen regen Informationsaustausch untereinander wett. Allerdings gibt es auch unter den Naturschützern Konkurrenz (zum Beispiel die um die Spendengelder), die manchmal eine Zusammenarbeit erschwert. Die Front der A 20-Gegner ist bisher jedoch relativ fest geschlossen.

In diesem Zusammenhang muß die Bedeutung der Umweltschutzorganisation Greenpeace besonders hervorgehoben werden. Greenpeace hat mit Gutachten zur rechtlichen und wirtschaftlichen Lage in die Diskussion eingegriffen und mit mehreren Aktionen versucht, die besonders in Mecklenburg-Vorpommern schlecht informierten Bürger aufzuklären und ihren Widerstand gegen die Autobahn zu aktivieren. Als multinationale Organisation mit einem beträchtlichen Ruf und großen Geldmitteln werden die Greenpeace-Aktivitäten von den politischen Entscheidungsträgern genau beäugt und in das PR-Kalkül einbezogen. So gesehen ist Greenpeace in der Gruppe der Umweltverbände zumindest auf nationaler Ebene wohl die einflußreichste Organisation. Darüber hinaus hat das Berliner Büro die Aufgabe übernommen, die verschiedenen Anti-A 20-Bürgerinitiativen zusammenzuführen und miteinander zu vernetzen.

Die Bürgerinitiativen

Die genaue Zahl der gegen die A 20 engagierten Bürgerinitiativen (BI) ist nicht zu ermitteln. Ob es auch Pro-Autobahn-Initiativen gibt, ist mir nicht bekannt. In der öffentlichen Diskussion sind bisher hauptsächlich das Aktionsbündnis "Keine Ostsee-Autobahn", ein Zusammenschluß von rund 40 BI im Raum Lübeck, und ein Zusammenschluß von rund 20 BI in Mecklenburg-Vorpommern in Erscheinung getreten. Der Einfluß der BI auf die Pläne und Entscheidungen der Politiker ist deutlich geringer einzuschätzen als der der Umweltverbände. Das hängt unter anderem mit ihrer eher lokalen Reichweite zusammen, mit ihren begrenzten personellen und finanziellen Mitteln, mit der geringeren Medienresonanz und auch mit der Schwierigkeit, überhaupt Informationen zu bekommen und Zugang zur politischen Arena zu erhalten. Die BI stehen vor einer Reihe von weiteren Schwierigkeiten. In Lübeck besteht zum Beispiel die latente Gefahr, daß sich das Aktionsbündnis aufspaltet in eine Gruppe, die lediglich eine Süd- und in eine zweite Gruppe, die lediglich eine Nordtrasse ablehnt. In Mecklenburg-Vorpommern finden die BI wenig Rückhalt bei der Bevölkerung. Dort wird schon mit der Gründung von BI Neuland betreten.

Dennoch haben die Bürgerinitiativen in dem Policy-Netz ein spürbares Gewicht. Als diejenigen, die sich mit den Verhältnissen vor Ort am besten auskennen, sind sie auch jene Gruppen, die am ehesten geeignet sind, dauerhafte Überzeugungsarbeit zu leisten sowie weitere A 20-Gegner zu gewinnen. Würde es ihnen gelingen, in der Öffentlichkeit den Eindruck zu vermitteln, die Mehrzahl der Schleswig-Holsteiner und der Mecklenburger sei gegen die Autobahn, wäre die A 20 aller Wahrscheinlichkeit nach

schnell vom Tisch. Zumindest würden dann die Zweifel der Wirtschafts–, Verkehrs–
und Umweltexperten in einem anderen Licht dastehen. Diese Wirkungskette ist auch
den Politikern bewußt, deshalb schenken sie – zumindest im Westen – den BI mehr
Aufmerksamkeit, als vielleicht auf den ersten Blick wegen ihrer relativ begrenzten
Macht vermutet werden könnte (vgl. auch Kuhbier 1992, S. 101).

Die Betroffenen

"Betroffene" seien als diejenigen definiert, die im weitesten Sinne von den Planungen
der A 20 tangiert sind und sich nicht aktiv in einer der anderen Gruppen des Policy–
Netzes engagieren. Die wichtigste Grundlage für die Einschätzung ihrer Haltung ist
ein EMNID–Gutachten. Demnach fühlten sich 1991 gut 60 Prozent der Befragten
schlecht oder nicht gut über den geplanten Autobahnbau informiert, neun Prozent
hatten noch nichts davon gehört. Obwohl sich fast 70 Prozent gegen die weitere Zunahme des Autoverkehrs aussprachen, befürworteten ebensoviele den Bau der A 20.
Die meisten erhofften sich in erster Linie eine Entlastung der überalterten Bundesstraßen und verstopften Ortsdurchfahrten sowie neue Arbeitsplätze (EMNID 1991).

Die Lethargie der Mehrheit der in Schleswig–Holstein und Mecklenburg–Vorpommern lebenden Menschen in bezug auf das Eingreifen in politische Entscheidungen
kann nicht einfach unter den Tisch fallen, wenn es darum geht, das Policy–Netz zu
beschreiben. Denn zum einen läßt sich mit großer Sicherheit sagen, daß eine Küstenautobahn gegen den Willen der Mehrheit der Bevölkerung nicht durchsetzbar wäre.
Andersherum wirkt das Nichthandeln quasi als schweigende Zustimmung für die Pläne des BMV. Generell wirkt Lethargie einer der Akteure im Policy–Netz stabilisie-
rend für den Status quo.

Daß ein Akteur nicht in den politischen Entscheidungsprozeß eingreift, obwohl er
durchaus betroffen und interessiert ist, kann verschiedene Gründe haben (nach
Schneider 1988, S. 36):

–   Er sieht seine Interessen schon durch andere Akteure vertreten und erwartet
    vom eigenen Handeln keinen höheren Grenznutzen.

–   Er sieht sein Handeln generell als wirkungslos an.

–   Er erwartet trotz kurzfristigen Nutzens mittel–und langfristig negative Folge–
    oder Nebeneffekte seines Handelns auf seine eigenen Interessenpositionen.

Während es in Schleswig–Holstein plausibel erscheint, daß vor allen Dingen der erste
der genannten Gründe für die Lethargie verantwortlich ist, scheint in Mecklenburg–
Vorpommern der zweite zu dominieren. Neben der schon beschriebenen Wirkung
kann die Lethargie von am Policy–Netz beteiligten Akteuren auch auf "aktive" Akteure eine lähmende Wirkung haben. Aus diesen Überlegungen heraus hat die Auf-
klärung der Bevölkerung vor allen Dingen in Mecklenburg–Vorpommern bei den
Umweltverbänden höchste Priorität. Allerdings erscheint das Unterfangen, ein breites
Protestpotential in der Bevölkerung zu aktivieren, wegen der zur Zeit katastrophalen

wirtschaftlichen und sozialen Situation aussichtslos. Erschwerend kommt hinzu, daß durch die Verkürzung der Planungszeiten durch das Beschleunigungsgesetz bzw. das Investitionsmaßnahmegesetz die Zeit zu kurz ist.

Auswirkungen des Maßnahmegesetzes auf die Machtverteilung

Die Planung und Durchsetzung der A 20 mit Hilfe von Maßnahmegesetzen hat starke Verschiebungen der Machtverhältnisse im Policy–Netz zur Folge. Die Mitwirkung der Fachbehörden werden noch stärker eingeschränkt als das ohnehin schon der Fall ist. Durch den totalen Wegfall der Bürger– und Verbandsbeteiligung werden die letzten mehr oder weniger direkten Mitwirkungsmöglichkeiten der Betroffenen eliminiert.

Den Gegnern der A 20 bleiben nur noch zwei Wege. Zum einen über eine Klage beim Bundesverfassungsgericht die Verfassungsmäßigkeit des Gesetzes überprüfen zu lassen, oder zum anderen als direkt Betroffene beim Bundesverwaltungsgericht gegen eine Enteignung vorzugehen. Allerdings ist im Gesetzentwurf für das Maßnahmegesetz auch vorgesehen, die aufschiebende Wirkung einer Klage außer Kraft zu setzen, so daß schon vor einer Entscheidung des Gerichts vollendete Tatsachen geschaffen werden könnten.

Zusammenfassend läßt sich sagen, daß ein Investitionsmaßnahmegesetz das übliche Policy–Netz, das bei der Planung und dem Bau einer Bundesfernstraße eine Rolle spielt und indem durch das Beschleunigungsgesetz ohnehin schon eine Verschiebung der Macht hin zum BMV und der DEGES stattgefunden hat, faktisch außer Kraft setzt. Was bleibt, ist ein "ermächtigter" Bundesverkehrsminister, der zusammen mit der organisatorisch, finanziell und personell eng an ihn gebundenen Planungsgesellschaft quasi frei schalten und walten kann.

Fazit

Die sozioökonomischen Bedingungen, auf die die Autobahnplanung in Mecklenburg–Vorpommern trifft, führen dazu, daß die Pläne des BMV trotz der großen Zweifel an ihrem wirtschaftlichen, raumordnerischen und verkehrlichen Nutzen und der unbestritten großen ökologischen Belastung letztendlich mehr oder weniger problemlos durchsetzbar sind. Es ist deutlich geworden, daß auch eine breite Front von aktiven und effektiv, ja zum Teil "professionell" arbeitenden Autobahngegnern nur dann eine Chance hat, ein Projekt zu verhindern, wenn es ihr gelingt, einen Großteil der Bevölkerung hinter sich zu bringen. Das war jedoch weder in Mecklenburg–Vorpommern noch in Schleswig–Holstein möglich, wobei der Zeitfaktor durchaus eine Rolle spielt.

Ein weiterer wichtiger Faktor, der den Bau der A 20 entgegen den verkehrspolitischen Trend, der langfristig zu einer Abkehr vom Verkehrsträger Auto führen wird, positiv beeinflußt, ist das undemokratische Planungsverfahren, das nicht geeignet ist, zu sachlich besseren Entscheidungen zu kommen. Zudem führen Beschleunigungs– und

Maßnahmegesetz tendenziell zu einer Verlagerung von politischen Konflikten auf die rechtliche Ebene. Die politische Verselbständigung von Straßenbauprojekten wird dadurch noch unterstützt.

Es konnte nur eine vage, auf qualitativen Methoden beruhende Einschätzung vorgenommen werden, die dennoch die überragende Stellung des Bundesverkehrsministeriums beim Bau von Bundesfernstraßen verdeutlicht. Dabei hat sich gezeigt, daß wissenschaftliche Erkenntnisse nur dann eine Rolle spielen, wenn sie einen entsprechenden Zugang zum Bargaining–Prozeß finden. Unter den dargestellten Bedingungen werden sie jedoch relativ problemlos durch die "Schwergewichte" im Policy–Netz dominiert werden. Der dargestellte Konflikt ist durchaus typisch für den Bundesfernstraßenbau. Speziell der politischen Situation in Nachwendedeutschland sind nur die besonderen Planungsinstrumente und die sozioökonomischen Bedingungen in Mecklenburg–Vorpommern geschuldet, die zu der beschriebenen Machtkonzentration geführt haben. Die Nullvariante lag damit von vornherein außerhalb des Entscheidungskorridors.

Literatur

Bundesminister für Verkehr (Hg.) 1992: Verkehrsprojekte Deutsche Einheit. Bonn.

DEKRA (Hg.) 1990: Taschenbuch der Automobilwirtschaft 1990/1991. Stuttgart.

EMNID (Hg.) 1991: Meinungsbildung zur geplanten Küstenautobahn – Ergebnisse einer Befragung von Bevölkerung und Experten in Mecklenburg. Bielefeld.

Greenpeace (Hg.) 1991a: Wirtschaftliche und soziale Auswirkungen der geplanten Ostsee–Autobahn "A20" Lübeck – Stettin. Hamburg.

Greenpeace (Hg.) 1991b: Ökobilanz Auto. Hamburg, Amsterdam.

Greenpeace (Hg.) 1991c: Rechtsgutachten zum Entwurf des Gesetzes über die Beschleunigung der Planung der Verkehrswege. Hamburg.

Krause, G.: Schreiben des Bundesministers für Verkehr, Günther Krause, an den Vorsitzenden des Ausschusses für Verkehr des Deutschen Bundestages, Dionys Jobst, vom 18. September 1991. Geschäftszeichen: A 30/20.71.10–02/116 Va 91.

Krause, M. 1992: Das Beispiel der A 20 – Politikanalyse von der Macht und Ohnmacht der Akteure. Unveröffentlichte Projektarbeit am Institut für Politische Wissenschaften der FU Berlin.

Kuhbier, J. 1992: Ergebnisse der Erörterung des Berichts der Landesregierung von Schleswig–Holstein zur Verkehrsführung der A 20 im Raum Lübeck mit Gemeinden, Bürgerinitiativen, Verbänden und Einzelpersonen zwischen dem 1. Februar 1992 und dem 13. Mai 1992 im Auftrag des Ministers für Wirtschaft, Technik und Verkehr des Landes Schleswig–Holstein. Hamburg.

Landesnaturschutzverband Schleswig–Holstein (Hg.) 1992: Landesnaturschutzverband Schleswig–Holstein aktuell. Keine Ostseeautobahn. Kiel.

Lutter, H. 1981: Raumwirksamkeit von Fernstraßen. Bonn (= Forschungen zur Raumentwicklung, Band 8).

Marquardt-Kuron, A. 1993: Die Ostsee–Autobahn A 20 in Mecklenburg–Vorpommern – Hoffnungsschimmer oder falsche Verkehrspolitik? In: Standort, Zeitschrift für Angewandte Geographie, Heft 3.

Minister für Wirtschaft, Technik und Verkehr des Landes Schleswig–Holstein (Hg.) 1991: Ostseeautobahn A 20 in der Diskussion. Eine Bürgerinformation. Kiel.

Prittwitz, V. von 1990: Das Katastrophen–Paradox. Opladen.

Schneider, V. 1988: Politiknetzwerke der Chemikalienkontrolle. Berlin.

Schubert, K. 1991: Politikfeldanalyse. Opladen.

Küstenschiffahrt und paralleler Autobahnbau am südlichen Ostseerand

Von Arnulf Hader

Vorbemerkung

In der Verkehrswegeplanung der Bundesrepublik Deutschland hatte die Schiffahrt lange Zeit keine Berücksichtigung gefunden. Erst für den Bundesverkehrswegeplan (BVWP) 1991/92 wurden die Leistungen der Häfen im Fährverkehr erfaßt und der Zusammenhang mit den Fernstraßen als Hinterlandverbindungen hergestellt. Während bis zur Wiedervereinigung nur in den Ostseehäfen Schleswig–Holsteins nennenswerte Fährlinien bestanden, entwickeln sich heute neue Verkehre über Mecklenburg–Vorpommern. Dabei spielt die A20 eine bedeutende Rolle.

Häfen und Hinterlandverbindungen in Mecklenburg–Vorpommern

Neben kleineren Plätzen in Vorpommern hat das ostdeutsche Küstenland sechs Seehäfen, die nach Lage und Anbindung zu unterschiedlicher Bedeutung gelangten.

Häfen in Ostdeutschland

Um von fremden Dienstleistungen unabhängig zu werden und die Kosten für den Transit durch die Bundesrepublik zu sparen, hat die DDR seit 1960 zielstrebig eine eigene Flotte aufgebaut und Rostock zum Haupthafen ausgebaut:

–   Nahe der Mündung der Warnow entstand – abseits vom alten Stadthafen – der völlig neue Überseehafen und wurde zur Basis vieler Liniendienste zu anderen Erdteilen. Mit einem Umschlag von 20 Mio. t zählte Rostock zu den größten Häfen der Ostsee.

–   Der zweite traditionsreiche Hafen Mecklenburgs, die Hansestadt Wismar zwischen Rostock und Lübeck, kann wegen der flacheren Zufahrt nur Schiffe mit

Raumbezogene Verkehrswissenschaften – Anwendung mit Konzept
hrsg. im Auftrag des Deutchen Verbandes für Angewandte Geographie
von Arnulf Marquardt-Kuron und Konrad Schliephake
in Material zur Angewandten Geographie (MAG), Band 26, Bonn 1996

geringerem Tiefgang aufnehmen. Daher wurde Wismar zum Exporthafen für Kali und Salze ausgebaut und hatte daneben nur wenige Linien- und Küstenverkehre von insgesamt etwa 3 Mio. t. Noch flacher sind die Gewässer um Rügen, weshalb Stralsund nur von Küstenschiffen bedient werden kann und etwa 1 Mio. t erreichte.

Neben den Häfen für konventionellen Umschlag entstanden bis 1989 drei Fährhäfen. Es begann 1903 mit der Eisenbahnfähre Warnemünde–Gedser für den Verkehr Berlin–Kopenhagen und 1909 folgte die Eisenbahnfähre Saßnitz–Trelleborg als erste Direktverbindung Deutschlands mit Schweden. Erst 1986 kam als die dritte Fährlinie Mukran–Klaipeda dazu.

Eisenbahnanbindung

Da der Gütertransport in der DDR so weit wie möglich mit der Bahn abgewickelt werden mußte, wurde der Hafen Rostock gut an das Bahnnetz angeschlossen. Die Linie Rostock–Berlin wurde zweigleisig ausgebaut und elektrifiziert und vor dem Hafen ein großer Rangierbahnhof angelegt. In unmittelbarer Nähe kreuzt die Küstenbahn von Bad Kleinen nach Stralsund.

Auch im Hafen von Wismar liegen großzügige Bahnanlagen mit Überspannung. Für durchgehende Bahntransporte ins Hinterland war gesorgt, während heute Wismar zum Satellitenbahnhof herabgestuft ist.

Selbstverständlich sind auch die Kaianlagen von Stralsund mit Schienen ausgestattet.

Die große Bedeutung des Bahnverkehrs mit Dänemark hatte schon zu DDR–Zeiten soweit nachgelassen, daß 1993 beschlossen wurde, den gesamten Verkehr über Puttgarden zu konzentrieren und die Trajektierung von Güterwagen über Gedser einzustellen. Es verblieb zunächst der Personenverkehr über die Gleise der S–Bahn Rostock–Warnemünde, der aber 1995 auch eingestellt wurde.

Ganz im Gegensatz zu Warnemünde war Saßnitz auch während der DDR–Zeit ein wichtiger Fährhafen für den Eisenbahngüterverkehr der Bundesrepublik mit Schweden. Es war lange Zeit die einzige Direktverbindung Deutschland–Schweden, und die Reichsbahn bot die Transporte über Saßnitz billiger an als die Deutsche Bundesbahn mit der Dänischen Staatsbahn über Dänemark. Saßnitz liegt auf der Insel Rügen und ist nur über den Rügendamm zu erreichen. Trotz der teilweise eingleisigen Streckenführung kann die elektrifizierte Linie den Verkehr bewältigen. Nachteilig sind die beengten Verhältnisse in Saßnitz, wo die Ausdehnung der Anlagen noch dem Stand der Gründerzeit entspricht und aus topographischen Gründen kaum verändert werden kann. Deshalb hatte man Anfang der 80er Jahre für den Trajektverkehr nach Litauen einen völlig neuen Bahnkomplex mit eigenen Fähranlegern errichtet – nur auf Sichtweite von Saßnitz entfernt.

Über drei leistungsfähige Nord–Süd–Magistralen waren alle See- und Fährhäfen gut an das Netz der Reichsbahn angebunden.

Bundesfernstraßen

Die Straßen hatten in der DDR für den Güterverkehr nur eine untergeordnete Bedeutung und der Reiseverkehr stellte wesentlich geringere Anforderungen als in der Bundesrepublik.

Rostock – als Haupthafen der ehemaligen DDR – besitzt eine Autobahn, die die Zufahrt zum Überseehafen unmittelbar mit dem Berliner Ring verbindet. Es ist dadurch mit dem größten Teil Ostdeutschlands gut verbunden. Warnemünde als Vorhafen muß differenziert behandelt werden. Zwar sind Warnemünde und Rostock mit der S–Bahn bestens verbunden und auch die Straße ist über weite Strecken vierspurig und kreuzungsfrei. Warnemünde liegt aber links der Warnow und der Überseehafen und die Autobahn rechts. Die Verbindung stellen kleine Fähren über den Seekanal oder das Stadtzentrum her. Sowohl die Verbindung im Stadtzentrum als auch der Knotenpunkt im Westen der Stadt (Kreisverkehr) sind dem modernen Verkehr nicht mehr gewachsen.

Wismar wartet noch auf den Autobahnanschluß nach Schwerin, von wo die Anbindung an die A24 Hamburg–Berlin gegeben ist.

Die beiden Rüganer Fährhäfen sind weit von jeder Autobahn entfernt. Dabei behindern, besonders im Sommer, der Touristenverkehr auf der Insel und die Stadt Stralsund den Verkehr zu den Häfen. Der vielzitierte Rügendamm ist weniger ein Engpaß als die Bundesstraße 105 im Stadtgebiet von Stralsund, wo ein Bahnübergang zu häufigem Stillstand führt. Davon ist auch der Umschlag in Stralsund betroffen, der sich weitgehend auf LKW–Verkehr stützt, da der Hafen überwiegend dem regionalen Verkehr dient.

Alle Straßenverbindungen der Häfen in Mecklenburg–Vorpommern sind weiträumig auf Berlin ausgerichtet, die West–Ost–Verbindungen sind schlecht. Dieser Verkehr quält sich entweder über die Bundesstraßen Lübeck–Wismar–Rostock–Stralsund bzw. über Schwerin oder er macht Umwege über die A24 Hamburg–Wittstock–Rostock, da sich diese Route als besser planbar erweist.

Strukturwandel im Ostseeverkehr

Folgen der Wiedervereinigung Deutschlands

Im Laufe eines Jahrhunderts hat die Ostseeschiffahrt mehrmals grundlegende Strukturwandlungen erfahren. Dabei hatte der Wechsel vom wind– zum maschinengetriebenen Schiff geringere Auswirkungen als die politischen Veränderungen und die Einführung neuer Verladetechniken im Seetransport.

Auswirkungen auf den Überseeverkehr

Schon vor der politischen Vereinigung Deutschlands wirkte sich die Wirtschaftsunion zum 1. Juli 1990 schlagartig auf Rostock und Wismar aus. Auf vielen Liniendiensten der DDR kehrten um diesen Tag herum die Schiffe von der letzten Reise heim, um anschließend verkauft oder aufgelegt zu werden. Mit der Wirtschaftsunion verloren viele Handelsverträge der DDR ihre Wirksamkeit und damit die Schiffslinien ihre Berechtigung. Die alten Verkehre entfielen oft ersatzlos, und neue wurden über Hamburg oder Bremen/Bremerhaven aufgenommen, wo ein wesentlich dichteres Liniennetz in alle Welt besteht. Vor allem Hamburg hatte damit sein altes Hinterland an der Elbe und bis zur Oder wiedergewonnen, das es nur durch die politisch gewollte Lenkung der Transporte über Rostock verloren hatte. Der Hamburger Hafenumschlag wuchs seit 1990 um mehrere Mio. t; daran können auch die generell niedrigeren Kosten des Seetransportes nichts ändern. Die Containerschiffahrt verbindet in der Welt nur noch die größten Häfen wie Hamburg, Bremerhaven, Rotterdam, Antwerpen oder Le Havre direkt, die anderen werden über Zubringerschiffe bedient.

Die großen Containerschiffe des USA− oder Fernostverkehrs könnten nicht einmal den Nord−Ostsee−Kanal passieren. Zudem wird mindestens ein Tag gespart, wenn ein Container über Land von Hamburg nach Berlin oder Sachsen transportiert wird gegenüber dem Umweg über Rostock. Rostocks Umschlag sank so von 10 Mio. t im ersten Halbjahr 1990 auf 3 Mio. t im zweiten Halbjahr. Wismar verlor ebenfalls den Übersee−Linienverkehr aber auch die meisten Verschiffungen von Kali nach Fahrtgebieten außerhalb der Ostsee. Der gesamte Kaliexport ging zurück und wurde teilweise über Hamburg gelenkt.

Auswirkungen auf die Küstenschiffahrt

Die Schiffahrt innerhalb der Rand− und Nebenmeere wird mit dem Begriff Küstenschiffahrt nur noch schlecht beschrieben. Tatsächlich sind dort häufig weltweit einsetzbare Schiffe in Fahrt und neben der eigentlichen "Küstenschiffahrt" hat sich der Verteilerverkehr für Container und die Fährschiffahrt entwickelt. Der Küstenschiffahrt verbleibt heute besonders der Massengutverkehr, während die Stückguttransporte über Fähren laufen. Zwischen beiden liegen die linienmäßigen Systemverkehre der Waldproduktenindustrie.

Die Häfen in Mecklenburg−Vorpommern stellen sich nun auf einen wachsenden Ostseeverkehr ein und haben bereits mehrere Millionen Tonnen neuen Umschlag gewonnen. Alte regelmäßig durchgeführte Transporte von Roheisen und Schnittholz aus der UdSSR fielen fast völlig weg und auch die Getreideimporte sind eingestellt. Stattdessen dienen die Getreidespeicher heute dem Versand aus der lokalen Landwirtschaft, und Papierholz aus deutschen Wäldern geht nach Schweden. Von Skandinavien kommt dafür Material für den Tiefbau oder Mineralöl zur regionalen Verteilung.

Die Systemverkehre für die Versorgung des deutschen Marktes mit Papier und Pappe liefen bisher über Lübeck, Kiel und Nordseehäfen. Eine der ersten größeren Investitionen in Rostock galt einem Papierlager zur Versorgung Berlins und anderer Druckzentren in Ostdeutschland mit importierten Papieren.

Eine Küstenschiffahrt im wahrsten Sinne des Wortes – entlang der deutschen Küste – existiert kaum. Auch wenn die eigentlichen Transportkosten auf dem Wasser niedrig sind, werden Kurzstreckenverkehre teuer, weil in den Häfen hohe Gebühren für Lotsen, Kajenbenutzung, Umschlag, Agenturen etc. anfallen.

Folgen für die Fährschiffahrt

Da schon im letzten Jahrhundert die Schiffahrt nicht mehr mit dem Landtransport per Eisenbahn mithalten konnte, richteten die Bahngesellschaften um die Jahrhundertwende mehrere Fährlinien zwischen Dänemark, Deutschland und Schweden ein. Die Züge wurden auf die Schiffe geschoben und konnten schon nach Stunden die Reise im Gegenhafen fortsetzen.

Der erst lange nach 1945 anschwellende Straßengüterfernverkehr nutzte zunächst die Eisenbahnfähren, soweit sie auf den "Gummiverkehr" eingerichtet wurden. Ab 1961 standen ihm auch Autofähren auf längeren Linien zur Verfügung. Der LKW-Verkehr half sogar den Autofähren, ganzjährig Einnahmen zu erzielen, während der Passagierverkehr starke saisonale Schwankungen aufweist. Schließlich wurde der LKW-Verkehr über See so stark, daß für ihn gesonderte Schiffe oder sogar Linien angeboten wurden.

Mit Ausnahme der Saisonverbindung Saßnitz–Bornholm für den Transitverkehr basierten alle Fährlinien der DDR auf dem Eisenbahnverkehr. Erste Folge der Grenzöffnung 1989 war eine starke Zunahme des Reiseverkehrs (vgl. Tab. 1 und 2 sowie Abb. 1 und 2) auf der nur zwei Stunden dauernden Überfahrt zwischen Warnemünde und Gedser. Wenn auch der überregionale Verkehr zwischen Dänemark und Deutschland nun von Einschränkungen befreit war, so kam der Zuwachs hauptsächlich aus dem Ausflugs– und Einkaufsverkehr, auf der mehrmals täglich pendelnden Fähre, die bald durch eine zweite verstärkt werden mußte. Der Erfolg lockte eine schwedische Reederei an, die eine neue Linie Gedser–Rostock eröffnete und bald darauf die alte, aber seit langem nicht mehr profitable Verbindung Gedser–Travemünde einstellte. Trotz relativ alter und kleiner Schiffe konnten beiden Linien zusammen den Verkehr zwischen Gedser und Warnemünde bzw. Rostock auf beinahe 2 Mio. Passagiere verzehnfachen. Heute bestehen Überkapazitäten, die die schwedischen Europa–Linien künftig durch Reduzierung auf ein Schiff vermindern wollen. Den LKW-Verkehr konnten beide zusammen ebenfalls deutlich steigern, während der Schienenverkehr so weit zurückging, daß keine Güterwagen mehr trajektiert, sondern über Puttgarden umgeleitet werden.

Die Schweden–Fähre Saßnitz–Trelleborg war im Güterverkehr wesentlich stärker geworden als die Dänemark–Fähre. Der Personenverkehr war früher auf Ausflugsverkehr aus Schweden und relativ geringen Transitverkehr beschränkt, insgesamt rund 400.000 Passagiere. Nach der Öffnung schnellte auch hier der Verkehr auf fast 1 Mio. Passagiere hoch, um danach nur langsam wieder abzunehmen. Der Schienengüterverkehr verminderte sich um rezessionsbedingte Verluste und eingestellte Transporte mit

Tabelle 1: *Verkehrsleistungen ausgewählter Fährlinien 1988 bis 1993:*
Passagierverkehr in 1.000

Linie	1988	1989	1990	1991	1992	1993
Warnemünde–Gedser	276	386	1007	949	997	1007
Rostock–Gedser	0	0	223	1020	1204	1094
Travemünde–Trelleborg	1070	1125	1059	1110	990	684
Lübeck–Travemünde–Malmö*	0	0	0	0	270	635
Rostock–Trelleborg	0	0	0	0	223	306
Saßnitz–Trelleborg	422	519	960	892	854	750
Mukran–Klaipeda**	0	0	0	3	15	18

*   *Die Linie Lübeck–Travemünde–Malmö wurde Ostern 1994 wieder eingestellt.*
** *Die Angaben für Mukran–Klaipeda sind Schätzungen. Meist werden Fahrer*
    befördert.
Quelle: ISL 1994

der DDR und anderen RGW–Ländern. Der hohe Anteil des Verkehrs mit Westdeutschland blieb. Überdurchschnittlich ging nur der LKW–Verkehr um über die
Hälfte zurück. Dafür sind die schlechten Verbindungen auf und um Rügen schuld, die
eine zuverlässige Planung der Fahrten bis Saßnitz unmöglich machen. Ab dem Auto-
bahnende bei Rostock ist die Insel in zwei Stunden zu erreichen, es kann aber auch
vier oder mehr Stunden dauern.

Schon 1990/91 hatten verschiedene Reeder diese Probleme erkannt und versuchten,
Abhilfe über eine neue Verbindung Rostock–Schweden anzubieten. Die ersten Linien
hatten aber ungeeignete Schiffe und zu geringe Frequenzen. Anfang 1992 startete die
Hamburger Reederei TT–Line, deren Stammlinie Travemünde mit Trelleborg verbindet, zusammen mit der Deutschen Seereederei Rostock (DSR) die neue Fährlinie Rostock–Trelleborg. Die TT–Linie charterte eine Autofähre für Passagiere, Reisefahrzeu-
ge, LKW und Trailer und die DSR richtete eines ihrer Roll–on/Roll–off–Schiffe für
Trailer, LKW und Fahrer her. Insgesamt bot die neue Firma TR–Line drei Abfahrten
täglich in jeder Richtung an.

Die TR–Line hatte Erfolg, denn sie zog wegen der besseren Hinterlandanbindung
sowohl Verkehr von der Linie über Saßnitz an als auch von der TT–Line ab Lübeck.
Wegen der kürzeren Fahrzeit über Rostock kann die TR–Line die Schiffe dreimal täg-

Tabelle 2: *Verkehrsleistungen ausgewählter Fährlinien 1988 bis 1993:*
LKW + Trailer in 1.000

Linie	1988	1989	1990	1991	1992	1993
Warnemünde–Gedser	16	16	16	8	7	15
Rostock–Gedser	0	0	5	19	26	22
Travemünde–Trelleborg	121	116	132	148	136	127
Travemünde–Malmö	110	125	123	102	107	117
Rostock–Trelleborg	0	0	0	0	22	34
Saßnitz–Trelleborg	47	49	46	32	20	19
Mukran–Klaipeda	0	0	0	2	12	38

Quelle: ISL 1994

lich einsetzen, die TT–Line nur zweimal. Dieser Vorteil kann über einen niedrigeren Tarif weitergegeben werden.

Die Deutsche Fährgesellschaft Ostsee (DFO), heute Betreiber aller deutschen Eisenbahnfähren, konnte auf diese Konkurrenz nur damit reagieren, daß sie beschloß, ab Juni 1994 zwei ihrer in Saßnitz stationierten Schiffe ebenfalls ab Rostock nach Trelleborg einzusetzen. Der Beschluß der DFO wird vom schwedischen Partner mitgetragen. Dieser kündigte sogar Ende 1993 mit Wirkung zum 1.1.1996 den DanLink–Vertrag, der den Eisenbahnverkehr zwischen Schweden und Deutschland über Dänemark regelt. Der Transit über Dänemark und zwei Fähren ist teurer als eine längere Direktfähre nach Deutschland, und so wird der Verkehr über Trelleborg nach Rostock gestärkt.

Rostock errichtet zwei neue Anleger für Eisenbahnfähren und bekommt nun schon seinen dritten Fährdienst. Am zweiten Eisenbahnfähranleger werden künftig wahrscheinlich die Eisenbahnfähren der Reederei Railship im Direktverkehr Travemünde–Finnland einen Zwischenstopp einlegen. Die Fährschiffahrt hilft damit dem Hafen Rostock kräftig, die Umstrukturierung vom Überseehafen in einen Ostseehafen durchzuführen. Die Fährlinie ab Mukran wird im folgenden Abschnitt besprochen.

Folgen der Öffnung Osteuropas

Politische und wirtschaftliche Veränderungen im Ostseeraum

Durch die politische Gruppierung in Wirtschaftsblöcke hatte sich der Verkehr der Ostseeanrainer auf Transporte innerhalb des RGW und zwischen EG und EFTA konzentriert. Der Austausch zwischen beiden Blöcken war relativ gering. Zwischen der UdSSR und der DDR liefen erhebliche Transporte von Eisen, Stahl, Holz, Containern etc. über die Häfen der baltischen Sowjetrepubliken.

1991 wurden die Republiken Estland, Lettland und Litauen wieder unabhängig und ließen den GUS–Staaten an der Ostsee nur die Häfen Kaliningrad, St. Petersburg und Vyborg. Die Verkehre Rußlands mit der DDR wurden allerdings weitgehend eingestellt. Selbst hatten die drei Republiken nur einen geringen Außenhandel. Mit der Selbständigkeit wurde zunächst die Zusammenarbeit mit der GUS weitgehend gestoppt. Mittlerweile normalisieren sich die Verhältnisse und die strukturbedingt notwendige Kooperation läuft wieder besser. Bevor alles auf politischer Ebene geregelt ist, hat die Wirtschaft viele der alten Transportwege wieder eingerichtet und die Ver-

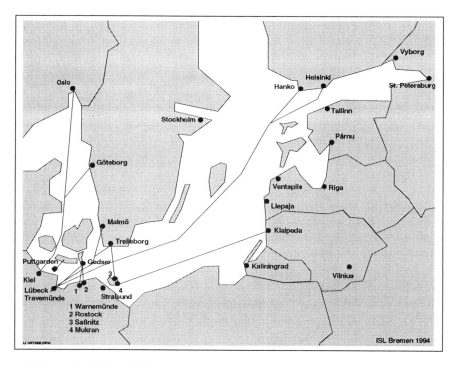

Abbildung 1: *Wichtige Fährlinien deutscher Ostseehäfen 1989*

kehre der GUS–Staaten, die noch laufen, gehen auch meist wieder über die baltischen Transithäfen, z.B. Getreideimport über Estland, Ölexport über Lettland oder Stahlexport aus der Ukraine über Litauen. Dazu kamen völlig neue Transporte, nämlich der Import von Konsumgütern, Nahrungs– und Genußmitteln in die baltischen Länder und im Transit in die GUS.

Landverkehr nach Osteuropa

Schon die DDR hatte zusammen mit Litauen einen neuen Fährweg zwischen Deutschland und der UdSSR eröffnet, um Polen zu umgehen. Während damals die politische Instabilität Polens, die hohen Transitgebühren und militärische Gründe ausschlaggebend waren, einen neuen Seeweg einzurichten, gelten heute ganz andere Voraussetzungen. Die billigen Rohstoffe und Halbwaren, die seit 1986 über die Eisenbahnfähre geleitet wurden, sind weggefallen.

Stattdessen werden heute nur noch geringe Mengen Bahngüter und LKW oder Trailern mit wertvollem Ladegut in schnell wachsender Anzahl übergesetzt. Im Landver-

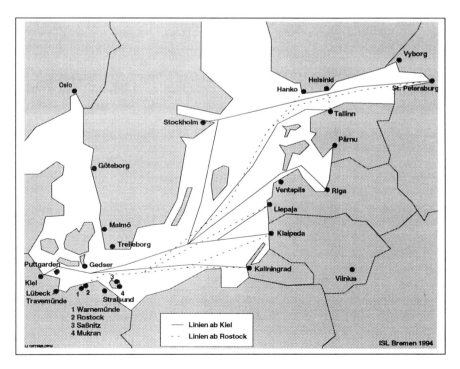

Abbildung 2: *Seit 1991 eröffnete Fähr– und Ro/Ro–Linien deutscher Ostseehäfen*

kehr müssen alle LKW fahrerbegleitet sein, nicht nur um ihr Fahrzeug zu bewegen, sondern auch um einen sicheren und schnellen Transport der Ware zu gewährleisten. An der Grenze zu Polen, wie auch an der polnisch–russischen und der russisch–litauischen Grenze, führen hohes Verkehrsaufkommen und eine schleppende Abfertigung zu Wartezeiten von Stunden und Tagen. Außerdem mehren sich die Nachrichten von Ladungsdiebstahl und regelrechten Überfällen auf LKW, gegen die man sich durch Kolonnenfahrt oder Geleitschutz sichert. Alle diese Behinderungen machen die Transportzeiten unkalkulierbar, die Zustellung nicht mehr garantierbar und verteuern die Transportkosten. In dieser Situation bietet der Seeweg eine schnelle und sichere Alternative.

Der Bahntransport hat in den letzten Jahren ebenfalls zugenommen. Die Bahn kann aber auch keinen Schutz vor Diebstahl garantieren, und wegen des Spurwechsels an der polnisch–russischen Grenze muß alles umgeladen werden. Dieser Vorgang führt zu Zeitverlusten und Beschädigungen.

Fährlinien nach Osteuropa

Die 1986 eröffnete Fähre Mukran–Klaipeda war ursprünglich nur auf den Transport von Güterwagen ausgerichtet und sollte mit sechs Fähren bei Abfahrten im Rhythmus von acht Stunden jährlich 5,4 Mio. t transportieren. Bis 1989 wurde die Linie aufgebaut und zählte schließlich 3 Mio. t und fünf Schiffe; das letzte wurde nicht mehr gebaut, da der Verkehr ab 1990 zurückging. 1991 und 1992 war die Rückführung von Militärgut die wichtigste Aufgabe, die aber 1994 beendet wurde. Der zivile Bahntransport sank auf Mengen ab, die zwei Schiffe bei weitem nicht auslasten konnten. In der Bundesrepublik war die Linie kaum bekannt und die Bahnen waren nicht in der Lage, Angebote für den Haus–zu–Haus–Verkehr zu machen, wie das beim LKW üblich ist. Zudem wurde der Bahnverkehr von russischer Seite über Polen geleitet und der Transit durch Litauen vermieden. Zur Verringerung des Betriebsdefizits blieb den beiden Reedereien, der Deutschen Seereederei Rostock und der Lithuanian Shipping Co., nur, durch Mitnahme von Passagieren und LKW die Einnahmen zu steigern. Durch Freigabe der sechs Doppelkabinen und Verringerung der Besatzungen konnten bis zu 20 Passagiere oder Fahrer mitgenommen werden. Das Laden von Straßenfahrzeugen wurde erst möglich, nachdem die Zwischenräume zwischen den Schienen auf den Brückenrampen und im unteren der beiden Ladedecks der Fähren ausgebohlt waren.

Die 1991 angestellten Versuche verliefen sehr ermutigend und mittlerweile sind wieder drei Fähren notwendig, um der Nachfrage gerecht zu werden. Handelte es sich anfangs meist um Lastzüge und Trailerzüge mit Fahrern, so nehmen heute schon unbegleitete Trailer einen großen Teil der Ladedecks ein. Die Speditionen haben entweder in Litauen einen Partner für den Weitertransport gefunden oder eine eigene Niederlassung gegründet. Der Verkehr kann so über die Fähren, die zwischen Mukran und Klaipeda nur 18 Stunden benötigen, nicht nur schneller abgewickelt werden, sondern auch billiger, zumindest solange die Kosten deutscher Spediteure zugrunde gelegt werden.

Die Fähre ab Mukran blieb nicht die einzige in die östliche Ostsee. 1993 und in den ersten Monaten 1994 wurden neue Liniendienste mit und ohne Passagierbeförderung eingerichtet, in einem Gründungsfieber, wie es die Schiffahrt nur selten erlebt. Im Abstand von häufig nur Wochen entstanden Ro/Ro⁻ und Fährlinien nach Kaliningrad, Ventspils, Riga, Tallinn, St. Petersburg und nochmals nach Klaipeda, so daß heute ein dichtes Liniennetz besteht wie zuvor nur im westlichen Teil der Ostsee.

Als besonders geschickt erwies sich dabei der Hafen Kiel in der Akquisition neuer Kunden, während Lübeck nahezu leer ausging. Mit den Nordseehäfen wurden neue Containerlinien aufgenommen. Zuletzt gelang es auch Rostock, alte Verbindungen in das Baltikum wieder zu beleben. Nur Mukran konnte aus seiner weit nach Osten vorgeschobenen Lage kein neues Kapital schlagen. Immerhin ließ die DSR eines ihrer Schiffe umbauen, so daß es jetzt auf beiden Decks Schienen⁻ oder Straßenfahrzeuge laden und zusätzlich 100 Passagiere mitnehmen kann. Die Litauische Reederei ließ sogar zwei Fähren umbauen, je eine für 100 und 200 Passagiere, setzt beide heute aber auf der 30 Stunden langen Überfahrt Klaipeda⁻Kiel ein.

Der Fährverkehr und die A20

Mit dem starken Anstieg des Stückgutverkehrs per LKW und Bahn stellte die Schiffahrt dem Handel in kürzester Zeit ein Bündel neuer Schiffslinien zur direkten Anbindung aller größeren Seehäfen zwischen Kaliningrad und Vyborg zur Verfügung.

Wichtigster westlicher Hafen wurde Kiel, nicht nur weil die Hafenverwaltung und ⁻wirtschaft dort die besten Angebote machten. Entscheidend ist auch die gute Erreichbarkeit des Hafens über die Bundesautobahnen. Die wesentlichen Aufkommensgebiete liegen nicht in Ostdeutschland, sondern in Westdeutschland wie z.B. in Nordrhein⁻Westfalen. Von dort ist Kiel in der vorgeschriebenen Höchstlenkzeit eines Fahrers pro Tag zu erreichen, nicht aber Rostock oder gar Mukran. Nur wenn die Gesamttransportzeit an erster Stelle steht, führt der Weg über Mukran, denn dort gibt es tägliche Abfahrten nach Klaipeda; ab Rostock oder Kiel werden ⁻ je nach Zielhafen ⁻ derzeit nur ein bis vier Abfahrten wöchentlich angeboten.

Die drei wesentlichen Anforderungen der Spediteure und Verlader ⁻ Transportkosten, Transportdauer, Transportsicherheit ⁻ entscheiden über die Wahl des Weges und des Hafens, je nachdem, welche der Forderungen an erster Stelle steht. Dies hängt wiederum von der Ladung und dem Vor⁻ und Nachlauf in Deutschland und im Zielland ab. Durch das Fehlen einer Küstenautobahn liegen die Häfen Schleswig⁻Holsteins, Rostock und Mukran jeweils um Stunden (Fahrzeit für LKW) weiter auseinander als dies bei einer direkten Autobahnverbindung zwischen Lübeck, Rostock und Rügen der Fall wäre. Mit der A20 würden die Häfen Mecklenburg⁻Vorpommerns zeitlich näher an das westdeutsche Hinterland heranrücken und bekämen einen höheren Anteil am Skandinavien– und Osteuropaverkehr. Kiel und Lübeck–Travemünde würden einen Teil des alten und des neu gewonnenen Verkehrs verlieren, aber nicht alles, da die Entscheidung über den Hafen ja von mehreren Faktoren beeinflußt wird. Die A20 gibt den ostdeutschen Häfen größere und gerechtere Chancen im Ostseeverkehr. Sie kann zu mehr Straßenverkehr zwischen dem Raum Hamburg und Rostock oder Rügen führen; sie stärkt aber die Stellung der deutschen Häfen gegenüber dem durchgehenden Landverkehr auf der "Via Baltica" und ersetzt damit Landverkehr durch Seeverkehr. Die Verhinderung ihres Baus wird nicht zu einem küstenparallelen Seeverkehr zwischen Schleswig–Holstein und Rügen führen; dafür sind die Seestrecken zu kurz.

Die heute auch auf europäischer Ebene geforderte Verlagerung von Transporten "from road to sea" kann nicht über die Vernachlässigung der Landverkehrswege erzwungen werden. Über solche Verlagerungen entscheiden Verlader und Spediteure nach den oben genannten Anforderungen, vor allem nach den Kosten. Solange der Verkehr über Land am billigsten – und meist auch am schnellsten rollt – wird man nicht auf See ausweichen. Der Seeweg muß durch politische Maßnahmen gestützt werden, wie Verteuerung des Landtransports, Senkung von Hafenkosten und durch die Verbesserung der Hinterlandanbindung der Häfen.

Planung ohne Konzept?

Die Entwicklungen im Ostseeverkehr gehen so schnell voran, daß sie nicht plan– oder prognostizierbar sind. Die Verkehrsströme in Richtung Baltikum haben sich so grundlegend verändert, daß sich die Transportsysteme ebenfalls völlig verändern mußten. Die Reedereien konnten darauf innerhalb von Wochen mit der Einstellung von Linien, dem Austausch von Schiffen und der Aufnahme neuer Linien reagieren. Selbst Häfen wie Rostock haben innerhalb von Monaten Hafenanlagen umstrukturiert und neue Fähranleger beschafft oder gebaut. In dieser Zeit können für Landverkehrswege nicht einmal die Planungsphasen abgeschlossen werden. Die Schiffahrt bietet, mit einem geringen Anteil öffentlicher Gelder, durch kurzfristig gecharterten Schiffsraum einen Ersatz für unzumutbare Landwege an. Sie braucht allerdings Planungssicherheit bezüglich Hafenanbindung, Straßentransportkosten, Polentransit oder ähnlicher Einflüsse, wenn sie für die neuen Seewege die für jede Linie optimalen Schiffe bauen lassen will.

Das Verkehrsprojekt Deutsche Einheit 1 "Lübeck/Hagenow-Land – Rostock – Stralsund": Raumordnungs-/verkehrspolitische Mogelpackung?

Von Arnulf Marquardt-Kuron

Einleitung

Die Bundesregierung hat am 9. April 1991 beschlossen, 17 "Verkehrsprojekte Deutsche Einheit" (VPDE), davon neun im Schienenverkehr, bevorzugt zu verwirklichen. Während die Planungen und z.T. bereits die Baumaßnahmen für die Autobahnen (z.B. "Ostsee-Autobahn" A 20) zügig voranschreiten, sind die Schienenprojekte ins Hintertreffen geraten, wie das Beispiel des VPDE 1 mit dem Lückenschluß Stendal – Salzwedel–Uelzen zeigt. Ein anderes noch gravierenderes Beispiel ist das Verkehrsprojekt 1 in Mecklenburg-Vorpommern, dessen "offizielle" Darstellung durch die Bundesregierung zu einem erheblichen Teil nicht mit den tatsächlich durchgeführten Planungen übereinstimmt. Im folgenden soll zunächst der Bestand aufgelistet und danach erläutert werden, was das Bundesministerium für Verkehr in die öffentliche Diskussion einbringt, um dann dieser Version die tatsächlichen Planungen gegenüberzustellen.

Räumliche und historische Grundlagen

Die Bahnstrecken, deren Qualität durch das Verkehrsprojekt verbessert werden soll, wurden größtenteils um 1840 fertiggestellt. Darunter ist auch die "Urstrecke" in Mecklenburg–Vorpommern, die in Ost–West–Richtung von Lübeck über Güstrow und Neubrandenburg bis nach Stettin verläuft.

Der Abzweig nach Wismar wurde erst Anfang dieses Jahrhunderts erstellt, da Wismar bis 1903 aufgrund des Westfälischen Friedens an Schweden verpfändet und bis dahin nicht in das deutsche Eisenbahnnetz integriert war. Eisenbahnstrecken von Lübeck nach Rostock mußten Wismar umgehen. So wurde für den Abzweig nach Schwerin überhaupt erst ein Eisenbahnknotenpunkt in Bad Kleinen notwen-

Raumbezogene Verkehrswissenschaften – Anwendung mit Konzept
hrsg. im Auftrag des Deutschen Verbandes für Angewandte Geographie
von Arnulf Marquardt-Kuron und Konrad Schliephake
in Material zur Angewandten Geographie (MAG), Band 26, Bonn 1996

dig. Nach dem Zweiten Weltkrieg war Bad Kleinen lange Zeit Umsteigebahnhof für Reisende aus Wismar und Schwerin, die auf die Ost–West–Strecke umsteigen wollten. Später wurden durchgehende Züge von Wismar nach Berlin bzw. Leipzig eingesetzt. Seit der deutschen Einheit gibt es keine durchgehende Verbindung mehr zwischen Wismar und Berlin oder anderen Verdichtungsräumen. Der Bahnhof von Bad Kleinen erscheint heute mit seinen fünf Bahnsteigen völlig überdimensioniert.

Das Schienennetz Mecklenburg–Vorpommerns umfaßt zur Zeit etwa 2.359 km und erreicht eine Dichte von 0,1 km/qkm bzw. 1,21 km/1000 EW. Damit liegt Mecklenburg–Vorpommern bei der flächenbezogenen Dichte etwa im gesamtdeutschen Durchschnitt (0,12 km/qkm) und bei der einwohnerbezogenen Dichte weit über dem Durchschnitt, der bei 0,56 km/1000 EW liegt; eine insgesamt befriedigende Situation für das dünn besiedelte Land.

In Nord–Süd–Richtung sind die Strecken (vgl. Abb. 1) gut entwickelt, größtenteils zweigleisig ausgebaut und elektrifiziert (Wismar–Schwerin–Berlin, Rostock–Neustrelitz–Berlin, Stralsund–Greifswald–Pasewalk). Nur die Strecke Stralsund–Demmin–Neubrandenburg–Neustrelitz ist eingleisig ausgebaut und nicht elektrifiziert.

Im Gegensatz hierzu ist von den in Ost–West–Richtung verlaufenden Strecken lediglich die Strecke Rostock–Bad Kleinen–(Schwerin–Holthusen–Ludwigslust–Berlin) zweigleisig ausgebaut. Elektrifiziert ist nur die Strecke (Holthusen–Schwerin)–Bad Kleinen–Rostock–Stralsund. Alle übrigen Streckenteile, die vom Verkehrsprojekt 1 betroffen werden, sind nur eingleisig ausgebaut. Elektrifiziert ist die Strecke (Bergen–)Stralsund–Rostock–Holthusen(–Ludwigslust–Berlin). Alle anderen Ost–West–Strecken sind nicht elektrifiziert. Die Hauptbahnstrecken sind für Geschwindigkeiten von 80 bis 120 km/h ausgebaut. Jedoch senken zahlreiche Langsamfahrstellen infolge von Mängeln des Oberbaus und Bauarbeiten die Fahrgeschwindigkeiten erheblich.

"Offizielle" Darstellung

Die verkehrspolitische Zielsetzung des Verkehrsprojektes Deutsche Einheit 1 (vgl. Abb. 1) ist, wie die Bundesregierung schreibt, der "Ausbau der nördlichen Ost–West–Schienenachse mit Anbindung der Landeshauptstadt Schwerin und der Hafenstädte Wismar, Rostock und Stralsund an das Eisenbahnnetz der alten Bundesländer". Hervorgehoben wird die "infrastrukturelle Bedeutung für den gesamten Küstenraum Mecklenburg–Vorpommerns sowie den Großraum Schwerin, besonders im Hinblick auf die touristische Erschließung". Angestrebt wird eine Verbesserung im Regional– und Nahverkehr bezüglich Pünktlichkeit und Häufigkeit. Weiterhin wird dem Projekt vom Bundesverkehrsministerium eine internationale Bedeutung für den Verkehr mit Skandinavien und den osteuropäischen Staaten zugeschrieben.

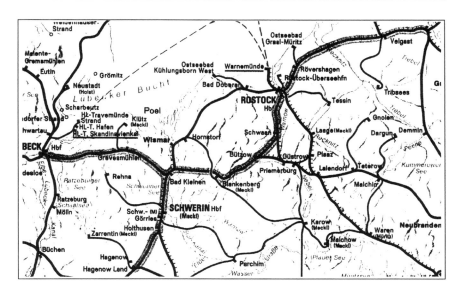

Abbildung 1: *Eisenbahnstrecken in Mecklenburg-Vorpommern und Verkehrsprojekt Deutsche Einheit 1 Lübeck/Hagenow-Land – Rostock – Stralsund*
Quelle: *Bundesministerium für Verkehr (Hrsg.): Verkehrsprojekte Deutsche Einheit, Bonn 1993*

Das Projekt umfaßt den "Ausbau der Strecken in der vorhandenen Trasse mit Korrekturen der Linienführung für eine Geschwindigkeitsanhebung auf 120 km/h bis 160 km/h, sowie (die) Schließung von Elektrifizierungslücken". Vorgesehen ist dabei die "Komplettierung der zweiten Gleise auf einzelnen Streckenabschnitten, Sanierung und Neubau von Brücken, Gleis– und Bahnhofsanlagen, Neugestaltung der Bahnsteigzugänge". Elektrifiziert werden soll die Strecke Hagenow/Land–Holthusen. Letztlich sind die Aufhebung bzw. niveaufreie Gestaltung verschiedener Bahnübergänge und die Errichtung moderner Signal– und Telekommunikationsanlagen vorgesehen. Die gesamte Streckenlänge des Projektes beträgt 251 km, die Investitionen betragen etwa 1,1 Mrd. DM. Für Planung und Bau ist der Zeitraum von 1991 bis 1998 vorgesehen.

Tatsächliche Planungen

Der unvoreingenommene Leser wird diese Aussagen des Bundesverkehrsministeriums dahingehend interpretieren, daß auf der Gesamtlänge des Projektes 1 diejenigen Streckenteile zweigleisig ausgebaut und elektrifiziert werden, auf denen dies noch nicht zutrifft. Dem stehen jedoch die tatsächlichen Planungen gegenüber.

Größtenteils kein zweigleisiger Ausbau und keine Elektrifizierung

Zur Zeit wird der zweigleisige Ausbau für die folgenden Teilstrecken geplant:

- Lübeck/Hbf–Lüdersdorf
- Schönberg–Grevesmühlen
- Bobitz–Bad Kleinen
- Rostock/Hbf–Bentwisch

Ein weiterer zweigleisiger Ausbau ist vorerst nicht vorgesehen. Weitere Planungen in der Zukunft sind fraglich bzw. unwahrscheinlich. Das heißt, daß für den größten Teil der Strecken Lübeck–Bad Kleinen und Rostock–Stralsund die Eingleisigkeit auf unbestimmte Zeit bestehen bleibt.

Die Strecke Lübeck–Grevesmühlen–Bad Kleinen wird nicht elektrifiziert, was wiederum mit der fehlenden Elektrifizierung der Strecke Lübeck–Hamburg begründet wird.

Abhängen der Hansestadt Wismar

Die Stadt Wismar wird mit ihrem Hafen – entgegen der verkehrspolitischen Zielsetzung – nicht über das Verkehrsprojekt 1 angeschlossen. Sowohl die Stadtverwaltung als auch die zuständige Industrie– und Handelskammer Schwerin und das Amt für Raumordnung in Rostock beklagen das eisenbahntechnische Abhängen der Hansestadt mit ihren rund 70.000 Einwohnern, im Entwurf des Raumordnungsprogramms des Landes Mecklenburg-Vorpommern immerhin als Mittelzentrum bezeichnet.

Knoten Rostock nicht geplant

Der ausgesprochen wichtige Aus– bzw. Umbau des "Knoten Rostock" einschließlich des Hauptbahnhofes ist nicht im Verkehrsprojekt 1 enthalten.

In Richtung Südosten führen vier Strecken vom Hauptbahnhof Rostock nach Rostock–Überseehafen, Bad Kleinen/Schwerin, Waren/Neubrandenburg sowie Stralsund. Heute – und auch nach Fertigstellung des Verkehrsprojektes 1 – müssen alle durchgehenden Züge von Schwerin–Bad Kleinen kommend nach Stralsund/Rügen/Skandinavien/GUS–Staaten den Durchgangsbahnhof Rostock von Südosten über Bützow anfahren und zunächst in die gleiche Richtung wieder verlassen. Auf diese Weise wird der "physisch vorhandene" Durchgangsbahnhof Rostock betrieblich in einen Kopfbahnhof umfunktioniert, was die Reisezeit der Durchgangszüge unnötig um etwa 15 bis 20 Minuten verlängert.

Im Rahmen der Bundesverkehrswegeplanung soll unter "Vordringlicher Bedarf: Neue Vorhaben" – d.h. nach dem Überhang aus dem Bundesverkehrswegeplan '85 und den Verkehrsprojekten Deutsche Einheit – der Ausbau des Knotens Rostock jedoch nur vorbehaltlich eines positiven Ergebnisses der Wirtschaftlichkeitsberechnungen untersucht werden.

Politische Unterstützung fehlt

Zwar ist das Eisenbahnprojekt im Bundesverkehrswegeplan 1992 – wie alle Verkehrsprojekte Deutsche Einheit – in den vordringlichen Bedarf aufgenommen worden, doch ist eine ernst zu nehmende Unterstützung durch den Bund für einen akzeptablen Ausbau der Eisenbahnlinie – das Verkehrsprojekt Deutsche Einheit 1 – nicht zu erkennen. Dieses Desinteresse steht in vollkommenem Gegensatz zu der großen Unterstützung der Autobahn A20 durch die Politik (vgl. hierzu die Beiträge von M. Krause und A. Marquardt-Kuron in diesem Band).

Selbst der Bundesverband Junger Unternehmer, Regionalverband Schleswig–Holstein, merkte an, daß sich für die Umsetzung der Maßnahmen "so gut wie gar nichts" bewegt und die "zuständigen Verwaltungsbeamten ohne politische Unterstützung und öffentliche Rückkoppelung vor sich hinplanen." (zit. nach Jörg Kuhbier, S. 19). Fortschritte in der Planung sind kaum zu erkennen, obwohl für alle "'Verkehrsprojekte Deutsche Einheit' (...) keine Zeit hinsichtlich Erstellung der Planunterlagen und Bauvorbereitung verloren gehen" (BMV, S. 14) sollte. Die Planung für die Eisenbahnstrecke wird nur halbherzig bewerkstelligt. Das Verkehrsprojekt Deutsche Einheit 1 wird aufgrund der Diskrepanz zwischen verkehrspolitischen und raumordnerischen Zielen und den tatsächlichen Planungen zur Farce.

Trotzdem haben Kommunen und Kreise, wie auch die Bevölkerung, großes Interesse am Ausbau der Eisenbahn. Dieses Interesse liegt jedoch eher in der Frage, wann man mit Tempo 160 durch Mecklenburg–Vorpommern fahren kann. Das Projekt als solches wird nicht in Frage gestellt, was u.a. auch darauf zurückzuführen ist, daß das Eisenbahnprojekt hauptsächlich als Ausbauprojekt auf vorhandenen Trassen durchgeführt wird und die zu erwartenden Störwirkungen der Eisenbahn auf die Umwelt i.d.R. unter denen einer Autobahn liegen.

VPDE 1: Raumordnungspolitisch verfehlt

Als Voraussetzung für die Wirksamkeit von Entwicklungsachsen wird in der Literatur die Bündelung der Bandinfrastruktur auf den Achsen gefordert. Dieser Bündelungseffekt soll bewirken, daß mit Zunahme der Bündelung die Standortwirksamkeit der Bandinfrastruktur wächst. Aus diesem Grunde steht die Forderung nach Bündelung der Bandinfrastruktur entlang der Entwicklungsachsen in den meisten Raumordnungs– und Landesentwicklungsprogrammen.

Das Verkehrsprojekt 1 verläuft auf einer bestehenden Trasse und damit größtenteils entlang der bestehenden Entwicklungsachse Lübeck–Wismar–Rostock–Stralsund sowie mit seinem südlichen Abzweig nach Hagenow Land entlang der Entwicklungsachse Wismar–Schwerin–Ludwigslust. Damit entspricht die Linienführung des VPDE 1 der Forderung, daß Einrichtungen der Bandinfrastruktur bevorzugt im Zuge von Entwicklungsachsen geschaffen oder ausgebaut werden sollen, um eine weitgehende Bündelung dieser Einrichtungen zu erreichen. Dies ist verständlich, da die Orientierung sowohl der überregionalen als auch der regionalen Entwicklungsachsen im Raumordnungsprogramm an wichtigen Straßen– und Schienenverbindungen erfolgen soll.

"Der Schienenverkehr ist als umweltverträgliche Verkehrsart mit hoher Massenleistungsfähigkeit weiter zu entwickeln. Dafür ist der Ausbau eines großräumigen Hauptnetzes in allen Teilen des Landes notwendig, das besonders die Häfen und die größeren Wirtschaftszentren anbindet." (Der Wirtschaftsminister des Landes Mecklenburg-Vorpommern 1992). Diesem Anspruch wird das Verkehrsprojekt 1 nur zum Teil gerecht. Es werden zwar mit der Hafenstadt Rostock und der Landeshauptstadt Schwerin zwei der größeren Wirtschaftszentren angebunden, jedoch wird Wismar mit seinem Hafen von dem Projekt nicht berücksichtigt.

Auch die Forderung, daß "wichtige Fremdenverkehrszentren (...) in die großräumigen/überregionalen Schienennetzebenen der Eisenbahn einzubeziehen" sind, wird vom VPDE 1 nur zum Teil erfüllt. Der wichtige Ostseeküstenabschnitt zwischen Wismar und Rostock mit den Seebädern Kühlungsborn und Bad Doberan wird nicht einbezogen und die Strecke über Bad Kleinen und Bützow durch weitgehend nur dünn besiedelte Fläche ohne touristische Attraktionen geführt.

Alternativen

Das Verkehrsprojekt Deutsche Einheit 1 sollte zu einem vollwertigen Ausbau der Fernverkehrsstrecke führen. Dazu ist es notwendig, daß alle Strecken im Bereich des Verkehrsprojektes 1 zweigleisig ausgebaut und elektrifiziert werden. Der Knoten Rostock sollte aus- und umgebaut werden.

Die Streckenführung sollte von Lübeck/Hagenow Land über Bad Kleinen, Wismar und Bad Doberan nach Rostock und Stralsund erfolgen. Diese Streckenführung bietet mehrere Vorteile:
–   Anbindung Wismars, Bad Doberans und der angrenzenden Ostseebäder,
–   Durchführung der Züge im Hbf Rostock ohne Wartezeiten,
–   Möglichkeiten für Regionalverkehr entlang der Küste.
Die Eisenbahn ist geeignet, im Raum Mecklenburg–Vorpommern Bündelungsfunktionen im Bereich von Entwicklungsachsen, vor allem in Küstennähe, zu übernehmen.

Literatur

Bundesministerium für Verkehr: Bundesverkehrswegeplan 1992, Bonn 1992.

Der Wirtschaftsminister des Landes Mecklenburg-Vorpommern (Landesplanungsbehörde): Erstes Landesraumordnungsprogramm (Entwurf), Mai 1992.

Kuhbier, Jörg: Ostseeautobahn A 20 – Ergebnisse der Erörterung des Berichts der Arbetisgruppe der Landesregierung von Schleswig-Holstein zur Verkehrsführung der A 20 im Raum Lübeck, Hamburg 1992.

Marquardt-Kuron, Arnulf: Untersuchungen zum Problem der Parallelplanung neuer Verkehrslinien im Rahmen der Verkehrsprojekte Deutsche Einheit, Diplomarbeit am Institut für Wirtschaftsgeographie der Universität Bonn, September 1992.

Universität Rostock (Hrsg.): Verkehr in Mecklenburg-Vorpommern – Situationsanalyse, Probleme, Entwicklungserfordernisse, Studien zum Wirtschaftsraum Mecklenburg-Vorpommern, Bericht Nr. 3, Rostock 1990.

Walter, Helmut: Streckenelektrifizierung bei der Deutschen Reichsbahn, in: Die Deutsche Bahn 6/1992, S. 651–656.

Teil VI

Planungen großer Infrastrukturmaßnahmen in Franken und Thüringen und ihre räumlichen Auswirkungen

Überlegungen zum Lückenschluß der Autobahn A4

Von Klaus-Achim Boesler und Arnulf Marquardt-Kuron [1]

Die Autobahn A4

Die Autobahn A4 führt von Aachen über Köln, Olpe, Bad Hersfeld und Eisenach nach Dresden. Sie stellt damit eine Verbindung zwischen Belgien und der Tschechischen Republik dar. Durch das Rothaargebirge – also etwa zwischen Olpe und Bad Hersfeld – besteht eine Lücke. Die Geschichte der A4 ist geprägt durch eine starke Kontroverse um die Schließung dieser Lücke.

Im Rahmen dieser Diskussion sind Fragen nach Umfang und Entwicklung des Warenverkehrs zwischen den westdeutschen Wirtschaftsräumen und Mitteldeutschland vor dem Jahr 1945 aufgetaucht. Damit verknüpft ist die These, daß vor 1945 ein erheblicher Austausch an Waren zwischen den Wirtschaftsräumen Köln/Bonn und Sachsen/Thüringen bestand. Wenn diese These stimmt, so der gefolgerte Schluß der Befürworter eines Lückenschlusses, könnte sich nach der nun hergestellten Einheit Deutschlands wieder ein starker Güterstrom zwischen diesen beiden Regionen entwickeln. Dafür könnte die A4 eine wichtige Verbindung darstellen.

Der Güteraustausch zwischen der Rheinschiene und Sachsen/Thüringen im historischen Kontext

Zur Statistik

Den Umfang des Güterfernverkehrs mit Kraftfahrzeugen, der als damals neuer Verkehrszweig neben die bisherigen (Eisenbahn und Binnenschiff) getreten war, konnte man bis Mitte der 30er Jahre nur mit Hilfe der Zahl der im Deutschen Reich vorhandenen Lastkraftwagen schätzen, was allerdings mit erheblichen statistischen Schwierigkeiten verbunden war. Auf Anordnung des Reichsverkehrsministers wurde deshalb seit dem 1. Oktober 1936 eine Statistik des Güterfernverkehrs mit Kraftfahrzeugen geführt [2]. Diese umfaßte zunächst lediglich den Fernverkehr. Nicht erfaßt wurde dem-

Raumbezogene Verkehrswissenschaften – Anwendung mit Konzept
hrsg. im Auftrag des Deutschen Verbandes für Angewandte Geographie
von Arnulf Marquardt-Kuron und Konrad Schliephake
in Material zur Angewandten Geographie (MAG), Band 26, Bonn 1996

333

nach – im Gegensatz zur Güterverkehrsstatistik der Eisenbahn, Binnen– und Seeschiffahrt – derjenige Verkehr, der nach Lizenz innerhalb eines 50–Kilometer–Radius
verbleibt.

Güterverkehr im Deutschen Reich 1913 und 1926

Bereits zu Beginn der 20er Jahre konnte eine Erhöhung der Kraftfahrzeugdichte
(1925: 1 Kfz auf 86 Einwohner) und eine Verlagerung von Gütern von der Bahn auf
die Straße beobachtet werden, auch wenn diese noch nicht flächendeckend statistisch
nachgewiesen wurde. Der Straßengüterverkehr war ein regionales, wenn nicht lokales
Phänomen (vgl. Röllig 1928; S. 118ff).

Die Menge der insgesamt transportierten Güter von 1913 (umgerechnet auf das
Reichsgebiet von 1926) wurde bei der überwiegenden Mehrzahl der Güter im Jahr
1926 nicht mehr erreicht, wie Tabelle 1 zeigt. Der Rückgang des Transportaufkommens ist zum einen auf die allgemeine wirtschaftliche Lage und Entwicklung in den
20er Jahren und zum anderen auf Veränderungen in der Logistik und der Verteilung
der Güter auf die einzelnen Verkehrsträger (Eisenbahn, Binnenschiff und in geringerem Maß auch bereits Lastkraftwagen) zurückzuführen.

Eine Zunahme der Transportmengen gegenüber 1913 ist zu erkennen vor allem bei
Braunkohle, deren Inlandsproduktion – beeinflußt durch die technische Entwicklung
– von 1913 bis 1926 um mehr als 20 Prozent gestiegen ist; aber auch Mineral– und
andere Öle, unedlen Metalle, Schwefelkies, Kalk, Kartoffeln, Obst und Gemüse,
Fleisch, Holzzeugmasse, Salz und Soda wurden vermehrt transportiert. Unter den Eisen– und Stahlwaren ist eine Zunahme der Transportmenge nur bei Eisenbahnober-
baumaterialien zu verzeichnen, bei Roheisen dagegen eine zum Teil erhebliche Abnahme des Warenverkehrs.

Ein besonders starker Rückgang gegenüber 1913 trat in der Beförderung von Eisener-
zen und Getreide, Müllereierzeugnissen, Rüben, Glas und Glaswaren und Spinnstof-
fen in Erscheinung. Hierin kommen nicht zuletzt die mittelbar durch die Gebietsver-
luste des ersten Weltkrieges verursachten Veränderungen der Verkehrsströme zum
Ausdruck (vgl. Die Güterbewegung auf deutschen Eisenbahnen im Jahre 1926, Statistik des Deutschen Reichs, Band 344, S. 17).

Der Güteraustausch zwischen den Wirtschaftsräumen Rheinschiene und Sach-
sen/Thüringen spielte in den 20er und 30er Jahren dieses Jahrhunderts nur eine untergeordnete Rolle, wie der Deutsche Wirtschaftsatlas von Ernst Tiessen (1929) zeigt
[4]. Deutlich tritt in der Karte "Der gesamte Güterverkehr 1926" die starke Verflechtung der Rheinschiene mit dem dominierenden Ruhrgebiet und mit anderen Wirt-
schafszentren entlang des Rheins hervor. Der Güteraustausch Sachsens und Thüringens spielte sich vornehmlich im mitteldeutschen Wirtschaftsraum ab, der definiert
werden kann als Sachsen, Thüringen und Anhalt. So waren 1920 rund 60 Prozent
des thüringischen und sächsischen Gesamtverkehrsaufkommens Binnenverkehr (vgl.
Riedel 1921, S. 43ff).

Tabelle 1: *Hauptwarengruppen am Gesamtverkehr der Eisenbahn und Binnenschiff-fahrt in den Jahren 1913 (Gebietsstand von 1926) und 1926 (in 1000 Tonnen)* [3]

Jahr	1913			1926		
Hauptgütergruppe	Bahn	Schiff	Gesamt	Bahn	Schiff	Gesamt
Steinkohlen	137580	28590	166170	123826	45263	169089
Braunkohlen	38303	1819	40122	51632	2690	54322
Steine	47295	5686	52981	47971	3935	51906
Erden	37001	11481	48482	33815	8912	42727
Eisen–, Stahlwaren	22161	2109	24270	20478	3740	24218
Holz	21417	4851	26268	20646	2750	23396
Sonstige Güter	21055	2459	23514	19477	205	21527
Erze	16431	13979	30410	7755	1215	19909
Düngemittel	15166	2859	18025	14571	245	17023
Getreide	13697	6949	20646	8105	530	13406
Roheisen	13581	1473	15054	10766	1283	12049
Rüben	9403	426	9829	7923	381	8304
Zement	6641	1644	8285	5774	1113	6887
Kalk	4159	817	4976	4893	759	5652
Müllereierzeugn.	6888	1316	8204	4116	1195	5311
Chemikalien	4432	858	5290	3794	1150	4944
Kartoffeln	3990	164	4154	4783	42	4825
Zucker	3011	2077	5088	2294	1604	3898
Mineralöl	2255	1119	3374	2612	1115	3727
Salz	2097	553	2650	2267	1018	3285
Papier, Pappe	2490	522	3012	2498	544	3042
Gemüse/Obst	2607	191	2798	2730	126	2856
Teer, Pech, Asphalt	2147	424	2571	1970	276	2246
Unedle Metalle	1344	517	1861	1364	537	1901
Öle, Fette	1049	529	1578	1268	537	1805
Holzzeug	1418	209	1627	1560	221	1781
Ölkuchen	1706	197	1903	1327	146	1473
Spinnstoffe	1777	275	2052	1203	100	1303
Bier	2113	125	2238	1186	87	1273
Glas, Glaswaren	1209	129	1338	886	137	1023
Torf	554	172	726	721	120	841
Lein–, Ölsamen	299	777	1076	167	536	703
Borke, Gerbhölzer	264	200	464	173	64	237
Gesamt	445540	95496	541036	414551	102338	516889

Die Elbe spielte als einziger schiffbarer Wasserweg Sachsens nur eine untergeordnete Rolle. So wurden innerhalb Sachsens im Jahre 1925 lediglich 26.586 t über die Elbe transportiert und 787.472 t eingeführt sowie 609.958 t ausgeführt. Dagegen wurden mit der Eisenbahn innerhalb der Landesgrenzen 13.817.325 t transportiert, 6.410.398 t ausgeführt bzw. 16.633.253 t eingeführt. Damit war die Eisenbahn zu Beginn des zwanzigsten Jahrhunderts nicht nur der wichtigste Verkehrsträger Sachsens, sondern aufgrund fehlender Wasserstraßen zwischen Rhein und Elbe und der noch fehlenden Leistungsfähigkeit des Straßengüterverkehrs auf dieser Relation das einzige Verkehrsmittel.

Der Einfluß der Weltwirtschaftskrise

Für die Verlagerung des Güterfernverkehrs von der Eisenbahn bzw. dem Binnenschiff auf die Straße spielte die Weltwirtschaftskrise am Ende der zwanziger Jahre eine entscheidende Rolle. In jener Zeit gingen die Frachten für die Binnenschiffahrt und die Reichsbahn drastisch zurück – vor allem die Aufträge aus dem Montanbereich (Massengüter). Die Reichsbahn konnte diese Krise als monopolistisches Staatsunternehmen überstehen, während in der Binnenschiffahrt die Partikuliere aufgrund ihrer besonderen Situation (Arbeitsplatz ist identisch mit dem Wohnplatz) sich gegenseitig preislich unterboten. Es kam zum sogenannten "ruinösen Wettbewerb", da zunächst die neuesten, auf Kredit gebauten Schiffe aus dem Markt ausschieden, weil die Banken ihnen die Kredite sperrten. Dies war die Stunde des kleineren und flexibler einsetzbaren Lastkraftwagens, dessen Einsatz gerade auf den kürzeren Relationen – im Gegensatz zu Schiff und Bahn – auch für kleinere Frachten lohnte.

Güterverkehr im Deutschen Reich 1937

Im Jahr 1937 hatten sich gegenüber 1926 noch keine gravierenden Veränderungen ergeben (vgl. Speck 1953), auch wenn der Straßengüterverkehr als Verkehrsträger hinzugekommen war. Er umfaßte im gesamten Deutschen Reich rund 15,2 Millionen Tonnen. "Gegenüber dem Verkehr der drei Hauptverkehrsmittel (...) bleibt er freilich noch erheblich zurück. Hierbei ist jedoch zu beachten, daß die bei der Bahn, dem Binnenschiff und dem Seeschiff vorherrschenden Massengüter, wie Kohle, Erde, Kies und Sand, beim Güterfernverkehr mit Kraftfahrzeugen im allgemeinen eine untergeordnete Rolle spielen, daß dagegen vornehmlich hochwertige Güter, wie Mehl und Bier, Chemikalien, Papier und Eisenerzeugnisse vertreten sind" (Der Güterfernverkehr mit Kraftfahrzeugen im Jahre 1937, in: Statistisches Reichsamt, Vierteljahreshefte zur Statistik des Deutschen Reichs, Viertes Heft 1938, S. 34). In der Rheinschiene und in Sachsen/Thüringen hatte der Straßengüterfernverkehr einen Anteil von etwa fünf Prozent am Gesamtverkehr.

Bei Betrachtung der räumlichen Relationen fällt auf, daß sowohl in der Rheinschiene (Versand: 58 %; Empfang: 59 %) als auch in Sachsen/Thüringen (Versand: 70 %; Empfang: 68 %) der innerregionale Güteraustausch dominiert (Abb. 1). Für beide

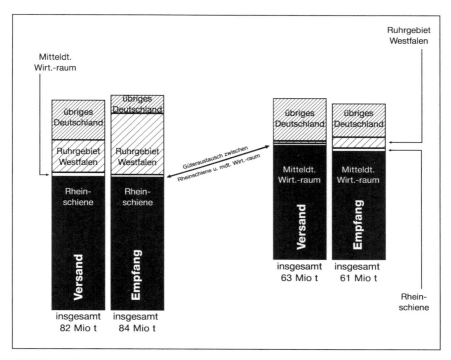

Abbildung 1: *Güterverkehr zwischen Rheinschiene und dem Mitteldeutschen Wirtschaftsraum 1937*
Quelle: Institut für Wirtschaftsgeographie der Universität Bonn 1993, S. 19 (verändert)

Regionen spielte der Warenverkehr mit dem Ruhrgebiet – neben dem Binnenverkehr – die herausragende Rolle. So bezog die Rheinschiene 26 % ihrer Güter aus dem Ruhrgebiet und Sachsen/Thüringen immerhin noch 7 %. Die große Bedeutung dieser Beziehung zum Ruhrgebiet ist auf die Struktur der transportierten Güter, vorwiegend Massengüter aus dem Montanbereich, zurückzuführen (vgl. u.a. Thüringen–Atlas 1938, Statistisches Reichsamt, Vierteljahreshefte zur Statistik des Deutschen Reichs, Viertes Heft 1938).

Straßengüterfernverkehr

Im Straßengüterfernverkehr bestanden die wichtigsten Verkehrsbeziehungen zwischen Berlin, Hamburg und dem Ruhrgebiet. Neben diesen Regionen spielten die an Berlin und an das Ruhrgebiet angrenzenden Landesteile sowie im Dreieck Berlin, Hamburg und Ruhrgebiet gelegenen Regionen eine größere Rolle, ferner Sachsen und Mitteldeutschland. In Süddeutschland traten vornehmlich Mannheim–Ludwigshafen und

Tabelle 2: *Güterfernverkehr mit Kraftfahrzeugen nach Entfernungsstufen 1937*

Entfernungsstufen	Menge der beförderten Güter	
in Kilometer	in Tonnen	in Prozent
51–200	9528013	62,5
201–300	2121344	13,9
301–400	1281047	8,4
401–500	1086388	7,1
501–600	697346	4,6
601–700	341481	2,2
701–800	107939	0,7
801–900	39678	0,3
901–1000	10953	0,1
über 1000	4265	0,0
Gesamt	15218454	100,0

Quelle: Der Güterfernverkehr mit Kraftfahrzeugen im Jahre 1937, in: Statistisches Reichsamt, Vierteljahreshefte zur Statistik des Deutschen Reichs, Viertes Heft 1938, S. 34

Stuttgart hervor, während beispielsweise München und Frankfurt a.M. verhältnismäßig wenig Verkehr aufwiesen (vgl. Der Güterfernverkehr mit Kraftfahrzeugen im Jahre 1937, in: Statistisches Reichsamt, Vierteljahreshefte zur Statistik des Deutschen Reichs, Viertes Heft 1938, S. 44).

Der Straßengüterfernverkehr war in starkem Maße regional orientiert. So wurden 62,5 % aller Güter in einem Radius von 200 Kilometern befördert, sogar mehr als 70 % in einem Radius von 300 Kilometern, wie Tabelle 2 belegt. Diese Aussage würde sich bei Berücksichtigung des Straßengüternahverkehrs noch erheblich zugunsten der geringen Entfernungen verschieben. Es ist anzunehmen, daß der Straßengüternahverkehr mengenmäßig bedeutender war als der Straßengüterfernverkehr. Damit würde sich die regionale – wenn nicht sogar lokale – Rolle des Straßengüterverkehr noch verstärken.

Die Reichsstraßen, die im Zuge des Eisenbahnbaus im 19. Jahrhundert zunächst ihre überregionale Bedeutung fast vollständig verloren hatten, erhielten diese ab Mitte der zwanziger Jahre zurück. Nur eine der vier wichtigsten Staatsstraßen ergab eine Verbindung zwischen Sachsen/Thüringen und dem Rheinland: Düsseldorf–Elberfeld–

Cassel–Eisenach–Erfurt–Weimar–Jena–Gera–Chemnitz–Dresden (vgl. Kaiser 1933, S. 158).

Teilung Deutschlands nach dem Zweiten Weltkrieg

Die innerdeutsche Grenze war – spätestens seit dem 13.8.1961 – für Personen aus der damaligen DDR fast unüberwindlich geworden, der Handel mit Waren wurde durch die Teilung jedoch weniger beeinträchtigt. Die Teilung Deutschlands nach dem Zweiten Weltkrieg führte keineswegs zu einem völligen Ende der Austauschbeziehungen zwischen den beiden deutschen Staaten. Zunächst wurde der innerdeutsche Handel auf der Grundlage des Interzonenhandelsabkommens vom 20.9.1951 abgewickelt.

Dabei hatte der innerdeutsche Handel für die DDR einen wesentlich höheren Stellenwert als für die Bundesrepublik. So war die Bundesrepublik für die DDR der zweitgrößte Handelspartner und mit großem Abstand das wichtigste westliche Handelsland. Unter den Handelspartnern der Bundesrepublik bekleidete die DDR dagegen mit rund 2 % des gesamten Außenhandelsvolumens jedoch nur den 13. Rang. Nordrhein–Westfalen bezog 1987 Waren im Gesamtwert von etwa 2,0 Mrd. DM aus der DDR und lieferte in die DDR Waren im Gesamtwert von etwa 2,3 Mrd. DM, was jeweils knapp einem Drittel der Gesamteinfuhr (6,7 Mrd. DM) bzw. Gesamtausfuhr (7,4 Mrd. DM) der Bundesrepublik entsprach.

Der innerdeutsche Warenverkehr bestand vor allem aus Grundstoffen und Halbfertigwaren sowie Erzeugnissen der Landwirtschaft und Ernährungswirtschaft. Auffallend ist die Dominanz von Textilien und Ernährungsgütern, die rund 40 % der bundesdeutschen Bezüge aus der DDR ausmachten (vgl. Statistisches Landesamt Nordrhein-Westfalen 1988, sowie Eckart 1981, S. 195ff).

Verkehr in Deutschland heute

Sowohl Personen– als auch Güterverkehr sind auch heute noch in Deutschland – mengenmäßig betrachtet – regional bzw. sogar lokal orientiert.

Personenverkehr

Durchschnittlich sind die Menschen in Deutschland bei drei Wegen 60 Minuten je Tag unterwegs. Die dabei zurückgelegten Entfernungen sind eher kleinräumig: So endet (kumuliert) ein Viertel aller Wege bereits nach 1 Kilometer, die Hälfte nach 3 Kilometern und drei Viertel nach zehn Kilometern. Nur etwa zwei Prozent aller Wege sind länger als 50 Kilometer (vgl. Verband Deutscher Verkehrsunternehmen 1991).

Der Straßenverkehr in Deutschland wird durch den Personenkraftwagen dominiert, der seit Mitte der 70er Jahre einen Anteil an der Verkehrsleistung von rund 80 % hat (Bundesminister für Verkehr 1995, S. 217). Mit großem Abstand folgt erst der Wirtschaftsverkehr (Lastkraftwagen/Sattelzugmaschinen: 8,5 %).

Tabelle 3: *Güterverkehr in Deutschland 1991 – Verkehrsaufkommen in Mio. t (gesamtdeutsch)*

Entfernung	Eisenbahnen	Binnenschiffahrt	Straßengüterverkehr	Gesamt
0–100 km	143,6	86,5	2481,4	2711,5
101–200 km	44,0	48,4	138,7	231,1
201–300 km	34,0	20,2	77,6	131,8
301–400 km	25,8	18,1	50,7	94,6
401–500 km	15,2	20,9	35,7	71,8
501 km u.m.	38,0	37,5	64,0	139,5
insgesamt	300,6	231,6	2848,1	3380,3

Quelle: Bundesminister für Verkehr 1991, eigene Berechnung

Güterverkehr

Auch der Güterverkehr ist – nach dem Verkehrsaufkommen betrachtet – regional orientiert, wenn auch mit einem etwas größeren Radius. Einen ersten Überblick gibt die folgende Überlegung: 93,1 % aller auf der Straße tranportierten Güter sind Binnenverkehr, 6,1 % grenzüberschreitender Verkehr, also Import und Export, und nur 0,8 % sind Durchgangs– oder Transitverkehr (vgl. Bundesminister für Verkehr 1991).

Rund 80 % aller Straßengütertransporte in Deutschland sind bereits nach spätestens 100 Kilometern beendet, wie Tabelle 3 zeigt. Beim Straßengüterverkehr ist die Dominanz der Entfernungsstufe bis 100 Kilometer augenfällig. Sie wird verursacht durch den sehr großen Anteil des Straßengüternahverkehrs mit 2410 Mio. t. Insgesamt werden 80,2 % aller transportierten Mengen (in t) in einem Umkreis von 100 Kilometern transportiert.

Nach der Verkehrsleistung betrachtet, ergibt sich ein insgesamt ausgewogeneres Bild, wie Tabelle 4 belegt. Demnach findet knapp ein Viertel der gesamten Verkehrsleistung innerhalb der ersten 100 Kilometer statt. Mit je 100 km wächst die Verkehrsleistung um etwa 11,5 % an.

Zusammenfassend läßt sich festhalten, daß Güterverkehr in Deutschland mengenmäßig – beispielsweise – nicht der Transitverkehr zwischen Warschau und Paris oder der Binnen(fern)verkehr zwischen München und Greifswald ist, sondern mehrheitlich der regionale Verkehr zwischen Köln und Düsseldorf oder Wuppertal und Leverkusen

Tabelle 4: *Güterverkehr in Deutschenland 1991 – Verkehrsleistung in Mrd. tkm (gesamtdeutsch)*

Entfernung	Eisenbahnen	Binnenschiffahrt	Straßengüterverkehr	Gesamt
0–100 km	4,6	5,4	56,6	66,6
101–200 km	6,2	7,1	19,8	33,1
201–300 km	8,3	4,9	19,2	32,4
301–400 km	8,9	6,5	17,6	33,0
401–500 km	6,6	9,2	16,0	31,8
501 km u.m.	26,1	21,7	42,8	90,6
insgesamt	60,7	54,8	172,2	287,5

Quelle: Bundesminister für Verkehr 1991, eigene Berechnung

und der kleinräumige Verkehr zwischen Bonn und Meckenheim und zwischen Köln–Porz und Köln–Nippes.

Die mittlere Transportweite der Gütergruppen über alle Verkehrsträger kann der Tabelle 5 entnommen werden, wobei deutlich zu erkennen ist, daß die wertmäßig niederen Massengüter eine geringere durchschnittliche Transportweite aufweisen als die höherwertigen Nahrungs- und Genußmittel bzw. die EBM-Waren.

Güteraustausch zwischen Sachsen/Thüringen und der Rheinschiene heute

Nach der deutschen Einheit am 3. Oktober 1990 nahm der Verkehr zwischen den neuen und alten Bundesländern insgesamt zunächst erheblich zu. Für das Jahr 1991 liegen die ersten Ergebnisse über die Güterverflechtungen zwischen den Verkehrsbezirken der Bundesrepublik Deutschland vor, bisher jedoch nur für den Straßengüterfernverkehr. Im folgenden können daher lediglich die Daten des Straßengüterfernverkehrs ausgewertet werden.

Die Rheinschiene empfängt und versendet mit 63,5 Mio. t etwa 2,8mal soviel Güter wie Sachsen/Thüringen mit 23,1 Mio t über die Straße. In beiden Untersuchungsgebieten ist der Güteraustausch eher regional orientiert. So empfangen bzw. beliefern die Verkehrsbezirke der Rheinschiene 34,5 % ihrer Güter allein in Nordrhein–Westfalen. Thüringen versendet/empfängt 14,7 % innerhalb der Landesgrenzen und 15,1 % bzw. 16,2 % in die benachbarten Bundesländer Hessen und Bayern. Sachsen versendet 21,2 % innerhalb der Landesgrenzen und 17,7 nach Bayern und 10,6 % nach Nordrhein–Westfalen.

Tabelle 5: *Transportweite verschiedener Gütergruppen*

Gütergruppen	mittlere Transportweite
Nahrungs - und Genußmittel	284 km
Sand , Kies , Bims , Ton	178 km
Steine u .a . Rohmaterialien , Salz	186 km
Erze , Metallabfälle	154 km
Feste miner . Brennstoffe	154 km
Mineralöl , -erzeugnisse	197 km
Düngemittel	292 km
Miner . Baustoffe , Glas	217 km
Eisen , Stahl , einschl . Halbzeug	211 km
EBM-Waren	346 km
Übrige Güter	314 km
Insgesamt	239 km

Quelle: vgl. Bundesminister für Verkehr 1991

Unterteilt nach alten und neuen Bundesländern ergibt sich das folgende Bild. An den Austauschbeziehungen Sachsens sind zu 55,1 % die alten Bundesländer beteiligt und zu 44,9 % die neuen Bundesländer. Diese Relation verschiebt sich bei Betrachtung Thüringens zugunsten der alten Bundesländer: 67,4 % alte Bundesländer und 32,6 % neue Bundesländer. In beiden Fällen liegt der Schwerpunkt der Beziehungen jedoch auf den direkt benachbarten Bundesländern Sachsen bzw. Thüringen, Sachsen−Anhalt, Bayern, Hessen, Niedersachen und Nordrhein−Westfalen.

Die Rheinschiene ist fast vollständig auf Liefer−/Empfangsbeziehungen mit den alten Ländern eingestellt. 96,3 % aller Güter werden in die alten Bundesländer geliefert bzw. aus diesen empfangen, und nur 3,7 % des Güteraustauschs findet mit den neuen Bundesländern statt.

Als Beispiel für die regionale Orientierung des Straßengüterfernverkehrs − für den Verkehrsbezirk Köln − dient Abbildung 2 [5]. Dargestellt ist auf der x-Achse der Versand und auf der y-Achse der Empfang des Verkehrsbezirkes. Die Diagonale stellt die Empfang-/Versand-Gleiche dar. Je weiter die Bezeichnungen für die einzelnen Verkehrsbezirke vom Koordinatenursprung entfernt sind, desto größer ist ihre Verflechtung mit dem Verkehrsbezirk Köln.

Deutlich zu erkennen ist, daß der Verkehrsbezirk Köln einen starken Binnenverkehr aufweist, also in der Summe mit sich selbst die stärksten Verflechtungen hat. Die nachfolgenden Verkehrsbezirke, die der besseren Lesbarkeit mit ihren jeweiligen Län-

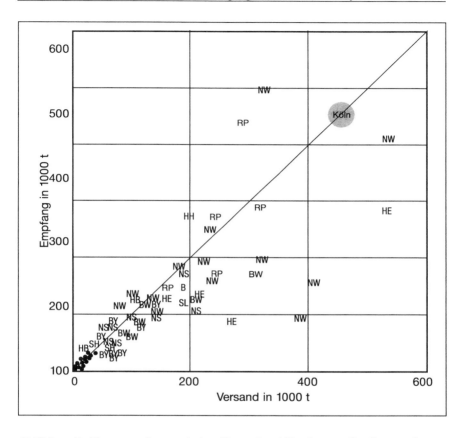

Abbildung 2: *Zusammenhang zwischen Versand und Empfang im Straßengüterfernverkehr des Verkehrsbezirks Köln 1991*

derkürzeln gekennzeichnet wurden, sind räumlich nahe Verkehrsbezirke wie Essen (NW), Düsseldorf (NW), Koblenz (RP) und Montabaur (RP). Die Stärke der Verkehrsbeziehung nimmt danach stark ab, je näher man sich dem Nullpunkt nähert. Erst im linken unteren Rechteck – also mit weniger als 200.000 t Empfang bzw. Versand im Jahr 1991 – erscheinen die entfernteren Verkehrsbezirke in Bundesländern wie Bayern und Schleswig-Holstein. Diejenigen Verkehrsbezirke, die nur noch eine marginale Rolle spielen, konnten lediglich noch als Punkte dargestellt werden. Es fällt auf, daß nicht ein einziges neues Bundesland zu sehen ist. Der Raum Köln hat – neben dem starken Binnenverkehr – also seine stärksten Verflechtungen nach wie vor mit dem Ruhrgebiet, dem Rhein-Main- und dem Rhein-Neckar-Raum.

Künftiger Güter- und Personenverkehr in Deutschland

Die Bundesregierung rechnet bis zum Jahr 2010 mit einem starken Anwachsen sowohl des Güter- als auch des Personenverkehrs, wie Tabelle 6 zeigt.

Tabelle 6: *Verkehrsleistungen in Gegenwart und Zukunft*

Güterverkehr (Mrd. tkm)	1991	2010
Straßengüterfernverkehr	163	238
Eisenbahn	86	194
Binnenschiffahrt	63	116
Personenverkehr (Mrd. Pkm)		
Motorisierter Individualverkehr	703	838
Eisenbahn	53	88
Luftverkehr	16	34
Öffentlicher Straßenpersonenverkehr	78	110

Im Straßengüterverkehr ist in den genannten Zahlen der Straßengüternahverkehr, der mehr als 80 Prozent aller auf der Straße bewegten Güter transportiert, nicht enthalten.

Quelle: (vgl. BMV 1992, S. 14)

Künftiger Güteraustausch zwischen Sachsen/Thüringen und Nordrhein-Westfalen

Für das Jahr 2010 wird zwischen Thüringen/Sachsen und Nordrhein-Westfalen ein Gesamtgüteraustausch von rund 35 Millionen Tonnen pro Jahr prognostiziert. Dabei sind etwa zwei Drittel der Verkehre auf "typische Massengüter und Schwerindustriepro-dukte zurückzuführen, also Kohle, Eisen- und Stahlrohprodukte" (Rothengatter 1990, S. 139ff). Damit wird der größte Teil des Gesamtverkehrs aufgrund der unterschiedli-chen Wirtschaftsstruktur Ziel und Quelle eher im Ruhrgebiet haben und weniger in den Städten und Kreisen entlang der Rheinschiene.

Künftiger Güteraustausch zwischen Sachsen/Thüringen und der Rheinschiene

Für die Betrachtung des zukünftigen Güteraustausches ist zunächst von der heutigen Situation auszugehen. Für beide Regionen gilt, daß sie starke Güterverflechtungen innerhalb der eigenen Region aufweisen und nicht ganz so starke mit den ihnen direkt benachbarten Regionen. Generell gilt, daß die Güterverflechtung mit zunehmender Entfernung abnimmt (Gravitationsprinzip, vgl. Abb. 2 und Abb. 3 in Anmerkung 5).

Weiterhin ist mit steigenden Import– und Exportanteilen des Transportaufkommens zu rechnen. "Diese festgestellte Entwicklung korrespondiert mit der Beobachtung, daß ein Land mit fortschreitender wirtschaftlicher Entwicklung und Sättigung der heimischen Märkte eine Intensivierung des Außenhandels betreibt, um im Ausland neue Märkte zu erschließen" (Kessel & Partner 1991, S. 44). Für die Region Köln konnte eine solche Entwicklung bereits festgestellt werden (vgl. Institut für Wirtschaftsgeographie der Universität Bonn 1990b, S. 22).

Besonderes Augenmerk muß der Entwicklung der Wirtschaft in Sachsen und Thüringen gewidmet werden, da von ihr mögliche Änderungen der Lieferbeziehungen abhängen. Insbesondere Branchen, bei denen eine größere Zuliefer–/Empfangsverflechtung zwischen Sachsen/Thüringen und der Rheinschiene zu vermuten ist, sind hier zu beachten. Die Branchen "Gewinnung und Verarbeitung von Steinen und Erden", "Straßenfahrzeugbau/Reparatur von Kfz" und "Druckereien und Vervielfältigung" sind in Sachsen die einzigen mit einem Umsatzplus. In Thüringen konnte lediglich die Zahl der Betriebe in den Branchen "Gießerei" – was in Zeiten der Stahlkrise zunächst erstaunt –, "Feinmechanik/Optik" und "Stahl–/Leichtmetallbau" erhöht werden – wenn auch bei gleichzeitigem drastischem Abbau von Arbeitsplätzen. Da dies in der Regel jedoch mit einem Zuwachs an Produktivität je Beschäftigtem in diesen Branchen einhergeht, ist dies als positiv anzusehen.

Alle anderen Branchen in Sachsen und Thüringen wiesen sowohl in der Umsatzentwicklung als auch in der Entwicklung von Betriebszahl und Beschäftigten negative Salden auf. Das heißt, daß ihr ökonomisches Gewicht zukünftig voraussichtlich sinken wird.

Die sechs genannten Branchen sind jedoch in unterschiedlichem Maß am Güteraustausch beteiligt. "Steine und Erden" ist eine im Baugewerbe wichtige Branche, das bedeutet, daß ihre räumliche Reichweite eher gering ist. Ähnliches gilt für die Branche "Druckereien und Vervielfältigung". "Stahl–/Leichtmetallbau" ist eine Branche mit einer relativ geringen Lieferreichweite, deren Vorprodukte jedoch etwas weiter herantransportiert werden – voraussichtlich jedoch nicht von der Rheinschiene, sondern eher aus dem Ruhrgebiet oder dem Mitteldeutschen Wirtschaftsraum. "Feinmechanik/Optik" ist schon aufgrund des geringen Gewichtes mit nur einem verhältnismäßig kleinen Verkehrsaufkommen am gesamten Verkehrsgeschehen beteiligt.

Das Beispiel Automobilindustrie

Die einzige Branche, in der sich die Zuliefer–/Empfangsbeziehungen zwischen den untersuchten Regionen sichtbar verstärken könnten, ist die Branche "Straßenfahrzeugbau/Reparatur von Kfz". Verursacht wird die positive Branchenentwicklung in Sachsen und Thüringen zum einen durch die Übernahme der Automobilfabriken in Eisenach durch General Motors/Opel und in Zwickau durch Volkswagen und zum anderen durch das aufgrund der gestiegenen privaten Motorisierung sich entwickelnde Kfz-Gewerbe (Reparatur etc.).

In den letzten Jahren haben sich in der Automobilbranche spezifische Standortstrukturen herauskristallisiert. So baut Ford an mehreren Standorten baugleiche "Weltautos" (Gaebe 1993, S. 496), z.b. den neuen Mondeo in Genk (Belgien) und Kansas City (USA). Dies soll jedoch nicht darüber hinweg täuschen, daß Ford einen erheblichen Arbeitsmarkteffekt in der Region Köln aufweist. In besonderem Maße profitiert die Stadt Köln selbst mit rund 4400 Arbeitsplätzen, was zu einem erheblichen Teil auf die durch die Ford AG geleisteten Einkommenszahlungen zurückzuführen ist. Hinzu kommen noch einmal rund 3300 Arbeitsplätze in ortsansässigen Unternehmen durch Zulieferaufträge – vor allem Leistungen des tertiären Sektors. Betrachtet man allerdings die wichtigsten Zulieferbranchen der Ford AG, also Straßenfahrzeugbau und Elektrotechnische Industrie, dann sind diese in Köln nicht zu finden (vgl. Boesler/Bott, S. 178).

Dagegen verfolgt Volkswagen eine Globalisierungsstrategie durch neue Montagewerke, z.T. auch in Kooperation mit Konkurrenten (strategische Allianzen) wie beispielsweise mit Ford in Brasilien.

Die Zulieferungen zu den VW- und Opel-Werken in Zwickau bzw. Eisenach werden demnach kaum aus der Region Köln stammen.

Fazit

Der gewichtigste Faktor im Verkehrsgeschehen ist der motorisierte Individualverkehr. Der Personenverkehr, der nicht Gegenstand der Untersuchung war, wird in Europa voraussichtlich schneller wachsen als der Güterverkehr. Weiterhin ist das Wachstum des Personenverkehrs stetiger und weniger anfällig gegenüber Schwankungen der wirtschaftlichen Aktivitäten. Gestützt wird das Wachstum des Personenverkehrs in der langfristigen Perspektive vor allem durch Freizeitreisen und Pendlerverkehre (vgl. Kommission der EG 1991, S. 75).

Trotz künftig insgesamt steigender Güterverkehrsmengen – auch zwischen Sachsen/Thüringen und Nordrhein-Westfalen – kann erwartet werden, daß sich die Lieferbeziehungen der Wirtschaft in beiden betrachteten Regionen nicht dramatisch verschieben werden. Voraussichtlich werden die betrachteten Regionen ihre Liefer- und Empfangsbeziehungen zwar diversifizieren, jedoch werden sie ihre Austauschbeziehungen auf einem im Vergleich mit anderen Regionen (z.B. Köln/Frankfurt bzw. Sachsen/Sachsen–Anhalt) bzw. erst recht im Vergleich zum intraregionalen Austausch relativ niedrigen interregionalen Niveau verbleiben.

Literatur

Bartels, Dietrich: Köln – Düsseldorf – Niederrheinische Zentralen im Wettbewerb, in: Karlheinz Hottes et al. (Hrsg.), Köln und sein Umland, S. 24–32, Köln 1989.

Boesler, Klaus–Achim, Annelie Bott: Die regionale Erfassung sekundärer Beschäftigungswirkungen – Das Beispiel der Ford AG in Köln, in: Erdkunde, 45(1991), S. 168–180.

Brösse, Ulrich, Ralf Spielberg: Industrielle Zulieferbeziehungen als ein Bestimmungsfaktor der Raumstruktur und der Regionalentwicklung unter besonderer Berücksichtigung aktueller Veränderungen der zwischenbetrieblichen Arbeitsteilung, Beiträge Akademie für Raumforschung und Landesplanung Nr. 121, Hannover 1992.

Bundesanstalt für den Güterfernverkehr/Kraftfahrtbundesamt: Fernverkehr mit Lastkraftwagen 1991, Zusammengefaßte Übersichten zur Güterbewegung, Band GZ 30, Köln 1993.

Bundesforschungsanstalt für Landeskunde und Raumordnung (Hrsg.): Aktuelle Daten zur Entwicklung der Städte, Kreise und Gemeinden 1989/90, in: Materialien zur Raumentwicklung, Heft 47, Bonn 1992.

Bundesminister für Verkehr: Bundesverkehrswegeplan 1992, Bonn 1992.

Bundesminister für Verkehr: Verkehr in Zahlen, Berlin versch. Jahrgänge.

Denner, Eberhard: Die wesentlichen Merkmale des regionalen Strukturwandels der thüringischen Industrie von 1939 – 1951, Dissertation, Jena 1956.

Deutscher Industrie– und Handelstag: Produktionsstandort Sachsen, Bonn 1990.

Deutscher Industrie– und Handelstag: Produktionsstandort Thüringen, Bonn 1990.

Diercke Schulatlas für Höhere Lehranstalten, 76. Aufl., Braunschweig/Berlin/Hamburg 1933.

Eckart, Karl: DDR, Stuttgart 1981.

Freistaat Sachsen, Staatsministerium für Wirtschaft und Arbeit, Wirtschaft und Arbeit in Sachsen: Bericht zur wirtschaftlichen Lage im Freistaat Sachsen, Dresden 1993.

Gaebe, Wolf: Neue räumliche Organisationsstrukturen in der Automobilindustrie, in: Geographische Rundschau 45(1993)9, S. 493–497.

Gläßer, Ewald, Klaus Vossen, Claus–P. Woitschützke: Nordrhein–Westfalen, Stuttgart 1987.

Handschuh, Konrad: Standort Deutschland – In der Armutsfalle, in: Wirtschaftswoche Nr. 35, 27.8.1993, S. 14 – 19.

Hatzfeld, Ulrich: Wer lenkt beim Wirtschaftsverkehr? – Von der Nicht–Existenz eines Problems, in: Bundesministerium für Raumordnung, Bauwesen und Städtebau (Hrsg.), EXWOST–Informationen, Nr. 3, Mai 1992.

Haustein, Arthur: Die Siedelungen des sächsischen Vogtlandes – eine anthropogeographische Studie, Dissertation, Leipzig 1904.

Heinze, G. Wolfgang: Disparitätenabbau und Verkehrstheorie – Anmerkungen zum Aussagevermögen der räumlichen Entwicklungstheorie von Fritz Voigt, in: S. Klatt und D. Willms, Strukturwandel und makroökonomische Steuerung, Festschrift für Fritz Voigt, Berlin 1975, S. 427–464.

Heinzmann, Joachim (Hrsg.): Landesreport Freistaat Sachsen, Berlin/München 1992.

Heunemann, Günter (Hrsg.): Landesreport Thüringen, Berlin/München 1992.

Hoffmann, Alexander, Hartmut Klatt, Konrad Reuter: Die neuen deutschen Bundesländer, München 1991.

Institut für Wirtschaftsgeographie der Universität Bonn: Analyse und Perspektiven der Wirtschaftsstruktur der Stadt Leverkusen, Gutachten, Bonn 1986.

Institut für Wirtschaftsgeographie der Universität Bonn: Die Beschäftigungswirkungen von Zulieferverflechtungen und konsumrelevanten Einkommenszahlen des Kölner Chemiegürtels, Studie im Auftrag der Stadt Köln, Amt für Wirtschaftsförderung, Bonn 1990a.

Institut für Wirtschaftsgeographie der Universität Bonn: Konsequenzen des EG–Binnenmarktes für die Wirtschaftsförderung in der Region Köln, Gutachten, Teilstudie: Analyse der Wirtschaftsstruktur der Region Köln, Bonn 1990b.

Institut für Wirtschaftsgeographie der Universität Bonn: Wirtschaftliche Beziehungen zwischen den Wirtschaftsräumen Rheinschiene und Sachsen/Thüringen, Gutachten, Bonn 1993

ITP/IVT: Personenverkehrsprognose 2010 für Deutschland, Untersuchung im Auftrag des Bundesministers für Verkehr, unveröffentlicht, München/Heilbronn 1991.

Kaiser, Ernst: Landeskunde von Thüringen, Erfurt 1933.

Kessel + Partner: Analyse und Prognose des Güterverkehrs im Rahmen einer Verkehrswegeplanung Deutschland, Untersuchung im Auftrag des Bundesministers für Verkehr, unveröffentlicht, Freiburg im Breisgau 1991.

Kohl, Horst: Ökonomische Geographie der Montanindustrie in der Deutschen Demokratischen Republik, Gotha/Leipzig 1966.

Kommission der Europäischen Gemeinschaften, Generaldirektion Regionalpolitik: Europa 2000 - Perspektiven der künftigen Raumordnung der Gemeinschaft, Brüssel 1991.

Kracke, Rolf: Der Güterverkehr im wiedervereinigten Deutschland, in: Akademie für Raumforschung und Landesplanung (Hrsg.), Raumordnungspolitische Aspekte der großräumigen Verkehrsinfrastruktur in Deutschland, S. 29–37, Hannover 1992.

Kuske, Bruno: Die "persönlichen Beziehungen" der Kölner Wirtschaft nach außen, in: Karlheinz Hottes et al. (Hrsg.), Köln und sein Umland, S. 62-68, Köln 1989.

Landesamt für Datenverarbeitung und Statistik Nordrhein-Westfalen: Statistisches Jahrbuch Nordrhein-Westfalen, Düsseldorf verschiedene Jahrgänge.

Lutter, Horst, Manfred Sinz: Alternativen zum großräumigen Autobahnbau in ländlichen Regionen, in: Informationen zur Raumentwicklung 3/4.1981, S. 165-192.

Lutter, Horst, Thomas Pütz: Räumliche Auswirkungen des Bedarfsplans für Bundesfernstraßen, in: Informationen zur Raumentwicklung 4.1992, S. 209-224.

o.V.: Der Güterfernverkehr mit Kraftfahrzeugen im Jahre 1937, in: Statistisches Reichsamt (Hrsg.), Vierteljahreshefte zur Statistik des Deutschen Reichs, 47(1938)4, Berlin 1939, S. 34-44.

o.V.: Die Entwicklung der Verkehrsmärkte in den neuen Bundesländern, in: Verkehrswissenschaft aktuell 2(1992)1, S. 1-4.

o.V.: Die Chancen der Krise, in: Der Spiegel Nr. 36/1993, S. 30 - 38.

Prognos, Konsequenzen des EG-Binnenmarktes für die Wirtschaftsförderung in der Region Köln, Gutachten, Basel/Bonn 1990.

Reichsarbeitsgemeinschaft für Raumforschung, Universität Jena: Thüringen-Atlas, Jena 1938.

Riedel, Johannes: Das mitteldeutsche Wirtschaftsgebiet - sein natürlicher und wirtschaftlicher Aufbau, seine inneren Zusamenhänge und Grenzen, Veröffentlichungen der Handelskammer Leipzig Nr. 2, Leipzig 1921.

Röllig, Gerhard: Wirtschaftsgeographie Sachsens, Leipzig 1928.

Rothengatter, Werner: Szenario zur Verkehrsentwicklung mit der DDR und mit Osteuropa, Untersuchung der Kessel & Partner Verkehrsconsulting im Auftrag des Bundesministers für Verkehr, unveröffentlicht, Freiburg 1990.

Rothengatter, Werner: Perspektiven der wirtschaftlichen Entwicklung in den neuen Bundesländern, in: Verkehrswissenschaft aktuell 2(1992)1, S. 8-12.

Schröder, Ernst-Jürgen: Auswirkungen wirtschaftsstruktureller Änderungen auf den Güterverkehr in der Bundesrepublik Deutschland seit 1974, in: Raumforschung und Raumordnung (1989)1, S. 28-32.

Scobel, A. (Hrsg.): Handels-Atlas zur Verkehrs- und Wirtschaftsgeographie, Bielefeld/Leipzig 1902.

Sinn, Gerlind und Hans-Werner Sinn: Kaltstart - Volkswirtschaftliche Aspekte der deutschen Vereinigung, Tübingen 1991.

Speck, Artur: Die historisch geographische Entwicklung des sächsischen Straßennetzes, in: Edgar Lehmann (Hrsg.), Wissenschaftliche Veröffentlichungen des Deutschen Instituts für Länderkunde, Neue Folge 12, S. 131-175, Leipzig 1953.

Statistisches Bundesamt (Hrsg.): Statistisches Jahrbuch für die Bundesrepublik Deutschland, Stuttgart/Mainz verschiedene Jahrgänge.

Statistisches Bundesamt (Hrsg.): Eisenbahnverkehr, Fachserie 8 Verkehr, Reihe 2 April 1992, Stuttgart, Vorabexemplar.

Statistisches Reichsamt (Hrsg.): Industrielle Produktionsstatistik - Sammlung produktionsstatistischer Ergebnisse bis zum Jahre 1928, Sonderhefte zu Wirtschaft und Statistik Nr. 6, Berlin 1929.

Statistisches Reichsamt (Hrsg.): Statistisches Jahrbuch für das Deutsche Reich 1939/40, Berlin 1940.

Tiessen, Ernst: Deutscher Wirtschaftsatlas, hrsg. vom Reichsverband der deutschen Industrie, Berlin 1929.

Tietze, Wolf, Klaus-Achim Boesler, Hans-Jürgen Klink, Götz Voppel (Hrsg.): Geographie Deutschlands - Bundesrepublik Deutschland, Stuttgart 1990.

Thüringer Ministerium für Wirtschaft und Verkehr: Jahreswirtschaftsbericht 1991/1992, Erfurt 1992.

Thüringisches Statistisches Landesamt (Hrsg.): Statistisches Handbuch für das Land Thüringen, Weimar 1922.

Treuhandanstalt: Monatsinformation der THA, Berlin verschiedene Ausgaben.

Verband deutscher Verkehrsunternehmen und Socialdata GmbH (Hrsg.): Mobilität in Deutschland, Köln/München 1991.

Voppel, Götz: Köln - Lage und wirtschaftliche Bedeutung, in: Karlheinz Hottes et al. (Hrsg.), Köln und sein Umland, S. 19-24, Köln 1989.

Willeke, Rainer, Lars Reinkemeyer: Die Vollendung der A4, ein volkswirtschaftlich und integrationspolitisch notwendiges und vordringliches Vorhaben, Gutachten, Köln 1992.

Wirtschaftsförderung Sachsen GmbH (Hrsg.): Investitions-Atlas Sachsen, Dresden 1992.

Anmerkungen

[1] Der vorliegende Beitrag basiert in weiten Teilen auf einem Gutachten, das die Verfasser im September 1993 erstellt haben (Institut für Wirtschaftsgeographie 1993).

[2] Für die Beurteilung des Umfanges der Güterbewegung im Deutschen Reich standen bis 1936 lediglich die Angaben der drei einschlägigen Reichsstatistiken zur Verfügung, deren Zahlenreihen für die Eisenbahn in den 80er Jahren des 19. Jahrhunderts beginnen, für die Binnenschiffahrt bis auf das Jahr 1909 und für den Seeverkehr bis 1925 zurückreichen.

Für die vorliegende Untersuchung wurden die "Güterbewegungen auf deutschen Eisenbahnen" im Jahre 1926 und 1937 (Statistik des Deutschen Reiches, Band 344 und 522,1/522,2) sowie der "Verkehr der deutschen Binnenwasserstraßen im Jahre 1926" (Statistik des Deutschen Reiches, Band 345) und "Die Binnenschiffahrt im Jahre 1937" (Statistik des Deutschen Reiches, Band 523) ausgewertet.

[3] Quelle: Die Güterbewegung auf deutschen Eisenbahnen im Jahre 1926, Statistik des Deutschen Reichs, Band 344, S. 17.

[4] Tiessen, Ernst, Deutscher Wirtschaftsatlas, hrsg. vom Reichsverband der deutschen Industrie, Berlin 1929. Die entsprechende Karte kann aus technischen Gründen nicht wiedergegeben werden. Sie sei aber – auch aus kartographischen Gründen – jedem zur Einsichtnahme empfohlen, wenn sich in einer Universitäts- und Institutsbibliothek die Gelegenheit dazu bietet.

[5] Die starke Dominanz des Binnenverkehrs zeigt sich nicht nur in Verdichtungsräumen wie Köln. Sie ist vielmehr als ubiquitär zu bezeichnen, wie das Beispiel der Abbildung 3 zeigt. Auch in Mecklenburg-Vorpommern dominiert – wenn auch auf wesentlich niedrigerem Niveau als in Köln – der Binnenverkehr das Geschehen. Es folgen Verflechtungen mit nahen Verkehrsbezirken (Hamburg (HH), Berlin (Ost- und Westteil der Stadt), in Brandenburg (BB), Niedersachsen (NS) sowie Schleswig-Holstein (SH)). Verflechtungen mit weiter entfernt liegenden Verkehrsbezirken in Nordrhein-Westfalen, Baden-Württemberg oder Bayern fallen so gering aus, daß sie sich nicht mehr darstellen lassen und in der Punktewolke am Nullpunkt "verschwinden" – vergleichbar den entfernteren Räumen im Beispiel Köln (Abb. 2).

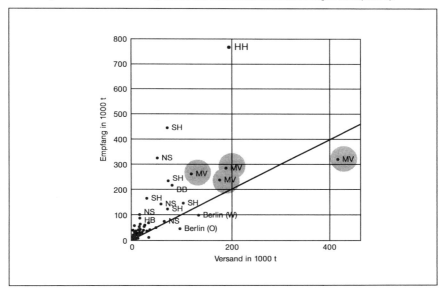

Abbildung 3: *Zusammenhang zwischen Versand und Empfang im Straßengüterfernverkehr der Verkehrsbezirk in Mecklenburg-Vorpommern 1991*

Verkehrsprojekt Deutsche Einheit
Bundesautobahn A 81 Erfurt–Schweinfurt

Von Klaus Rehm

Das Konzept der Y–Lösung

Die Deutsche Einheit und die Öffnung der Grenzen zu den osteuropäischen Staaten haben schlagartig Stärke und Richtung der Verkehrsströme zwischen Bayern und den angrenzenden Ländern verändert.

Die vorhandene Verkehrsinfrastruktur ist dieser neuen Situation in keiner Weise gewachsen. Speziell zwischen Thüringen und Bayern klafft im leistungsfähigen Fernstraßennetz zwischen der A 7 (Fulda–Würzburg) im Westen der A 9 (Berlin–Nürnberg) im Osten eine ca. 140 km breite Lücke.

Die Anbindung von Oberfranken (Raum Bamberg/Coburg) und Unterfranken (Raum Würzburg/Schweinfurt) an die Zentren in Thüringen verläuft entweder über größtenteils ungenügend ausgebaute Bundesstraßen mit zahlreichen Ortsdurchfahrten und unzumutbaren Belastungen in den betroffenen Städten und Gemeinden, oder sehr umwegig über die bereits heute überlasteten Bundesautobahnen A 7 und A 9.

Voraussetzung für eine entscheidende Verbesserung der verkehrlichen Verflechtung zwischen Thüringen und Bayern ist daher eine raschestmögliche Schließung der Lücke zwischen der A 7 und der A 9 durch leistungsfähige Fernstraßenverbindungen von der A 4 im Raum Erfurt zur A 70, Schweinfurt–Bamberg. Die Länder Thüringen und Bayern haben deshalb das Konzept einer "Y–Lösung" Erfurt–Schweinfurt/Bamberg entwickelt.

Es sieht vor, daß von der A 4 ausgehend eine zweibahnige kreuzungsfreie Straßenverbindung nach Süden verläuft, den Hauptkamm des Thüringer Waldes quert und sich dann bei Suhl/Zella–Mehlis in zwei Äste Richtung

- Meiningen–Bad Neustadt–Schweinfurt (A 81) und

- Eisfeld–Coburg (–Bamberg) (A 73)

gabelt (vgl. Abb. 1).

Raumbezogene Verkehrswissenschaften – Anwendung mit Konzept
hrsg. im Auftrag des Deutschen Verbandes für Angewandte Geographie
von Arnulf Marquardt-Kuron und Konrad Schliephake
in Material zur Angewandten Geographie (MAG), Band 26, Bonn 1996

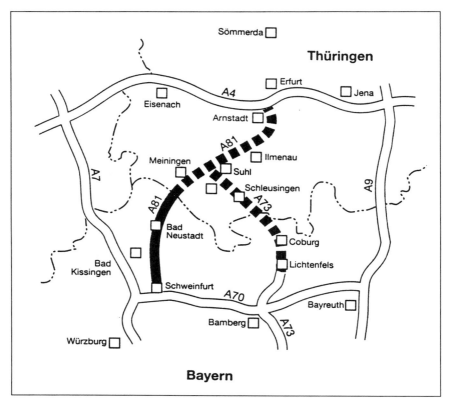

Abbildung 1: *A 81 / A 73 − Verkehrskonzept "Y"−Lösung*

Die A 81 − eine Regionalautobahn

Der "Y−Lösung" liegt der Gedanke zugrunde, zwischen Thüringen und Nordbayern eine leistungsfähige Städteverbindung zu schaffen, die sich am bestehenden Straßennetz orientiert und die durch eine optimale Anbindung der aufgereihten Städte und Gemeinden eine maximale Entlastung der Ortsdurchfahrten gewährleistet.

Zusammengefaßt dient das Verkehrskonzept folgenden verkehrspolitischen Zielsetzungen:

- Erschließung des südthüringischen und unterfränkischen Raumes

- Verbesserung der Standortbedingungen für Wirtschaft, Industrie, Handel und Gewerbe

- Verbindung der thüringischen und fränkischen Wirtschaftszentren
- Herstellung einer leistungsfähigen Verkehrsdiagonale Südwestdeutschland–Nordbayern–Thüringen
- Entlastung des regionalen Straßennetzes einschließlich der überlasteten Ortsdurchfahrten.

Verkehrsuntersuchungen zeigen, daß es sich bei dem Projekt um eine Städteverbindung mit überwiegend regionalem Verkehrscharakter handelt. Die Transitwirkung ist von sekundärer Bedeutung. So beläuft sich der Anteil des weiträumigen Durchgangsverkehrs, der Unterfranken und Südthüringen nur durchfährt, auf nur etwa ein Viertel der prognostizierten Verkehrsmengen.

Für das Jahr 2010 ist von folgenden Belastungswerten auszugehen:

- Schweinfurt–Suhl: 22.000 – 41.000 Kfz/24 h
- Coburg–Suhl: 14.000 – 32.000 Kfz/24 h
- Suhl–Erfurt: 26.000 – 44.000 Kfz/24 h.

Entsprechend dieser Verkehrsbedeutung ist ein zweibahniger Straßenquerschnitt RQ 26 vorgesehen.

Straßenbau als gesetzlicher Auftrag

Mitte 1993 wurde der 1. Gesamtdeutsche Verkehrswegeplan vom Deutschen Bundestag verabschiedet. Im Vorgriff darauf hat der Bundesminister für Verkehr 17 Verkehrsprojekte bestimmt, denen eine Schlüsselfunktion für das Zusammenwachsen beider Teile Deutschlands zukommt und die deshalb mit besonderem Vorrang betrieben werden sollen. Sie tragen die Bezeichung "Verkehrsprojekte Deutsche Einheit". Das Konzept der "Y–Lösung" ist als Projekt 16 Bestandteil dieses Maßnahmepaketes.

Die Vorrangstellung der "Verkehrsprojekte Deutsche Einheit" führte zur Aufnahme dieser Maßnahme in den vordringlichen Bedarf des Bedarfsplanes für Bundesfernstraßen. Die Gesamtkosten für das Verkehrsprojekt Deutsche Einheit Nr. 16 werden im Bundesverkehrswegeplan mit rund 2,8 Mrd. DM beziffert.

Der Bundestag hat mit Zustimmung des Bundesrates das "Gesetz zur Beschleunigung der Planungen für Verkehrswege in den neuen Ländern sowie im Lande Berlin" im Dezember 1991 beschlossen. Die besonderen Vorschriften dieses Gesetzes finden auch bei der Planung der Fernstraßenverbindung A 81/A 73, Erfurt–Schweinfurt/Bamberg, Anwendung. Mit diesem Gesetz werden die erforderlichen Verwaltungsverfahren entscheidend verkürzt, ohne daß Verluste an Öffentlichkeitsbeteiligung eintreten oder Umweltbelange zurückgestellt werden müßten.

Bei konsequenter Anwendung dieses Gesetzes kann von einem Baubeginn für Ende 1995 ausgegangen werden.

Der Planungsraum Schweinfurt–Landesgrenze Bayern/Thüringen

Die Voruntersuchungen für den rund 60 km langen westlichen Ast des "Y" wurden in Unterfranken vom Straßenbauamt Schweinfurt durchgeführt.

Insgesamt wurden in dem betrachteten Planungsraum Trassen mit einer Gesamtlänge von über 500 km untersucht. Hieraus haben sich drei Wahllinien und drei örtlich abweichende Varianten herausgeschält (vgl. Abb. 2).

Die drei Wahllinien binden westlich von Schweinfurt an die A 70 und folgen in deckungsgleicher Trassenführung im wesentlichen dem Verlauf der bestehenden B 19. Die stadtnahe Verknüpfung mit der A 70 gewährleistet eine günstige Anbindung des Industriestandorts Schweinfurt an die A 81.

Im nördlichen Abschnitt kann der Verlauf der bestehenden B 19 aufgrund der topographischen Verhältnisse und der Siedlungsstruktur nicht beibehalten werden. Es mußten neue Linienführungen entwickelt werden:

– eine durchgehende östliche Umfahrung von Münnerstadt und Bad Neustadt (Wahllinie Ost),

– eine durchgehende westliche Umfahrung von Münnerstadt und Bad Neustadt (Wahllinie West),

– eine Kombination beider Linien (Wahllinie Mitte).

Zwischen Bahra und der Landesgrenze verlaufen die drei Wahllinien in deckungsgleicher Trassenführung. Der vorrangigen Funktion einer Regionalautobahn entspricht die hohe Dichte der Anschlußstellen, die bedarfsgerechte Anbindungen sicherstellt.

Im Durchschnitt weisen die Anschlußstellen – je nach betrachteter Linienführung – einen Abstand von 4,5 km bis 6,0 km auf.

Raumordnungsverfahren

Für den unterfränkischen Abschnitt der A 81 wurde im November 1993 das Raumordnungsverfahren durch die Höhere Landesplanungsbehörde eingeleitet.

Die landesplanerische Beurteilung vom März 1994 kommt zu dem Ergebnis. daß der geplante Neubau der Bundesautobahn A 81, Schweinfurt–Landesgrenze Bayern/Thüringen in Form der Wahllinie Ost und der Variante 3 einschließlich der erforderlichen Zubringer und Verlegungen mit bestimmten Maßgaben den Erfordernissen der Raumordnung entspricht. Die Wahllinien West und Mitte sowie die Varianten 1 und 2 entsprechen nicht den Erfordernissen der Raumordnung.

Die landesplanerische Beurteilung stellt insbesondere fest, daß die A 81 die Region Main–Rhön als ehemaliges Zonenrandgebiet in besonderem Maße in das überregionale Verkehrsnetz einbinden kann, und somit den Zielen der Raumordnung und Landesplanung bezüglich der überregionalen Verkehrserschließung Bayerns mit all seinen Teilräumen Rechnung getragen wird.

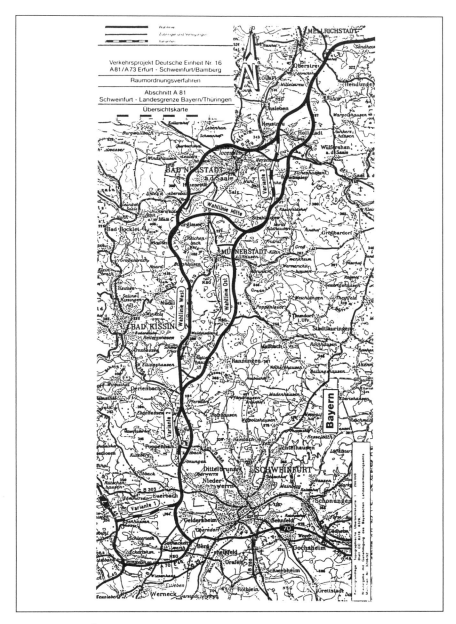

Abbildung 2: *Übersichtskarte A 81, Schweinfurt – Landesgrenze Bayern/Thüringen*

Ferner werden beträchtliche positive Auswirkungen von der geplanten Autobahn auch für die Stärkung der Wirtschaftskraft und der Wettbewerbsfähigkeit der Region Main‒Rhön erwartet. Hiervon werde die Region im Hinblick auf ihr Leistungspotential und ihren Arbeitsmarkt profitieren.

Insgesamt kommt die landesplanerische Beurteilung zu dem Ergebnis, daß unter Gesichtspunkten übergeordneter, raumstrukturell‒ökonomischer Belange die A 81 den Erfordernissen der Raumordnung in besonderem Maße entspricht.

Der Main–Donau–Kanal
und der Ausbau des Mains

Von Dirk M. Eujen

Wasserstraßenverbindung von europäischer Bedeutung eröffnet

Mit der Eröffnung des Main–Donau–Kanals am 25. September 1992 sind nach rund 30 Jahren Bauzeit die Wasserstraßen Main und Donau – und auf diesem Wege 15 europäische Staaten – miteinander verbunden. Damit sind nun auch die Vorraussetzungen gegeben, die Standortbedingungen im Einzugsbereich dieser Wasserstraßen zu verbessern, neue Märkte zu erschließen und der Binnenschiffahrt als sicherem, umweltfreundlichen und kostengünstigen Verkehrssystem künftig die gebührende größere Bedeutung im Verkehrsmarkt zukommen zu lassen. Nürnberg ist mit seinem Hafen nicht mehr Endpunkt einer Wasserstraße, sondern liegt im Kreuzungspunkt bedeutender Verkehrsströme.

Auf der Gesamtstrecke des Kanals von Bamberg nach Kelheim (vgl. Abb. 1) von 171 km Länge wird über 16 Schleusen mit Hubhöhen bis zu 25 m ein Gesamthöhenunterschied von 243 m überwunden, denn die Scheitelhaltung (406 m über dem Meeresspiegel) liegt 175 m über dem Main bei Bamberg und 68 m über der Donau bei Kelheim (vgl. Abb. 2). Die Tiefe des Kanals beträgt 4 m und die Wasserspiegelbreite in Trapezprofil 55 m (vgl. Abb. 3). Die Schleusen haben eine Länge von 190 m bei 12 m Breite. Die Baukosten werden auf rd. 4 Mrd. DM beziffert, das sind rd. 24 Mio. DM/km (zum Vergleich DB–Neubaustrecke Hannover–Würzburg rd. 36 Mio. DM/km, BAB A 99 München/Nord rd. 49 Mio. DM/km).

Entlastung für Straße und Schiene

Die europäischen Wasserstraßen erfahren mit dem Main–Donau–Kanal eine starke Erweiterung. Nirgendwo sind so viele Staaten, so viele Industrieregionen und bedeutende Städte über eine Schiffahrtsstraße miteinander verbunden! Das alles sind beste Voraussetzungen, neue Märkte zu erschließen, die Chancen für die Binnenschiffahrt mehr als bislang zu nutzen und damit zur Entlastung der Straßen– und Schienenwege beizutragen.

Raumbezogene Verkehrswissenschaften – Anwendung mit Konzept
hrsg. im Auftrag des Deutschen Verbandes für Angewandte Geographie
von Arnulf Marquardt-Kuron und Konrad Schliephake
in Material zur Angewandten Geographie (MAG), Band 26, Bonn 1996

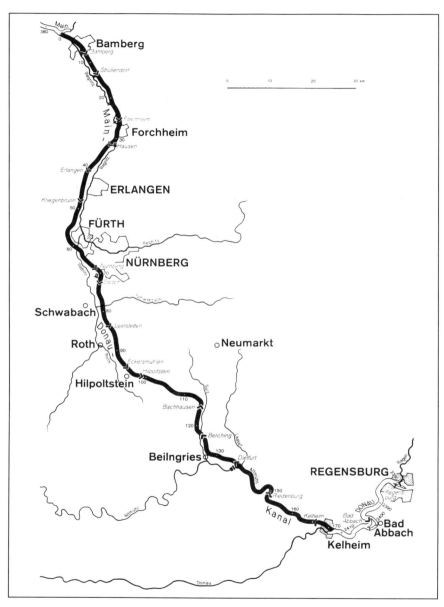

Abbildung 1: *Der Main–Donau–Kanal (Bamberg–Kelheim)*
Quelle: Wasser- und Schiffahrtsverwaltung des Bundes

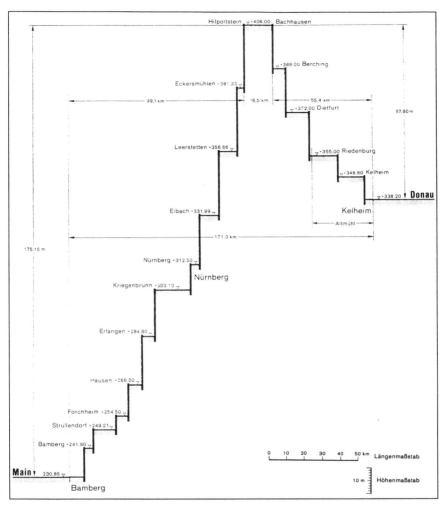

Abbildung 2: *Main—Donau—Kanal — Längsschnitt*
Quelle: Wasser- und Schiffahrtsverwaltung des Bundes

Deshalb werden an die Main—Donau—Verbindung hohe Erwartungen geknüpft, denn sie schafft den ungebrochenen Transit vom Rhein zur Donau bis hinunter zum Schwarzen Meer und verbessert die Hinterlandverbindungen zu den Rheinmündungshäfen. Besondere Bedeutung kann dabei der Kombinierte Verkehr zwischen Wasserstraße, Schiene und Straße erlangen. Nach Abschluß aller Ausbauarbeiten werden Motorgüterschiffe bis zu 2.000 t bzw. Schubverbände bis zu 3.000 t Tragfähigkeit,

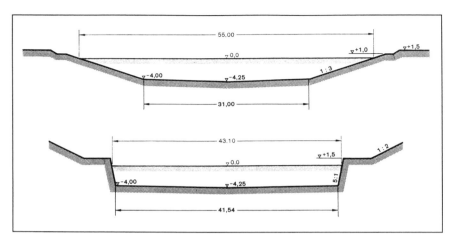

Abbildung 3: *Main−Donau−Kanal − Regelbauprofile*
Quelle: Wasser- und Schiffahrtsverwaltung des Bundes

2,80 m Tauchtiefe und 11,40 m Breite verkehren können. Die Fahrzeit vom Main bei Bamberg bis zur Donau bei Kelheim beträgt etwa 36 Stunden.

Natürlich ist es faszinierend, den Main−Donau−Kanal als das Kernstück eines rd. 3.600 km langen Schiffahrtsweges quer durch Europa von der Nordsee zum Schwarzen Meer oder von Rotterdam bis Ismail zu betrachten. In dieser Verbindung liegt aber nicht seine Hauptbedeutung, denn die mittlere Transportweite der Binnenschifffahrt beträgt in Deutschland nur rd. 300 km. Auf der Strecke Rhein−Main−Donau werden immerhin 800 bis 1.000 km erwartet. Die Hauptbedeutung liegt vielmehr in der Verbindung der attraktiven Häfen und Verladestationen an diesem Wasserweg mit einem weit verzweigten europäischen Wasserstraßennetz. Dabei werden die Verbindungen von Duisburg, Mannheim oder Basel nach Regensburg, Wien, Linz oder Budapest sicher zu den interessantesten gehören.

Bedeutende Verkehrszuwächse zu erwarten

Nach neuen realistischen Einschätzungen ist damit zu rechnen, daß − nach einer längeren Anlaufphase − pro Jahr rd. 7 bis 8 Mio t. über den Kanal transportiert werden. Den Anteil der Hauptverkehrsträger am binnenländischen Güterfernverkehr zeigt Abbildung 4. Insgesamt wird erwartet, daß der Binnenschiffahrtstransporte bis zum Jahr 2010 um rd. 85 % zunehmen (Straße 95 %, Schiene 55 %). Am Beispiel Mosel wird deutlich, wie positiv sich eine neue Wasserstraße auswirken kann. Hier lagen die Schätzungen bei 7 bis 10 Mio. t pro Jahr, tatsächlich werden dort jetzt rd. 16 Mio. t pro Jahr befördert.

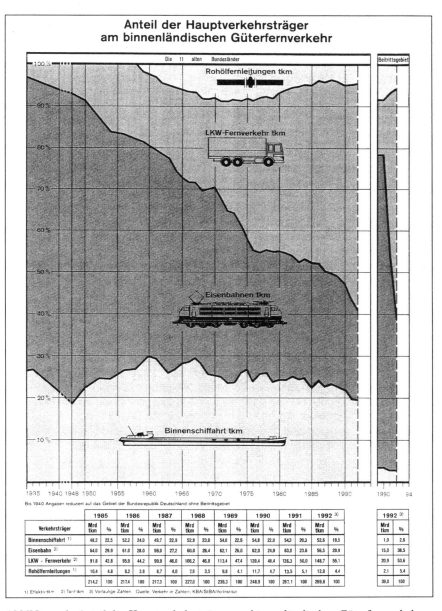

Abbildung 4: *Anteil der Hauptverkehrsträger am binnenländischen Güterfernverkehr*
Quelle: Wasser- und Schiffahrtsverwaltung des Bundes

Zu Recht werden also an den Main–Donau–Kanal hohe Erwartungen geknüpft, denn er ermöglicht den durchgehenden, ungebrochenen Verkehr vom Rhein und Schwarzen Meer zu den vielen Häfen im Hinterland, wobei der Transport von Massengütern sicher im Vordergrund steht, der Kombinierte Verkehr zwischen Straße und Schiene und Wasserstraße jedoch besondere Bedeutung erlangen kann. Der Kanal trägt damit in herausragender Weise dem verkehrspolitischen Ziel Rechnung, wonach die umweltfreundlicheren Verkehrsmittel wie die Bahn, der öffentliche Personenverkehr, die Binnenschiffahrt, die Küsten– und Seeschiffahrt unter Wahrung der Umweltbelange am zukünftigen Verkehrswachstum wesentlich stärker teilhaben sollen.

Entwicklung des Verkehrs nach Kanaleröffnung

Seit seiner Eröffnung am 25.09.1992 bis 1994 wurden bereits 7,5 Mio. t Güter auf dem Main–Donau–Kanal transportiert. 3,8 Mio. t davon sind Neuverkehr, d.h. Transporte auf Relationen, die vor der Eröffnung nicht möglich waren, z.B. zwischen den Niederlanden und Österreich oder zwischen Duisburg und Regensburg. 43 % des Neuverkehrs wird von Niederländern, insbesondere Partikulieren, transportiert, 41 % von deutschen Schiffen, der Rest verteilt sich auf die anderen Flaggen des Rhein– und Donaugebietes. Gut die Hälfte des Neuverkehres ist Verkehr von und nach Österreich. Der Güterfluß des Neuverkehrs ist mit 63 % Richtung Donau und 37 % Richtung Rhein ungefähr ausgewogen, so daß die Schiffahrt in der Regel am Ziel ihrer Reise oder auf der Heimreise Rückfracht findet.

Überwiegend werden im Neuverkehr Erze und Metallabfälle (29 %), insbesondere brasilianisches Erz über Rotterdam zu den Hochöfen nach Linz in Österreich, und Düngemittel (17 %) sowie Nahrungs– und Futtermittel (ohne landwirtschaftliche Erzeugnisse) (17 %) befördert. Dann folgen Steine und Erden einschließlich Baustoffe (11 %), land– und forstwirtschaftliche Erzeugnisse (10 %) und Eisen und Stahl (9 %). Von geringerer Bedeutung sind Erdöl und Mineralölerzeugnisse (3 %) und Kohle (2 %), u.a. weil Linz seine Kohle aus der Ukraine über slowakische Donauhäfen bezieht.

Niederländische Schiffe fahren seit April 1993 wöchentlich Container zwischen den Niederlanden und Österreich. Trotz der Rezession und der noch immer lahmenden Konjunktur in Deutschland und in ganz Europa entwickelt sich der Verkehr auf dem Main–Donau–Kanal stetig aufwärts.

Künftige Verkehrsperspektiven für den Main–Donau–Kanal

Nicht nur haben Südbayern, Österreich und die anderen Donauländer mit dem MDK Anschluß an die Nordsee gefunden und der Westen Zugang zur Donau. Hinzu kommt glücklicherweise, daß West und Ost nicht mehr durch den Eisernen Vorhang gehindert und behindert werden, miteinander Handel zu treiben. Exporteure, Importeure, Werften, Speditionen und Reedereien auch der Personenschiffahrt aus West und Ost haben jenseits des ehemaligen Eisernen Vorhanges Kooperations– und Handelspartner gefunden. Einige haben in den neuen Märkten bereits Niederlassungen gegründet. Die Verflechtung der Volkswirtschaften der Donauländer mit dem Westen macht gute Fortschritte; hier verdienen sie konvertible Devisen, hier werden Termine zuverlässiger eingehalten. Andererseits verlagern westliche Produzenten zu Lasten der heimischen Wirtschaft Teile der Fertigung aus Kostengründen in den Osten und kaufen hier vermehrt ein. So steht den mit dem MDK und der Wende verbundenen neuen Chancen verstärkte Konkurrenz für alle Seiten zum Nutzen der Verbraucher gegenüber.

Die neue Lage führt zu einem ständigen Anwachsen des Transit– und Wechselverkehrs, in erster Linie des Straßengüterfernverkehrs. Die Bahnen in Österreich und nicht erst seit der Wende in den übrigen Donauländern sind überlastet. Die noch umweltfreundlichere Schiffahrt hingegen kann um ein Vielfaches expandieren, vor allem dann, wenn sie im ehemaligen Jugoslawien nicht mehr gefährdet wird.

Doch auch die Wartezeiten für die Lkws an den Grenzen und für alle Autofahrer in den Staus zeigen, wo der Verkehr und damit das erstrebte Wachstum der Volkswirtschaft behindert ist. Die Schiffahrt wird ihren Part im kombinierten Verkehr zur Entlastung der Straße und damit der Bevölkerung und der Umwelt um so besser und um so eher spielen können, je früher es ihr möglich sein wird, voll abzuladen, auch am Main und insbesondere auf der häufig noch einschränkenden Donaustrecke zwischen Straubing und Vilshofen. Deshalb ist der Ausbau dieses Donauabschnittes und des Mains oberhalb von Freudenberg von allgemeinem Nutzen.

Auswirkungen der Kanaleröffnung auf den Mainverkehr

Die Eröffnung des Main–Donau–Kanals im September 1992 hat auch auf der Bundeswasserstraße Main einen nicht unerheblichen Zuwachs an Neuverkehr in beiden Richtungen gebracht. So ist beispielsweise an der Schleuse Würzburg der Verkehr von Güter– und Fahrgastschiffen im Tagesdurchschnitt von 19 auf 27 bis 30 Schiffe angestiegen. Rechnet man die Kleinschiffahrt von jährlich etwa 1 700 Einheiten hinzu, passieren durchschnittlich täglich mehr als 35 Schiffe die Schleuse Würzburg.

Nach der Verkehrsprognose, die dem Bundesverkehrswegeplan 1992 zugrunde liegt, ist im Großraum Würzburg mit einer Zunahme des Verkehrsaufkommens in beiden Richtungen von 4,7 Mio. Gütertonnen (1991) auf 14,2 Mio. t bis zum Jahre 2010 zu rechnen. Seit Eröffnung des Main–Donau–Kanals werden in dieser Region jährlich rd. 6,4 Mio. Gütertonnen auf dem Main transportiert. Davon sind etwa 10 % Gefahrguttransporte. Bereits jetzt durchfahren im Jahr etwa 9.000 Schiffe den Großraum Würzburg. Die Eingangsschleuse des Mains vom Rhein her bei Kostheim (Main-km 3,2) hatte im Vergleichszeitraum einen Durchgangsverkehr von 28.700 Schiffen mit etwa 20 Mio. Gütertonnen. damit zählt der Main unter den vom Rhein abzweigenden Bundeswasserstraßen zu einem der am stärksten frequentierten Verkehrswege.

Gründe für die zügige Fortsetzung des Mainausbaus

Diese auch durch das Zusammenwachsen der europäischen Binnenmärkte beschleunigte Entwicklung macht es notwendig, die am Main bereits seit den 60er Jahren laufenden Ausbaumaßnahmen zügig fortzusetzen, um baldmöglichst die verkehrliche Gleichwertigkeit mit dem Main–Donau–Kanal herzustellen. Als besonders nachteilig hat sich dabei im Wechselverkehr mit dem Rhein die noch bestehende Tiefgangbeschränkung in den noch nicht ausgebauten Mainstrecken oberhalb der baden–württembergisch/bayerischen Landesgrenze bei Freudenberg (Main–km 130,7) ausgewirkt. Darüber hinaus bewirkt die in den zahlreichen Flußkrümmungen oberhalb von Freudenberg bis Bamberg zu schmale Fahrrinne mit dem dadurch eingeschränkten Begegnungsverkehr eine Verlängerung der Fahrzeiten und damit eine weitere Verringerung der Wirtschaftlichkeit.

Nach Abschluß der Ausbaumaßnahmen wird der Schiffahrt wie bereits auf der Strecke Kostheim–Freudenberg eine verbreiterte Fahrrinne mit 2,90 m Tiefe zur Verfügung stehen, die entsprechend höhere Abladungen erlaubt und die Begegnungsmöglichkeiten verbessert. Derzeit muß die Schiffahrt auf dem Main oberhalb von Freudenberg bis zum Main–Donau–Kanal bei Bamberg (Main–km 384,0) aufgrund der auf dieser Strecke bestehenden Fahrrinnentiefe von nur 2,50 m eine Frachteinbuße von 300 bis 450 t bei etwa gleichen Betriebskosten hinnehmen (gilt für Schiffe mit einer Ladekapazität von 1 350 bis 2 200 t), bei größeren Schiffseinheiten entsprechend mehr. Bei einem Verkehr von etwa 7 100 Schiffen mit Ladung in Richtung Würzburg–Bamberg und umgekehrt beläuft sich durch die Abladebeschränkung oberhalb Freudenberg bedingte Frachteinbuße grob geschätzt auf 1,6 Mio. t/Jahr.

Wirtschaftlichkeitsbetrachtungen

Eingehende Untersuchungen über den volkswirtschaftlichen Nutzen einer möglichen Erhöhung der Abladetiefe auf dem Main auch auf dem Streckenabschnitt oberhalb von Aschaffenburg haben einen hohen Nutzen–Kosten–Faktor für den Ausbau dieser Strecke ergeben. Der weitere Ausbau der Bundeswasserstraße Main ist daher als laufendes Vorhaben in die Dringlichkeitsstufe "vordringlicher Bedarf" im Bundesverkehrswegeplan 1992 fortgeschrieben worden. Darüber hinaus ist dieser Ausbau auch Bestandteil der Landesentwicklungsprogramme von Bayern (LEP vom 3. Mai 1984).

In Anpassung an die bereits auf 2,90 m Fahrrinnentiefe hergestellte Untermainstrecke Kostheim bis Aschaffenburg und darüber hinaus bis Freudenberg soll der Main zwischen Aschaffenburg und Bamberg so ausgebaut werden, daß diese Strecke neben dem Regelschiff mit 1.350 t Tragfähigkeit auch Großmotorgüterschiffe mit rd. 2.200 t Tragfähigkeit und Schubverbände bis 185 m Gesamtlänge befahren können. Hierzu wird die Fahrrinne bis Bamberg auf 2,90 m Fahrrinnentiefe ausgebaut und in den Geraden von derzeit 36 auf 40 m verbreitert. Die Verbreiterung der Fahrrinne auf 40 m ist durch die inzwischen breiter gewordenen Schiffsgefäße begründet.

Die engeren Kurven mit kleinerem Radius werden so verbreitert, daß die Begegnung eines Schubverbandes mit einem Regelschiff möglich ist. Wegen des starken Schiffsverkehrs am Untermain mit entsprechend häufigeren Begegnungs– und Überholvorgängen wurde dort aus Gründen der Sicherheit und Leichtigkeit des Verkehrs die Fahrrinne auf 50 m Breite ausgebaut. Dadurch wurde auch den Auswirkungen der von Motorgüterschiffen aufgrund ihrer Wasserverdrängung erzeugten großen Rückstromgeschwindigkeiten und deren Einwirkungen auf die Uferbefestigungen vorgebeugt. Engstellen bilden auch eine Reihe von Schleusenvorhäfen, da sie am Main häufig gekrümmt angelegt worden sind. Sie müssen daher für die Durchfahrt von großen Schiffen gestreckt und breiter gemacht werden. Die Liegeplätze in den Vorhäfen werden dabei in erforderlichem Umfang verlängert und verbessert.

Kosten der geplanten Maßnahmen am Main

Der Fahrrinnenausbau auf der Strecke Aschaffenburg – Bamberg einschl. Beseitigung der vorgenannten Streckenengpässe wird sich voraussichtlich in einen Kostenrahmen von etwa 500 Mio. DM bewegen. Bezogen auf die Länge der Ausbaustrecke von rd. 300 km entspricht dies einem Ansatz von 1,66 Mio. DM/km. Hinzu kommen Kosten für den Ausbau der Vorhäfen, die mit etwa 120 Mio. DM veranschlagt sind.

Ausblick

Der Main–Donau–Kanal kommt erst dann zu seinem vollen Nutzen, wenn auch die Anschlußstrecken Main und Donau auf die gleichen Abmessungen und Abladetiefen gebracht werden. Während der Fahrrinnenausbau des Mains z.Z. planmäßig voranschreitet, fehlt an der Donau noch der Ausbau der Strecke Straubing–Vilshofen mit einer Ausbaulänge von rd. 70 km. Auch in diesem Bereich liegen einige Engpässe, die den Gesamtnutzen der Donau als Schiffahrtsweg einschränken. Die Planung sieht einen naturnahen sanften Ausbau vor, frei fließende Strecken und natürliche Wasserstände sollen weitgehend erhalten werden. Zur Zeit läuft für diese Maßnahme ein Raumordnungsverfahren. Es bleibt zu hoffen, daß diese Anschlußmaßnahmen zügig abgewickelt werden können, denn der weiter stark anwachsende Güterverkehr kann nicht allein auf die stark überlasteten Straßen und auch nicht auf die schon jetzt gut ausgelastete Bahn gelegt werden. Ein Umdenken zugunsten der Binnenschiffahrt ist eingeleitet. Sie ist als besonders umweltfreundlich, sicheres und sparsames Verkehrsmittel ein bedeutender Faktor für das Verkehrskonzept der Zukunft.

Infrastrukturausbau –
Chancen für die kommunale Wirtschaftsförderung in der Region Schweinfurt

Von Walter Roth

Einführung

Dieses Referat ist nicht in Form einer klassischen Literaturarbeit aufbereitet. Es soll vielmehr einen Einblick in die Praxis ermöglichen, die Thematik aus der Sicht des Wirtschaftsförderers beleuchten und somit auch über den rein verkehrsgeographischen Ansatz etwas hinausgehen.

Die Region Schweinfurt

Was versteht man unter der Region Schweinfurt (Abb. 1)? Die Region Schweinfurt stellt nicht unbedingt ein historisch gewachsenes und naturräumlich einheitliches Gebiet dar. Sie liegt im bayerischen Regierungsbezirk Unterfranken, in der Mitte Deutschlands, in der Mitte Europas, aber diese Gunstlage nehmen auch andere Regionen vollmundig für sich in Anspruch.

Wirtschaftsgeographisch (vgl. auch Beitrag von H.-G. Wagner in diesem Band) etwas präziser ausgedrückt, befindet sich die Region Schweinfurt am östlichen Rand der "Europäischen Entwicklungsbanane" (einer Zone, die sich von Südengland bis nach Norditalien erstreckt), im Entwicklungsbereich dieser Zone nach Osten, an einer Ost–West–Achse wirtschaftlicher Aktivität, die sich von Paris nach Warschau erstreckt und immer mehr an Bedeutung gewinnt, in unmittelbarer Nachbarschaft zu Hessen und Thüringen, zwischen den Verdichtungsräumen Nürnberg/Fürth/Erlangen und Rhein/Main. Naturräumlich wird die Region Schweinfurt geprägt durch den Main und die umrahmenden Mittelgebirgslandschaften Rhön, Haßberge und Steigerwald.

Unter landesplanerischen Gesichtspunkten trägt unsere Region den Namen "Main–Rhön". Zu dieser Planungsregion gehören die kreisfreie Stadt Schweinfurt und die Landkreise Bad Kissingen, Rhön–Grabfeld, Haßberge und Schweinfurt.

Raumbezogene Verkehrswissenschaften – Anwendung mit Konzept
hrsg. im Auftrag des Deutschen Verbandes für Angewandte Geographie
von Arnulf Marquardt-Kuron und Konrad Schliephake
in Material zur Angewandten Geographie (MAG), Band 26, Bonn 1996

Abbildung 1: *Lage der Region Main–Rhön in Deutschland*

Ein paar Fakten zur Verkehrserschließung (vgl. Abb. 2). Die Region Main–Rhön liegt im Schnittpunkt von vier überregionalen Bundesfernstraßen:

- der BAB A 7 Hamburg–Ulm (eine der wichtigsten Nord–Süd–Verbindungen Deutschlands),

- der BAB A 3 Frankfurt–Nürnberg (Verbindungsachse zwischen diesen beiden Verdichtungsräumen),

- der BAB A 70 als Verbindung zwischen der A 7 und der A 9 Berlin–Nürnberg–München und

- der geplanten, nicht unumstrittenen BAB A 81 Schweinfurt–Erfurt, die die Region direkt an die neuen Bundesländer anbinden wird (diese Straßenbaumaßnahme wird später noch ausführlicher behandelt).

Abbildung 2: *Die Verkehrserschließung der Region Main–Rhön*

Über Schweinfurt besteht der direkte Anschluß an das regionale und überregionale Schienennetz. Der Güterverkehr, vor allem der Umschlag von Containern mit hohen Zuwachsraten, spielt dabei eine wichtige Rolle. Der Hafen am Main ist Güterumschlagplatz für die drei Verkehrsträger Binnenschiffahrt, Straßengüterverkehr und Schiene und bietet die Möglichkeit, das nach Tarif und Marktsituation wirtschaftlichste Transportmittel zu wählen.

In Haßfurt befindet sich zudem ein Verkehrslandeplatz. Anbindungen an den internationalen Luftverkehr bestehen durch die Flughäfen Nürnberg und Frankfurt.

Mit einer Einwohnerzahl von gut 435.000 Einwohnern und einer Fläche von knapp 4.000 qkm liegt die Region Main–Rhön im bayerischen Durchschnitt. Bei der Bevölkerungsdichte und den Wanderungsgewinnen lagen wir 1991 unter dem bayerischen Durchschnitt, bei der Arbeitslosenqote erlebten wir in den vergangenen zwei Jahren eine beängstigende Steigerung auf über 15 % Arbeitslose. Die Bevölkerungsentwicklung insgesamt ist seit Mitte der 80er Jahre positiv (zu weiteren Strukturdaten vgl. Abb. 3a–f).

Die Einpendlerströme in der Region (Abb. 4) sind stark auf die kreisfreie Stadt Schweinfurt ausgerichtet, was bei dieser räumlichen Konstellation sicher nicht außergewöhnlich ist.

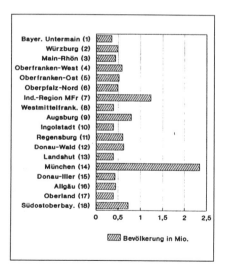

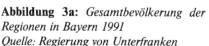

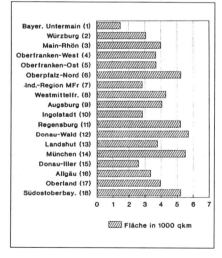

Abbildung 3a: *Gesamtbevölkerung der Regionen in Bayern 1991*
Quelle: Regierung von Unterfranken

Abbildung 3b: *Fläche der Regionen in Bayern 1991*
Quelle: Regierung von Unterfranken

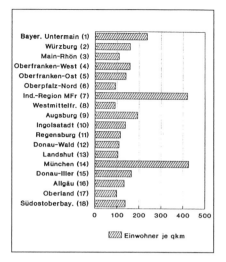

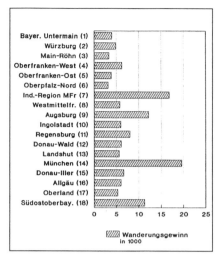

Abbildung 3c: *Einwohnerdichte der Regionen in Bayern 1991/92*
Quelle: Regierung von Unterfranken

Abbildung 3d: *Wanderungsgewinne der Regionen in Bayern 1991*
Quelle: Regierung von Unterfranken

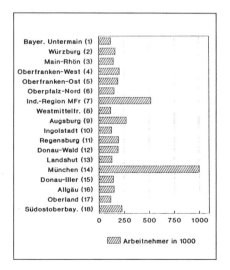

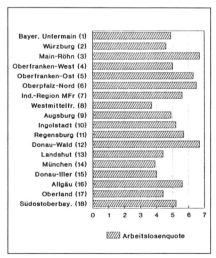

Abbildung 3e: *Sozialversicherungspflichtig Beschäftigte, Bayern 1990, Regionen*
Quelle: Regierung von Unterfranken

Abbildung 3f: *Arbeitslosenquote (%) in den Regionen in Bayern 1992*
Quelle: Regierung von Unterfranken

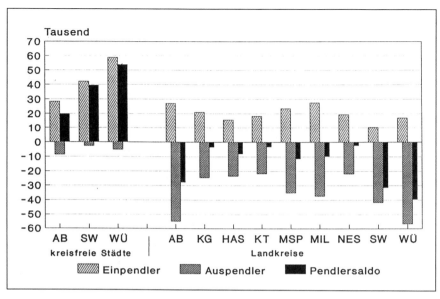

Abbildung 4: *Pendlerströme in Unterfranken 1987*
Quelle: Regierung von Unterfranken

Die Region Schweinfurt oder Main-Rhön präsentiert sich demnach als ein nicht homogener Raum zum einen mit der kreisfreien Stadt Schweinfurt im Zentrum, die mit ihrem Arbeitsplatzpotential weit in das Umland ausstrahlt, und zum anderen mit den umliegenden eher ländlich strukturierten Landkreisen, die somit gewisse Ergänzungsfunktionen in den Bereichen Arbeitskräftepotential, Wohnraum, Naherholung, Fremdenverkehr, etc. anbieten. Übersehen werden darf dabei aber nicht, daß auch in den vier Landkreisen in den letzten Jahren verstärkt Arbeitsplätze geschaffen wurden. Allein diese Maßnahmen konnten aber nicht den massiven Arbeitsplatzabbau kompensieren, von dem die monostrukturierte Stadt Schweinfurt durch die bundesweite Konjunkturkrise besonders hart getroffen wurde.

Infrastrukturausbau – Chancen für die Region Schweinfurt

Sicherlich bietet der Ausbau der bestehenden Infrastruktur für jede Region eine gewichtige Entwicklungschance. Doch bevor in der Region Schweinfurt das Wort "Chance" in aller Munde war, mußte die Region erst einmal von der stärksten Wirtschafts- und Strukturkrise ihrer jüngeren Geschichte erfaßt werden. Die jahrzehntelang festgefahrene Monostruktur innerhalb der Stadt Schweinfurt und der besondere Zuschnitt des Arbeitsmarktes auf die drei Großbetriebe Fichtel & Sachs, FAG Kugelfischer und SKF produzierte 1993 ein Heer von Arbeitslosen und ließ die prozentualen Zuwachsraten bei der Arbeitslosigkeit seit 1992 in schwindelerregende Höhen steigen:

- Stadt Schweinfurt   +83% 1994 gegenüber 1992,
- Landkreis Schweinfurt +93% 1994 gegenüber 1992.

Im letzten Jahr ging die Region Schweinfurt als "Krisenregion Nummer 1 Deutschlands" bundesweit durch die Presse; sicherlich kein Aushängeschild und schon gar kein imageträchtiges Argument beim Kampf um Betriebsansiedlungen. So taten sich 1993 die Stadt Schweinfurt und die vier Landkreise zusammen, um ein gemeinsames Kommunikationskonzept für die Region zu schaffen. Zum Leitsatz wurde ein Zitat von Max Frisch:

"Krise ist auch eine Chance,

wenn man ihr das Katastrophenhafte nimmt."

Seitdem ist das Wort "Chance" in der Region in aller Munde, nicht nur bei den Politikern. Die Arbeiten an diesem Konzept laufen auf Hochtouren.

Infrastrukturausbau

Hier müssen nicht grundsätzliche Abhandlungen über Infrastrukturmaßnahmen ausgeführt werden. Es gilt, auf die spezielle Situation der Region Schweinfurt eingehen und diejenigen Maßnahmen zum Infrastrukturausbau anzureißen, die für diese Region von besonderer Bedeutung sind. Auch wenn Aus- und Neubau von Autobahnen aus ökologischen Erwägungen häufig berechtigt starker Kritik ausgesetzt sind, stellt der Bau der BAB A 81 von Schweinfurt nach Erfurt sicherlich eine äußerst wichtige Infrastrukturmaßnahme dar, die für die wirtschaftliche Entwicklung der Region Schweinfurt von richtungsweisender Bedeutung ist.

Parallel zu dieser Straßenbaumaßnahme hat der zweigleisige Ausbau und die Elektrifizierung der Bahnstrecke Schweinfurt–Meiningen–Erfurt eine ähnliche Priorität. Es wäre nicht sinnvoll, das Güteraufkommen zwischen Franken und Thüringen fast ausschließlich auf die Straße zu konzentrieren. Auch beim Personenverkehr sollten auf diesem Weg ausreichende und für den Kunden attraktive Bahnverbindungen geschaffen werden.

Ebenso bedeutsam ist der derzeit in Gang befindliche zweibahnige Ausbau der BAB A 70 im Raum Schweinfurt. Diese Fernstraße beginnt bei Werneck, von der BAB A 7 abzweigend, und führt über Bamberg zur BAB A 9 bei Bayreuth, eine wichtige Anbindung in Richtung Hauptstadt Berlin und vor allem nach Osteuropa.

Bei den verkehrsräumlichen Erschließungsmaßnahmen muß auch die durchgehende Inbetriebnahme des Main–Donau–Kanals erwähnt werden, der neue Chancen für den Hafen Schweinfurt und somit für die gesamte Region eröffnet hat (vgl. Beitrag von D. Eujen in diesem Band).

Ein chancenreiches Wunschprojekt ist auch die Errichtung eines Güterverkehrszentrums in Schweinfurt oder im näheren Umland. Hier laufen bereits seit einiger Zeit intensive Vorplanungen.

Zudem verfügt die Region Schweinfurt über zwei spezielle Einrichtungen, die ebenfalls ihre Chancen bieten:

- Das ist zum einen das GRIBS ("Gründer-, Innovations- und Beratungszentrum Schweinfurt"), das 1994 durch deren Träger Stadt und Landkreis Schweinfurt sowie IHK Würzburg–Schweinfurt seiner Bestimmung übergeben wurde.

- In unmittelbarer Nachbarschaft zum GRIBS hat das ZAM ("Zentrum für angewandte Mikroelektronik der bayerischen Fachhochschulen e.V.") eine Heimat gefunden.

Eine unverzichtbare Maßnahme zum Ausbau der Infrastruktur ist sicherlich die Erschließung von attraktiven Gewerbeflächen in ausreichender Zahl. Diese Maßnahme ist für andere Regionen genauso wichtig, der Neuansiedlung von Betrieben kommt aber bei einer gewünschten wirtschaftlichen Entwicklung mit der Auflösung der bestehenden Monostruktur vorrangige Bedeutung zu – und das läßt sich eben nur bewerkstelligen, wenn Industrie- und Gewerbeflächen vorhanden sind. Weitere Maßnahmen zum Infrastrukturausbau, wie z.B. im Bereich von Bildungstätten und Naherholungseinrichtungen, Wohngebieten und kulturellen Einrichtungen, bieten natürlich auch ihre Anreize und Chancen, primäre Bedeutung für die Entwicklung der Region Schweinfurt haben aber vorrangig die harten Standortfaktoren.

Landkreis Schweinfurt – Kommunale Wirtschaftsförderung

Was bereits über die Region Schweinfurt ausgeführt wurde, gilt im kleinen genauso für den Landkreis Schweinfurt:

- in der Mitte Deutschlands gelegen;
- verkehrsgünstige Lage;
- landschaftlich reizvolle Lage mit hohem Freizeit und Wohnwert: Steigerwald, Haßberge, Fränkisches Weinland;
- naturräumliche Vielfalt;
- wirtschaftsfreundliches Umfeld;
- kontinuierlich steigende Einwohnerzahlen (1972: 100.000; 1994: ca. 112.000);
- günstige und attraktive Gewerbeflächen: Von 240 ha sind 70 ha voll erschlossen und sofort besiedelbar;
- bekannte Unternehmen, die nur Insider im Landkreis Schweinfurt vermuten: Kühne Feinkost und Messmer Tee beispielsweise.

All diese Standortvorteile sind nicht zu leugnen, sie werden vom Landkreis Schweinfurt beim Kampf um Betriebsansiedlungen auch werbewirksam eingesetzt.

Der Landkreis Schweinfurt hat damit aber keinen Alleinstellungsanspruch, auch andere Gebiete können derartige Argumente werbewirksam ins Feld führen. Die Struktur des Kreisgebietes, das in seiner heutigen Form erst 1972 bei der Gebietsreform entstanden ist, als zahlreiche Gemeinden aus Nachbarlandkreisen dem Altlandkreis Schweinfurt zugeschlagen wurden, induziert natürlich auch Schwächen:

- naturräumliche Vielfalt mit der Folge der Inhomogenität des Raumes;
- Ausrichtung auf die zentral im Kreisgebiet liegende Stadt Schweinfurt;
- dominierende Zentren Würzburg und Nürnberg in der Nachbarschaft;
- Problematik des ländlichen Raums im allgemeinen;
- vormals 40 Jahre Zonenrandgebiet;
- heute Konkurrenz durch die neuen Bundesländer;
- ausgedünntes ÖPNV–Angebot in den Randbereichen.

Diese exemplarische Aufzählung struktureller Schwächen ließe sich genauso verlängern wie die Liste der Standortvorteile des Landkreises. Hier Verbesserungen zu erreichen, ist Aufgabe der kommunalen Wirtschaftsförderung vor Ort.

Kommunale Wirtschaftsförderung

Vorab gilt es, eine Lanze für die Spezies des kommunalen Wirtschaftsförderers vor Ort brechen. Dieses Wesen, welche Ausbildung sollte es haben, was sollte es in seinem Arbeitsbereich leisten können, ja leisten müssen? Wenn man in den einschlägigen Stellenangeboten die Anforderungsprofile genau liest, denkt man oft sofort an die "eierlegende Wollmilchsau", die da gesucht wird: Abgeschlossenes Hochschulstudium, nicht älter als 30 Jahre, mehrjährige Verwaltungs– und Berufserfahrung, Fachmann/frau in Marketingangelegenheiten, Flexibilität, Organisationstalent, Kreativität, sicheres Auftreten und und und... Erwartet wird also oft ein Multitalent, das alle professionellen Eigenschaften eines Unternehmensberaters und Showmasters auf sich vereinigt. Ein abgeschlossenes Medizinstudium wäre vielleicht manchmal auch von Nutzen, oder, wie gilt es zu reagieren, wenn man als Wirtschaftsförderer in einem Antrag der Kreistagsfraktion aufgefordert wird, " ...dem Bauernsterben entgegenzuwirken"...? Zum besseren Verständnis der Thematik der kommunalen Wirtschaftsförderung nun ein kurzer Exkurs in die Theorie.

Definitionen zur kommunalen Wirtschaftsförderung gibt es viele, hier sollen drei davon exemplarisch dargestellt werden: Kommunale Wirtschaftsförderung ist Bestandteil der kommunalen Wirtschaftspolitik. Diese wiederum kann nur als Teil der allgemeinen Stadtentwicklungspolitik wirksam betrieben werden. Kommunale Wirtschaftsförderung ist als Gesamtheit aller Bestrebungen, Handlungen und Maßnahmen definiert, die darauf abzielen, Wirtschaftsstruktur und Wirtschaftsgeschehen im Zuständigkeitsbereich der Stadt nach bestimmten Zielen zu ordnen, zu beeinflussen oder unmittelbar festzulegen. Kommunale Wirtschaftsförderung ist "derjenige Teil der öffentlichen Gemeindeaufgaben, der primär eine Begünstigung der örtlichen Wirtschaft durch Verbesserung ihrer Standortbedingungen und damit ihrer Produktivität und als sekundäre Folgewirkung die harmonische Gestaltung der Verhältnisse aller örtlichen Gemeindeaufgaben zu den ihnen bestehenden Interessen der Wirtschaft mittels geeigneten Lenkungsmaßnahmen und –handlungen der Gemeinde zum Gegenstand hat". Die drei wichtigsten Zielsetzungen der kommunalen Wirtschaftsförderung klingen da schon praxisorientierter:

– Schaffung von neuen und Erhalt bestehender Arbeitsplätze;
– Erhöhung des Steueraufkommens;
– Imagesteigerung des Standorts.

Die Maßnahmen und Aufgaben der kommunalen Wirtschaftsförderung lassen sich wie folgt zusammenfassen:

☐ Verbesserung der Grundlagen der Wirtschaftsentwicklung (Infrastruktur, Lebensqualität, Wirtschaftsklima, Steuer und Abgabenpolitik, Entscheidungsgrundlagen):

– Beobachtung und Beurteilung der wirtschaftlichen Entwicklung:
  – Auswertung von Statistiken und Wirtschaftsberichten in der Presse;
  – Analyse der Infrastruktur (z.B. Gewerbean– und –abmeldungen);
  – Analyse und Prognose der Wirtschaftsstruktur;
  – Aufbau und Fortführung einer Betriebsstättendatenbank;
  – regelmäßiger Erfahrungs– und Informationsaustausch;
  – Messenbesuche;
  – Vergabe und Auswertung von Untersuchungen und Gutachten.

– Aufstellung eines Wirtschaftsentwicklungskonzepts;
– Ausbau der allgemeinen Infrastruktur;
– Entwicklung der Kommunikationsinfrastruktur;
– Wahrnehmung gemeindlicher Interessen bei überörtlichen Planungen (Sicherstellung von Reserveflächen, Werbung);
– Förderung des Wohnungs–, Bildungs–, Kultur, Sport– und Freizeitangebotes (in Zusammenarbeit mit anderen Ämtern, gemeinsame Werbemaßnahmen);
– Steigerung der Attraktivität der Gemeinde allgemein;
– soziale Struktur, wirtschaftsfreundliches Klima (Gesprächsrunden, in die Betriebe gehen, Informationen vor Ort, "bürokratieberuhigte Zone");
– Mitwirkung bei der Festsetzung von Hebesätzen, Gebühren sowie Beiträgen;

☐ Flächenvorsorge und Standortplanung:
– Gewerbeflächenbedarfsplanung, Gewerbestandortentwicklung (Bestandsaufnahme, Standortatlas);
– Entwurf von gewerblichen Nutzungskonzepten (für einzelne Flächen, Standorte, Gebiete);
– Mitwirkung bei Bauleitplanung, Umlegungen und sonstigen wirtschaftsrelevanten Vorhaben;
– Flächenverkauf und –vermittlung;
– Flächensanierung, Altlasten;
– Erschließung von Flächen;

☐ Sicherung und Entwicklung vorhandener Betriebe und Institutionen (Bestandspflege):
- Maßnahmen zur Erhaltung vorhandener Betriebe, Verbände, Behörden sowie Bildungs– und Forschungseinrichtungen (helfen, beraten, koordinieren, unterstützen, betreuen, Kontakte herstellen);
- Sicherung der Standortbedingungen;
- Kontaktpflege zu Unternehmen (Wirtschaftsförderer als zentraler Ansprechpartner der Wirtschaft in der Verwaltung, Firmenbesuche, Veranstaltung von "Expertenrunden", Besuch von auf Messen ausstellenden ortsansässigen Unternehmen);

☐ Förderung und Schaffung neuer Betriebe und Arbeitsplätze:
- Existenzgründung, Akquisition (Werbung, Direktmailing);
- Förderung neuer Betriebe, Verbände, Behörden sowie Bildungs– und Forschungseinrichtungen (z.B. Kooperationsvermittlung in Zusammenarbeit mit Kammern und Verbänden);

☐ Innovations– und Technologieförderung:
- Messen, Ausstellungen, Kongresse (besuchen bzw. selbst veranstalten);
- Wissens– und Technologietransfer, Förderung von Kontakten, Technologiezentrum (auch Kontakte zu Universitäten);

☐ Förderung von Qualifizierung und Beschäftigung:
- Förderung und Unterhaltung von Einrichtungen der Weiterbildung und Umschulung;
- Beschäftigungsförderung;

☐ Standortmarketing, Imagebildung:
- Marketing–Konzept (in Zusammenarbeit mit einer Agentur);
- Wirtschafts– und Standortwerbung (Standortatlas, Messenbesuche, Organisation von medienwirksamen Ereignissen, Einsatz von Werbemitteln);
- Zusammenarbeit mit den Medien (Presseinfos, Kontaktpflege);
- Öffentlichkeitsarbeit allgemein;

☐ verwaltungsinterne Unterstützung der Interessen der Wirtschaft;
- Beschleunigung behördlicher (Genehmigungs–) Verfahren.

Ihre Grenzen erreicht die kommunale Wirtschaftsförderung im Bereich der direkten Wirtschaftsförderung (Abgabe verbilligter Grundstücke, Erlaß von kommunalen Beiträgen und/oder Steuern, Gewährung direkter Zuschüsse) und im Zuge der europäischen Integration (Auswirkungen auf die Gemeinschaftsaufgabe "Verbesserung der regionalen Wirtschaftsstruktur", Genehmigungsbedürftigkeit von Beihilfen, Einzelfallbezogene Überwachung durch die EG–Kommission). Die kommunale Wirtschaftsförderung ist nicht zuletzt eine wichtige Dienstleistung der Kommunen gegenüber den Unternehmen und Gewerbetreibenden. Die Wirtschaft stellt dabei folgende Anforderungen, die in ihrer Gesamtheit nicht immer leicht zu erfüllen sind:

- Vorhandensein eines kompetenten Ansprechpartners;
- Bereitstellung ausreichender Flächen und Standorte;
- möglichst niedrige Kosten und möglichst wenig Auflagen;
- schnelle Abwicklung kommunaler Entscheidungsprozesse;
- Bereitstellung der für die Wirtschaft wichtigen Infrastruktur.

Mit diesem letzten Punkt führt der Exkurs in die kommunale Wirtschaftsförderung zurück zum Thema Infrastrukturausbau.

Infrastrukturausbau, notwendig wie nie zuvor

40 Jahre Zonenrandgebiet, 40 Jahre Abseitslage, 40 Jahre abgeschnitten von den traditionellen Verbindungen zu Südthüringen. Diese räumliche Konstellation wirkte sich trotz Zonenrandförderung äußerst negativ auf die Region Schweinfurt aus. Doch die Menschen und die Wirtschaft arrangierten sich mit dieser mißlichen Situation, und man versuchte, das beste daraus zu machen.

Dann begann der Umbruch im Osten, und nach dem legendären 9. November 1989 war auf einmal alles ganz anders als zuvor. Doch die Euphorie – bedingt durch den Fall der Mauer und die bevorstehende Wiedervereinigung der beiden deutschen Staaten – wich bald einem eher nüchternen Realitätssinn ob der Probleme, die sich nach den nunmehr 40 Jahren Trennung im grenznahen Bereich auftaten:

- hoffnungslos überlastete Straßen;
- hoffnungslos überfüllte Züge;
- Konkurrenzsituation zwischen dem ehemaligen Zonenrandgebiet und den neuen Bundesländern;
- krasse Unterschiede in der Höhe der Fördermöglichkeiten zwischen dem ehemaligen Zonenrandgebiet und den neuen Bundesländern;
- Arbeitslosigkeit.

Diese Liste der Probleme, die durch die Wiedervereinigung kurz und langfristig auf die beiden benachbarten Regionen zukamen, ließe sich noch beliebig erweitern.

Es galt zu verdeutlichen, welch fatale Folgen die durch die deutsche Teilung bedingte unterentwickelte Infrastruktur – besonders die Verkehrsinfrastruktur – für die heutige Situation der Region Schweinfurt und Südthüringens hat. Ein großzügiger Infrastrukturausbau – auch in Zeiten leerer öffentlicher Kassen – ist notwendig wie nie zuvor; er bietet Chancen für die Region Schweinfurt und für Südthüringen. Unterbliebe ein Infrastrukturausbau, so würde nicht nur die Region Schweinfurt in eine wirtschaftliche Abseitslage geraten, nein, auch die Südthüringer – zu DDR–Zeiten wegen ihrer Lage weitab von Berlin, eingekesselt zwischen dem Thüringer Wald und der Grenze zu den alten Bundesländern als "Autonomes Gebirgsvolk" bezeichnet – würden auf lange Sicht von der Wiedervereinigung wohl wenig profitieren.

Infrastrukturausbau, die Chancen

Aus der Vielzahl möglicher Maßnahmen zum Infrastrukturausbau werden hier nur solche angesprochen, die ein besonderes Chancenpotential für eine wirtschaftliche Gesundung der Region Schweinfurt bieten, bzw. diejenigen, die auf Grund ihrer Aktualität von großer Bedeutung sind. Somit geht es hier hauptsächlich um die bereits kurz angerissenen Highlights BAB A 81/BAB A 70, Bahnverbindung, Erschließung von Industrie– und Gewerbeflächen, Güterverkehrszentrum sowie die Schweinfurter Spezialität GRIBS/ZAM.

Verkehrsprojekt Deutsche Einheit Nr. 16

Unter dieser Bezeichnung firmiert der Bau der Bundesautobahnen A 81/A 73 von Erfurt nach Schweinfurt bzw. nach Bamberg (vgl. Beitrag von K. Rehm in diesem Band). Die Thematik soll aus der Sicht des Wirtschaftsförderers beleuchtet werden und die daraus resultierenden Chancen aufgezeigt werden.

Es wurde bereits angesprochen, daß nach der Grenzöffnung im November 1989 vor allem die Bundesstraße 19 von Würzburg über Schweinfurt und Bad Neustadt nach Thüringen in beiden Richtungen hoffnungslos überlastet war. Man begann, sich Gedanken über einen Ausbau der B 19 zu machen, von einer neuen Autobahn war damals noch nicht die Rede. Spätestens 1991 war es aber mit der Ruhe vorbei, die ersten Planungen zur A 81 tauchten auf. Als Verlauf der A 81 wurde ein umgekehrtes Y angedacht, von Erfurt kommend in den Thüringer Wald bis südlich von Zella–Mehlis, dort sich gabelnd in einen östlichen Ast, der als A 73 nach Bamberg führt und in einen westlichen Ast, der als neuzubauende A 81 Richtung Schweinfurt führt. Das Jahr 1992 war geprägt durch die Diskussionen, ob nicht ein vierspuriger Ausbau der B 19 genügen würde. Letztendlich fiel dann im Bundesverkehrsministerium die Entscheidung für den Autobahnbau. 1993 wurde dem Regionalen Planungsausschuß der Region Main–Rhön mitgeteilt, daß der Beschluß zum Autobahnbau definitiv ist. In der Region begann sich der Widerstand zu regen, besonders die Bürger aus den von der Trasse betroffenen Gemeinden gingen teilweise massiv auf die Barrikaden. Es waren allerdings auch Stimmen zu hören, die den Autobahnbau befürworteten. Im November 1993 begann das Raumordnungsverfahren für das unterfränkische Teilstück der A 81, in dem auch mehrere Wahllinien und Varianten der Streckenführung vorgestellt wurden. Auch der Regionale Planungsverband Main–Rhön stimmte Ende 1993 dem Bau der A 81 zu, nachdem man früher eher für den Ausbau der B 19 votiert hatte. Im März 1994 stellte der Regierungspräsident von Unterfranken das Ergebnis des Raumordnungsverfahrens vor, den Vorzug bei der Streckenführung bekam die Variante Ost. Angeschlossen werden soll die A 81 bei Bergrheinfeld an die momentan im Vollausbau befindliche A 70. Dadurch verspricht man sich die größtmögliche Entlastung für die Stadt Schweinfurt. Soviel zur noch jungen Geschichte der A 81.

Wie ist die A 81 aus der Sicht des Wirtschaftsförderers zu sehen? Man darf sicher nicht die Umweltaspekte einer derartigen Straßenbauplanung beiseite schieben, aber

für die weitere wirtschaftliche Entwicklung der Region Schweinfurt ist der Autobahnbau unverzichtbar. Ein Ausbau der B 19 wäre sicher nicht ausreichend gewesen. Auch
das Argument, man würde mit dieser Fernstraße lediglich eine Transit–Autobahn
schaffen, der Verkehr würde nur noch vorbeifließen, und die Region würde dann
noch mehr in eine Abseitslage geraten, ist nicht stichhaltig.

Dafür sollte das Beispiel des Raumes Feuchtwangen/Crailsheim angeführt werden.
Der dortige Raum war ursprünglich ländlich strukturiert, fernab der Zentren Nürnberg, Würzburg, Heilbronn und Ulm, fernab der Autobahnerschließung, für Ansied-
lung von Industrie und Gewerbebetrieben wenig bis gar nicht interessant. Dann wurden die A 6 Nürnberg–Heilbronn und die A 7 Würzburg–Ulm gebaut. Mit diesen beiden Fernstraßen entstand das Autobahnkreuz Feuchtwangen/Crailsheim, und dieser
Raum stand damit im Schnittpunkt zweier wichtiger europäischer Verkehrslinien. Im
Sog dieser durch den Bau der Autobahnen bedingten Standortgunst siedelten sich im
Raum Feuchtwangen/Crailsheim in den 80er Jahren verstärkt Betriebe an, und dieser
Raum entwickelte sich zu einer blühenden Industrieregion. Dieser Synergieeffekt wird
auch für die Region Schweinfurt erhofft.

Die A 81 wird der gewünschten Regionalerschließung dienen und die Verbindung zu
den neuen Bundesländern erheblich verbessern. Ohne diese Fernstraße würde die Region Gefahr laufen, zwischen den Verdichtungsräumen Nürnberg/Fürth/Erlangen und
Rhein/Main gelegen, in eine wirtschaftliche Schattenlage zu geraten vergleichbar mit
einem Korridor wirtschaftlicher Bedeutungslosigkeit! Der Bau der A 81 im Zusammenspiel mit dem zweibahnigen Ausbau der A 70 wird die Erreichbarkeit der Region
Schweinfurt und die Anbindung an die Zentren verbessern. Die Region wird im Konkurrenzkampf um Ansiedlungen von Industrie– und Gewerbebetrieben eine bessere
Position bekommen. Gerade bei diesem letzten Punkt, beim Konkurrenzkampf mit
den neuen Bundesländern, wo ansiedlungswillige Betriebe bis zu 50 % Fördermittel
erhalten (im Raum Schweinfurt nur bis zu 18%), kommt dem Autobahnbau besondere Bedeutung zu.

Die Erfahrungen, die das Wirtschaftsförderungsreferat des Landkreises Schweinfurt in den letzten Monaten bei Gesprächen mit Vertretern ansiedlungswilliger Unternehmen gemacht hat, haben immer wieder gezeigt, wie hoch hier die optimale
Autobahnerschließung eingestuft wird. Diese Unternehmen möchten zwar in den
neuen Bundesländern expandieren, doch die möglichen 50 % Fördermittel ziehen
allein nicht. Offensichtlich passen dort andere Standortfaktoren nicht, so daß sie
sich lieber nach einem Grundstück in der Nähe der neuen Bundesländer – also
beispielsweise in der Region Schweinfurt – umsehen. Und was hört man bei diesen Gesprächen immer wieder von diesen Unternehmern? (Zitat) "... aber eine Ansiedlung in ihrem Gebiet kommt für uns nur in Frage, wenn die Flächen in Autobahnnähe liegen. Und diese Autobahn nach Thüringen, die wird doch gebaut,
oder? Wir benötigen nämlich eine schnelle Verbindung in die neuen Bundesländer..."

Krise in der Region Schweinfurt, Chancen für die Region Schweinfurt

Was hier gebraucht wird, sind neue Betriebe, die neue Arbeitsplätze bringen. Und diese neuen Betriebe kommen wohl offensichtlich erst dann in die Region Schweinfurt, wenn die harten Standortfaktoren stimmen, in erster Linie die Verkehrserschließung. Da wird nicht gefragt, ob in Schweinfurt ein oder fünf Theater vorhanden sind. Da geht es in erster Linie um die Vorteile für das Unternehmen, die Bedeutung des Umfelds ist nur zweitrangig. Der Bau der A 81 im Zusammenspiel mit dem zweibahnigen Ausbau der A 70 ist somit sehr wohl als eine (von vielen) Chancen für die Region Schweinfurt anzusehen. Die zu erwartenden Sekundär- und Synergieeffekte werden entscheidend zu einer positiven Entwicklung beitragen.

Eisenbahnverbindung Stuttgart–Würzburg–Schweinfurt–Erfurt–Berlin

Vor dem Zweiten Weltkrieg stellte die Bahnverbindung von Stuttgart über Würzburg, Schweinfurt und Erfurt nach Berlin eine wichtige deutsche Eisenbahnmagistrale dar. In der Region Schweinfurt verlief sie von Schweinfurt über Bad Neustadt ins thüringische Meiningen.

Nach Kriegsende wurde diese Strecke an der fränkisch–thüringischen Grenze unterbrochen. Auf fränkischer Seite endete die Verbindung danach in Mellrichstadt, die ursprüngliche Bahnmagistrale verkam zur Lokalbahn.

Mit der Wiedervereinigung erfolgte der Lückenschluß dieser Strecke, eine durchgehende Verbindung von Schweinfurt nach Erfurt war wieder geschaffen. Doch die technische Ausstattung der Trasse zwischen Schweinfurt und Meiningen – eingleisig, nicht elektrifiziert – entspricht nicht den modernen Anforderungen und wird dieser ehemaligen Magistrale nicht ihre frühere Bedeutung zurückbringen. Eine attraktive – also modern ausgebaute – Bahnverbindung müßte die gleiche Priorität genießen wie die Erschließung durch den Autobahnbau, denn sie böte nicht nur eine umweltverträgliche Ergänzung zum Straßenverkehr, sondern würde auch Chancen für eine wirtschaftliche Entwicklung entlang der Strecke bieten.

Aus Sicht der Bahnerschließung droht der Region Schweinfurt eine Abseitslage, denn im Westen besteht bereits die ICE–Strecke Würzburg–Hannover, im Osten ist eine ICE–Strecke von Nürnberg nach Erfurt geplant. Aber selbst führende Politiker, die vehement für den Ausbau der Trasse Schweinfurt–Erfurt gekämpft haben, gestehen zwischenzeitlich ein, daß die einstige Bahnmagistrale Stuttgart–Berlin im Zeitalter der ICE–Strecken sicherlich nicht mehr die alte Bedeutung erlangen könne und daß man sich wegen ihrer Wichtigkeit nun verstärkt für den Güterverkehr auf dieser Trasse engagieren müsse. Die große Chance für die Region Schweinfurt wird hier wohl nicht mehr zu verwirklichen sein. Es gilt, die kleine zu nutzen.

Industrie— und Gewerbegebiete

Die Bereitstellung von attraktiven Industrie— und Gewerbegebieten in ausreichender Zahl ist eine wichtige Maßnahme zum Infrastrukturausbau. Sie stellt nicht nur eine Entwicklungschance dar, sie ist Voraussetzung für eine Chance.

Was versteht man unter attraktiven Gewerbeflächen? Welche Wünsche und Anforderungen an das Grundstück hat der Unternehmer, der eine Betriebsansiedlung plant? Aus den Erfahrungen im Landkreis Schweinfurt ergibt sich folgende Prioritätenliste:

- Autobahnnähe;
- günstiger Preis;
- die Gemeinde als alleiniger Besitzer;
- voll erschlossen;
- sofort ansiedlungsbereit;
- günstige Fördermöglichkeiten;
- vorrangig GI—Gebiete.

Um hier den Anforderungen der Unternehmen gerecht zu werden, muß langfristig geplant werden. Es müssen Voraussetzungen geschaffen werden, daß solche Gewerbeflächen auch vorhanden sind. Hier sind vor allem die einzelnen Gemeinden gefordert, Vorsorge zu treffen. Aussiedlung bestehender Gewerbebetriebe aus dem Ortskern und Ansiedlung neuer Unternehmen schafft neue Arbeitsplätze, macht den Ortskern attraktiver und dient in der besonderen Situation der Region Schweinfurt auch der Zielsetzung der Auflösung der Monostruktur. Ohne attraktive Industrie— und Gewerbeflächen in ausreichender Zahl keine Betriebsansiedlungen, ohne Betriebsansiedlungen keine neuen Arbeitsplätze, ohne neue Arbeitsplätze keine Chancen. So einfach — oder doch kompliziert — ist die Rechnung.

Güterverkehrszentrum (GVZ)

Güterverkehrszentrum — ein neues Zauberwort, das in Sachen Entwicklungspotential durch Rathäuser und Landratsämter geistert. Bisher wurde in Deutschland erst ein GVZ errichtet, und zwar in Bremen; in fast allen Regionen Deutschlands werden ebenfalls GVZ geplant. Auch für den Raum Schweinfurt laufen intensive Vorplanungen.

Was ist ein GVZ? Ein GVZ ist im allgemeinen ein Gewerbegebiet, an dem konzentriert Güterverkehr und Güterumschlag mit allen zugehörigen Diensten durchgeführt wird. Ein GVZ ist eine Schnittstelle zwischen Nah— und Fernverkehr und damit auch Bindeglied für die Verkehrsträger Straße, Schiene, Wasser und eventuell Luft. In einem GVZ siedeln sich selbständige Verkehrsunternehmen an, um durch Kooperation die Verkehrsabläufe zu optimieren.

Zu einem GVZ gehören:

- ausreichende Flächen (20 – 200 ha);
- Spedition und Lagereien;
- Transportunternehmen;
- Güterbahnhof, Containerbahnhof;
- Umschlagplatz für KLV;
- Zollabfertigung;
- Serviceunternehmen:
  - Reparaturwerkstätten für LKW und Container,
  - LKW und Containervermieter,
  - Reifenservicefirmen,
  - Beherbergungs– und Gastronomiebetriebe für Fahrer,
  - Entsorgungsunternehmen.

Wesentliche Voraussetzung für einen geeigneten Standort ist eine hervorragende Anbindung an das überregionale und regionale Verkehrsnetz. Falls keine entsprechend große Fläche vorhanden ist oder andere Umstände diesen Voraussetzungen entgegenstehen, besteht auch die Möglichkeit, ein dezentrales GVZ zu errichten, also mehrere kleine GVZ dezentral in einer Region anzusiedeln.

Nicht verwechseln darf man ein GVZ mit einem Güterverteilzentrum, welches vorwiegend der regionalen und lokalen Verteilung der Güter dient. Im Gegensatz dazu dient das GVZ der gezielten Bündelung der Warenströme im überregionalen und Fernverkehr im Verbund der Verkehrsträger.

Welche Vorteile bietet ein GVZ? Durch die gemeinsame Nutzung der Einrichtungen innerhalb des GVZ läßt sich der einzelne Betrieb rationeller führen. Durch informative Vernetzung wird eine Verringerung des Güterverkehrs auf der Straße erreicht. Durch die Nutzung der verschiedenen Verkehrsträger (KLV = Kombinierter Ladungsverkehr) wird die Umwelt entlastet und gleichzeitig ein schneller Transport auf der Schiene im Fernverkehr angeboten. Ein GVZ bietet alle notwendigen Einrichtungen raumsparend und geballt an einem Ort. Die allerorts gewünschten Synergieeffekte sind vorprogrammiert. Die Errichtung eines GVZ schafft die Voraussetzungen für die Betriebe, die sich im nächsten Jahrtausend ansiedeln werden und die dann die logistischen Einrichtungen der Zukunft vorfinden wollen. Somit stellt die Errichtung eines GVZ in der Region Schweinfurt sicherlich ebenfalls eine wertvolle Chance für die Zukunft dar.

GRIBS/ZAM

Schweinfurt hat GRIBS. Mit dem offiziellen Startschuß für dieses Gründer–, Innovations– und Beratungszentrum Schweinfurt setzte die Region Schweinfurt im Mai 1994 ein entscheidendes Signal für die wirtschaftliche Umstrukturierung. 16 junge Unternehmen aus verschiedenen Technologiebereichen haben im GRIBS bereits ihre Arbeit aufgenommen.

Die Region Schweinfurt benötigt besonders neue und junge Unternehmen und dabei vor allem unternehmerische Aktivitäten mit Ausrichtung auf Technologie und Leistungsgebiete, die bislang nicht oder nur schwach besetzt waren. In diese Richtung weist der Weg von GRIBS. GRIBS kommt ein Sogeffekt zu. Der mit GRIBS nachvollziehbare Anspruch, technologieorientierten Unternehmensgründungen einen ganz besonderen Stellenwert zu geben, wirkt weit über die Stadt Schweinfurt hinaus. GRIBS ist vielmehr auch ein Pilotprojekt, das beispielgebend für die nachhaltige Chance auf absehbar zu erreichende Strukturveränderungen für die gesamte Region stehen sollte.

GRIBS – Innovation made in Schweinfurt. Gemeinsam wollen Stadt und Landkreis Schweinfurt und die IHK Würzburg–Schweinfurt, die Träger dieser Einrichtung, diese Chance nutzen.

Nicht nur räumlich neben dem GRIBS ist das Zentrum für angewandte Mikroelektronik der bayerischen Fachhochschulen e.V. (ZAM) angesiedelt. Es soll als Bindeglied zwischen Unternehmen und der Fachhochschule zur Vertiefung der Kontakte funktionieren. Das ZAM kann dazu beitragen, daß zur Lösung von Entwicklungs– und Anwendungsproblemen modernste Technik rasch und kostengünstig eingesetzt wird.

Die Zusammenarbeit zwischen Wissenschaft und Wirtschaft und die damit verbundene Übertragung technologischen Wissens ist aber keine Einbahnstraße, da auch die Hochschulen von dieser wechselseitigen Beziehung profitieren.

GRIBS und ZAM leisten einen wichtigen Beitrag und bieten ein Chance zur wirtschaftlichen Sicherung der Region Schweinfurt und somit zur Lösung der vorhandenen konjunkturellen und strukturellen Probleme.

Chancen–Region Schweinfurt–Main–Rhön

Zum Schluß einige Fakten zum Kommunikationskonzept, das die Stadt Schweinfurt und die Landkreise der Region gemeinsam aus der Taufe gehoben haben. Anlaß war 1993 die Wirtschafts– und Strukturkrise, die besonders den monostrukturierten Raum Schweinfurt erfaßte. Das ging so weit, daß die Region in der Presse zur "Krisenregion Nr. 1 im Westen der Republik" hochstilisiert wurde.

Das gemeinsame Problem der Region wurde zum Kommunikationsansatz für eine positive Entwicklung. Das entstandene Negativ–Image der Region konnte nicht einfach zerredet und umdreht werden. Aber die "offenen Ohren" bei Presse und Wirtschaft wurden genutzt und die zahlreichen Vorteile und Chancen genannt, die die Region bietet. Der Slogan "Die Chancen–Region" sagt dies aus. Das Logo soll – so wie das Aufschlagen eines Steines im Wasser Kreise zieht – die Ausstrahlung für die gemeinsame Initiative der Chancen–Region symbolisieren.

Die Kommunikation ist vierstufig aufgebaut, die Zielformulierung folgendermaßen:

Ziel 1:   Konkrete Entwicklungschancen aufzeigen, bei Menschen und Unternehmen dieser Region das Vertrauen in die Zukunft stärken.

Ziel 2:   Hier tätige Unternehmen zu Investitionen für ein wirtschaftliches Wachstum von morgen und übermorgen ermutigen.

Ziel 3:   Unternehmen außerhalb der Region und Existenzgründern die spezifischen Standortvorteile vermitteln und auf das Chancenpotential aufmerksam machen.

Ziel 4:   Mittel– und langfristig ein positives Image der Region erreichen und festigen.

Diese Ziele sollen mit einer Strategie in wiederum vier Schritten erreicht werden:

1. Schritt: Gemeinsamkeit schaffen:
   – Die Region begreifen,
   – Identifikation herstellen,
   – Potentiale vernetzen.

2. Schritt: Dem Negativ–Image in den Medien entgegensteuern.

3. Schritt: Basis der positiven Bekanntheit der Region verbreiten und vertiefen.

4. Schritt: Wirtschaft außerhalb der Region für den Standort interessieren.

Die Auftaktkampagne mit einer Veranstaltung, der sogenannten Chancen–Konferenz und begleitenden Werbemaßnahmen ist gelaufen, die zweite Phase des Kommunikationskonzeptes beginnt nun.

Die Chancen–Region Schweinfurt–Main–Rhön wird vor allem dann gemeinsam und wirkungsvoll auftreten, wenn Unternehmen, Verbände und Behörden das Logo und den Slogan bei möglichst vielen Anlässen und Werbeauftritten mitverwenden. Die Zeitschrift "Kultur Packt 94" beispielsweise verwendet das Logo auf der Titelseite.

Welche besonderen Chancen will das Kommunikationskonzept nutzen? Die Region Schweinfurt–Main–Rhön hat drei echte Chancen:

– Die Kommunikations–Chance: Die Chancen–Region ist ein Problemgebiet, Presse und Wirtschaft sind an Neuigkeiten aus der Region interessiert.

– Die Standort–Chance: Die Chancen–Region ist eine Verkehrsdrehscheibe.

– Die Entwicklungs–Chance: Die Chancen–Region hat folgende große Potentiale
   – qualifizierte, motivierte Arbeitskräfte;
   – intensive Zusammenarbeit von Wissenschaft und Wirtschaft;
   – wirtschafts– und innovationsfreundliches Klima).

Fazit

Dieses Kommunikationskonzept in Verbindung mit den angesprochenen Infrastrukturmaßnahmen bietet Chancen für die Region Schweinfurt. Es gilt, sie im Sinne der wirtschaftlichen Gesundung der Region zu nutzen.

Literatur

Freistaat Bayern, Straßenbauamt Schweinfurt (Hrsg.) (1993): Verkehrsprojekt Deutsche Einheit Nr. 16, Bundesautobahn A81/A73, Erfurt–Schweinfurt/Bamberg, Raumordnungsverfahren Abschnitt A81 Schweinfurt––Landesgrenze/Thüringen. Schweinfurt.

Handelsblatt (1994): Schweinfurt Main–Rhön (=Sonderbeilage am 22.03.1994). Düsseldorf.

Herold, A. (1984): Das mainfränkische Autobahnnetz (= Schriftenreihe der Industrie– und Handelskammer Würzburg–Schweinfurt, Heft 12). Würzburg.

Industrie– und Handelskammer Würzburg–Schweinfurt: Auszüge aus verschiedenen Veröffentlichungen. Würzburg.

Kommunale Gemeinschaftsstelle für Verwaltungsvereinfachung (Hrsg.) (1990): Organisation der Wirtschaftsförderung. Köln.

Landkreis Schweinfurt: Auszüge aus internen Materialien und Werbebroschüren.

Ludwig & Höhne Werbeagentur (1994): Kommunikationskonzept Chancen–Region Schweinfurt–Main–Rhön. Schweinfurt.

o.V.: Verschiedene Auszüge aus der regionalen Presse.

o.V.: Verschiedene Auszüge aus Seminaren zur kommunalen Wirtschaftsförderung der Bayerischen Verwaltungsschule.

Regierung von Unterfranken (Hrsg.) (1992): Unterfranken in Zahlen. Würzburg.

Regierung von Unterfranken (1993): Auszüge aus verschiedenen Veröffentlichungen.

Stadt Schweinfurt (1993): Auszüge aus den Vorplanungen zur Errichtung eines Güterverkehrszentrums.

Infrastrukturprojekte zwischen Main und Thüringer Wald – Exkursion am 28.5.1994

Von Konrad Schliephake und Martin Niedermeyer*

Einleitung

Die Exkursion kann am kleinräumlichen Beispiel der Achse (Würzburg–) Schwein-furt–Meiningen–Suhl–(Erfurt) aufzeigen, wie große Infrastrukturprojekte auf der Mi-kro– (einzelne Bürger, Gemeinde), Meso– (Kreis, Region) und Makro–Ebene poli-tisch und planerisch behandelt und realisiert werden.

Gerade in der Bewertung solcher Infrastrukturprojekte, bei denen sie meist marginal oder gar nicht beteiligt sind, tun sich Geographen schwer. Sollen sie die großen Ver-hinderer sein (dazu etwa Schliephake 1993)? Sollen sie wertfrei beschreiben? Können und dürfen sie in die Prozesse eingreifen und auf welcher Seite? Auch unser Beitrag liefert dazu keine fertige Antwort, ist nur Anstoß zur Stellungnahme, ist als "élément de réflexion" zu sehen.

Großräumliche Perzeptionen und der "schräge Durchgang"

In einer Welt, die in Ost–West– und Nord–Süd–Fadenkreuzen denkt, verweisen die Infrastrukturplanungen auf nationaler Ebene die "schrägen Durchgänge" fast immer auf den zweiten Rang. Mittellandkanal und Autobahn Hamburg–Frankfurt–Basel wie-sen in die richtige Richtung und wurden schnell gebaut. Dagegen zielt der nach 70–jähriger Bauzeit (oder, wenn man an die Versuche Karls des Großen denkt, nach 1000jähriger Bauzeit) endlich fertige Main–Donau–Kanal in die falsche Richtung (se-mantisch glücklicher wäre wenigstens eine "aufsteigende" Orientierung Südwest–Nordost, vgl. dazu Braem & Heil 1990, S. 108–111 & 154) und wird bis heute selbst in den von ihm erschlossenen Regionen eher als touristisches (vgl. Fugmann 1990) denn als verkehrliches (Schliephake 1994b) Element wahrgenommen.

* Der vorliegende Beitrag lehnt sich teilweise an die von den Verfassern geleitete Exkursion zur Tagung am 28.5.1994 an, wobei den Damen und Herren Dipl. oec. Wilma Hammernick (Suhl), Dr. Walter Schulz (Suhl) und stellv. Bürgermeister Vogel (Geldersheim) für die fachliche Unterstützung zu danken ist.

Raumbezogene Verkehrswissenschaften – Anwendung mit Konzept
hrsg. im Auftrag des Deutschen Verbandes für Angewandte Geographie
von Arnulf Marquardt-Kuron und Konrad Schliephake
in Material zur Angewandten Geographie (MAG), Band 26, Bonn 1996

So stießen die weit raumgreifenden Datensammlungen von Herold (1990, vgl. auch Herold & Schliephake 1994) zu den "Chancen einer Dritten (Eisenbahn–) Magistrale" zwischen Süddeutschland und den neuen Bundesländern etwa im Gefolge einer Achse Basel–Stuttgart–Würzburg–Erfurt–Berlin nur in unserer Region auf Enthusiasmus. Auf Bundesebene sah und sieht man eine solche schnelle, elektrifizierte Eisenbahnachse in einer Zeit schrumpfender Bahnanteile am Verkehrsmarkt und konkurrierender Nord–Süd–Projekte (DB–Neubaustrecke Nürnberg–Bamberg–Erfurt) eher als Spielerei an. Daneben spielt der Thüringer Wald als perzipiertes oder tatsächliches Verkehrshindernis wohl auch eine Rolle.

Umso größer war die Überraschung, als in den "Verkehrsprojekten Deutsche Einheit" bereits 1990/91 die Trasse einer Schnellstraße Schweinfurt–Erfurt auftauchte, die sich bald zu einem veritablen Autobahnprojekt mauserte. Eine schnelle Straßenverbindung, die die beiden Wirtschaftsräume Unterfranken und Südthüringen – einschließlich des zentralen Thüringer Beckens – erschließt, hatte man sich in der Region gewünscht, aber keine internationale Transitautobahn in dem oben skizzierten und in der verkehrsräumlichen Orientierung sicherlich vorhandenen "schrägen Durchgang". Die folgenden Kapitel wollen daher, aufbauend auf früheren Studien der Autoren, Entwicklung und Sachstand der Verkehrsprojekte für Straße und Schiene skizzieren, zum anderen das Verhalten der regionalen Körperschaften und Meinungsträger miteinbringen.

Das Projekt der Autobahn Schweinfurt–Erfurt

Die Dynamik, die dieses Projekt seit seiner ersten Vorstellung 1990 entwickelt hat, kontrastiert stark mit dem Eisenbahn–Vorhaben. Dies ist insbesondere Ergebnis einer staatlichen Verkehrspolitik, die jenseits aller Bekenntnisse und kosmetischer Korrekturen auf den Verkehrsträger Straße setzt. Geographen widmen sich oft dem Infrastrukturelement "Straße" wenig liebevoll bzw. sehr knapp. Das ist durchaus ein Fehler. Wer als Wissenschaftler versucht, objektiv an sein Aufgabenfeld heranzugehen, muß sich auch mit der quantitativen Relevanz der Einzelelemente seines Forschungsgegenstandes auseinandersetzen (siehe Schliephake im gleichen Band).

Die Entwicklung des Straßenverkehrs

Wie überall in Europa überflügelte der Straßenverkehr mit seinen Leistungen seit den 1950er Jahren schrittweise die übrigen Verkehrsträger, in Deutschland noch mit dem Startvorteil, ein rudimentäres Autobahnnetz (1950: 2.100 km Länge oder 1,6 % des Gesamtnetzes) vorzufinden. Das "Wirtschaftswunder" erkor die individuelle Motorisierung zum Symbol des Wachstums und als Bestimmungsgröße für den Infrastrukturausbau gemäß Abbildung 1. Bis in die 80er Jahre sollten Straßen– und Autobestand im gleichen Rhythmus wachsen. Die notwendigen Investitionen standen ohne große Diskussion bereit; von 1960 bis 1992 investierten die öffentlichen Hände (mindestens) 554,2 Mrd. DM im Straßenbau, das waren 56,5 % der gesamten Verkehrsin-

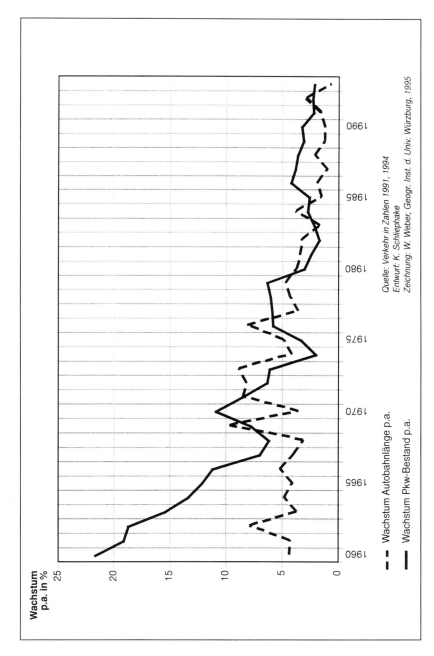

Abbildung 1: *Wachstum des Pkw-Bestandes und der Länge der Autobahnen pro Jahr in Deutschland (West) von 1960 bis 1992*

Tabelle 1: *Entwicklung der Personenverkehrsleistungen und Anteil der Verkehrsträger in Deutschland (West) von 1960 bis 1992*

Jahr	Autobahnen	übr. Straßen	Eisenbahn	Luftverkehr (Inland)	Gesamt in Mrd. Pkm
1960	9,9%	67,6%	22,2%	0,3%	252,2
1970	17,1%	71,4%	10,8%	0,7%	453,2
1980	32,7%	59,1%	7,4%	0,8%	591,6
1990	32,7%	59,1%	7,4%	0,8%	712,0
1992	34,0%	57,4%	7,7%	0,9%	735,1

Quelle: Berechnet von K. Schliephake nach Verkehr in Zahlen 1991, S. 178, 309–311; 1993, S. 108, 199.

vestitionen. Straßenbau sah man als das Instrument der regionalen Entwicklung par excellence (siehe Gatzweiler et al. 1991), wobei heute die Frage sicher müßig ist, ob erst der gesellschaftliche Bedarf oder erst das – im Vergleich zu anderen Verkehrsmitteln – bessere Straßennetz da waren. Jedenfalls reagierten die Bundesbürger alt und (seit 1990) neu positiv und verfielen in einen "Mobilitätsrausch", dessen Ende noch nicht abzusehen ist. Wie Tabelle 1 zeigt, legt heute jeder Bundesbürger (West) 32 km am Tag motorisiert zurück (davon 91,4 % auf der Straße und 82 % mit privatem Pkw), in den neuen Bundesländern ist mit 22 km (davon 89,7 % auf der Straße und 80,5 % mit Pkw) der Weststandard noch nicht ganz erreicht (zur Diskussion vgl. Schliephake & Schulz 1991; 1994b).

Im Güterverkehr erreichte die Straße erst um 1980 die absolute Vorherrschaft auf dem Transportmarkt, wie aus Tabelle 2 zu erkennen ist. Enorme staatliche Investitionen (s.o.), aber auch der technische Fortschritt im Kraftfahrzeugbau ließen die Transportkosten für den Straßenverkehr mit +2,6 % p.a. zwischen 1960 und 1992 spürbar geringer steigen als die allgemeinen Lebenshaltungskosten (+3,4 % in der gleichen Zeit), d.h. der Straßentransport wurde immer preiswerter.

Als besonders bedeutsam bei dieser Entwicklung zeigte sich der "Kanalisierungseffekt" der Autobahnen. Obwohl sie mit 9.135 km nur 5,2 % des klassifizierten bzw. 3 % des gesamten außerörtlichen Straßennetzes ausmachen, wickeln sie nach Tabelle 1 und 2 schätzungsweise 34 % des Personenverkehrs und 32 % des Güterverkehrs ab

Tabelle 2: *Gütertransport einschließlich Nahverkehr nach Verkehrsmitteln in Deutschland (West) von 1960 bis 1992*

Jahr	Autobahn	übr. Straßen	Eisenbahn	Binnenschiff	Erdöl-leitungen	Gesamt in Mrd. Tkm
1960	4,0%	28,0%	37,4%	28,5%	2,1%	142,0
1970	9,0%	27,3%	33,2%	22,7%	7,8%	215,2
1980	19,8%	29,0%	25,5%	20,1%	5,6%	255,0
1990	28,5%	28,2%	20,6%	18,3%	4,4%	299,7
1992	32,1%	28,5%	17,8%	17,4%	4,2%	318,5

Quelle: Berechnet von K. Schliephake nach Verkehr in Zahlen 1991, S. 178, 341–343; 1993, S. 108, 219.

(alle Verkehrsträger, einschl. Nahverkehr; berechnet nach DTV–Werten aus Verkehr in Zahlen 1993). Durchschnittlich rollen über jeden Autobahnkilometer in 24 Stunden 43.600 Kraftfahrzeuge, die Zuwachsquote liegt derzeit bei +4,4 % pro Jahr. Allein schon aus diesen Daten und Projektionen heraus (Kessel u.a. prognostizierte 1991 eine Zunahme des Straßengüterverkehrs bis 2010 um 2,5 % p.a.) erscheint Autobahnbau in Erfüllung eines (realen oder postulierten?) Nachfragezuwachses weiterhin volkswirtschaftlich unvermeidlich. Es sind dies die Datensätze und daraus resultierenden Argumente, mit denen das Projekt vorangetrieben wird.

Die A 71 – Projekt und Verkehrsdaten [1]

Projekte größerer Straßenbauvorhaben sind nicht überaus spektakulär: Da sich diese erst im Planungsstadium befinden, können sie noch nicht den echten Eindruck der späteren Verkehrslandschaft vermitteln. Es bedarf also einer nicht unerheblichen Vorstellungskraft, um sich die raumwirksamen Folgen der verkehrsplanerischen Entscheidungen zu veranschaulichen. Andererseits werden in dieser abstrakten Phase der Planung und Abwägung die Entscheidungen über die spätere Ausführung dieses Bauprojektes getroffen. Die hohen Anforderungen, um die Raumwirksamkeit und Folgewirkungen durch imaginäre und perspektivische Abwägung adäquat zu evaluieren, sollen hier im Mittelpunkt der Betrachtung stehen: Raumbedeutsame Entscheidungsprozesse zur geplanten Autobahn A 71.

Planungsgeschichte

Die Planungsregion Main−Rhön weist durch ihre Lage im Nordosten des Regierungsbezirks Unterfranken eine Vielzahl von entwicklungshemmenden Lagemomenten auf. Das gravierendste Lagemoment stellte dabei die Grenzrandlage zur ehemaligen DDR dar, welche über 40 Jahre die Kommunikations− und Entwicklungsmöglichkeiten nach Nordosten weitgehend unterband. Die Grundorientierung der Region bestand hauptsächlich Richtung Westen und Süden. Erst durch den Wegfall des "Eisernen Vorhangs" 1990 eröffneten sich Möglichkeiten, die Vorkriegsverbindungen nach Thüringen wiederaufzunehmen. Einem raschen wirtschaftsräumlichen Zusammenwachsen der beiden Regionen Main−Rhön und dem angrenzenden Südthüringen standen dabei die unzureichenden Verkehrsverbindungen entgegen: Sei es, daß die bestehenden Verkehrswege aus der Vorkriegszeit nicht erweitert und damit dem plötzlich einsetzenden massenhaften Verkehr nicht gewachsen waren (z.B. die bestehende Bundesstraße 19), sei es daß die Verbindungen gekappt waren und, wie z.B die Lükken der ehemaligen Schienenstrecke Schweinfurt−Erfurt, erst wieder geschlossen werden mußten (Wagner 1992).

Die Hauptlast der wirtschaftsräumlichen Austauschbeziehungen trugen somit vor allem die bestehenden Straßenverbindungen. Die im wesentlichen einzige tragfähige überörtliche Verbindung zu Südthüringen bestand in der Region Main−Rhön nur durch die B 19 zwischen Schweinfurt und Meiningen. Sie kanalisierte den Austausch von Waren und Personen: Eine Zunahme des Verkehrsaufkommens bis zum zehnfachen der Kfz−Menge auf einigen Streckenabschnitten war damit sichtbarer Ausdruck der rasch aktivierten Austauschbeziehungen zwischen den benachbarten Regionen (siehe Tab. 3). Aber auch bereits vor der Grenzöffnung lag die Verkehrsmenge auf der B 19 in einigen Abschnitten mit über 10.000 Kfz in 24 Stunden an der oberen Kapazitätsgrenze (Straßenbauamt Schweinfurt 1993a).

Nicht zu übersehen ist die Tatsache, daß die Verkehrsnachfrage auf der B 19 außerhalb des eigentlichen Lückenschlusses (Abschnitt Mellrichstadt−Landesgrenze) kaum stärker gestiegen ist als etwa auf der parallelen Rhönautobahn. Zwischen 1990 und 1993 gingen sogar die Pkw−Zahlen leicht zurück, während der Lkw im Trend kontinuierlich zulegt.

Bedarf und Kosten−Nutzen−Evaluierung

Der implizierte politische Handlungsbedarf bestand in der raschen Bereitstellung nachfragegerechter Verkehrsinfrastrukturen. Bereits 1990 führte das Bundesministerium für Verkehr (BMV) anhand des Bestandes und der zu erwartenden Verkehrszunahme eine Analyse des Ausbaubedarfs im Bereich der Fernstraßen durch. Im Vorgriff auf den Bundesverkehrswegeplan 1992 [2] bestimmte das Bundeskabinett im April 1991 die "Verkehrsprojekte Deutsche Einheit" (VDE), welche sämtliche Lückenschlußmaßnahmen zur Verbindung der überörtlichen Zentren gewährleisten sollten. Diese Verkehrsprojekte sind als "Vordringlicher Bedarf" eingestuft. Damit besitzen sie

Tabelle 3: *Straßenachse (Schweinfurt)—Meiningen und Rhön—Autobahn — Entwicklung der Verkehrsmengen/24 Stunden von 1975 bis 1993 (DTV—Werte)*

Zählstelle	Fahrzeugtyp	1975	1985	1990	1993	Zunahme p.a.
B19	Pkw	4098	6599	10730	10526	+5,3%
nördlich	Lkw	642	841	1197	1374	+4,3%
Münnerstadt	Gesamt	4740	7440	11927	11900	+5,2%
B19 zwi. Mell—	Pkw	677	871	9835	6635	+13,5%
richstadt u.	Lkw	113	173	421	868	+12,0%
Landesgrenze	Gesamt	790	1044	10256	7503	+13,3%
Rhön—Autobahn	Pkw	13825	19738	27449	30184	+4,4%
zwi. Oberthulba	Lkw	2359	3767	5554	7220	+6,4%
u. Bad Brück	Gesamt	16184	23505	33003	37404	+4,8%

Quelle: Berechnet von K. Schliephake nach DTV—Werten der Ob. Baubehörde im Bayer. Staatsministerium d. Innern.

erste Priorität in der Bedarfsfestlegung des Fernstraßenausbaus und sollten bis zum Jahre 2012 abgeschlossen sein [3]. Als solches wurde auch das Projekt Nr. 16 eingestuft, das als Autobahn A 81 (neu A 71) und A 73 zwischen Schweinfurt bzw. Bamberg und Suhl weiter nach Erfurt einen vierstreifigen Fernstraßenneubau beinhaltete (VDE 1992).

Sämtliche "Verkehrsprojekte Deutsche Einheit" wurden einem für den Verkehrswegeplan '92 überarbeiteten Bewertungsverfahren in Form einer Kosten—Nutzen—Analyse unterzogen (BMV 1993), welche anhand der monetarisierbaren Effekte die Rentabilität der Vorhaben untersuchte [4]. Das so ermittelte Kosten—Nutzen—Verhältnis ging zu rund 60 % in die weitergehende Bewertung des Verkehrsprojektes ein; die verbale Abwägung der nichtmonetarisierbaren Effekte war als Entscheidungsgröße zu rund 40 % ausschlaggebend [5].

Der bis dahin vollzogene Entscheidungsprozeß folgte im wesentlichen streng analytischen Vorgaben. Eine Beeinflussung durch externe, beispielsweise regionale Interessen konnte weitgehend ausgeschlossen werden, wiewohl die Träger öffentlicher Belange in der Region über den Stand der Bewertungsverfahren in Kenntnis gesetzt wurden und um ihre Stellungnahme gebeten waren [6].

Beginn der technischen Planung

Feststellung und Beschluß des Fernstraßenausbaus

Mit Inkrafttreten des "Gesetzes zur Änderung des Fernstraßenausbaus" (4. FStr AbÄndG) war das Vorhaben legalisiert, indem es von Bundestag und Bundesrat im September 1993 verabschiedet wurde. Dieses Gesetz regelt darüber hinaus auch die Einstufung der Dringlichkeit der jeweiligen Straßenbauprojekte entsprechend des o.g. Bedarfsplans. Auf regionalplanerischer Ebene trägt das Vorhaben den Vorgaben des jüngsten Bayerischen Landesentwicklungsprogrammes 1994 Rechnung, welches in der Region Main–Rhön den Ausbau einer leistungsfähigen Verkehrsinfrastruktur zur besseren Verbindung der südthüringischen mit den unterfränkischen Zentren fordert [7].

Beginn konkreter Planungen und Voruntersuchungen

Da die ersten Überlegungen des Verkehrsministeriums noch vom Ausbau der bestehenden regionalen Fernstraße B 19 ausgingen, beauftragte das Land Bayern das Straßenbauamt Schweinfurt mit der Durchführung der vorbereitenden Planungen zur Trassenfindung. Auch nach der Entscheidung des BMV im Februar 1992, die B 19 zur Autobahn A 71 auszubauen, blieb die Planungsverantwortlichkeit im Bereich des Straßenbauamtes Schweinfurt, obwohl Autobahnbauvorhaben üblicherweise in der Zuständigkeit der Autobahndirektionen angesiedelt sind (siehe Beitrag von K. Rehm in diesem Band, S. 351).

Im Rahmen der Vorplanungen zur A 71 entstanden zahlreiche Studien zu Trassenführung (Überprüfung von über 500 km möglicher Trassierung), Umweltverträglichkeit (UVS – Umweltverträglichkeitsstudien) und Verkehrsaufkommen, welche in die Entscheidungsgrundlagen zum daran anschließenden Raumordnungsverfahren eingingen (Straßenbauamt Schweinfurt 1993b). Die Einleitung des Raumordnungsverfahrens bei der Regierung von Unterfranken erfolgte bereits im November 1993 und mußte innerhalb von vier Monaten abgeschlossen sein. Das Ergebnis des Raumordnungsverfahrens für den bayerischen Teilabschnitt der A 71 lag am 7. März 1994 vor (Regierung von Unterfranken 1994).

Die Etappen des Entscheidungsprozesses zur A 71 lassen sich bis dahin folgendermaßen skizzieren (siehe Abb. 2). Neben der wechselnden Zuständigkeit variierten auch die Akteure und Entscheidungsträger. Ebenso nahm mit fortschreitender Planung auch die räumliche Generalisierung ab, vom stark abstrakten hin zum unmittelbar exakten räumlichen Verortungsgrad.

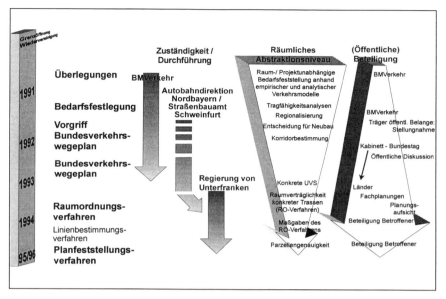

Abbildung 2: *Schema des räumlichen Entscheidungsprozesses zur A 71 Entwurf und Zeichnung: M. Niedermeyer*

Raumordnerische Überprüfung

In der landesplanerischen Beurteilung der Regierung von Unterfranken als regionale Kontrollinstanz des Bayerischen Ministeriums für Umwelt und Landesentwicklung werden die generellen Fragen der Raumverträglichkeit von Großprojekten nochmals umfassend bewertet und gegeneinander abgewogen. Somit ist dieser Überprüfung eine besondere Bedeutung beizumessen.

Erst nach deren positiven Bescheid können Detailplanungen mit Außenwirkung, wie z.B. das Planfeststellungsverfahren mit verbindlichen Bauplanungen, durchgeführt werden. Insofern kommt der raumordnerischen Überprüfung dieses Autobahnvorhabens eine besondere Raumrelevanz zu, was eine umfassende und übergreifende Abwägung der Folgewirkungen erfordert (vgl. dazu auch Lutter 1992).

Anstelle der einzelnen sektoralen oder räumlichen Teilabwägungen sei nunmehr der synthetisierende Abwägungs– und Entscheidungsprozeß der raumordnerischen Bewertung an ausgewählten Beispielen aus dem bayerischen Teilabschnitt der A 71 dargestellt [8]. Abbildung 3 verdeutlicht hierbei die Lage der zu bewertenden Teilabschnitte der Autobahnen im Raum Unterfranken, Oberfranken und Südthüringen.

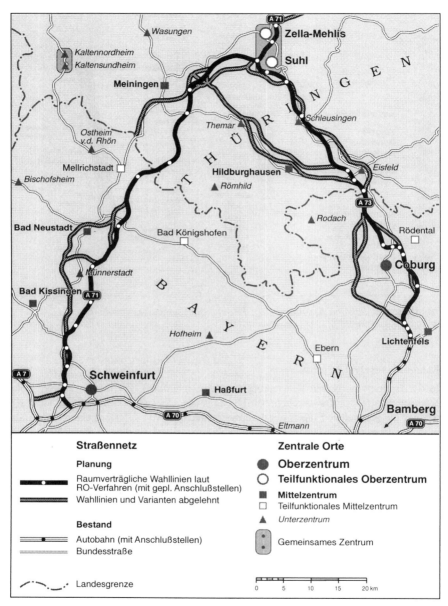

Abbildung 3: *Planungen zur A 71/A 73 − Entwurf: M. Niedermeyer*
Kartographie: W. Weber, Geographisches Institut, Universität Würzburg 1995

Der landesplanerische Entscheidungskonflikt

Die landesplanerische Entscheidung und Abwägung der Vor- und Nachteile raumrelevanter Großprojekte im Sinne der klassischen Nutzwertanalyse stößt auf erhebliche Bewertungsschwierigkeiten. Grund hierfür sind die Mischung unterschiedlicher Skalenniveaus in der Bewertung der Folgewirkungen (z.B. monetärer und nicht-monetarisierbarer Folgen) sowie die Unvereinbarkeit der verschiedenen Argumentationsniveaus (z.B. emotionale gegen sachbezogene Argumente). Dennoch ist es Aufgabe der raumordnerischen Bewertung, eine möglichst ganzheitliche Abwägung zu treffen und die Anliegen der verschiedenen Bedenkenträger wie Befürworter angemessen zu berücksichtigen.

Die Schwierigkeit derartiger Bewertungen besteht in der Abwägung der raumwirtschaftlichen Erschließungsvorteile gegenüber den induzierten, überwiegend ökologischen Nachteilen. Aus diesem Grunde wird der in das Raumordnungsverfahren integrierten Umweltverträglichkeitsprüfung (UVP) besonderes Gewicht zugemessen.

Ebenso besteht in der allgemeinen Diskussion kein Konsens über die tatsächlichen regionalen Erschließungsvorteile derartiger Straßenbaugroßprojekte.

Raumwirtschaftliche Entwicklung

Im Rahmen der raumwirtschaftlichen Erschließungsvorteile werden an erster Stelle die positiven Folgewirkungen auf Industrie und Gewerbe genannt. Von der Verbesserung der Erreichbarkeit wird die Freisetzung positiver gewerblicher Entwicklungspotentiale erwartet (vgl. Frerich, Helms & Kreuter 1975). Potentiale können jedoch von sich aus keine unmittelbare Raumwirksamkeit entfalten, sondern kommen erst durch die Inanspruchnahme durch die "freie Wirtschaft" zum Tragen – Potentiale müssen in Wert gesetzt werden! Dadurch können die meisten positiven gewerblichen Entwicklungsperspektiven nur hypothetisch formuliert werden.

Demgegenüber argumentieren die ablehnenden Stimmen – meist Bürgerinitiativen im Verständnis politischer Interessengemeinschaften – breitenwirksam und anscheinend legitimiert durch eine breite Öffentlichkeit. Die zu erwartenden Nachteile erscheinen – anders als die hypothetischen Entwicklungsvorteile – definitiv und bereits im voraus durch ihren zwangsläufigen Charakter klar absehbar. Als nachteilig werden v.a. die regionsexogenen Wirkungen beurteilt, wie z.B. der nicht-regionale Durchgangsverkehr sowie der zusätzlich induzierte Verkehr, der ex-ante nicht genau abschätzbar ist.

Obwohl die Argumentationsskalen auf unterschiedlichen Niveaus (definitive versus potentielle Folgewirkungen) angesiedelt sind, leiden die auf perspektivische Argumente ausgerichteten Befürworter unter einem nicht unerheblichen Legitimationsdefizit. Dieser Umstand erschwert die sachgerechte Diskussion um die tatsächliche Raumwirksamkeit derartiger Vorhaben wesentlich (analog hierzu auch: Karl & Nienhaus 1989).

Im Ergebnis des Raumordnungsverfahrens wurde der A 71 ein erhebliches Raument-wicklungspotential zugestanden, welches sich vor allem aus den regionalen Entwick-lungsdefiziten aufgrund der bisherigen peripheren Lagemomente ableitet (entspre-chend auch Eckey & Horn 1992). Sowohl Vergleichsuntersuchungen zur Rhönauto-bahn A 7 wie zur Maintalautobahn A 70 räumen dem Fernstraßenneubauprojekt eine erhebliche Erschließungsfunktion mit deutlichem gewerblichen Entwicklungspotential ein (Maier & Radenz 1983; Lutter 1981; BMV 1975).

Anhand der folgenden drei Problemfelder sollen Dimensionen und Hierarchien der raumbedeutsamen Entscheidungskonflikte exemplarisch gezeigt werden.

Problemfelder und Handlungsebenen

Für den "technischen" Vollzug der Fernstraßenplanung sind das legale und planeri-sche Instrumentarium klar vorgegeben. Die regionalpolitische und ökologische Be-wußtwerdung der betroffenen Bürger und regionalen Körperschaften machen jedoch das Agieren der Administration immer schwieriger. Während die Bürger das Gefühl haben, hilflos wie von einer Dampfwalze überrollt zu werden, vermutet die Admini-stration hinter jeder Hecke Verhinderer und Quertreiber, die mit vorgeschobenen öko-logischen Argumenten nur das Ziel verfolgen, in ihrem Wohnumfeld ungestört zu bleiben – statt ein kleines Opfer für die Allgemeinheit, sprich den europaweiten Tran-sitverkehr, bringen zu wollen.

Problemfeld 1: Ausbau oder Neubau

Drei generelle Varianten der Verkehrsgestaltung waren im Rahmen der A 71 zu über-prüfen:

–   die Nullvariante, also die Zunahme des Verkehrsaufkommens ohne irgendwel-che Ausbaumaßnahmen;

–   der Ausbau der bestehenden B 19 zu einer vierspurigen Fernstraße mit höhen-gleichen Kreuzungen;

–   die Möglichkeit des separaten Ausbaus zur Bundesautobahn ohne Kreuzungsver-kehr und auf einer neugestalteten Trasse.

Anhand der im Verkehrswegeplan '92 zugrundeliegenden Verkehrsprognosen bis zum Jahre 2010 mußte trotz restriktiver Eingriffe in die Verkehrswirtschaft mit einer weite-ren erheblichen Zunahme des Straßenverkehrs um rund 25 % gerechnet werden [9]. Trotz der unvermeidlichen Folgewirkung, durch den geräumigen Fernstraßenausbau Durchgangsverkehr anzuziehen und damit neuen, regionsfremden Verkehr zu produ-zieren, wurde der Neubau A 71 als raumverträgliche Lösung beschieden. Die positi-ven regionalen Entwicklungseffekte wurden höher als die induzierten Nachteile einge-schätzt: Der Anteil des Durchgangsverkehrs wird auf maximal 25 % des Verkehrsauf-kommens prognostiziert. Überdies soll durch die hohe Anzahl der Anschlußstellen (9

Anschlußpunkte bei 55 km Streckenlänge) der Charakter der Regionalautobahn gesichert werden.

Daneben ist in der raumordnerischen Begutachtung eine deutliche Abfolge der Entscheidungshierarchien zu erkennen:

– möglichst geringe landschaftliche Neuzerschneidungeffekte, v.a. Schonung von Waldgebieten;

– Schutz der Siedlungsinteressen (Lärmschutz, ausreichende Erweiterungsflächen) vor ökologischen Interessen;

– Schutz von Wassereinzugsgebieten hat unbedingten Vorrang.

Neben den neuen Belastungen wurden aber auch Entlastungseffekte berücksichtigt, die durch den Rückbau und die Abstufung bestehender Straßen zu erreichen waren. Besonders durch die Rückstufung der B 19 soll die derzeitige Querung wichtiger Wasserschutzgebiete umgangen werden (z.B. die Schutzzone II im "Langen Schiff" zwischen Münnerstadt und Schwarzer Pfütze). In Unterfranken mit seiner z.T. sehr empfindlichen hydrogeologischen Struktur und einem aus der starken Verkarstung (Muschelkalk) und geringen Niederschlägen resultierenden potentiellen Grundwasserdefizit kommt dieser zukunftsgerichteten Perspektive zunehmende Bedeutung zu. Als Vorteil gegenüber der bestehenden Straßenführung der B 19 muß auch der Entlastungseffekt durch Verlegung des Ortsdurchfahrtsverkehrs eingestuft werden. Besonders im oberen Streutal, zwischen Bad Neustadt und Mellrichstadt, sind die engen Ortsdurchfahrten zahlreicher Dörfer bei Belastungen von über 10.000 Kfz pro Tag Ursache für extreme Lärm– und Abgasimmissionen.

Problemfeld 2: Maßgaben des Raumordnungsverfahrens

Neben der Beurteilung der drei Wahlmöglichkeiten im Hinblick auf ihre Raumverträglichkeit erlegte die Regierung von Unterfranken als Raumordnungsinstanz auch zusätzliche Maßgaben beim Bau der Autobahn auf.

Unter Berücksichtigung dieser Maßgaben entsprachen die Wahllinie Ost und die Variante 3 den raumordnerischen Belangen. Im Sinne der o.g. Entscheidungshierarchien wurde beispielsweise verlangt, ein zusätzliches Brückenbauwerk anstelle eines Dammes bei der Querung des Talwassertales zu errichten. Die geringeren Zerschneidungseffekte werden allerdings durch die hohen Baukosten für Brückenbauwerke von etwa 60.000 DM pro Brückenmeter vergleichsweise teuer kompensiert. Bei Gesamtkosten von 12 bis 13 Mio. DM je Autobahnkilometer könnten sich somit die geschätzten Kosten der A 71 von 740 Mio. DM auf bayerischer Seite bis zur Landesgrenze rasch erhöhen.

Auch gestaltet sich der Aufkauf der benötigten Flächen für Bau– und Ausgleichsmaßnahmen (ca. 395 ha, wofür 330 ha für den Straßenkörper A 71 und 65 ha für die Zubringerstraßen veranschlagt sind) dann besonders kostspielig, wenn v.a. Waldflächen geschont werden müssen und Ackerflächen aufzukaufen sind. Je nach Bonität der

Ackerflächen sind zwischen 2,80 DM/qm (bis zu 60 Punkten) und z.T. bis zu 10 DM/qm (bei sehr guten Böden) aufzuwenden. In der Summe sind somit für den Grunderwerb weitere 65 Mio. DM vorgesehen [10].

Problemfeld 3: Individualinteressen versus Gemeinwohl

Als grundlegendes Problemfeld stellt sich meist der Konflikt zwischen Individualinteressen und dem Allgemeinwohl dar, der besonders bei Großprojekten zum Tragen kommt. Dabei lassen sich drei Maßstabsebenen unterscheiden.

– Makroebene

Die Makroebene beinhaltet für das dargestellte Beispiel A 71 die überregionale bis nationale Maßstabsdimension. Wie bereits weiter oben deutlich wurde, ist auf dieser Ebene zu entscheiden, inwieweit regionale Effekte durch komparative Erschließungsnutzen (Schaffung wirtschaftsräumlicher Lagevorteile) die einhergehenden Defizite (Verkehrsinduzierung, Zerstörung naturräumlichen Potentials) kompensieren können. Aufgrund unterschiedlicher Raum– und Wertvorstellungen (Ante 1991) und individueller Befindlichkeiten ist in dieser Frage selten geschlossene Einmütigkeit unter den regionalen Interessenträgern bzw. auch nicht zu den übergeordneten Fachplanungen (z.B. Bundesverkehrsminsterium) herzustellen.

– Mesoebene

Auf der Mesoebene der innerregionalen und lokalen Entscheidungsträger prägen sich die latent differenzierenden Raumbewertungen zugunsten der rein lokalen Perspektive aus. Zunehmend individual–utilitaristische Argumente bestimmen das Verhalten von betroffenen Gemeinden gegenüber den übergeordneten Planungs– und Entscheidungsinstanzen, welche oftmals bereits durch diesen "pejorativen Machtvorsprung" von den lokalen Repräsentanten mit Argwohn betrachtet werden.

Mittel– und Oberzentren entlang der Trasse begrüßen das Vorhaben nachhaltig (vgl. z.B. für die Stadt Suhl Hammernick 1994). Ebenso ist auch bei den meisten Gemeinden in Südthüringen breite Zustimmung zu erkennen (vgl. z.B. für die Kleinstadt Themar im Werratal Niedermeyer 1994), wohingegen die bereits verkehrlich besser erschlossenen Dorfgemeinden in den alten Bundesländern dem Vorhaben überwiegend ablehnend gegenüberstehen.

Anders als bei den größeren Städten verhält es sich mit kleineren Gemeinden, die für den zu erwartenden Verlust an Agrarfläche und Wohnstandortattraktivität keinen Gegenwert sehen, wie das Beispiel Geldersheim auf der "Mesoebene" zeigt (vgl. Abb. 4).

Geldersheim/Lkr. Schweinfurt ist als ehemaliges Agrardorf mit fruchtbaren Böden im oberen Werrntal naturräumlich gut ausgestattet. Mit 2.453 Einwohnern (31.12.1993) und der direkten Nachbarschaft zum nur 3 km entfernten Oberzentrum Schweinfurt verfügt der Ort darüber hinaus über eine gute Verkehrslage: Die Bundesstraße 19 – ehemals den Ort durchquerend, heute als Ortsumgehung – ist ebenso nah wie die nur wenige Kilometer südlich verlaufende und mit einer Anschlußstelle an die B 19 direkt angebundene Autobahn A 70. 83 % der 1.008 Auspendler hatten 1987 ihren Arbeits– oder Ausbildungsplatz somit im benachbarten Schweinfurt [11]. 1993 gab es noch 52 landwirtschaftliche Betriebe, wobei nurmehr 12 Betriebe rentable Flächengrößen von 30 und mehr Hektar bewirtschafteten [12]. Auf den guten Lößlehmböden, die Bonitäten von bis zu 90 Punkten aufweisen, werden hauptsächlich Weizen und Zuckerrüben angebaut.

Der Bau der A 71, der das Werrntal im Westen von Geldersheim queren soll, wird von der Gemeinde Geldersheim heftig abgelehnt. Nachdem die Gemeinde in den letzten Jahren 50 bis 60 ha für den Siedlungsausbau aus der landwirtschaftlichen Produktion genommen hat, erscheint ihr der für den Autobahnausbau notwendige Flächenbedarf von 30 ha als existenzbedrohend für die lokalen Vollerwerbslandwirte. Dem ist in gewissem Maße zuzustimmen, wenn man bedenkt, daß unter streng ökologischen Anbaubedingungen die Nachbarschaft einer Fernverkehrsstraße den erzielbaren Verkaufserlös der angebauten Produkte möglicherweise mindern könnte. Abgesehen von diesen singulären, verkaufspsychologischen Einbußen erwachsen dem Landwirt hieraus jedoch keine weiteren Nachteile. Ebenso findet auch keine generelle Qualitätsbewertung des Getreides hinsichtlich des Produktionsstandortes statt, wenngleich dies gelegentlich behauptet wird.

Auch aus dem Blickwinkel der Siedlungsexpansion sähe sich Geldersheim schlechter gestellt. Da ein großer Teil der östlichen Gemarkung bereits durch den Flughafen der amerikanischen Streitkräfte belegt ist, blieben als potentielle Expansionsflächen für zukünftige Siedlungstätigkeit nurmehr Gebiete in westlicher Richtung zur Autobahn hin. Da es sich hierbei jedoch weder um die einzigen Freiflächen in Ortsnähe noch um bereits im Flächennutzungsplan vorgesehene Erweiterungsflächen handelte, hat das Raumordnungsverfahren diesen Einwänden nicht stattgegeben.

Da die politische Gemeinde keinen Erfolg in ihrer ablehnenden Stellungnahme sah – möglicherweise auch aus den o.g. generellen Vorbehaltsgründen –, versuchte sie auf dem Wege der öffentlichkeitswirksamen Bürgerinitiative mit spektakulären, aber kommunalpolitisch inadäquaten Maßnahmen, ihren Befürchtungen und Vorbehalten Ausdruck zu verleihen.

(Foto: M. Niedermeyer)

Neben Protestveranstaltungen wurden auch stationäre "Mahnmale" installiert. Das Foto zeigt ein solches "Mahnmal" gegen den Autobahnbau, das auch von der politischen Gemeinde – zumindest – geduldet wurde: Ein entlang der B 19 aufgestellter, alter Mähdrescher, der zum Protest aufruft.

Abbildung 4: *Der lokale Interessenkonflikt am Beispiel Geldersheim*

– Mikroebene

Auf der untersten Entscheidungsebene treten die Aspekte der übergeordneten Raumwirksamkeit zugunsten individualspezifischer Komponenten weitgehend zurück. Auch von raumordnerischer Seite ist in vielen Fällen den allgemeinen Interessen größeres Gewicht als dem einzelfallspezifischen Anliegen beizumessen. So kann es immer wieder zu schwer zu rechtfertigenden Entscheidungen gegen die Grundrechte eines Einzelnen kommen, wenn in der Abwägungshierarchie höhergestellten Zielen Vorrang einzuräumen ist.

Ein exponiertes Beispiel hierfür ist die Situation landwirtschaftlicher Aussiedlerhöfe in Einzellage, in deren Nähe die geplante Autobahntrasse zum Liegen kommt. Aufgrund der bereits im Betrieb der Landwirtschaft angelegten eigenen Lärmentwicklung der Gehöfte erscheint auch aus schallschutzrechtlicher Sicht nicht vertretbar, aktive oder passive Schallschutzmaßnahmen auf Kosten der Allgemeinheit durchzuführen. Anders hingegen bei Wohngebieten, welche die Autobahn in weniger als als 500 m Entfernung passiert.

Die hierbei vorgeschriebenen aktiven und passiven Schallschutzmaßnahmen (Lärmwall und Schallfenster) sollen neben der Erhaltung gleich bleibender Wohnqualität auch dem Allgemeininteresse auf körperliche Unversehrtheit dienen.

Dem im Einzelfall stark beeinträchtigten Aussiedlerlandwirt ist eine derartige formaljuristische Begründung jedoch nur schwer zu vermitteln.

Die Schienenstrecke von Schweinfurt nach Meiningen/Suhl und der Lückenschluß

Um die Hauptbahn (Stuttgart–)Würzburg–Schweinfurt–Erfurt(–Berlin) ranken sich in Franken allerlei Mythen. Tatsache ist, daß sie von allen zweigleisigen Schienenstrecken, die bis 1945 die nachmalige Grenze zwischen den beiden Teilen Deutschlands querten (vgl. Abb. 5), mit die geringste Frequenz an Schnellzügen hatte (nämlich vier D– und zwei Eilzüge in jeder Richtung), wobei Bad Kissingen (mit Kurswagen von Berlin) ein bedeutendes Ziel war. 1939 fuhr man von Stuttgart nach Berlin über Nürnberg–Probstzella bis zu zwei Stunden schneller als über Schweinfurt–Erfurt. Mit der schwierigen Trassierung der Rampen zum Brandleitetunnel (s.u.) und dem Zwang zum Umspannen in Würzburg und Schweinfurt war der Korridor trotz seines zweigleisigen Ausbaus weniger leistungsfähig als alternative Linien durch natürliche Talungen.

Aufbau und Zerstörung

Die an anderer Stelle veröffentlichten Details (v.a. Schliephake 1994a; Herold & Schliephake 1994) sollen hier nur kurz referiert werden. Das Deutsche Reich stärkte

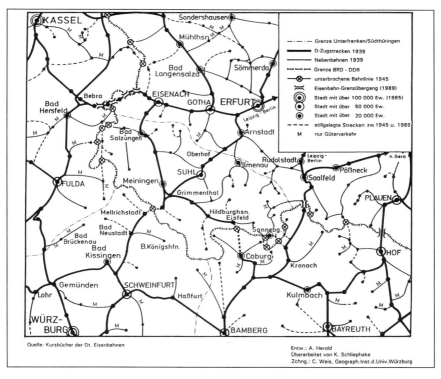

Abbildung 5: *Das Eisenbahnnetz im fränkisch–thüringischen Grenzgebiet – Entwicklung 1945 bis 1990*
Quelle: Kursbücher der Deutschen Eisenbahnen; Entwurf: A. Herold; überarbeitet von K. Schliephake; Zeichnung: C. Weis, Geographisches Institut der Universität Würzburg

v.a. ab 1871 seine "schrägen Durchgänge" zwischen der Reichshauptstadt Berlin und der weiterhin militärisch sensiblen Westgrenze zu Frankreich. Allerdings folgte dem bayerischen Bahnbau Schweinfurt–Meiningen (1874 fertig) erst auf politisch/militärischen Druck hin der Lückenschluß unter dem Thüringer Wald am 1.8.1884 (zur Baugeschichte v.a. Grüber 1983). Er unterfuhr den Rennsteig mit dem 3,04 km langen Brandleitetunnel (Maximalhöhe 640 m über NN). 1913 war der durchgehende zweigleisige Ausbau beendet, eine ganze Anzahl von Eisenbahnlinien lokaler Bedeutung entstanden zwischenzeitlich als Zubringer zur Achse bzw. der sie kreuzenden "Werrabahn" Eisenach–Meiningen–Eisfeld–Coburg (seit 1858/59), wie sie in Abbildung 5 dargestellt sind. 1939 verkehrten zwischen (Stuttgart–) Würzburg und Berlin ein FD– und fünf D–Züge in jeder Richtung, etwa halb so viel wie auf der elektrifizierten Konkurrenzstrecke (Nürnberg–) Bamberg–Saalfeld–Berlin.

Die deutsche Teilung 1945 unterbrach nicht nur alle grenzüberschreitenden eingleisigen Bahnen (siehe Abb. 5), sondern auch die Hauptbahn als einzige zweigleisige Verbindung in Süddeutschland. Politische Versuche in den 60er und 70er Jahren zur Wiederaufnahme des grenzüberschreitenden Verkehrs scheiterten an der Abgrenzungspolitik der DDR wohl ebenso wie an dem mangelnden Interesse der beiden deutschen Bahnen. Immerhin gab es ab 1973 einen Linienbusverkehr über den neuen Straßenübergang im Gefolge der B 19 zwischen Mellrichstadt und Meiningen, der in den ersten zehn Jahren seines Bestehens täglich durchschnittlich 41 Fahrgäste beförderte.

Auf dem westdeutschen DB-Restabschnitt (Schweinfurt-)Ebenhausen-Bad Neustadt-Mellrichstadt war das Verkehrsaufkommen bis 1987/88 mit durchschnittlich 812 Reisenden pro km Streckenlänge (davon 69 % Schiene, 31 % Bus) kontinuierlich gesunken. Der Modal split lag gemäß unseren Zählungen bei 8 % der Gesamt-Personenbewegungen auf der Schiene, 7 % im Werksverkehr und 85 % im Pkw. Anfang der 80er Jahre bestand sogar die Gefahr einer Stillegung des Abschnittes, nachdem einige Brücken zur Erneuerung anstanden (vgl. Schliephake 1989; 1992).

Der Lückenschluß 1991

Mit der "Wende" sahen ab Dezember 1989 die beiden Eisenbahndirektionen Nürnberg und Erfurt die Chance für einen Lückenschluß. Nachfragepotentialberechnungen im Personen- (Schliephake 1990) und Güterverkehr (erläutert bei Schliephake & Schulz 1994a) erbrachten die wissenschaftliche Grundlage, auf deren Basis die Gesamtdeutsche Verkehrswegekommission im Juli 1990 dem Lückenschluß zwischen Mellrichstadt und Rentwertshausen zustimmte (vgl. dazu v.a. Weigelt 1994). Bei Kosten von 23 Mio. DM für 17 km Neubau auf vorhandenem Unterbau ging er bereits am 29.9.1991 gemeinsam mit dem Abschnitt Neustadt bei Coburg-Sonneberg (vgl. Schliephake & Mohr 1992) in Betrieb. An der fehlenden überregionalen Bedeutung hat allerdings auch der Wiederaufbau der Kurve Grimmenthal-Ritschenhausen 1993 kaum etwas geändert. Die immer noch eingleisige Strecke mit Höchstgeschwindigkeit von teilw. nur 70 km/h (zwischen Suhl und Gehlberg) hat weitgehend lokalen Charakter im Personenverkehr, ein regelmäßiger grenzüberschreitender Güterverkehr fehlt. Während unsere Prognosen im Personenverkehr unter "normalen" Austauschverhältnissen zwischen den Nachbarregionen 3.300 bis 3.900 Fahrgäste je Tag in beiden Richtungen voraussagten, bewegten sich 1992 an Werktagen gerade einmal 500 bis 700 Reisende über die Lücke (vgl. Knopp & Krautwer 1992). Lediglich am Wochenende füllen Pendler die 12 bzw. 13 grenzüberschreitenden Eilzüge und den einzigen Interregio Würzburg-Berlin (-Binz).

Der von uns prognostizierte Güterverkehr von 300.000 bis 350.000 Tonnen/Jahr (1995), der bis zum Jahr 2005 auf 790.000 bis 950.000 t steigen soll, tritt nicht auf, da einmal der Schienengüterverkehr in Ostdeutschland drastisch zurückgegangen ist und zum anderen die DB AG alternative Routen (via Gerstungen bzw. Probstzella) nutzt.

Der heutige Stand

Die beiden einzigen bisher realisierten DB–Lückenschlüsse, die 1991 mit viel Hoffnung begrüßt wurden, haben damit die Erwartungen kaum erfüllt. Zwar verklammert unsere neue Strecke die beiden Regionen Südthüringen und Unterfranken. Aber bereits die Relation Würzburg–Erfurt wird über die Neubaustrecke via Fulda–Eisenach im Stundentakt und einer Durchschnittsfahrzeit von 2h 7min besser bedient als über Mellrichstadt–Suhl (7 Verbindungen, mind. 2h 57min).

Zweigleisiger Ausbau und Elektrifizierung sind in weite Ferne gerückt. Nachdem bereits in den 80er Jahren auf bayerischer Seite die Profile neuer Straßenbrücken den Wiederaufbau des zweiten Gleises fast unmöglich (bzw. mit dem Neubau der entsprechenden Straßenbrücke zu verbindend) werden ließen, rationalisiert derzeit die DB AG die Stationen so, daß die Durchlaßfähigkeit der Strecke gerade an die heutige Zugzahl angepaßt ist.

Zusammenfassung

Der Dynamik des Fernstraßenbaues, der schnell eine Eigengesetzlichkeit entwickelt, steht die Stagnation der auf ein Restnetz aus dem 19. Jahrhundert geschrumpften Schiene gegenüber. Unter dem "Diktat der leeren Kassen" sind die verschiedenen Startchancen schnell klar. Der Autobahnneubau, dessen Gesamtkosten schon 1991 auf 2,3 Mrd. DM geschätzt wurden (=10,3 Mio. DM pro km) dürfte wohl planmäßig abgewickelt werden. 20.000 bis 45.000 Fahrzeuge sollen im Jahr 2010 hier rollen, etwa so viele wie heute auf der Rhönautobahn (vgl. Tab. 3).

Straßenbaugroßprojekte besitzen weit ausgreifende Raumwirksamkeit. Dies erfordert besonders im Planungs– und Entscheidungsprozeß umfassende Berücksichtigung und Abwägung zahlreicher Belange. Der Bedeutung eines solchen Bauvorhabens entsprechend dauert der Entscheidungsprozeß – selbst unter "beschleunigten" Rechtsbedingungen – viele Jahre. Dabei werden verschiedenste Entscheidungsebenen durchschritten – vom raumübergreifenden Allgemeininteresse bis hin zur individualspezifischen Konfliktsituation – und müssen angemessen berücksichtigt werden. Diese Rahmenbedingungen erschweren das anspruchsvolle Unterfangen einer nur annähernd adäquaten und objektiven Überprüfung der konträren Interessen. Unter Einhaltung der diffizilen planungsrechtlichen Vorgaben muß abschließend im Raumordnungsverfahren die Entscheidung darüber getroffen werden, inwieweit die Raumverträglichkeit, möglicherweise auch nur unter Maßgaben, gegeben ist. Eine deutlichere Offenlegung der Bewertungsrichtlinien wäre wünschenswert und erlaubte zumindest, die raumwirksamen Entscheidungsprozesse nachzuvollziehen, wenngleich sie auch dann nicht von allen Seiten anerkannt werden wird. Doch trotz der Bedenken kann für die beschlossenen und bisher weitgehend positiv beschiedenen Varianten der A 71 aller Voraussicht nach bereits im Jahr 1996 mit dem ersten Spatenstich gerechnet werden.

Für eine im europäischen Kontext wohl überflüssige Eisenbahn (vor allem nach der für das Jahr 2005 geplanten Fertigstellung der 12,4 Mrd. DM teueren Neubaustrecke Nürnberg–Erfurt) wird man dagegen selbst bei tatsächlichen 3.000 bis 4.000 Fahrgästen/Tag nicht viel Geld ausgeben wollen. Mit der Regionalisierung des DB–Nahverkehrs ab 1996 ist die Chance der "Dritten Magistrale" Stuttgart–Berlin über Schweinfurt–Suhl wohl endgültig ausgeträumt.

Literatur

Ante, U. (1991): Zur geographischen Analyse des Kommunalraumes. in: Knemeyer, F.L. & H. G. Wagner, Hrsg.: Verwaltungsgeographie. (=Kommunalforschung für die Praxis, 26/27). Stuttgart, München, Hannover (Borberg), S. 27–34.

BMV, Hrsg. (1975): Die raumwirtschaftlichen Entwicklungseffekte von Autobahnen (BAB Karlsruhe–Basel). (=Forschung Straßenbau und Straßenverkehrstechnik 193, 1975). Bonn.

BMV, Hrsg. (1992): Verkehrsprojekte Deutsche Einheit. Bonn.

BMV, Hrsg. (1993): Gesamtwirtschaftliche Bewertung von Verkehrswegeinvestitionen. Bewertungsverfahren für den Bundesverkehrswegeplan 1992. (=Schriftenreihe, 72). Bonn.

Braem, H. & C. Heil (1990): Die Sprache der Formen. München.

Eckey, H. F. & K. Horn (1992): Veränderung der Lagegunst und Erreichbarkeit der Kreise im vereinigten Deutschland durch geplante Aus– und Neubaumaßnahmen von Verkehrswegen. in: Lutter, H., Hrsg.: Raumordnung und Verkehrswegeplanung. (=Inform. z. Raumentw., 4/1992), S. 225–244.

Frerich, J., E. Helms & H. Kreuter (1975): Die raumwirtschaftlichen Entwicklungseffekte von Autobahnen (BAB Karlsruhe–Basel). (=Forschung, Straßenbau– und Straßenverkehrstechnik 193).

Fugmann, L. (1990): Das "Neue fränkische Seenland" aus der Sicht der Regionaplanung. in: Materialien zur angewandten Geographie, Bd. 18. Hamburg, S. 131–137.

Gatzweiler, P., u.a. (1991): Regionalpolitik als Infrastrukturpolitik. in: Inform. z. Raumentw., 9/10 (1991), S. 599–610.

Grüber, W. (1983): Steilrampen über den Thüringer Wald. (=Transpress Verkehrsgeschichte). Berlin.

Hammernick, W. (1994): Entwicklung der Stadt Suhl. Stand und Perspektiven. in: Schliephake, K., Hrsg.: Beiträge zur Landeskunde Südthüringens. (=Würzburger Geographische Arbeiten, 88). Würzburg, S. 191–204.

Herold, A. & K. Schliephake (1994): Eisenbahnen in Südthüringen. in: Schliephake, K., Hrsg.: Beiträge zur Landeskunde Südthüringens. (=Würzburger Geographische Arbeiten, 88). Würzburg, S. 151–170.

Herold, A. (1990): Berlin–Leipzig–Würzburg–Stuttgart– Zürich. Chancen einer dritten Nord–Süd–Magistrale. (=Schriften der IHK Würzburg–Schweinfurt, H. 13). Würzburg.

Karl, H. & V. Nienhaus (1989): Politische Ökonomie regionaler Flexibilitätshemmnisse. (=Kleine Schriften der Gesellschaft für Regionale Strukturentwicklung). Bonn.

Kessel u. Partner (1991): Güterverkehrsprognose 2010 für Deutschland. Freiburg.

Knopp, H. J. & G. Krautwer (1992): Ein Jahr Lückenschlüsse Bayern– Thüringen. in: Die Deutsche Bahn, H. 12, S. 1357–1361.

Lutter, H. (1981): Raumwirksamkeit von Fernstraßen. in: Inform. z. Raumentw. 3/4 (1981), S. 155–163.

Lutter, H., Hrsg. (1992): Raumordnung und Verkehrswegeplanung. in: Inform. z. Raumentw., 4 (1992).

Maier, J. & C. Radenz (1983): Autobahnbau zwischen Schweinfurt und Bamberg (A 70 Maintalautobahn)–eine verkehrs– und regionalpolitische Bewertung. (=Arbeitsmaterialien zur Raumordnung und Raumplanung, Sonderheft 2). Univ. Bayreuth.

Niedermeyer, M. (1994): Kleinstadt Themar. Flächennutzungsplanung unter sich wandelnden Rahmenbedingungen. in: Schliephake, K., Hrsg.: Beiträge zur Landeskunde Südthüringens. (=Würzburger Geographische Arbeiten, 88). Würzburg, S. 257–277.

Regierung von Unterfranken, Hrsg. (1994): Landesplanerische Beurteilung vom 07. März 1994. Verkehrsprojekte Deutsche Einheit Nr. 16. Autobahn A 81/A 73 Erfurt–Schweinfurt/Bamberg. Abschnitt A 81 Schweinfurt–Landesgrenze Bayern/Thüringen. Würzburg (unveröffentl. Abschlußbericht). Schliephake,

K. (1989): Der öffentliche Personennahverkehr auf Schiene und Straße in der Bayerischen Rhön. (=Würzburger Geographische Manuskripte, H. 25). Würzburg.

Schliephake, K. (1990): Personenmobilität in der DDR. in: Verkehr + Technik, H. 10, S. 377–379.

Schliephake, K. (1992): Räumliche Planung in der Bayerischen Rhön. in: Schliephake, K., Hrsg.: Kleinräumliche Planung im Europa der Regionen. (=Würzburger Geographische Arbeiten, 85). Würzburg, S. 51–59.

Schliephake, K. (1993): Geographie und Verkehr–das Bild in der Presse. in: Marquardt–Kuron, A. & T. Mager, Hrsg.: Geographenreport. Bonn, S. 45–47.

Schliephake, K. (1994a): Mobilitäts– und Infrastrukturforschung in der Bayerischen Rhön. in: Schenk, W. & K. Schliephake, Hrsg.: Mensch und Umwelt in Franken. (: =Würzburger Geographische Arbeiten, 89). Würzburg, S. 223– 238.

Schliephake, K. (1994b): Le Canal Rhin–Main–Danube. in: Revue géographique de l'Est.

Straßenbauamt Schweinfurt, Hrsg. (1993a): Neubau Bundesautobahn A 81 Erfurt–Schweinfurt. (Informationsbroschüre zum Raumordnungsverfahren für den Unterfränkischen Abschnitt des VDE Nr. 16).

Schliephake, K. & M. Mohr, (1992): Neugestaltung des öffentlichen Personenverkehrs im Coburger Land. (=Würzburger Geographische Manuskripte, H. 30). Würzburg.

Schliephake, K. & W. Schulz (1991): Öffentlicher Personennahverkehr im Trend der Meinungen und der Verhaltensmuster in Ost und West. in: Würzburger Geographische Manuskripte 29, S. IX–XVI.

Schliephake, K. & W. Schulz (1994a): Mobilität von Personen und Gütern in Südthüringen. in: Schliephake, K., Hrsg.: Beiträge zur Landeskunde Südthüringens. (=Würzburger Geographische Arbeiten, 88). Würzburg, S. 101– 130.

Schliephake, K. & W. Schulz (1994b): Verkehrsaufkommen und Infrastrukturausbau in Südthüringen. in: Zeitschr. f. d. Erdkundeunterricht, H. 12, S. 504–512.

Straßenbauamt Schweinfurt, Hrsg. (1993b): Unterlagen zum Raumordnungsverfahren Abschnitt A 81 Schweinfurt–Landesgrenze Bayern/Thüringen. Schweinfurt (unveröff .).

Verkehr in Zahlen (jährlich). Bonn (Bundesverkehrsministerium).

Wagner, H. G. (1992): Zum Standort des Wirtschaftsraumes Unterfranken im Spiegel seiner jüngeren historischen Außenbeziehungen. in: Ante, U., Hrsg.: Zur Zukunft des Wirtschaftsraumes Unterfranken.. (=Würzburger Universitätsschriften zur Regionalforschung, 5). Würzburg, S. 1–22.

Weigelt, H. (1994): Mainfranken und die Eisenbahn in Gegenwart und Zukunft. in: Schenk, W. & K. Schliephake, Hrsg.: Mensch und Umwelt in Franken. (=Würzburger Geographische Arbeiten, 89). Würzburg, S. 203–221.

Anmerkungen

[1] Am 8. Dezember 1994 wurde die A 81 in A 71 umbenannt durch einen Erlaß des Verkehrsministers (VkBI4/1995, S. 131). Im folgenden wird die neue Numerierung benutzt.

[2] Beschluß des Bundeskabinetts zum Bundesverkehrswegeplan '92 und zum Bedarfsplan für Bundesfernstraßen vom 15.7.1992

[3] Beschluß des Dt. Bundestages vom 30.6.1 993 zum 4. Fernstraßenausbauänderungsgesetzes

[4] Den Investitionskosten werden dabei die jährlichen Einsparungen bzw. Belastungen (bei negativem Nutzen) durch die Projektnutzen gegenübergestellt:
   – Transportkostensenkung
   – Kosten der Wegeerhaltung
   – Beiträge zur Verkehrssicherheit
   – Verbesserung der Erreichbarkeit
   – Regionale Effekte
   – Umwelteffekte

[5] Auskunft des BMV

[6] BMV (1994): Unveröffentlichtes Projektdossier zur A 81

[7] Landesentwicklungsprogramm Bayern (LEP) vom 1. März 1994, hier v.a. Ziele und Begründung zu LEP, B X 4.1

[8] Die Angaben stützen sich im folgenden – sofern nicht anders angegeben – hauptsächlich auf die Ent-

scheidungsunterlagen und das Ergebnis des Raumordnungsverfahrens. (vgl. hierzu Straßenbauamt Schweinfurt 1993b und Regierung von Unterfranken 1994)

[9]   Vgl. Verkehrsgutachten zur A 71 von Prof. Kurzak als Grundlage der Verkehrsmengeberechnungen im Raumordnungsverfahren

[10]   Angaben Straßenbauamt Schweinfurt

[11]   Angaben: Volkszählung 1987

[12]   Gemeindedaten Bayern 1994

Teil VII

Anhang

Presseecho

Die DVAG–Tagung "Raumbezogene Verkehrswissenschaften – Anwendung ohne Konzept?" hatte ein reges Presseecho. Zwei Fernsehsender und der Hörfunk berichteten über die Veranstaltung.

Im folgenden wiedergegeben ist das Echo bei der schreibenden Zunft.

200 Teilnehmer aus ganz Deutschland

Geographen tagen im Rathaus

Vom 26. bis zum 27. Mai tagt der Deutsche Verband für angewandte Geographie, dem ca. 1600 Geographen in Planungs- und Ausbildungsinstitutionen angehören, im Rathaus. Diese Veranstaltung, die unter dem Schlagwort „Raumbezogene Verkehrswissenschaften – Anwendung ohne Konzept" steht, wird sich auf der einen Seite mit den für die Verkehrsplanung notwendigen theoretischen Konzepten befassen, auf der anderen Seite sollen auf dieser Tagung praxisnahe Themen u. a. aus Franken vorgetragen und in Arbeitsgruppen diskutiert werden.

Besondere Aufmerksamkeit der 200 Teilnehmer aus ganz Deutschland dürfte, aus regionaler Sicht, den Vorträgen von Dipl.-Ing. Klaus Rehm (Straßenbauamt Schweinfurt) über die Planung der Bundesfernstraße A 81 und von Dipl.-Ing. D. Eugen (Wasser- und Schiffahrtsdirektion Würzburg), der über den Main-Donau-Kanal referieren wird, zukommen. Daneben referieren 26 Redner aus dem Bereich der deutschen Hochschule in Ost und West, aber auch Vertreter regionaler Körperschaften. Als Veranstalter dieser Tagung tritt der Deutsche Verband für Angewandte Geographie e. V., der Lehrstuhl Kulturgeographie am Geographischen Institut der Universität Würzburg gemeinsam mit der Stadt Schweinfurt und dem Landratsamt Schweinfurt auf.

Am 28. Mai wird im Rahmen dieser Fachtagung eine Exkursion zu ausgewählten Verkehrsprojekten in den Planungsregionen Main-Rhön und Südthüringen angeboten. Für Interessierte besteht die Möglichkeit, gegen Gebühr, an dieser Veranstaltung teilzunehmen. Anfragen sind an das Geographische Institut der Universität Würzburg, Am Hubland, Fax.-Nr. (09 31) 8 88 55 56, 97074 Würzburg, zu richten.   –ein-

Abbildung 1: *Schweinfurter Tageblatt vom 18.5.1994*

Raumbezogene Verkehrswissenschaften – Anwendung mit Konzept
hrsg. im Auftrag des Deutschen Verbandes für Angewandte Geographie
von Arnulf Marquardt-Kuron und Konrad Schliephake
in Material zur Angewandten Geographie (MAG), Band 26, Bonn 1996

Wird die neue A 81 alle Probleme lösen?

Oberbürgermeisterin Gudrun Grieser erhofft sich Unterstützung von der Wissenschaft

Schweinfurt (A.B.). „Die Wissenschaft soll den Politikern unter die Arme greifen und sie nicht im luftleeren Raum stehen lassen", das wünschte sich Schweinfurts Oberbürgermeisterin Gudrun Grieser gestern zum Auftakt der Tagung „Raumbezogene Verkehrswissenschaften-Anwendung ohne Konzept?" im Schweinfurter Rathaus. Veranstalter sind der Deutsche Verband für Angewandte Geographie, der Lehrstuhl Kulturgeographie an der Universität Würzburg sowie Stadt und Landratsamt Schweinfurt.

Erfreut äußerte sich Grieser darüber, daß die negativen Schlagzeilen über den Standort Schweinfurt auch positive Folgen haben. Der Bekanntheitsgrad der Stadt habe sich enorm erhöht. Veranstaltungen, wie diese, konnten deshalb nach Schweinfurt geholt werden.

Die Oberbürgermeisterin beklagte, daß sich zwar die Zentralität und die Verkehrsgunst des Raumes Schweinfurt/Main-Rhön seit der Wende erhöht hätten, die Region bislang daraus aber noch wenig Kapital habe schlagen können. Dabei biete der Schweinfurter Raum mit bald drei Bundesfernstraßen, einer Großschiffahrtsstraße und einer leistungsfähigen Bahnverbindung hervorragende infrastrukturelle Standortfaktoren.

jetzt am schlechtesten, gehe, wo doch die Verkehrsgunst und Zentralität angeblich am größten seien.

Niedermeyer mutmaßte, daß die Ansiedlung der Industrie in der Region Schweinfurt schon früher offenbar nicht an den Faktor Verkehrsgunst geknüpft war, sondern historische Hintergründe ausschlaggebend waren. Das fachtechnische „know-how" der Ar-

beitskräfte in der Region sei, so der Geograph, viel bedeutender. Ob der Ausbau der A 81 alle Probleme lösen wird, wußte Niedermeyer nicht zu sagen: „Die A 81 kann, aber muß nicht zu Verbesserungen führen."

Das Projekt der geplanten A 81 sowie zahlreiche andere regionale oder bundesdeutsche Themen werden auch am heutigen Freitag von den Geographen aus ganz

In die gleiche Kerbe hieb Prof. Dr. Horst-Günter Wagner vom Geographischen Institut der Uni Würzburg. Er stellte allerdings klar, daß die nach wie vor bestehenden Mängel in der Verkehrsverbindung zum Wirtschaftsraum Thüringen nicht übersehen werden dürften. Der Main könne nur durch gewaltige Umgestaltungsmaßnahmen für Frachtschiffe mit einer Tonnage von bis zu 2400 Tonnen schiffbar gemacht werden; und selbst dann sei die Auslastung noch fraglich.

Auch Dipl.- Geograph Martin Niedermeyer (Würzburg) fragte sich, warum es der Region gerade

Deutschland diskutiert.

Dr. Konrad Schliephake vom Geographischen Institut der Uni Würzburg zeigte sich überzeugt, daß die Geographie verkehrsgeographische Problemfelder in der Planung unterstützen und lösen könne. So geht es bei der Tagung in Schweinfurt um Angebot und Nachfrage im Güter- und Personenverkehr in Güter- und Personenverkehr oder Verdichtungs- räumen und schlecht erschließbaren Entwicklungsräumen, um die Optimierung von Verkehrsabläufen und ganz besonders um die ökologische Bewertung der steigenden Mobilität von Menschen und Gütern.

Die dreitägige Veranstaltung endet am Samstag mit einer Exkursion zu Verkehrsprojekten in den Regionen Main-Rhön und Südthüringen.

Abbildung 2: Volksblatt Schweinfurt vom 27.5.1994

Mittlere Betriebe Garanten für Wachstum?

Würzburger Geographie-Professor Wagner: Fehlende Infrastruktur im zentralen Unterfranken

Schweinfurt. Die Chancen der beiden unterfränkischen Planungsregionen Würzburg und Main-Rhön, von einem wirtschaftlichen Aufschwung überdurchschnittlich zu profitieren, schätzt der Würzburger Wirtschaftsgeograph Professor Dr. Horst-Günter Wagner eher gering ein. Wagner verwies während der Tagung des Deutschen Verbandes für Angewandte Geographie im Schweinfurter Rathaus darauf, daß es in Unterfranken vor allem an einer dafür notwendigen Verkehrsinfrastruktur mangele: So gebe es bislang weder eine leistungsfähige Bahnstrecke noch eine Autobahn in das wirtschaftlich prosperierende Thüringen.

Zugleich warnte der Geograph davor, den Ausbau des Mains zwischen Aschaffenburg und Bamberg als einen entscheidenden wirtschaftlichen Impuls für die gesamte Region zu sehen. Weil die technische Entwicklung der Schiffe schneller voranschreite als der Ausbau des Flusses, drohten entlang des Mains Eingriffe in die Natur, die in keinem Verhältnis zum wirtschaftlichen Nutzen der Wasserstraße stünden.

Beispiele entlang des bereits fertiggestellten Main-Donau-Kanals hätten gezeigt, daß sich an der Wasserstraße nur selten Unternehmen ansiedelten, die Rohstoffe oder Güter auf dem Wasser transportierten. Prognosen gehen davon aus, daß im Jahr 2005 fünf Millionen Tonnen Güter auf dem Main und dem Kanal transportiert werden. Wagner erinnerte daran, daß ursprünglich für den Ausbau des Mains und des Kanals von der vierfachen Gütermenge ausgegangen seien.

Die wirtschaftliche Zukunft der beiden Planungsregionen sieht Wagner vor allem in klein- und mittelständischen Betrieben. Schon heute gebe es zukunftsträchtige Unternehmen, die vor allem Produkte der Umwelttechnik, der Abfallvermeidung, der Kunststofftechnik, der Fahrzeugelektronik und der Recyclingtechnik entwickelten.

Standortvorteile der Region Mainfranken sieht Professor Wagner in der Innovationsbereitschaft der Unternehmer, dem hohen Angebot qualifizierter Arbeitskräfte und der insgesamt guten Ausstattung der Region mit Autobahnen und Bundesstraßen.

Niedrige Grundstückspreise, ausreichend verfügbare Gewerbeflächen und zahlreiche Technologie- und Gründerzentren sind nach Meinung des Würzburger Wirtschaftsgeographen weitere Pluspunkte der beiden Planungsregionen. Zudem gebe es in den Klein- und Mittelstädten entlang des Mains noch bezahlbare Wohnungen, seien die Umweltbelastungen deutlich niedriger als in den Ballungsräumen Frankfurt oder Nürnberg. Ob diese Standortqualitäten allerdings ausreichen, um eine große Zahl von Unternehmen nach Unterfranken zu locken, wagte Wagner zu bezweifeln. Sicher war sich der Wirtschaftsgeograph, daß es in den nächsten Jahren großer Anstrengungen bedarf, um Beschäftigte aus der Landwirtschaft in Handwerk, Industrie oder Dienstleistungsbranchen unterzubringen. Viele Weizen- und Zuckerrübenanbauer auf den mainfränkischen Gäuflächen, so lautete nämlich Wagners düstere Prognose, müßten angesichts sinkender Preise und europäischer Konkurrenz in den kommenden Jahren um ihre Existenz bangen.

gufi

Abbildung 3: *Main-Echo vom 27.5.1994*

Verkehrsgeographen tagen in Schweinfurt

Löst die A 81 Probleme in der Region Main / Rhön?

Schweinfurt (A.B.) – „Die Wissenschaft soll den Politikern unter die Arme greifen", wünschte sich gestern Schweinfurts Oberbürgermeisterin Gudrun Grieser zum Auftakt der Tagung „Raumbezogene Verkehrswissenschaften – Anwendung ohne Konzept?" in Schweinfurt.

Veranstalter sind der Deutsche Verband für Angewandte Geographie, der Lehrstuhl Kulturgeographie an der Universität Würzburg sowie Stadt und Landratsamt Schweinfurt.

Grieser beklagte, daß sich zwar die Zentralität und die Verkehrsgunst des Raumes Schweinfurt/Main-Rhön seit der Wende erhöht hätten, die Region bislang daraus aber noch wenig Kapital habe schlagen können. Dabei biete der Schweinfurter Raum mit bald drei Bundesfernstraßen, einer Großschiffahrtsstraße und einer leistungsfähigen Bahnverbindung hervorragende infrastrukturelle Standortfaktoren.

Das gleiche betonte Prof. Dr. Horst-Günter Wagner vom Geographischen Institut der Uni Würzburg. Er stellte allerdings klar, daß die nach wie vor bestehenden Mängel in der Verkehrsverbindung zum Wirtschaftsraum Thüringen nicht übersehen werden dürften. Der Main könne nur durch gewaltige Umgestaltungsmaßnahmen für Frachtschiffe mit einer Tonnage von bis zu 2400 Tonnen schiffbar gemacht werden.

Auch Diplom-Geograph Martin Niedermeyer (Würzburg) fragte sich, warum es der Region gerade jetzt am schlechtesten gehe, wo doch die Verkehrsgunst und Zentralität angeblich am größten seien. Niedermeyer mutmaßte, daß die Ansiedlung der Industrie in der Region Schweinfurt schon früher nicht an den Faktor Verkehrsgunst geknüpft war, sondern historische Hintergründe ausschlaggebend waren.

Das fachliche „know-how" der Arbeitskräfte sei viel bedeutender. Ob daher der Bau der Autobahn Schweinfurt-Erfurt alle Probleme lösen wird, wußte Niedermeyer nicht zu sagen: „Die A 81 kann, aber muß nicht zu Verbesserungen führen."

Dr. Konrad Schliephake vom Geographischen Institut der Uni zeigte sich überzeugt, daß seine Wissenschaft verkehrsgeographische Probleme lösen könne. So geht es bei der Tagung in Schweinfurt um Angebot und Nachfrage im Güter- und Personenverkehr in Verdichtungsräumen und schlecht erschließbaren Entwicklungsräumen.

Abbildung 4: *Schweinfurter Tageblatt vom 27.5.1994*

Geographen aus ganz Deutschland in Schweinfurt zu Gast

In den Sitzungssälen des Schweinfurter Rathauses fanden sich zwei Tage lang Wirtschaftswissenschaftler, Ingenieure und Geographen aus ganz Deutschland und der Region ein, um die Frage zu klären: „Raumbezogene Verkehrswissenschaften - Anwendung ohne Konzept?" Neben vielen theoretischen Ansätzen wurden dabei auch regionale Infrastrukturmaßnahmen wie die Bundesfernstraße A 81 oder der Main-Donau-Kanal diskutiert. Unser Bild zeigt Gastgeberin und Mitveranstalterin Oberbürgermeisterin Gudrun Grieser zusammen mit Dr. Konrad Schliephake vom Lehrstuhl Kulturbiographie am Geographischen Institut der Universität Würzburg (rechts) sowie Dipl. Geograph Thomas Mager, dem Vorsitzenden des Deutschen Verbandes für Angewandte Geographie e.V., anläßlich des Empfangs der Stadt Schweinfurt im Foyer des Rathauses.
A.B. / Foto Renate Wiener

Abbildung 5: *Schweinfurter Tageblatt vom 28.5.1994*

Anschriften der Autoren

Prof. Dr.-Ing. habil. Kurt Ackermann
Fakultät für Verkehrswissenschaften
Technische Universität Dresden
Mommsenstraße 13
01062 Dresden

Prof. Dr. Klaus-Achim Boesler
Institut für Wirtschaftsgeographie
Universität Bonn
Meckenheimer Allee 166
53119 Bonn

Prof. Dr. Karl-Heinz Breitzmann
Institut für Verkehr und Logistik
Universität Rostock
Korselstraße 10
18069 Rostock

Dipl.-Geogr. Jost Eberhard
c/o Heide und Eberhard –
Stadt- und Regionalplaner
Prinz-Albert-Straße 24
53115 Bonn

Baudirektor
Dipl.-Ing. Dirk M. Eujen
Wasser- und Schiffahrtsdirektion Süd
Wörthstraße 19
97080 Würzburg

Dipl.-Geogr. Roland Gerasch
Jahnstraße 5
97225 Zellingen

Dipl.-Geogr. Arnulf Hader
Institut für Seeverkehrswirtschaft
und Logistik
Universitätsallee GW 1
28359 Bremen

Dipl.-Geogr. Georg Herrig
Elsässer Straße 25
53175 Bonn

Dr. Klaus Horn
FG Empirische Wirtschaftsforschung
Universität Kassel / GHS
34127 Kassel

Matthias Krause M.A.
Düsseldorfer Straße 3
10719 Berlin

Dipl.-Geogr. Eva Liebich
c/o Stadtplanungsamt der Stadt Halle
Markt 1
06108 Halle

Prof. Dr. Günter Löffler
Geographisches Institut
Universität Würzburg
Am Hubland
97074 Würzburg

Dr. Horst Lutter
Bundesforschungsanstalt für
Landeskunde und Raumordnung
Am Michaelshof 8
53177 Bonn

Dipl.-Geogr. Ramona Maaßen
EGT-Deutschland GmbH
Carl-Zeiss-Riing 4
85737 Ismaning

Dipl.-Geogr. Thomas J. Mager
Stadtverkehrsgesellschaft
Euskirchen GmbH
Bahnhofstraße 23
53879 Euskirchen

Dipl.-Geogr. Arnulf Marquardt-Kuron
Deutsches Seminar für
Städtebau und Wirtschaft
Ellerstraße 58
53119 Bonn

Drs Willem Meester
Fakultät für Raumwissenschaften
der Universität Groningen
Postbus 800
NL-9700 AV Groningen

Dipl.-Geogr. Mario Mohr
Lehrstuhl Kulturgeographie
Katholische Universität
Sternstraße 18
85072 Eichstätt

Geograph Thomas Naumann
BLIG
Rheinstraße 45
12161 Berlin

Dipl.-Geogr. Martin Niedermeyer
Geographisches Institut
der Universität Würzburg
Am Hubland
97074 Würzburg

Dr. Hans Obenaus
Institut für Verkehr und Logistik
Universität Rostock
Korselstraße 10
18069 Rostock

Dipl.-Ing. Klaus Rehm
Straßenbauamt
Alte Bahnhofstraße 29
97422 Schweinfurt

Dipl.-Geogr. Walter Roth
Landratsamt Schweinfurt
Schrammstraße 1
97404 Schweinfurt

Dr. Konrad Schliephake
Geographisches Institut
der Universität Würzburg
Am Hubland
97074 Würzburg

Dr. Walter Schulz
Pfarrstraße 22
98527 Suhl

Dipl.-Geogr. David Voskuhl
Airbus-Industrie
1 Rond Point Maurice Bellonte
F-31707 Blagnac Cedex France

Dr. Hans-Jürgen Seimetz
Bezirksregierung –
Raumordnung und Landesplanung
Friedrich-Ebertstraße 14
67434 Neustadt/Weinstraße

Prof. Dr. Hans-Günther Wagner
Geographisches Institut
der Universität Würzburg
Am Hubland
97074 Würzburg

Die Facharbeitsgruppe Verkehr
im Deutschen Verband für Angewandte Geographie

von David Voskuhl

Die in diesem Band dokumentierte DVAG–Tagung "Raumbezogene Verkehrswissenschaften – Anwendung ohne Konzept?" wurde zum überwiegenden Teil von Verkehrsgeographen aus der Praxis, aus den angewandten Arbeitsfeldern der Geographie heraus, gestaltet.

Hiermit handelt es sich um einen der bislang seltenen Versuche, die Geographie im Berufsfeld "Verkehr/Mobilitätsforschung/Infrastrukturplanung" zu konkretisieren und darzustellen. Ein Grund – vielleicht sogar der wichtigste – hierfür war das Fehlen eines geeigneten Forums für Geographen, die in diesem Bereich tätig sind.

Der Deutsche Verband für Angewandte Geographie (DVAG) hat sich die Förderung der Interessen der berufstätigen und studierenden Geographen auf die Fahnen geschrieben. In diesem Rahmen beschäftigen sich zahlreiche regionale Arbeitsgruppen (RAG) und einige Facharbeitsgruppen (FAG) mit Teilbereichen der Angewandten Geographie. So erschien es – beinahe zwangsläufig – erforderlich, eine Facharbeitsgruppe Verkehr ins Leben zu rufen.

Nach einer Fragebogenaktion über einen Teil des DVAG-Postverteilers Ende 1993 im Vorfeld der hier dokumentierten Tagung fand am Rande der Veranstaltung – am 27. Mai 1994 – in Schweinfurt die konstituierende Sitzung unter Leitung von Dipl.-Geogr. David Voskuhl statt. Die Rückläufe aus den Fragebögen boten eine Diskussionsgrundlage, um Ziele und Vorgehensweisen von Aktivitäten der FAG zu definieren.

Hauptanliegen der meisten FAG-Mitglieder ist der fachliche Austausch untereinander, der den Blick über den berühmten Tellerrand ermöglichen soll. Zu diesem Zweck werden zwei bis drei Treffen pro Jahr durchgeführt, die jeweils einen thematischen "Aufhänger" haben und Möglichkeiten zur internen Diskussion bieten. Mindestens eines dieser Treffen hat den Charakter einer mindestens eintägigen Seminarveranstaltung.

Viele Geographen sind bei kommunalen Gebietskörperschaften, Planungsbüros und anderen Arbeitgebern in diesem Bereich beschäftigt. Darüber hinaus finden sich Verkehrsgeographen an Hochschulen, Forschungsinstituten und in relevanten Unternehmen der privaten Wirtschaft. Dieser Vielfalt entsprechend befaßt sich die Facharbeitsgruppe Verkehr mit Fragestellungen aller Verkehrsträger, um den Bedürfnissen der FAG–Mitglieder aus allen speziellen Berufssparten gerecht zu werden.

Neben einem Schwergewicht auf dem ÖPNV kam bislang der Luftverkehr im Rahmen eines Besuchs des Flughafens Düsseldorf zur Sprache; der Verkehrsträger Wasser stand im Mittelpunkt der FAG-Sitzung auf dem 50. Deutschen Geographentag im Oktober 1995 in Potsdam.

Insbesondere die intensiveren Seminarveranstaltungen werden einen starken regionalen Akzent erhalten. So wird sich der Workshop zur Bahnregionalisierung im Februar 1996 in Gummersbach mit Fallstudien aus den einzelnen Bundesländern beschäftigen.

Bislang konzentrieren sich die aktiven Mitglieder der Facharbeitsgruppe Verkehr in West- und Südwest-Deutschland sowie einzelnen anderen Standorten. Mit Treffen und Veranstaltungen über diesen räumlichen Kern hinaus – womit in Schweinfurt und Potsdam schon ein Anfang getan wurde – soll die Diffusion der FAG-Aktivitäten vorangetrieben werden.

Geographinnen und Geographen, die im Berufsfeld "Verkehr" arbeiten, sind herzlich eingeladen, sich an den Aktivitäten der Facharbeitsgruppe Verkehr im DVAG zu beteiligen. Nähere Informationen erteilt gerne die

DVAG-Geschäftsstelle
Königstraße 68
53115 Bonn
Fax 0228 / 914 88 49

Ziel des DVAG ...

... ist die Interessenvertretung der Angewandten Geographie und somit all jener, die Geographie in der Praxis als querschnittsorientierte Anwendung und Umsetzung geographischer Erkenntnisse in Gesellschaft, Wirtschaft, Planung, Politik und Verwaltung begreifen.

Der DVAG vertritt die Interessen der Berufstätigen und Studierenden und engagiert sich dafür, die Leistungen der Angewandten Geographie als Anbieter praxisnaher Lösungsmöglichkeiten zur Vorbereitung und Umsetzung unternehmerischer und politischer Entscheidungen noch weiter in das Bewußtsein der Öffentlichkeit zu rücken.

Dadurch fördert der DVAG Bedeutung und Image der Geographie und somit der Geographinnen und Geographen.

Leistungen des DVAG ...

... sind Fachtagungen und Weiterbildungsveranstaltungen, die im Dialog mit Fachleuten und Interessenten anderer Disziplinen aktuelle Themen in Diskussionen, Vorträge und Workshops aufgreifen.

... sind in bestimmten Fachgebieten kontinuierlich tätige Facharbeitsgruppen (FAG), die Stellungnahmen erarbeiten und Fachtagungen organisieren. Die FAGs sind fachliche Anlaufstelle für Mitglieder und Interessenten.

... sind Regionale Arbeitsgruppen (RAG), die Ansprechpartner des DVAG vor Ort. In Studienfragen sind die RAGs in Kooperation mit den Geographischen Instituten Kontaktstelle für die Studierenden. Die RAGs führen in regelmäßigen Abständen Diskussionsveranstaltungen und Exkursionen durch.

... sind Publikationen, in denen Tagungs- und Diskussionsergebnisse dokumentiert werden. Nachrichten und Trends aus allen Bereichen der Angewandten Geographie erscheinen vierteljährlich im STANDORT – Zeitschrift für Angewandte Geographie.

DEUTSCHER VERBAND FÜR ANGEWANDTE GEOGRAPHIE

Die 1700 Mitglieder des DVAG ...

... nutzen das Netzwerk beruflicher Kontakte und Anregungen durch aktive und berufsfeldbezogene Mitarbeit in RAGs und FAGs.

... erhalten Service- und Beratungsleistungen in allen Fragen der Angewandten Geographie einschließlich Arbeitsmarkt, Studium und Praktikum.

... beziehen kostenlos den STANDORT – Zeitschrift für Angewandte Geographie und ermäßigt die Schriftenreihen Material zur Angewandten Geographie und Material zum Beruf der Geographen.

... nehmen vergünstigt an allen Veranstaltungen des DVAG–Tagungs- und Weiterbildungsprogramms teil einschließlich Geographentag und geotechnica.

... sind in allen Bereichen von Wirtschaft, Politik und Verwaltung, als Freiberufler, in Forschungsinstitutionen und Hochschulen, in Verbänden und Stiftungen tätig.

Der DVAG ...

... wurde 1950 von Walter Christaller, Paul Gauss und Emil Meynen als Verband Deutscher Berufsgeographen gegründet.

... ist Mitglied in der Deutschen Gesellschaft für Geographie e.V., in der die etwa 8.000 Mitglieder der geographischen Fachverbände und Gesellschaften Deutschlands vertreten sind.

Deutscher Verband für
Angewandte Geographie e.V. (DVAG)
Königstraße 68
53115 Bonn
☎ 0228 / 914 88 11
🖷 0228 / 914 88 49

Veröffentlichungen des DVAG

Der Deutsche Verband für Angewandte Geographie (DVAG) dokumentiert regelmäßig die Ergebnisse seiner Tagungen in der Reihe "**Material zur Angewandten Geographie**" (MAG). In den letzten Jahren sind darin erschienen:

MAG 18 **Infrastruktur im ländlichen Raum – Analysen und Beispiele aus Franken**
hrsg. 1990 im Auftrag des DVAG von Konrad Schliephake

MAG 20 **Umweltplanung – Reparaturunternehmen oder ökologische Raumentwicklung?**
hrsg. 1991 im Auftrag des DVAG von Burghard Rauschelbach und Jan Jahns

MAG 21 **Die Vereinigten Staaten von Europa – Anspruch und Wirklichkeit**
hrsg. 1991 im Auftrag des DVAG von Arnulf Marquardt-Kuron, Thomas J. Mager und Juan-J. Carmona-Schneider

MAG 22 **Die Region Leipzig–Halle im Wandel – Chancen für die Zukunft**
hrsg. 1993 im Auftrag des DVAG von Juan-J. Carmona-Schneider und Petra Karrasch

MAG 23 **Raumbezogene Informationssysteme in der Anwendung**
hrsg. 1995 im Auftrag des DVAG von Peter Moll

MAG 24 **Umweltschonender Tourismus – Eine Entwicklungsperspektive für den ländlichen Raum**
hrsg. 1995 im Auftrag des DVAG von Peter Moll

MAG 25 **Umweltverträglichkeitsprüfung – Umweltqualitätsziele – Umweltstandards**
hrsg. 1994 im Auftrag des DVAG von Thomas J. Mager, Astrid Habener und Arnulf Marquardt-Kuron

MAG 26 **Angewandte Verkehrswissenschaften – Anwendung mit Konzept**
hrsg. 1996 im Auftrag des DVAG von Arnulf Marquardt-Kuron und Konrad Schliephake

MAG 27 **Regionale Leitbilder –**
Vermarktung oder Ressourcensicherung?
hrsg. 1996 im Auftrag des DVAG von Burghard Rauschelbach

MAG 28 **Land unter – Bedeutungswandel und**
Entwicklungsperspektiven "Ländlicher Räume"
hrsg. 1996 im Auftrag des DVAG von Frank Hömme

MAG 29 **Stadt- und Regionalmarketing –**
Irrweg oder Stein der Weisen?
hrsg. 1995 im Auftrag des DVAG von Rolf Beyer und Irene Kuron

MAG 30 **Regionalisierte Entwicklungsstrategien**
hrsg. 1995 im Auftrag des DVAG von Achim Momm, Ralf Löckener,
Rainer Danielzyk und Axel Priebs

MAG 31 **UVP und UVS als Instrumente der Umweltvorsorge**
hrsg. 1995 im Auftrag des DVAG von Werner Veltrup und
Arnulf Marquardt-Kuron

MAG 32 **Städtenetze – Raumordnungspolitisches**
Handlungsinstrument mit Zukunft?
hrsg. 1996 im Auftrag des DVAG von Rainer Danielzyk
und Axel Priebs

MAG 33 **Neue Wohnungsnot? – Neue Wohnungspolitik!**
hrsg. 1996 im Auftrag des DVAG von Katrin Schneiders,
Johannes Peuling und Jochen Haselhoff

Die Veröffentlichungen können bezogen werden in jeder guten Buchhandlung, bei der Versandbuchhandlung Sven von Loga, Postfach 940104, 51089 Köln, oder direkt beim Verlag Irene Kuron, Lessingstraße 38, 53113 Bonn.

STANDORT – Zeitschrift für Angewandte Geographie

Der STANDORT stellt aktuelle Fakten, Entwicklungen der Angewandten Geographie und verwandter Fachgebiete zur Diskussion.
Seit rund zwanzig Jahren zeigt er viermal jährlich übergreifend raumwirksame Trends auf, gibt Anregungen zur Umsetzung geographischer Fachkenntnisse und analysiert Entwicklungen des Arbeitsmarktes für Geographinnen und Geographen. Zu beziehen ist der STANDORT beim Springer-Verlag, Postfach 311340, 10643 Berlin.
Für Mitglieder des DVAG ist der Bezug des STANDORT im Mitgliederbeitrag enthalten.

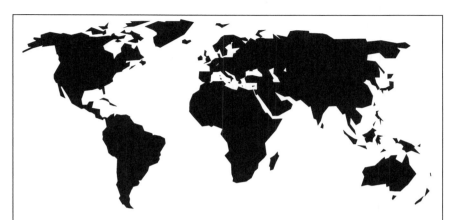

Geographen−Report

Ein Beruf im Spiegel der Presse

Arnulf Marquardt-Kuron / Thomas J. Mager (Hrsg.)

Verlag Irene Kuron
Bonn

Der Geographen−Report:

Ein Beruf im Spiegel der Presse

Der Geographen−Report gibt erstmals einen umfassenden Überblick über das Verhältnis von Geographen und Geographinnen zur schreibenden Presse bzw. deren Verhältnis zum Fach Geographie.

Ein Jahr lang wurde die deutsche Presselandschaft flächendeckend nach dem Begriff »Geographie« durchforstet. Von den rund 600 gefundenen Zeitungsausschnitten, die durch Archivmaterial ergänzt wurden, werden rund 80 ausgewählte Beispiele im Original wiedergegeben.

Das Ergebnis dieser ersten systematischen Zeitungsrecherche über das Bild der Geographie in Deutschland wird von namhaften Autoren analysiert und kommentiert.

Ergänzend dazu wird die Situation in Österreich und in der Schweiz behandelt.

Zum Schluß kommen die Autoren zu Vorschlägen für eine Image-Kampagne für die Geographie.

Von der geographischen Fachpresse wurde der Geographen−Report sehr positiv aufgenommen, wie die nebenstehend wiedergegebenen Rezensionen belegen.

Der Geographen−Report hat sich daher zum Standardwerk für all diejenigen entwickelt, die im Bereich der Öffentlichkeits- und Pressearbeit − nicht nur für die Geographie − tätig sind.

Geographen-Report − Ein Beruf im Spiegel der Presse

hrsg. von Arnulf Marquardt-Kuron und Thomas J. Mager
mit Beiträgen von Bruno Benthien, Richard Brunnengräber, Hans Elsasser,
Arnulf Marquardt-Kuron, Thomas J. Mager, Wigand Ritter, Götz von Rohr,
Hans Jörg Sander, Michael Sauberer, Konrad Schliephake, Volker Schmidtke,
Günther Schönfelder
236 Seiten, Bonn 1993, Ladenpreis 34,− DM
Zu beziehen in jeder guten Buchhandlung oder direkt bei
Verlag Irene Kuron, Lessingstraße 38, 53113 Bonn

"Curiosa Geographica ist eine begrüßenswerte Sammlung zum Teil schon klassischer, ernster, humoristischer und satirischer Texte, eine Einladung zur Distanz, zum Lächeln und zu entspannendem Nachdenken über uns selbst – zur Steigerung wissenschaftlich-geographischer Bemühungen. Dieser entspannende und mit Lächeln vollzogene Abstand zum Gegenstand der größten wissenschaftlichen Liebe ist der pluralistischen Geographie mit ihren augenblicklich noch vergeblichen Consensus-Werbungen vonnöten, wie der verstopften Erde der ausbrechende Vulkan. Schmunzeln über uns selbst bringt uns weiter als methodologische Verbissenheit!" (Hanno Beck in seiner Einführung)

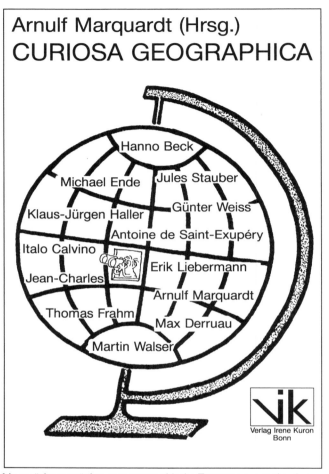

Arnulf Marquardt (Hrsg.)

CURIOSA GEOGRAPHICA

Hanno Beck
Michael Ende Jules Stauber
Klaus-Jürgen Haller Günter Weiss
Antoine de Saint-Exupéry
Italo Calvino
Jean-Charles Erik Liebermann
Arnulf Marquardt
Thomas Frahm
Max Derruau
Martin Walser

vik
Verlag Irene Kuron
Bonn

"Wer sich über Geographie amüsieren möchte, wer geographische Entspannung sucht, dem sei dieses Büchlein empfohlen." (Ambros Brucker, Geolit 1/1988)

Curiosa Geographica

hrsg. von Arnulf Marquardt
mit Beiträgen von Hanno Beck, Italo Calvino, Jean-Charles, Max Derruau, Michael Ende, Thomas Frahm, Klaus-Jürgen Haller, Erik Liebermann, Arnulf Marquardt, Antoine de Saint-Exupéry, Jules Stauber, Martin Walser, Günter Weiss
90 Seiten, Bonn 1987, Ladenpreis 12,80 DM
Zu beziehen in jeder guten Buchhandlung oder direkt bei
Verlag Irene Kuron, Lessingstraße 38, 53113 Bonn

WÜRZBURGER GEOGRAPHISCHE MANUSKRIPTE

SCHLIEPHAKE, Konrad (Hrsg.):
Wirtschafts- und stadtgeographische Strukturen in der Türkei, in Syrien und Jordanien.
WGM 15. Würzburg 1985, ²1989. 233 S. — DM 19

KITZ, Egon & Konrad SCHLIEPHAKE (Hrsg.):
Urbanisierung und Suburbanisierung am Südrand der Stadt Würzburg.
WGM 18. Würzburg 1987. 135 S. — DM 14

BöHN, Dieter (Hrsg.):
Unterfranken im Erdkundeunterricht. Beispiele regionalgeogr. Arbeiten aus allen Schularten und Schulstufen.
WGM 19. Würzburg 1987. 249 S. — DM 16

STEGER-FRüHWACHT, R.:
Die kulturlandschaftliche Entwicklung im Hesselbacher Waldland seit 1930. Landschaftl. und gesellschaftl. Veränderungen im nordöstlichen Einzugsgebiet der Stadt Schweinfurt.
WGM 20. Würzburg 1988. 178 S. — DM 26

SCHLIEPHAKE, Konrad (Hrsg.):
Infrastrukturen in ländlichen Räumen Unterfrankens (m. Beitr. u.a. von K. Betz, W. Filippi, P. Grösch und W. Schenk).
WGM 21. Würzburg 1988. 260 S. — DM 22

PINKWART, Wolfgang (Hrsg.):
Geographische Elemente von Fremdenverkehr und Naherholung in Würzburg (m. Beitr. v. W. Pinkwart und K. Schliephake).
WGM 22. Würzburg 1989. 185 S. — DM 21

SCHLIEPHAKE, Konrad (Hrsg.):
Der öffentliche Personennahverkehr auf der Main-Achse (Landkreis Main-Spessart).
WGM 23. Würzburg 1989. 225 S. — DM 22

BÖHN, Dieter & E. CHEAURE & Horst Günter WAGNER (Hrsg.):
Südliche Sowjetunion. Naturgeogr. und sozio-ökonomische Strukturen (Exkursion 1988).
WGM 24. Würzburg 1989. 450 S. — DM 42

SCHLIEPHAKE, Konrad (Hrsg.):
Der öffentliche Personenverkehr auf Schiene und Straße in der Bayerischen Rhön.
WGM 25. Würzburg 1989. 250 S. — DM 26

SCHLIEPHAKE, Konrad & Dieter GROSCH (Hrsg.):
Bad Windsheim. Stadtentwicklung und Einkäuferstruktur (m. weit. Beitr. von R. Glaser, P. Grösch u. A. Herold).
WGM 26. Würzburg 1990. 175 S. — DM 24

SCHLIEPHAKE, Konrad & Joachim RIEDMAYER (Hrsg.):
Personenmobilität und Verkehrsplanung in Würzburg und Umland (mit weiteren Beitr. von A. Herold und H.J. Knopp).
WGM 27. Würzburg 1991. 184 S. — DM 25

MOHR, Mario & Heike WEIGAND (Hrsg.):
Regionale Aspekte von Fremdenverkehr und Freizeitverhalten.
WGM 28. Würzburg 1992. 100 S. — DM 16

ALTENHEIN, Matthias:
Öffentlicher Personennahverkehr in ländlichen Räumen Ost- und Westdeutschlands
(mit Vorw. v. H.-G. Retzko und Einl. von K. Schliephake & W. Schulz).
WGM 29. Würzburg 1991. XIV + 144 S.   DM 21

SCHLIEPHAKE, Konrad & Mario MOHR (Hrsg.):
Neugestaltung des öffentlichen Personenverkehrs im Coburger Land.
WGM 30. Würzburg 1992. 226 S.   DM 28

KEMPF, Jürgen:
Probleme der Land-Degradation in Namibia.
WGM 31. Würzburg 1994. 270 S.   DM 34

HAGEDORN, Horst, GLASER, Rüdiger, SCHENK, Winfried (Hrsg.):
Ausgewählte Landschaften Nordamerikas: Alberta, British Columbia, Idaho, Montana, Oregon, Washington, Wyoming.
WGM 32. Würzburg 1993. 243 S.   DM 23

BUSCHE, Detlef & R. GLASER & J. FRIEDRICH & A. KAPTEIN & J. KURZ:
Kaltluftströme im bayerischen Mittelgebirgsrelief. Ein Arbeitsbericht.
WGM 33. Würzburg 1993. 46 S., mit Anh.   DM 14

JACOBEIT, Jucundus:
Atmosphärische Zirkulationsveränderungen bei anthropogen verstärktem Treibhauseffekt.
WGM 34. Würzburg 1994. 101 S.   DM 18

SCHULZ, E. & N. ROBERTS & S. POMEL (eds):
Climate and man. The problem of the human impact. A report on activities of the INQUA Commission for the study of the Holocene - Subcommission of the Mediterranean.
WGM 35. Würzburg 1995. 90 S.   DM 16

SCHLIEPHAKE, K. (Hrsg.):
Die kleinen arabischen Golfstaaten. Grundlagen und Prozesse der aktuellen wirtschaftsräumlichen Entwicklung (mit Beitr. von W. Ritter, A. Al Moajil, M. Alkuwari, S. Alvi, A. Al Sheeb, M. Aziz, B. Schmitt und E. Czotscher).
WGM 36. Würzburg 1995. 270 S.   DM 32

GSÄNGER, Matthias:
Kommunale Verkehrspolitik als Problem politischer Steuerung. Mit e. Vorw. von P.L. Weinacht.
WGM 37. Würzburg 1996. 230 S.   DM 34

SCHULZ, E. & J. MERKT:
Transsahara - die überwindung der Wüste. Begleittext zur Ausstellung aus dem Geographischen Institut der Universität Würzburg und der Bundesanstalt für Geowissenschaften und Rohstoffe Hannover
WGM 38. Würzburg 1996. 118 S. + 1 Farbkarte   DM 25

Stand November 1996. Die Heftnummern WGM 1-14, 16 u. 17 sind vergriffen. Preise entsprechen den anteiligen Druckkosten. ISSN 0931-8623
Bestellungen bei: Dr. W. Pinkwart oder Dr. K. Schliephake,
Geographisches Institut, Am Hubland, D-97074 Würzburg.